高等应用型人材培养系列教材

网络工程设计与安装

（第4版）

杨　威　王英鉴　主　编
杨陟卓　于本成　田崇峰　副主编

U0209372

電子工業出版社
Publishing House of Electronics Industry
北京 • BEIJING

内 容 简 介

本书简要介绍了网络工程设计的基本理论、方法和技术，重点介绍了网络布线设计与安装、数据中心机房设计与安装、高速局域网设计与安装、局域网路由与配置管理、无线局域网设计与安装、局域网系统虚拟化与配置管理、服务器安装与配置管理、服务器数据备份与恢复配置管理、网络安全与配置管理，以及网络项目管理与运行维护等内容。编者结合多年从事网络工程设计与安装的实践经验，为读者提供了数据中心机房设计，企业网交换与路由配置管理、企业网 NAT 配置管理，局域网系统虚拟化配置管理、企业简网络设计，有线、无线校园网整体架构与安装，Windows Server 2008 服务器安装与配置，Web 服务器安全配置管理，网络安全接入、路由器 ACL（边界安全）配置管理，以及网络运行维护等技术方案。

本书具有教材和技术资料双重特征，适合应用型本科院校、高职院校计算机网络技术、信息安全与管理、计算机信息管理、计算机系统与维护、嵌入式技术与应用等专业的学生使用，也适合作为网络系统集成培训教材。

图书在版编目（CIP）数据

网络工程设计与安装 / 杨威，王英鉴主编. —4 版. —北京：电子工业出版社，2017.6
ISBN 978-7-121-30221-3

Ⅰ. ① 网… Ⅱ. ① 杨… ② 王… Ⅲ. ① 计算机网络—高等职业教育—教材 Ⅳ. ①TP393

中国版本图书馆 CIP 数据核字（2016）第 258332 号

策划编辑：吕　迈
责任编辑：郝黎明　特约编辑：张燕虹
印　　刷：北京捷迅佳彩印刷有限公司
装　　订：北京捷迅佳彩印刷有限公司
出版发行：电子工业出版社
　　　　　北京市海淀区万寿路 173 信箱　邮编　100036
开　　本：787×1 092　1/16　印张：16.75　字数：428 千字
版　　次：2003 年 8 月第 1 版
　　　　　2017 年 6 月第 4 版
印　　次：2021 年 7 月第 4 次印刷
定　　价：39.80 元

前　言

本书第 3 版自 2012 年出版以来，深受广大读者的喜爱，曾多次印刷。为适应网络工程设计与安装及新技术发展的需要，保持教材内容的先进性和可操作性，我们从网络工程设计理论和方法、网络设备安装与配置管理，以及网络运行维护等方面，对本书内容进行了再次修订。本次修订是在第 3 版的基础上，进行了全新的内容组织和充实，尽可能地反映当今计算机网络工程的发展状况，涵盖网络系统集成的新技术、新方法，以适应读者的需求。

本次修订，充分考虑高职学生的认知特征和课程学习目标。依据建构主义学习观，从网络工程设计、设备安装与配置管理，以及网络运维的视角组织相关内容。全书内容连贯、层次结构分明，方法与技术融合，具有良好的逻辑性。通过“案例学习”和“上机实验”等环节，体现教材内容的实践性与可操作性。将网络工程设计、设备安装与配置管理中较难理解的技术和方法，分散在不同的章节介绍，实现了难度分散的编写目的，便于学生理解与掌握。

本次修订紧扣网络工程设计与安装的主题，突出内容的实用性和系统性。这些内容包括：网络需求分析，网络布线设计与安装，数据中心机房设计与安装，高速局域网设计与配置管理，局域网路由（静态、OSPF）设计与配置管理，局域网系统虚拟化（多台交换机变一台、一台交换机变多台）配置管理、企业简网络整体架构，无线局域网设计与设备安装，Windows Server 2008 安装，DNS 与 Web 服务器配置管理，数据备份及恢复服务器配置管理，网络安全接入与准出控制技术及应用，Web 服务器安全配置管理，基于 ACL 的边界网络安全配置管理，网络项目质量管理，项目成本及效益估算，网络性能测试与改善，网络故障诊断与排除等。这些实用网络技术和相关案例均来自工程实践。读者可以直接应用在网络设计与系统集成的项目之中，或稍加修改即可作为实际的网络工程使用。

本书由学习情境引导，阐明章节知识、情感和技能目标。每章均通过案例和大量图表对教材重点、难点进行类比与形象说明。每章提供了用于测评学习效果的习题和实训题，这些测试题突出“做中学”的思想，关注方法形成与能力提高。

总之，本次修订坚持以“实用技术为主、工程实践为线、侧重主流产品、重视案例学习”的原则；立足于“看得懂、学得会、用得上”的策略，由浅入深、循序渐进地介绍了网络工程设计、网络设备安装与配置管理，以及网络运行维护的理论、技术和方法。

本书共 8 章，由山西师范大学杨威教授、山西信息职业技术学院王英鉴院长担任主编，由山西大学计算机学院杨陟卓讲师（博士）、徐州工业职业技术学院于本成副教授、江苏农林职业技术学院田崇峰讲师担任副主编。本书第 1～2 章、第 4 章由杨威、杨陟卓编写，第 3 章、第 5 章由王英鉴编写，第 6～8 章由于本成、田崇峰编写。全书由杨威统稿、定稿。本书其他参编者有：苑戎、江晨、史春秀、宁月琴、段琴、孙清亮、皇甫睿、范丽丽、王杏元。

本书的出版得益于电子工业出版社的关怀和支持，尤其是吕迈编审的支持和帮助。在编写本书过程中，吸取了许多网络工程设计与安装专著、论文的优点，得到了许多老师的帮助。在本书出版之际，对给予我们帮助、鼓励和支持的老师，在此一并表示感谢。

限于作者水平，加之时间紧迫，书中错误、疏漏之处难免，敬请广大读者批评和指正。

编　者

2016 年 9 月

目　录

第1章　网络工程设计基础

"工欲善其事，必先利其器"，这句出之《论语》的名言是说工匠在做工前打磨好工具，操作起来就能得心应手，就能达到事半功倍的效果。该名言常用来比喻要做好一件事，准备工作非常重要。该名言对网络工程设计与安装同样适用，即在某个网络项目提出之时，网络工程技术人员与用户沟通，了解用户组网需求，能够将用户需求用网络技术语言清晰表达。做好此项任务的前提是熟悉网络工程设计的基本理论和方法。

本章简要回顾网络工程设计的基本知识，包括OSI模型、TCP/IP协议栈，网络拓扑结构，IP协议相关知识。从工作过程视角，重点介绍网络工程需求分析，以及网络工程设计方法。通过本章学习，从知识、情感及技能方面，达到以下目标。

（1）描述网络工程设计的概念，了解网络技术集成、产品集成和应用集成的内涵，理解网络工程概念框架。回顾网络系统结构与协议内涵（知识重点），对比OSI模型与TCP/IP模型（知识重点），会分析实际网络体系结构（知识难点）。

（2）识别IPv4与IPv6地址结构（知识重点与难点），针对IPv4地址配置实例，会进行子网地址划分与地址分配（知识与技能重点）。上网体验域名解析系统的工作过程（技能），走访校园网管理部门，调查与研究校园网拓扑结构与组网的关键技术（情感与技能重点）。

（3）理解用户组网需求调研的方法和步骤，以及网络工程设计方法（知识重点）。亲历网络需求分析的过程，获得网络工程设计的感性认识（情感与技能）。尝试、模仿网络专家分析问题、解决问题的行为（情感难点），能按照用户网络需求和网络设计方法撰写简单的网络工程需求任务书（技能难点）。

1.1　网络工程设计概述

1.1.1　网络工程设计概念

工程是将自然科学原理应用到工农业生产中，形成各学科的总称。网络工程是计算机及相关科学的指导下的现代网络技术应用。通过应用，使网络结构、设备、软件和网络过程，以最短的时间和精而少的人力做出高效、可靠且对人类有用的东西。

设计是将一种计划、规划、设想，通过视觉形式传达出来的文案撰写过程。人类最基本及主要的创造活动是造物。设计便是造物活动进行的预先计划，可以把任何造物活动的计划技术和计划过程理解为设计。

因此，网络工程设计的定义是：依据用户组网需求和资金及时间约束，采用主流网络技术和性价比高的网络产品，整合用户原有网络基础，提出科学、合理、实用、好用且够用的网络工程解决方案。该方案能够将各种网络设备、操作系统与应用系统进行集合、组合，形成一体化系统。也就是将网络硬件（路由器、交换机、集线器、防火墙、服务器、客户机、传输介质）和网络软件（系统软件、应用软件）有机组合，形成协同工作、高效运行、安全可靠，能够满足用户需求的网络系统。

1.1.2 网络工程设计层面

网络工程设计从技术层面看有三个问题。第一，针对用户组网需求，可选用的网络技术、网络产品和网络应用系统有哪些；第二，要解决哪些网络应用问题；第三，网络应用的效果如何。因此，在进行网络工程设计时，网络工程技术人员首先要搞清楚网络技术集成、网络产品集成和网络应用集成这三个层面的要求；其次是用网络工程语言表述用户需求，使用户理解设计者所做的工作。

1．网络技术集成

网络技术起源于 20 世纪 80 年代，发展于 20 世纪 90 年代。尤其是在近十多年来，网络技术已广泛地应用于工业、商业、金融、政府、教育、科研以及日常生活的各个领域，成为信息社会的重要产业。

按照网络结构分类，可分为局域网技术和广域网技术。局域网技术包括：十/百兆位全双工式交换以太网、千兆位高速以太网、万兆位高速以太网等。广域网接入技术包括：非对称数字用户环路（ADSL）、数字数据网（DDN）、帧中继（Frame Relay）、无源以太光网络（EPON）等。按照网络安全分类，可分为局域网安全和广域网安全技术。局域网安全技术包括：防火墙、虚拟专用网络（VPN）、病毒防杀、准入/准出控制、身份认证等。广域网安全技术包括：信息加密、数字证书、加密超文本传输协议（HTTP）等。按照信息资源分类，可分为服务器、网络存储、操作系统、数据库和应用软件等。

由于网络技术体系纷繁复杂，使用户和一般技术人员难以选择和使用。这就要求有一种熟悉各种网络技术的角色，完全从用户的网络应用和业务需求入手，充分考虑技术发展的变化，帮助用户分析网络需求。根据用户需求的特点，选择局域网技术、广域网接入技术、安全技术，以及信息资源构建技术，为用户提供网络工程整体解决方案。这个角色就是网络工程技术人员，也就是常说的“网络系统集成”人员。

2．网络产品集成

每一项技术标准的诞生都会带来一大批丰富多样的产品，每个公司的产品都自成系列，在功能和性能上存在一些差异。例如，交换机、路由器的品牌有 Cisco、华为、锐捷、华三等；服务器品牌有 HP、DELL、联想、曙光、浪潮等；操作系统有 Windows Server、Linux、UNIX 等。事实上，经过多年的发展，对大、中、小型局域网建设，上述品牌设备均能满足用户组网需求。这就要求网络工程技术人员至少要了解与掌握一两个品牌产品的功能和性能特点，能根据用户组网的实际需要和费用，为用户选择适当的网络软、硬件设备，按照网络组建技术路线安装、配置、管理与维护网络产品的集成。

3．网络应用集成

用户需求互不相同、各具特色，决定了面向不同行业、不同规模、不同层次的多种网络应用，如校园网、政务网、企业网等的数据/话音/视频一体化、数据库与信息管理、Web 信息网站、网络办公与协同工作、电子邮件与及时沟通等。这些不同的应用需要不同的网络平台，这就要求网络工程技术人员用大量的时间进行需求调研、分析应用模型、反复论证方案，给用户提供实用、好用、够用的一体化解决方案，并进行工程实施。

1.1.3　网络工程概念框架

网络工程是一门综合学科，涉及系统论、控制论、管理学、计算机技术、网络技术、数据库技术和软件工程等领域。从系统工程的视角看，一个完整的园区网络工程（企业网、校园网、政务网等）包括：网络综合布线、网络通信、资源服务器、网络协议、网络安全、网络管理和网络应用等层面。按照它们之间的逻辑关系，网络工程概念框架如图 1.1 所示。

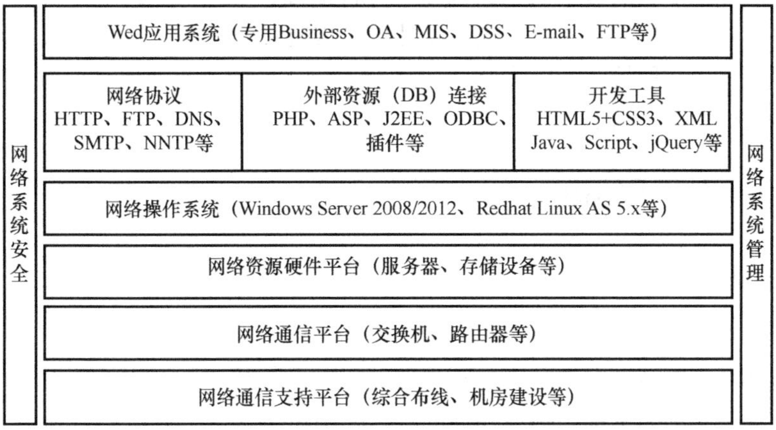

图 1.1　网络工程概念框架

（1）网络通信支持平台。该平台是为了保障网络安全、可靠、正常运行所必须建构的环境保障设施，主要包括网络机房系统和综合布线系统。机房系统涉及机房装修，机房供电与接地，机房防尘、防静电，机房温度、湿度控制等设施。综合布线系统包括工作区子系统、水平区子系统、管理子系统、干线子系统、建筑子系统、设备间子系统等。

（2）网络通信平台。该平台主要包括集线器、第二层交换机、第三层交换机、路由器、远程访问服务器、MODEM、收发器、无线网桥和网卡等通信设备。

（3）网络资源硬件平台。该平台主要包括服务器和网络存储系统。服务器是网络信息资源的宿主设备，网络存储是信息资源备份和集中管理的设施，二者相辅相成，共同构成网络资源硬件平台。

（4）网络操作系统。网络操作系统是实施网络资源架构与管理的操作平台，它分为两个大类：一类是采用 Intel 处理器的 PC 服务器操作系统；另一类是采用标准 64 位处理器的 UNIX 操作系统。PC 服务器通常采用 Windows Server 2008/2012 和 Redhat Linux AS 5.x 及以上版本的操作系统，一般在大中型、中小型网络中普遍采用。

（5）网络应用系统。网络应用系统采用 PHP 或 ASP+或 J2EE 和 ODBC 等技术与数据库连接，采用 HTML5+CSS3、Java Script、jQuery、XML、Java（或 C#或 C++）和等开发工具制作 Web 信息系统，为用户提供各种形式的信息。用户采用 Web 浏览器通过 HTTP、FTP 和 DNS 等协议使用这些服务。

（6）网络系统安全。网络安全的主要设施有防火墙、入侵检测、防病毒、身份验证、防窃听和防辐射等系统，其功能涵盖了整个系统。加密、授权访问、数字签名与验证、站点属性设置和访问控制列表等保障了网络数据传输和访问的安全性。

（7）网络系统管理。网络管理是对网络通信、网络服务和应用系统的管理，可分为静态和动态运行管理、系统配置管理、性能调整管理、信息资源管理、系统人员管理等，保障了网络整体系统高效、可靠、稳定且使用起来方便、快捷。

1.2 网络基本知识概述

自20世纪80年代以来，计算机网络飞速发展，已成为一种复杂、多样的大系统。网络系统集成要解决许多复杂的技术问题。例如，支持铜线、光缆、无线等介质通信；支持多厂商、异构系统互连（包括软件通信协议与硬件接口规范）；支持多种业务，如Web服务、视频点播、远程医疗、远程教育、IP电话、IP存储、网上购物，以及电子商务、电子政务等；支持可视化的人机接口，满足人们对多媒体应用日益增长的需求。

1.2.1 网络协议与体系结构

1. 网络协议

计算机网络由多个互连的网络单元（节点）组成，网络单元之间要不断地交换数据和控制信息。要做到有条不紊地交换数据，每个网络单元必须遵守一些事先约定好的共同规则。为网络数据交换而制定的规则、约定和标准统称为网络协议（Network Protocol）。

一般来说，一个网络协议由三个要素构成：语法、语义和时序。语法确定通信双方之间“如何讲”，由逻辑说明构成；确定通信时采用的数据格式、编码、信号电平及应答结构等。语义确定通信双方之间“讲什么”，由通信过程的说明构成；要对发布请求、执行动作及返回应答予以解释，并确定用于协调和差错处理的控制信息。时序则确定事件的顺序以及速度匹配和排序等。

2. 体系结构

为了完成计算机间的协同工作，把计算机间互连的功能划分成具有明确定义的层次，规定了同层次进程通信的协议及相邻层之间的接口服务。将这些同层次进程通信的协议及相邻层接口统称为网络体系结构。

网络协议对计算机网络是不可缺少的，一个完善的计算机网络需要由一系列网络协议构成一套完备的网络协议集。大多数计算机网络在设计时，将网络划分为若干个相互联系而又各自独立的层次；然后针对每个层次及层次间的关系制定相应的协议，这样可以减少协议设计的复杂性。像这样的计算机网络层次结构模型及各层协议的集合，也称为计算机网络体系结构（Network Architecture，NA）。

世界上第一个计算机网络体系结构是IBM公司于1974年提出的，被命名为系统网络体系结构（System Network Architecture，SNA）。在此之后，许多公司纷纷提出了各自的网络体系结构。这些网络体系结构的共同之处是均采用了分层技术，但层次划分、功能分配及所采用的技术术语均不相同。随着信息技术与信息社会的发展，各种计算机系统连网和各种计算机网络的互连，已成为人们迫切需要解决的问题。开放系统互连参考模型（OSI）就是在这样一个背景下提出和研究的。

1.2.2　OSI 参考模型

IEEE 802 委员会于 1981 年提出了开放系统互连（OSI）参考模型。OSI 参考模型定义了异构计算机（硬件结构、软件指令均不同）连网的框架结构，受到计算机和通信行业的极大关注。OSI 参考模型的不断发展，得到了国际上的承认，成为其他计算机网络体系结构的标准，大大推动了计算机网络与通信的发展。

OSI 参考模型采用三级抽象，即体系结构、服务定义和协议规格说明。体系结构部分定义 OSI 参考模型的层次结构、各层间关系及各层可能提供的服务；服务定义部分详细说明了各层所具备的功能；协议规格部分的各种协议精确定义了每一层在通信中发送控制信息及解释信息的过程。提供各种网络服务功能的计算机网络系统是非常复杂的。根据分而治之的原则，OSI 参考模型将整个通信功能划分为 7 个层次，如图 1.2 所示。

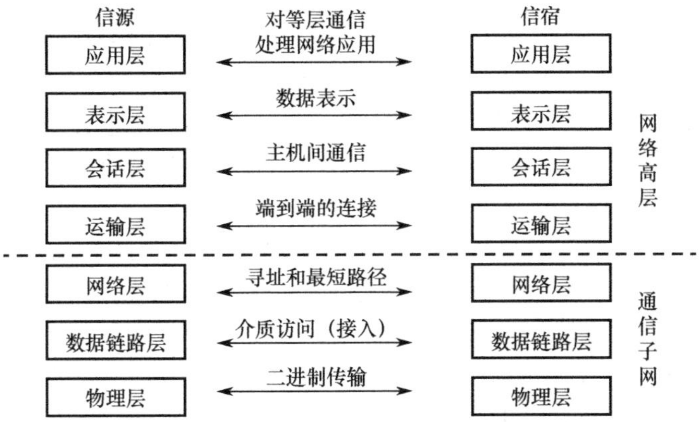

图 1.2　IEEE 802 OSI 参考模型

从总体上看，计算机网络分为“通信子网”和“网络高层”两大层次。通信子网（第 1～3 层）支持通信接口，提供网络访问；网络高层（第 4～7 层）支持端到端通信，提供网络服务。无论怎样分层，较低的层次总是为与它紧邻的上一层提供服务的。

OSI 参考模型是理论模型。该模型的建立有利于将网络通信作业拆解成较小的、较简单的部分，方便设计制造。将网络元件标准化，使更多的厂商加入开发及技术支持，让各种不同类型的网络硬件与软件彼此互通信息。防止一层中的改变影响到其他各层，便于更加迅速地发展。将网络通信作业拆解成较小的部分，在学习和了解时就更加简单和明了。

1.2.3　TCP/IP 体系结构

1. TCP/IP 协议

由于种种原因，OSI 参考模型并没有真正成为应用在工业技术中的网络体系结构。Internet 在全世界的飞速发展，使 Internet 所遵循的 TCP/IP 体系结构得到了广泛的应用。TCP/IP 体系结构是一个协议集，也称 TCP/IP 协议集，如图 1.3 所示。

TCP/IP 协议中最重要的是传输控制协议（Transmission Control Protocol，TCP）和网际协议（Internet Protocol，IP），通称 TCP/IP 协议。TCP/IP 协议具有如下 4 个特点。

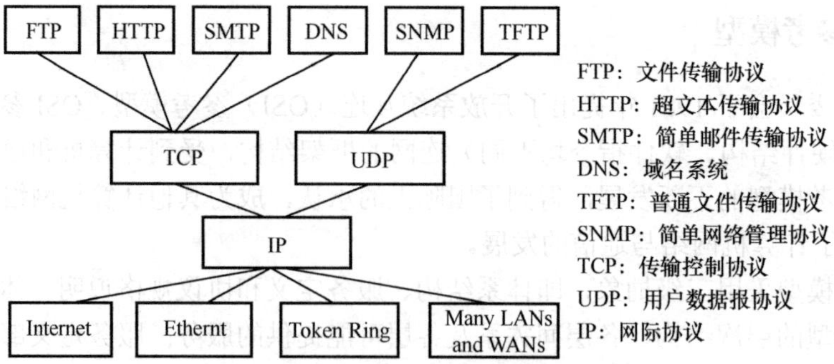

图 1.3　TCP/IP 协议集

（1）开放的协议标准，可以免费使用，并且独立于特定的计算机硬件与操作系统。

（2）独立于特定的网络硬件，可以运行在局域网、广域网中，更适用于网络互连。

（3）统一的网络地址分配方案，使得网络中的每台主机在网中都具有唯一的地址。

（4）标准化的高层协议（FTP、HTTP、SMTP 等），可以提供多种可靠的网络服务。

在 TCP/IP 协议中，TCP 协议和 IP 协议各有分工。TCP 协议是 IP 协议的高层协议，TCP 在 IP 之上提供了一个可靠的面向连接的协议。TCP 协议能保证数据包的传输及正确的传输顺序，并且它可以确认数据包头和包内数据的准确性。如果在传输期间出现丢包或错包的情况，TCP 负责重新传输出错的包。这样的可靠性使得 TCP/IP 协议在会话式传输中得到充分应用。IP 协议为 TCP/IP 协议集中的其他所有协议提供“包传输”功能，IP 协议为计算机网络上的数据提供了一个有效的无连接传输系统。也就是说，IP 包不能保证到达目的地，接收方也不能保证按顺序收到 IP 包，它仅能确认 IP 包头的完整性。最终确认数据包是否到达目的地，还要依靠 TCP 协议。其原因是，TCP 协议是面向连接的服务。

2．TCP/IP 体系结构及功能

TCP/IP 体系结构分为 4 个层次：网络接口层、网络互连层（IP 层）、运输层和应用层。TCP/IP 体系结构与 OSI 参考模型的对应关系如图 1.4 所示。

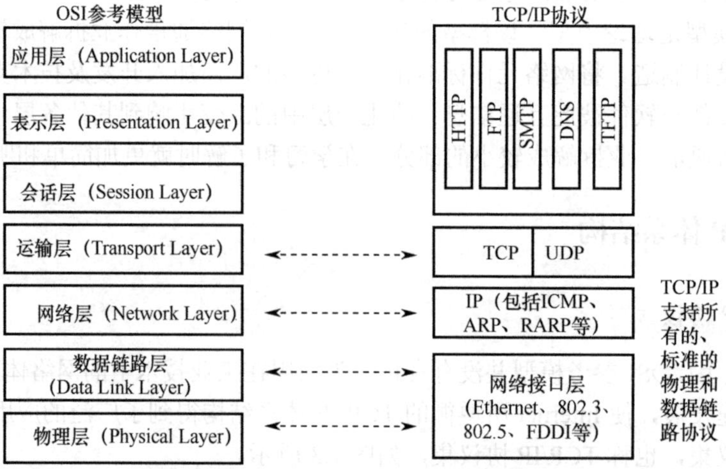

图 1.4　TCP/IP 体系结构与 OSI 参考模型的对应关系

TCP/IP 的网络接口层（Network Interface）对应 OSI 的物理层，TCP/IP 的 IP 层（包括 ICMP、

ARP、RARP 等协议）对应 OSI 的数据链路层，TCP/IP 的运输层（TCP、UDP）对应 OSI 的运输层，TCP/IP 的应用层（高层协议）对应 OSI 的会话层、表示层及应用层。

TCP/IP 各层及协议的功能如下：

（1）网络接口层。该层是整个体系结构的基础部分，负责接收 IP 层的 IP 数据包，通过网络向外发送；或接收、处理网络上的物理帧，抽出 IP 数据包，向 IP 层发送。该层是主机与网络的实际连接层，网络接口层中的比特流传输相当于邮政系统中信件的运送。

（2）网络互连层（IP 层）。该层是整个体系结构的核心部分，负责处理互联网中计算机之间的通信，向运输层提供统一的数据包。它的主要功能是处理来自运输层的分组发送请求，处理接收的数据包和处理互连的路径。

网络互连层 IP 协议提供了无连接（不可靠）的数据包传输服务，数据包从一个主机经过多个路由器到达目的主机。如果路由器不能正确地传输数据包，或者检测到影响数据包的正确传输的异常状况，路由器就要通知信源主机或路由器采取相应的措施。

网络互连层的 Internet（因特网）控制消息协议（Internet Control Messages Protocol，ICMP）的消息被封装在 IP 数据报里，用来发送差错报告和控制信息。ICMP 定义了如下消息类型：

- 目的端无法到达（Destination Unreachable）；
- 数据报超时（Time Exceeded）；
- 数据报参数错（Parameter Problem）；
- 重定向（Redirect）；
- 回声请求（Echo）；
- 回声应答（Echo Reply）；
- 信息请求（Information Request）；
- 信息应答（Information Reply）；
- 地址请求（Address Request）；
- 地址应答（Address Reply）

……

ICMP 为 IP 协议提供了网络通断检测、差错控制、网络拥塞控制和路由控制等功能。最常用的是“目标 Z 无法到达”和“回声”消息，如图 1.5 所示。

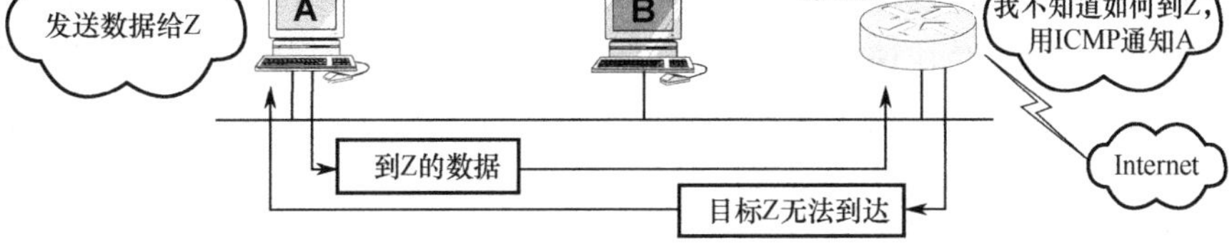

图 1.5　ICMP 工作示意图

网络互连层的地址解析协议（Address Resolution Protocol，ARP）提供地址转换服务，查找与给定 IP 地址对应主机的物理地址（网卡的 MAC 地址）。与 ARP 功能相反的是 RARP（Reverse ARP），RARP 协议主要将主机物理地址转换为对应的 IP 地址。

ARP 协议采用广播消息的方法来获取网上 IP 地址对应的 MAC 地址。对于使用低层介质访问机制的 IP 地址来说，ARP 协议是非常通用的。当一台主机要发送数据包时，首先通过 ARP 获取 MAC 地址，并把结果存储在 ARP 缓存的 IP 地址和 MAC 地址表中，如图 1.6 所示。在该主机下次需要发送数据包时，就不用再发送 ARP 请求，只要在 ARP 缓存中查找就可以了。

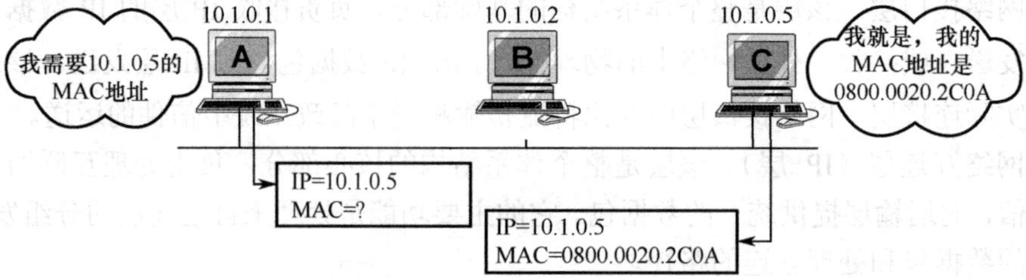

图 1.6　ARP 工作示意图

与 ARP 协议类似，反向地址解析协议（RARP）也采用广播消息的方法，通过客户机访问 RARP 服务器来决定与客户机 MAC 地址相对应的客户机 IP 地址，如图 1.7 所示。RARP 对于网络无盘客户机来说显得尤为重要。因为无盘客户机在系统引导时根本无法知道它自己的 IP 地址，只能通过 RARP 协议完成从自身的 MAC 地址到对应 IP 地址的转换。

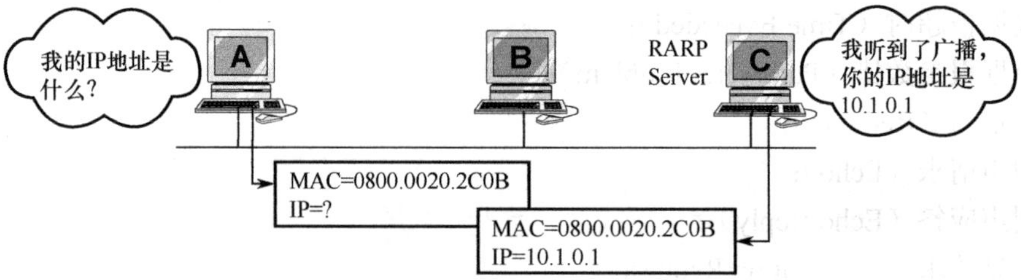

图 1.7　RARP 工作示意图

（3）运输层。该层是整个体系结构的控制部分，负责应用进程之间的端到端通信。运输层定义了两种协议：传输控制协议（Transmission Control Protocol，TCP）与用户数据报协议（User Datagram Protocol，UDP）。

TCP 协议是一种可靠的面向连接的协议，允许从一台主机发出的字节流无差错地发往互联网上的其他机器。TCP 将应用协议的字节流分成数据段，并将数据段传输给 IP 层打包。在接收端，IP 层将接收的数据包解开，再由 TCP 层将收到的数据段组装成应用协议字节流。TCP 还可处理流量控制，以避免快速发送方向低速接收方发送过多数据包，而使接收方无法处理。

UDP 协议是一种无连接（不可靠）协议，它与 TCP 协议不同的是，它不进行分组顺序的检查和差错控制，而是把这些工作交给上一级（应用层）完成。

（4）应用层。该层是整个体系结构的协议部分，它包括了所有的高层协议，并且总是不断有新的协议加入。与 OSI 参考模型不同的是，在 TCP/IP 模型中没有会话层和表示层。由于在应用中发现，并不是所有的网络服务都需要会话层和表示层的功能，因此，这些功能逐渐被融合到 TCP/IP 协议中应用层的那些特定的网络服务中。应用层是网络操作者的应用接口，正像发信人将信件放进邮筒一样，网络操作者只需在应用程序中按下发送数据按钮，其余的任务都由应用层以下的各层来完成。

1.2.4　网络拓扑结构

1．拓扑结构的分类

计算机网络中各单元相互连接的方法和形式称为网络拓扑。网络拓扑结构主要有总线、星状、环状、树状、扩展星状和网状等，如图 1.8 所示。每种拓扑结构均有优缺点和适应范围。

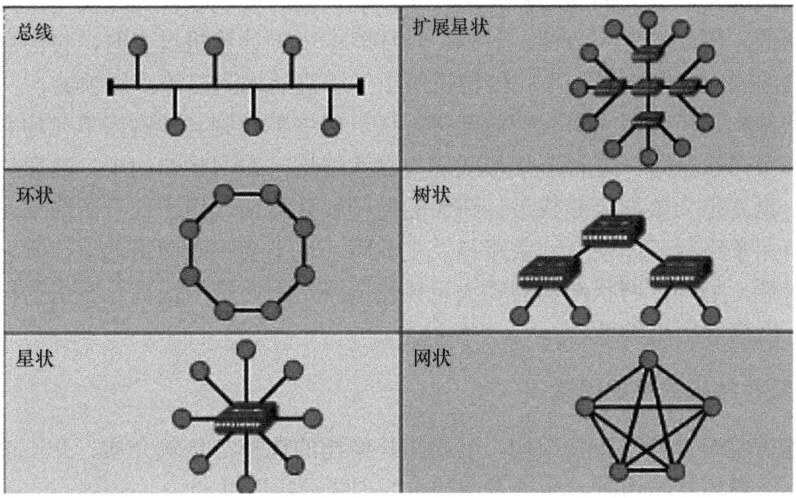

图 1.8　网络拓扑结构示意图

（1）总线结构。采用共享传输线路作为介质，所有的网络单元都通过相应的硬件接口直接连接到干线电缆（总线）上。总线拓扑的优点是结构简单，电缆长度短，易于布线，造价低廉且易于扩充等。增加新网络单元时，可在总线的任一点将其接入，如需增加总线长度，可用中继器（集线器）或网桥（交换机）来扩展一个附加段。总线结构的主要缺点是故障诊断和隔离困难。因为它不是集中控制的，所以故障检测需要在网上的各个单元上进行。总线结构是局域网的主流结构（以太网）之一，广泛应用于随时都有扩充网络单元要求的网络系统。

（2）星状结构。星状结构是指各网络单元以星状方式连接成网络。网络有中央单元（核心交换机），其他单元（客户机、服务器、交换机等）都与中央单元直接相连。这种结构以中央单元为中心，又称为集中式网络。除中央单元外，其他单元的故障只影响自己，不会影响全网；因此，容易检测和隔离故障，以及重新配置网络。

星状结构的主要缺点是对中心单元的可靠性和冗余度要求很高，一旦中心单元产生故障，则全网不能工作。另外，星状结构需要大量电缆，费用较高。星状结构广泛应用于高度集中于中心单元的网络。由于目前计算机系统已从集中的主机系统发展到分布式系统，所以星状结构的使用会有所减少。

（3）扩展星状结构。在网状结构中有一级中央（核心交换机）单元节点，还有二级中央（汇聚交换机）单元节点。客户机、服务器与中央单元节点不直接相连，汇聚单元节点上连核心单元节点、下连接入单元（交换机）节点。这种结构以多中央节点为中心，称为扩展星状结构。它除具有星状结构的特点外，其最大的特点就是适合组建大中型局域网，扩大了局域网的地理范围。

（4）树状结构。树状结构是分级的集中控制式网络，与星状结构相比，它的通信线路总长度短（所有单元连接介质的总和），成本较低，单元节点易于扩充。但除了接入单元节点及其相连的线路外，任一单元节点或其相连的线路故障都会使系统受到影响。

（5）环状结构。所有网络单元彼此串行连接，就像自行车的链条，构成一个回路（或称环路），这种连接形式称为环状结构。在环状结构中，数据是单方向被传输的，两个单元节点之间仅有唯一的通路，大大简化了路径选择的控制，同时控制软件比较简单，可靠性高。由于环路是封闭的，所以扩充不方便。另外，当环路中所接计算机过多时，将会影响信息传输效率，使网络的响应时间变长。环状结构适用于工厂自动化测控等应用领域。

（6）网状结构。所有网络单元彼此连接，任一网络单元到其他网络单元均有两条以上的路径，构成一个网状链路，这种连接形式称为网状结构。在网状结构中，数据传输路径选择的控制复杂，也就是为数据包寻找最佳路经的控制软件复杂。由于任一网络单元节点到其他单元节点均有两条路径，即便有一条路径发生故障，也不会中断网络通信，所以网状结构具有很高的可靠性。另外，网状结构需要大量传输链路，因此费用很高。网状结构适用于广域网和大型园区网络等应用领域。

2．选择拓扑结构的考虑因素

网络组建需要确定网络拓扑结构。网络拓扑结构的选择与传输介质、介质访问控制方法等紧密相关。选择拓扑结构时，应该考虑的主要因素有以下几点。

（1）费用。不论选用什么样的拓扑结构都需进行安装，如电缆布线等。若要降低安装费用，就需要对拓扑结构、传输介质、传输距离等相关因素进行分析，选择合理的方案。

（2）灵活性。在设计网络时，考虑到设备和用户需求的变迁，拓扑结构必须具有一定的灵活性，能被容易地重新配置。此外，还要考虑原有网络单元节点的删除、新网络单元节点的加入等问题。

（3）可靠性。在局域网中有两类故障：一类是网络中个别网络单元损坏，这只影响局部；另一类是网络核心单元故障，导致网络系统无法运行。拓扑结构的选择要使故障的检测和隔离较为方便。

1.2.5 IPv4 协议

在计算机寻址中经常会遇到“名字”、“地址”和“路由”这三个术语，它们之间是有较大区别的。名字是要设置的，就像人名一样；而地址用来指出这个名字在什么地方，就像人的住址一样；路由用来解决如何到达目的地址的问题，就像已经知道了某个人住在什么地方，现在要考虑走什么路线、采用什么交通工具到达目的地最为简便。

1．IP 地址

目前，正在使用的 IP 协议是 IPv4，新版本的 IP 协议是 IPv6。IPv4 协议要寻找的“地址”是 32 位长（由 4 个分段的十进制数组成），由网络号（网络 ID）和主机号（主机 ID）两部分构成。按照 IP 协议规定，Internet 上的地址共有 A、B、C、D、E 五类，各类 IP 地址结构如图 1.9 所示。由图 1.9 可知，常用的 A、B、C 三类地址的网络地址长度、主机数量及适用的网络规模如表 1.1 所示。

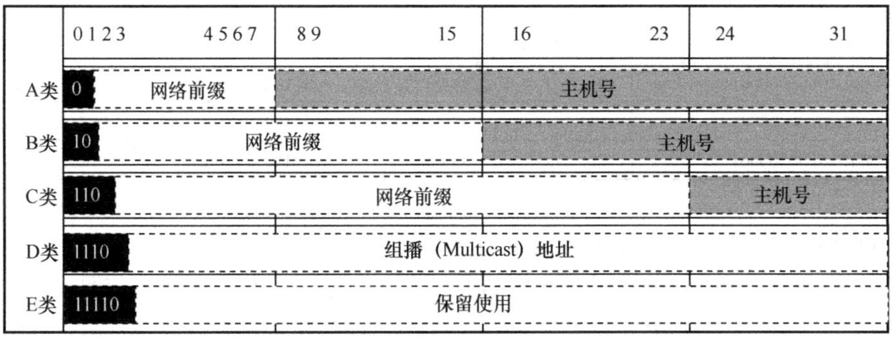

图 1.9　各类 IP 地址结构

表 1.1　IP 地址的类别与规模

类别	第一字节范围	网络地址长度	最大的主机数目/台	适用的网络规模
A	1～126	1 字节	16 387 064	大型网络
B	128～191	2 字节	64 516	中型网络
C	192～223	3 字节	254	小型网络

A 类地址中的 10.0.0.0～10.255.255.254，B 类地址中的 172.16.0.0～172.31.255.254 和 C 类地址中的 192.168.0.0～192.168.255.254 这三部分网络地址不可用于 Internet，可作为 Intranet 专用地址段。另外，127.0.0.0～127.255.255.254 这段地址也是属于保留使用的，用于本机环路测试类 IP 地址。例如，测试网卡是否正常，可采用 ping 127.0.0.1。

2．子网与子网掩码

Internet 规模的急剧增长，促使对 IP 地址的需求激增。由此带来的问题是：IP 地址资源的严重匮乏和“路由表”规模的急速增长。解决办法是，当网络规模较小，即 IP 地址空间没有全部利用时，从主机号部分拿出几位作为子网号。这种在原来 IP 地址结构的基础上增加一级结构的方法，称为子网划分。

例如，三个 LAN 的主机数分别为 20、25 和 28，均少于 C 类地址允许的主机数。为这三个 LAN 申请三个 C 类 IP 地址显然有点浪费。可以对 C 类网络地址划分子网，即将主机号部分的前三位用于标识子网号：11000000 00001010 00000001 XXXYYYYY（子网号 XXX，新主机号 YYYYY）。例如，192.10.1.0 可以划分出 2^3＝8 个子网，如表 1.2 所示。

表 1.2　192.10.1.0 可以划分的 8 个子网

C 类网络地址（二进制）	子网号（二进制）	主机号（二进制）	子网地址（十进制）	子网掩码（十进制）
11000000 00001010 00000001	000	00000	192.10.1.0	255.255.255.224
11000000 00001010 00000001	001	00000	192.10.1.32	255.255.255.224
11000000 00001010 00000001	010	00000	192.10.1.64	255.255.255.224
11000000 00001010 00000001	011	00000	192.10.1.96	255.255.255.224
11000000 00001010 00000001	100	00000	192.10.1.128	255.255.255.224

（续表）

C类网络地址（二进制）	子网号（二进制）	主机号（二进制）	子网地址（十进制）	子网掩码（十进制）
11000000 00001010 00000001	101	00000	192.10.1.160	255.255.255.224
11000000 00001010 00000001	110	00000	192.10.1.192	255.255.255.224
11000000 00001010 00000001	111	00000	192.10.1.224	255.255.255.224

从主机地址中借用来表示子网地址的长度是可以改变的。为了指定有多少个二进制位用来表示子网的地址，IP协议提供了子网掩码的概念。子网掩码为32位，网络号（包括子网号）部分全为“1”，主机号部分全为“0”。子网划分后，可采用子网掩码来分离网络号和主机号。例如，192.10.1.0划分出8个子网，网络号为24位，子网号为3位，总共27位。所以，子网掩码为11111111 11111111 11111111 11100000，即255.255.255.224。

A、B、C三类网络的默认掩码分别为：A类地址255.0.0.0，B类地址255.255.0.0，C类地址255.255.255.0。

划分子网的目的是微化网络，即将大网络分割成小网络，便于网络的管理和维护。子网主机地址与子网掩码进行二进制“与”操作，可以判断主机地址是否属于同一网段（两个IP地址与操作的结果相同，则在同一网段；否则不在同一网段）。处于同一网段上的主机可以直接通信，而且广播信息也被封闭在同一网段内。不同网段的主机进行通信时，必须通过路由器才能互相访问。C类子网的各种掩码所能划分的网段数目和主机数如表1.3所示。

表1.3 C类子网划分网段数目表

子网数	每个子网内主机数	从原主机所借位数	子网掩码
2	126	1	255.255.255.128
4	62	2	255.255.255.192
8	30	3	255.255.255.224
16	14	4	255.255.255.240
32	6	5	255.255.255.248
64	2	6	255.255.255.252

3. 域名系统

IP地址是全球通用地址，但对于一般用户来说，IP地址太抽象，而且它用数字表示，不容易记忆。因此，TCP/IP为方便人们记忆，设计了一种字符型的计算机命名机制，这就是域名（Domain Name，DN）系统。

域名系统的结构是层次型的，如cn代表中国的计算机网络，cn就是一个域。域下面按领域又分子域，子域下面又有子域。在表示域名时，自右到左越来越小，用圆点“.”分开。

例如，sxnu.edu.cn是一个域名，cn代表中国域；edu表示网络域cn下的一个子域，代表教育界；sxnu则是edu下的一个子域，代表山西师范大学。

同样，对一台计算机也可以命名，称为主机名。在表示一台计算机时，把主机名放在其所属域名之前，用圆点分隔开，就形成了主机地址，这样便可以在全球范围内区分不同的计算机了。例如，mail.sxnu.edu.cn表示sxnu.edu.cn域内名为mail的计算机。

Internet通信软件要求在发送和接收数据包时，必须使用数字表示的IP地址。因此，一个应用程序在与用字母表示名字的计算机上的应用程序通信之前，必须将名字翻译成IP地址。Internet 提供了一种自动将计算机名翻译成 IP 地址的服务，即域名解析服务的功能。

域名系统与 IP 地址有映射关系，采用层次型管理。在访问一台计算机时，既可用 IP 地址表示，也可用域名表示。例如，mail.sxnu.edu.cn 与 202.207.160.4 指的是同一台计算机。

域名与 IP 地址的关系如同人的姓名与身份证号码的关系。Internet 上有很多负责将主机地址转为 IP 地址的域名服务器（Domain Name Server，DNS），这个服务系统会自动将域名翻译为 IP 地址，或将 IP 地址翻译为域名。

一般情况下，一个域名对应一个 IP 地址，但并不是每个 IP 地址都有一个域名和它对应。对于那些不需要他人访问的计算机只有 IP 地址，没有域名。也有一个域名对应多个 IP 地址的情况。例如，"山西师范大学"主页的域名是"www.sxnu.edu.cn"，它具有的 IP 地址分别是 202.207.160.3 和 60.221.248.213。使用域名或两个 IP 地址中的任意一个均可访问同一个主页。

1.2.6　IPv6 协议

随着 Internet 的迅速增长以及 IPv4 地址空间的逐渐耗尽，IPv4 的局限性就越来越明显。对新一代互联网络协议（Internet Protocol Next Generation，IPng）的研究和实践已经成为热点。Internet 工程任务工作小组（IETF）的 IPng 工作组确定了 IPng 的协议规范，并称之为"IP 版本 6（IPv6）"。IPv6 是用来替代 IPv4 的一种新的 IP 协议。

1．IPv6 地址压缩表示

IPv4 地址是 32 位二进制数，支持 4×10^{9} 个网络地址。IPv6 地址是 128 位二进制数，支持 3.4×10^{38} 个网络地址。为了方便描述，IPv6 采用冒号分割的 8 组十六进制数格式。例如，2001:0db8:85a3:08d3:1319:8a2e:0370:7344，是一个合法的 IPv6 地址。

如果 IPv6 地址中的 4 个数字都是零，则零可以被省略。例如，2001:0db8:85a3:0000:1319:8a2e:0370:7344，等价于 2001:0db8:85a3::1319:8a2e:0370:7344。遵从该规则，如果因为省略而出现了两个以上的冒号，则可以压缩为一个，但这种零压缩在地址中只能出现一次。因此，2001:0db8:0000:0000:0000:0000:142c:57ab 可以表示为 2001:0db8:0000:0000:0000::142c:57ab，可以表示为 2001:0db8:0:0:0:0:142c:57ab，可以表示为 2001:0db8:0::0:142c:57ab，可以表示为 2001:0db8::142c:57ab。

以上 IPv6 地址表示均为合法地址，并且它们是等价的。但 2001::25de::cade 是非法的，因为这样会搞不清楚每个压缩中有几个全零的分组。IPv6 地址前导的零可以省略，这样，2001:0db8:02de::0e13 等价于 2001:db8:2de::e13。

2．IPv4 地址转化为 IPv6 地址

如果 IPv6 地址实际上是 IPv4 的地址，IPv6 后 32 位可用十进制数表示。例如，ffff:192.168.100.2 等价于::ffff:c0a8:6402；但不等价于::192.168.100.2 和::c0a8:6402。ffff:192.168.100.2 格式是 IPv4 映像地址，不建议使用。::192.168.100.2 格式表示 IPv4 一致地址。IPv4 地址可以很容易地转化为 IPv6 地址格式。例如，IPv4 的一个地址为 202.207.175.6（十六进制为 0xCACFAF06），它可以被转化为 0000:0000:0000:0000:0000:0000:CACF:AF06 或者::CACF:AF06。同时，还可使用混合符号（IPv4-compatible address），地址为:: 202.207.175.6。

3. IPv6 地址分类及前缀表示

IPv6 地址有单播（Unicast Address）、多播（Multicast Address）和任意播（Any Cast）等类型。在每种地址中，又有一种或者多种类别地址，如单播有本地链路地址、本地站点地址、可聚合全球地址、回环地址和未指定地址；任意播有本地链路地址、本地站点地址和可聚合全球地址；多播有制定地址和请求节点地址。单播地址标识了一个单独的 IPv6 接口。一个节点可以具有多个 IPv6 网络接口，每个接口必须具有一个与之相关的单播地址。

（1）本地链路地址。在一个节点上启用 IPv6 协议栈，当启动时，节点的每个接口自动配置一个本地链路地址，前缀为 FE80::/10。

（2）本地站点地址。本地站点地址与 RFC1918 所定义的私有 IPv4 地址空间类似，本地站点地址不能在全球 IPv6 Internet 上路由，前缀为 FEC0::/10。

（3）可聚合全球单播地址。IANA（Internet Assigned Numbers Authority，Internet 编号分配机构）分配 IPv6 寻址空间中的一个 IPv6 地址前缀作为可聚合全球单播地址。全球可聚合地址前缀为 2001::/16，是最常用的 IPv6 地址。地址前缀为 2002::/16，表示 IPv6 to IPv4 地址，用于 IPv6 to IPv4 自动构造隧道技术的地址。

（4）IPv4 兼容地址。与 IPv4 兼容的 IPv6 地址是由过渡机制使用的特殊单播 IPv6 地址，目的是在主机和路由器上自动创建 IPv4 隧道，即在 IPv4 网络上传送 IPv6 数据包。

（5）回环地址。单播地址 0:0:0:0:0:0:0:1 称为回环地址，节点用它来向自身发送 IPv6 包。回环地址前缀为::1/128，不能分配给任何物理接口。回环地址相当于 IPv4 中的 localhost（127.0.0.1），ping localhost 可得到该地址。

（6）不确定地址。单播地址 0:0:0:0:0:0:0:0 称为不确定地址，不能分配给任何节点。地址前缀为::/128，只能作为尚未获得正式地址的主机源地址，不能作为目的地址，不能分配给真实的网络接口。

（7）多播指定地址。RFC2373 在多播范围内为 IPv6 协议的操作定义和保留了几个 IPv6 地址，这些保留的地址称为多播指定地址。

（8）请求节点地址。对于节点或路由器的接口上配置的每个单播和任意播地址，都自动启动一个对应的被请求节点地址。被请求节点地址受限于本地链路。

4. IPv4 向 IPv6 的过渡

尽管 IPv6 比 IPv4 具有明显的先进性，但是要想在短时间内将 Internet 和各个企业网络中的所有系统全部从 IPv4 升级到 IPv6 是不可能的。IPv6 与 IPv4 系统在 Internet 中长期共存是不可避免的现实。因此，实现由 IPv4 向 IPv6 的平稳过渡是导入 IPv6 的基本前提。确保过渡期间 IPv4 网络与 IPv6 网络互通是至关重要的。

目前，从 IPv4 过渡到 IPv6 的方法有三种：兼容 IPv4 的 IPv6 地址、双 IP 协议栈和基于 IPv4 隧道的 IPv6。

（1）兼容 IPv4 的 IPv6 地址是一种特殊的 IPv6 单点广播地址。一个 IPv6 节点与一个 IPv4 节点可以使用这种地址在 IPv4 网络中通信。这种地址是由 96 个 0 位加上 32 位 IPv4 地址组成的。例如，某主机的 IPv4 地址是 202.207.175.11，那么兼容 IPv4 的 IPv6 地址就是 0:0:0:0:0:0:CACF:AF0B（其中 CACF 是 202.207 的十六进制表示，AF0B 是 175.11 的十六进制表示）。

（2）双 IP 协议栈是在一个系统（如一台主机或一台路由器）中同时使用 IPv4 和 IPv6 两个协议栈，如图 1.10 中的 IPv4 网的两台边界路由器 R。这类系统既拥有 IPv4 地址，也拥有 IPv6 地址，因而可以收/发 IPv4 和 IPv6 两种 IP 数据包。

（3）与双 IP 协议栈相比，基于 IPv4 隧道的 IPv6 是一种更为复杂的技术。它是将整个 IPv6 数据包封装在 IPv4 数据包中，由此实现在当前 IPv4 网络中的 IPv6 源节点与 IPv6 目的节点之间的 IP 通信，如图 1.10 所示。

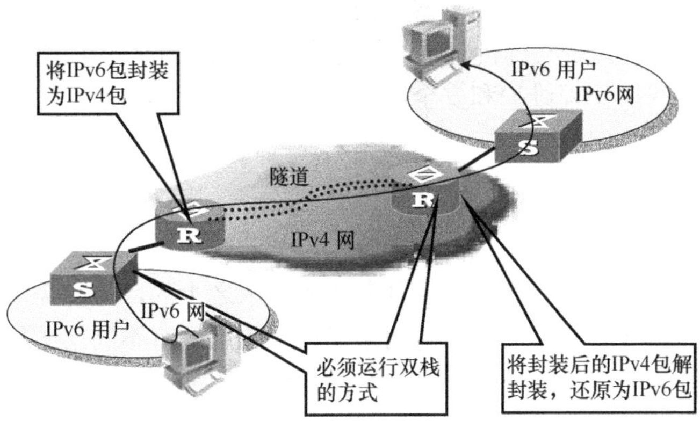

图 1.10　基于 IPv4 隧道的 IPv6 技术

基于 IPv4 隧道的 IPv6 实现过程分为“封装、解封和隧道管理”三个步骤。封装是指由隧道起始点创建一个 IPv4 数据包头，将 IPv6 数据包装入一个新的 IPv4 数据包中。解封是指由隧道终节点移去 IPv4 包头，还原为原始的 IPv6 数据包。隧道管理是指由隧道起始点维护隧道的配置信息，如隧道支持的最大传输单元（MTU）的尺寸等。

IPv4 隧道有四种方案：路由器对路由器、主机对路由器、主机对主机、路由器对主机。当然，IPv6 并非十全十美、一劳永逸，不可能解决所有问题，它只能在发展中不断完善。IPv4 向 IPv6 过渡不可能在一夜之间发生，而需要时间和成本。但从长远看，IPv6 有利于互联网的持续和长久发展。

1.3　网络工程需求分析

需求分析是从软件工程学和管理信息系统引入的概念，是任何一个网络工程项目开始的第一个环节，也是关系一个网络工程项目成功与否的关键。

1.3.1　需求分析思想

从事网络工程的技术人员都清楚，网络产品与技术发展得非常快。通常，同一档次网络产品的功能和性能在提升的同时，产品价格却在下调。因此，网络设备选型要突出实用、好用、够用的原则，不可能也没必要实现所谓“一步到位”。网络工程应采用成熟可靠的技术和设备，使有限的资金尽可能快地产生应用效益。如果用户遭受网络项目长期拖累，迟迟看不到网络系统应用的效果，网络集成商的利润自然也就降到了一个较低的水平，甚至到了赔钱的地步。一旦网络集成商不盈利，用户的利益自然难以保证。应当清楚，反复分析尽管不可能立即得出结果，但需求分析却是网络工程是否立项的重要过程。

因此，要把网络需求调研与分析作为网络项目中至关重要的步骤来完成。如果网络需求分析做得透彻、细致，网络工程设计方案就会赢得用户认同。网络工程解决方案能够达到最优设计，网络工程实施就容易得多，在约定期限内，用户就能感受到网络应用产生的效益。反之，如果没有对用户网络组建需求进行充分的调研，不能与用户达成共识，那么随意需求就会贯穿整个网络项目的始终，导致网络项目的计划无序和预算超支。

需求调研与分析阶段主要完成用户网络调查，了解用户网络建设的需求或用户对原有网络升级改造的要求。需求调研与分析包括网络综合布线、通信平台、服务器、网络操作系统、网络应用系统，以及网络管理维护和安全等方面的综合分析，为下一步制订适合用户需求的网络工程解决方案打好基础。

1.3.2 项目经理职责

一个网络工程项目的确立是建立在各种各样的需求之上的，这种需求来自于用户工作需求及用户自身发展的需要。通常，用户对网络建设与应用拥有不同层面的理解和要求，项目经理或系统分析员对用户需求的理解程度，在很大程度上决定了网络工程项目的成败。

如何了解、分析、明确用户需求，并且能够准确、清晰地以文档的形式表达出来，提供给项目实施的每个成员，保证实施过程按照用户需求的正确方向进行，是每个网络项目管理者需要面对的问题。

需求分析活动是一个和用户交流，正确引导用户将自己的实际需求用较为适当的技术语言进行表达，或者由相关技术人员帮助表达，以明确项目目标的过程。这个过程中包含了网络工程解决方案的基本功能模块的确立和策划活动。所以，项目经理、项目团队成员，用户和专家的参与是非常必要的。

项目经理在需求分析中的职责，有如下五个方面。

（1）负责组织相关开发人员和用户一起进行需求分析。

（2）组织项目开发技术骨干代表或者全部成员与用户讨论，编写“网络工程解决方案设计书（初稿）”。

（3）组织相关人员（包括专家）对“网络工程解决方案设计书（初稿）”进行反复讨论和修改，确定“网络工程解决方案设计书”正式文档。

（4）用户有网络工程设计能力，项目经理和项目成员要参与用户编写和确定“网络工程解决方案设计书（初稿）”的过程。

（5）项目比较大，项目经理最好能够聘请多方面专家（网络、软件、电子、经济等专业）和项目成员及用户等，一同参与“网络工程解决方案设计书”的确定过程。

1.3.3 需求调查文档记录

在整个需求分析的过程中，按照一定的规范编写需求分析的相关文档，不但可以帮助项目成员将需求分析结果更加明确化，也为以后系统集成建立了文本形式的备忘录，并且为网络工程承建商日后的类似项目提供有益的借鉴和范例，是网络工程承建商在项目开发中积累的符合自身特点的经验财富。

需求分析中需要编写的文档主要是“网络系统功能描述书”，这是整个需求分析的结果性文档，也是开发与实施过程中可供项目成员参考的主要文档。为了更加清楚地描述“网络系统功能描述书”，往往还需要编写“用户调查报告”和“市场调研报告”来进行辅助说明。各种文档最好有一定的规范和固定格式，以便增加文档的可读性，方便阅读者快速理解文档的内容。文档的规范和固定格式将在本节后面介绍。

1.3.4　用户调查

在需求分析的过程中，往往有很多不明确的用户需求，这个时候，项目负责人或系统分析员需要调查用户的实际情况，明确用户的需求。一个比较理想化的用户调查活动需要用户的充分配合，而且还有可能需要对调查对象进行必要的培训。所以，调查计划的安排，如时间、地点、参加人员、调查内容等，都需要项目经理和用户的共同认可。调查的形式可以是：向用户发放需求调查表、召开需求调查座谈会或现场调研。

1. 用户调查的主要内容

用户调查的主要内容有以下几个方面。

（1）网络当前及日后可能出现的功能需求。

（2）客户对网络的性能（如访问速度、平滑升级）的要求和可靠性的要求。

（3）客户现有的网络设施和计算机的数量、准备增加的计算机数量。

（4）网络中心机房的位置和实际运行环境。

（5）综合布线信息点的数量和安装位置。

（6）综合布线设备间、配线间的数量和安装位置。

（7）网络应用系统总体风格及美工效果（必要的时候，用户可以提供参考系统，或者由网络工程商向用户提供）。

（8）网络应用系统的功能及用户可投入的资金分配。

（9）网络安全性、可管理性及对可维护性的要求。

（10）项目完成时间及进度（可以根据合同确定）。

（11）明确项目完成后的维护责任。

2. 用户调查报告的要点

调查结束以后，需要编写用户调查报告。该报告的要点有下列几个方面。

（1）调查概要说明。包括网络项目的名称、用户单位、参与调查人员、调查开始和终止的时间、调查工作的安排。

（2）调查内容说明。包括用户的基本情况，用户的主要业务，信息化建设现状，网络当前和将来潜在的功能需求、性能需求、可靠性需求和实际运行环境，用户对新建网络系统的期望等。

（3）调查资料汇编。将调查得到的资料（如调查问卷、会议记录等）分类汇总。

1.3.5　市场调研

通过市场调研活动，认真分析相似网络的性能和运行情况，可以帮助项目经理更加清楚地构想出所建网络的大体架构和模样。在总结同类网络系统优势和缺点的同时，网络工程人员可以博采众长，构建出更加优秀的园区网络系统。

在网络工程实施过程中，由于时间、经费、公司能力所限，市场调研覆盖的范围有一定的局限性。在调研市场同类网络系统的时候，应尽可能多地调研比较出名和优秀的同类网络系统，了解同类网络系统的使用环境与用户的差异点、类似点。市场调研的重点应该放在主要竞争对手的产品或类似网络系统的有关信息上。

1．市场调研的内容

市场调研可以包括下列内容。

（1）市场中同类网络产品的确定。

（2）调研网络的使用范围和访问人群。

（3）调研网络系统的功能设计（网络物理拓扑结构、网络多层交换、网络接入控制策略、应用系统主要模块构成、特色功能、性能情况等）。

（4）简单评价所调研的网络情况。调研的目的是明确同类网络产品使用情况，以及引导用户需求。

2．市场调研报告的要点

对市场同类产品或系统的调研结束后，所撰写的市场调研报告主要包括以下要点。

（1）概要说明。包括调研计划、网络项目名称、调研单位及参与调研者、调研开始与终止时间。

（2）内容说明。包括调研的同类网络系统的名称，网络工程解决方案，系统集成商，网络应用的相关说明，系统开发背景，主要使用对象、功能描述和评价等。

（3）被调研网络应用系统的可借鉴的功能设计。包括功能描述、用户界面、性能需求和可借鉴的原因等。

（4）被调研网络应用系统的不可借鉴的功能设计，包括功能描述、用户界面、性能需求和不可借鉴的原因等。

（5）分析同类网络系统和主要竞争对手产品或已完成的系统集成项目的缺陷，以及本公司在系统集成方面的优势。

（6）资料汇编。将调研得到的资料进行分类汇总。

1.3.6 网络工程设计描述书

在网络工程承建商和用户签订的合同或标书的约束之下，通过较为具体的用户调查和市场调研活动，借鉴通过调查分析得出的“用户调查报告”和“市场调研报告”，项目经理或系统分析员应该对整个需求分析活动进行认真的总结，将分析前期不明确的需求逐一清晰化，并输出一份详细的总结性文档——“网络工程设计描述书（最终版）”，作为日后项目实施过程中的依据。

“网络工程设计描述书”包含以下内容。

（1）网络系统总体功能和各组成部分的细节功能。

（2）网络用户界面（初步）。

（3）网络运行的软/硬件环境（交换机、路由器、服务器、操作系统等）。

（4）网络系统性能定义。

（5）网络系统的软件、硬件接口与配置清单。

（6）确定网络维护的要求。

（7）确定网络系统运行环境的要求（机房、设备间、配线间、光缆敷设、电缆敷设、供配电、电气保护、接地和防雷击等）。

（8）网络应用系统的总体风格及美工效果。

（9）网络应用系统数据的大概数量。

（10）网络管理及维护的总体功能以及各组成部分的细节功能。

（11）网络安全与可靠的总体功能以及各组成部分的细节功能。

（12）网络测试与验收指标。

（13）Web 页面特殊效果及其数量。

（14）项目完成时间及进度（根据合同确定）。

（15）明确项目完成后的维护责任。

综上所述，在网络项目的需求分析中，主要由项目经理或系统分析员来确定对用户需求的理解程度。用户调查和市场调研等需求分析活动的目的，就是帮助项目经理或系统分析员加深对用户需求的理解和对项目前期不明确的数据进行明确化，以便日后在项目实施过程中为系统集成团队成员提供依据和借鉴。

网络需求规格说明是分析任务的最终产物，通过建立完整的网络描述、详细的功能和行为描述、性能需求和设计约束的说明、合适的验收标准，给出对目标网络工程的各种需求。简化的网络需求规格说明框架如表 1.4 所示。

表 1.4　简化的网络需求规格说明框架

1. 引言　1.1 整体描述　1.2 网络工程项目约束
2. 网络描述　2.1 网络内容表示　2.2 网络拓扑结构　2.3 网络层次表示　i 核心　ii 汇聚　iii 接入
3. 功能描述　3.1 功能划分　3.2 功能描述　i 处理说明　ii 限制/局限　iii 性能需求　iv 设计约束　v 支撑图　3.3 管理描述　i 管理规格说明　ii 设计约束
4. 行为描述　4.1 系统安全、稳定状态　4.2 事件和响应
5. 检验标准　5.1 性能范围　5.2 测试种类　5.3 期望的网络响应　5.4 特殊的考虑
6. 参考文献
7. 附录

当然，一次成功的需求分析不仅需要项目经理（或系统分析员）、客户等所有项目相关人员的共同努力，还和网络公司的能力范围有一定关系。需要说明的是，以上所述的需求分析活动内容是建立在较为理想的基础上的。由于各类用户的业务情况的不同，网络工程承建者可以根据用户的业务情况有选择地借鉴、吸收和利用。根据网络工程公司及网络应用开发者的情况，系统地规范此类文档并做好保存和收集工作，对网络工程承建者进行其他网络项目的建设，以及网络公司自身实力的增强都会有很大帮助。

1.4　网络工程设计方法

1.4.1　网络物理拓扑结构

网络系统集成通常采用以太网交换技术。以太网的逻辑拓扑是总线结构，以太网交换机之间的连接可称为物理拓扑。这种物理拓扑按照网络规模的大小，可分为星状、扩展星状（或树状）及网状。

中小型、小型网络一般可采用星状结构，如图 1.11 所示。对于大中型网络，考虑链路传输的可靠性，可采用冗余结构（网状），如图 1.12 所示。确定网络的物理拓扑结构是整个网络方案规划的基础。物理拓扑结构的选择往往和地理环境分布、传输介质与距离、网络传输可靠性等因素紧密相关。在选择物理拓扑结构时，应该考虑的主要因素有以下几点。

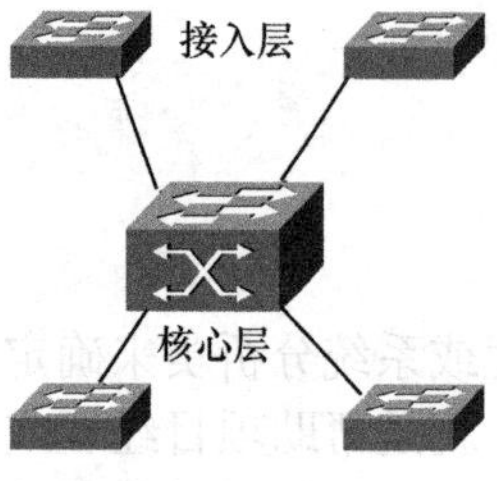

图 1.11　星状结构

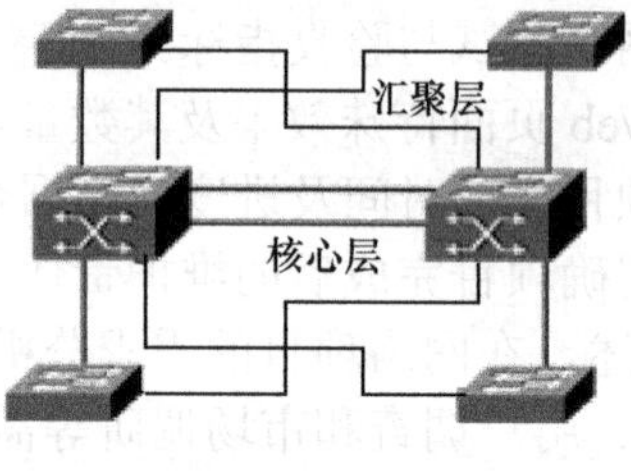

图 1.12　双星型冗余结构

（1）地理环境。不同的地理环境需要设计不同的网络物理拓扑，不同的网络物理拓扑设计施工安装工程的费用也不同。一般情况下，网络物理拓扑最好选用星状或扩展星状结构，减少单点故障，便于网络通信设备的管理和维护。

（2）传输介质与距离。在设计网络时，要考虑到传输介质、距离的远近和可用于网络通信平台的经费投入。网络拓扑结构的确定要在传输介质、通信距离、可投入经费三者之间权衡。从网络带宽、距离和防雷击等方面考虑，建筑楼之间互连应采用多模或单模光纤。

（3）可靠性。网络设备损坏、光缆被挖断、连接器松动等，这类故障是有可能发生的，网络拓扑结构设计应避免因个别节点损坏而影响整个网络的正常运行。若经费允许，网络拓扑结构最好采用双星型或多星型冗余连接，参见图 1.12。

1.4.2　网络层次结构

以往网络常采用典型的三层结构：核心层+汇聚层+接入层。随着核心层设备向高密度、大容量发展及光通信成本降低，现在网络结构采用高效的扁平结构：核心层+接入层。

1．典型的三层结构

规模较大的局域网采用三层架构，如图 1.13 所示。主干网称为核心层，主要连接全局共享服务器、建筑楼宇的配线间设备。连接信息点的“毛细血管”线路及网络设备称为接入层。根据需要在中间设置汇聚层，汇聚层上连核心层、下连接入层。核心和汇聚采用第三层交换机，接入采用第二层交换机。

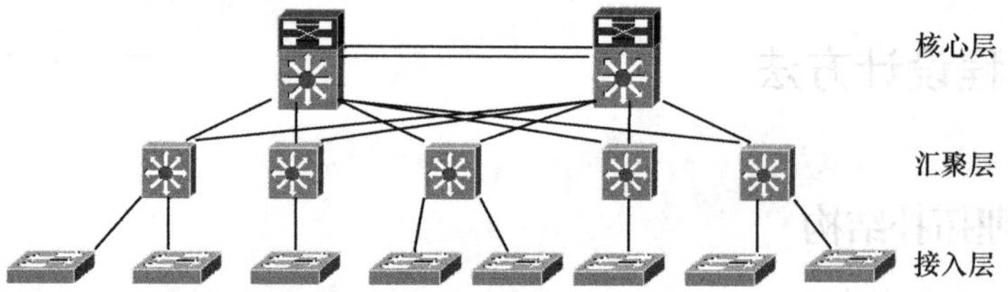

图 1.13　典型的三层结构

分层设计有助于分配和规划带宽，有利于信息流量的局部化，也就是说全局网络对某个部门的信息访问的需求很少（如业务部门信息，只能在本部门内授权访问）。在这种情况下，部门业务服务器即可放在汇聚层。这样，局部的信息流量传输不会波及全网，使部门内的信息尽可能在本部门局域网内传输，以减轻主干信道的压力和确保信息不被非法监听。

汇聚层的存在与否，取决于网络规模的大小。当建筑楼内信息点较多（如大于 22 个节点）并超出一台交换机的端口密度，而不得不增加交换机扩充端口时，就需要有汇聚交换机。交换机间采用级联方式，将一组接入交换机上连到一台背板带宽和性能较高的汇聚交换机，再由汇聚交换机上连到主干网的核心交换机，如图 1.14（a）所示。如果建筑楼内用户较多，也可采用多台交换机堆叠方式扩充端口密度，如图 1.14（b）所示。

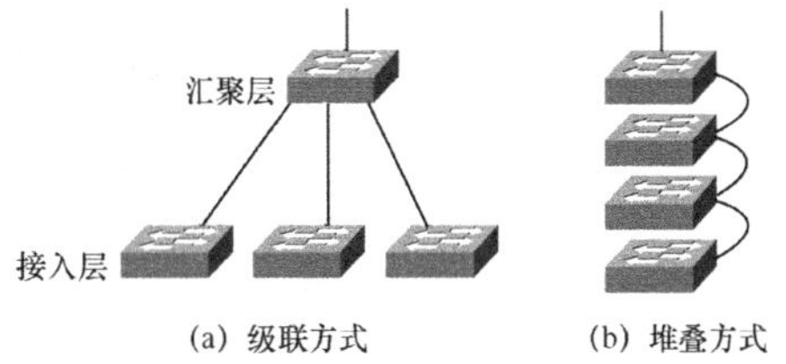

图 1.14　汇聚层和接入层的两种模式

接入层直连信息点，通过此信息点将网络终端设备（PC 等）接入网络。汇聚层采用级联方式或堆叠方式，要看网络信息点的分布情况。如果信息点分布均在以交换机为中心的 50m 半径内，且信息点数已超过一台或两台交换机的容量，则应采用交换机堆叠结构。堆叠能够有充足的带宽保证，适合汇聚（楼宇内）信息点密集的情况。交换机级联则适用于楼宇内。

2．高效的扁平结构

扁平化是现代管理学中频繁出现的一个新词，扁平化是摒弃层级结构组织形式，促进快速决策的管理思想。当网络规模（信息资源、网络终端）扩大时，原来的有效办法是增加汇聚层次，而现在的有效办法是增加核心层交换幅度，即数据通过核心层高效交换与传输，改善客户机访问服务器的性能。当汇聚层次减少而核心交换幅度增加时，金字塔状的网络层次结构就被“压缩”成扁平状的层次结构。

网络结构扁平化，通过扩展核心节点、压缩掉汇聚节点，接入层直连核心层的技术措施，减少了网络物理和逻辑连接级数，提供了网络服务响应速度。如图 1.15 所示，扁平化结构中的核心设备需要高性能、大容量、高密度的以太网光接口，用以直接下连接入层设备。

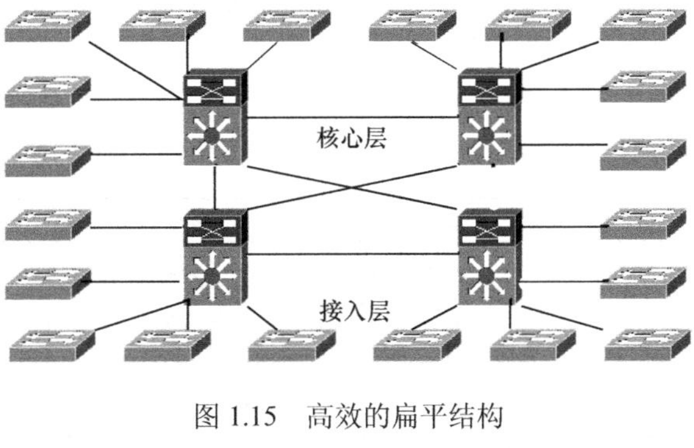

图 1.15　高效的扁平结构

1.4.3　有线无线一体化

局域网分为两类：一类是采用光缆、铜线连接的网络，即有线局域网（LAN）；另一类是采用无线通信技术连接的网络，即无线局域网（Wireless Local Area Network，WLAN）。无线局域网通过无线的方式连接，从而使网络的构建和终端的移动更加灵活。

无线局域网适用于很难布线的地方，如受保护的建筑物、机场等，或者经常需要变动布线结构的地方，如展览馆、体育场、学校阶梯教室、报告厅、阅览室等。若干台无线设备通过某个或数个无线接入点（Access Point，AP）互连，再通过接入交换机即可连接到有线网络，实现了有线无线一体化，如图 1.16 所示。

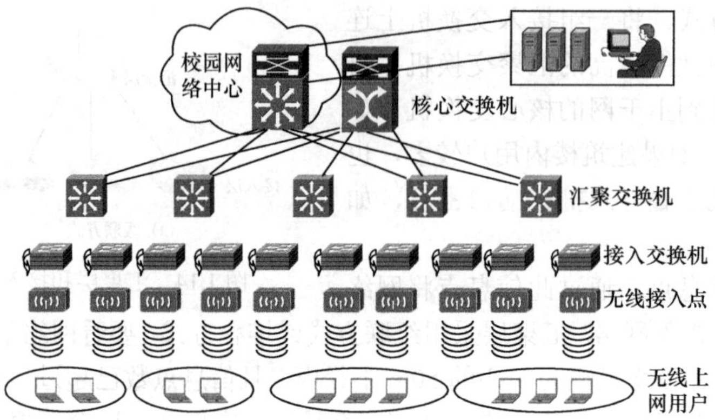

图 1.16　有线无线一体化结构图

无线局域网支持几十米到十几千米的区域，对于城市范围的网络接入也适用，可以对任何角落提供 54/108/150Mbps 的网络接入，如中国移动、联通和电信为用户提供的无线城市网络（城市 WLAN）服务。用户使用支持 WiFi（Wireless Fidelity，无线保真）的终端（手机、平板电脑）可随时随地上网。

目前，家庭使用智能手机+WiFi 上网，已成为一种常态。家庭敷设一条连接互联网的 UTP 线缆，支持 WiFi 的桌面路由器与该 UTP 连接，桌面路由器设置上网账号连接互联网。智能手机、笔记本电脑、平板电脑均可通过 WiFi 随时上网了。

1.4.4　基于云计算的服务器部署

云计算是一种新兴的商业计算模型，它将计算任务分布在由大量服务器构成的虚拟化资源池上，这种虚拟化资源池称为“云”。这种“云”是由服务器集群部署实现的，集群包括计算服务器和存储服务器等。云计算将所有的服务器资源集中起来，通过虚拟化软件实现资源分配与优化管理。根据需要为用户提供各种计算、存储和软件服务等功能，如图 1.17 所示。

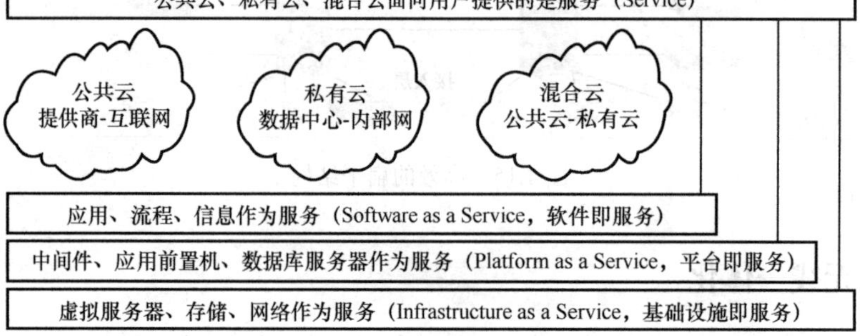

图 1.17　云计算概念模型

从云计算的服务形式看，云计算分为“公共云、私有云、混合云”三类。公共云是由互联网服务提供商建构的，如 Google、百度、腾讯等为用户提供的信息检索、个人站点、即时沟通、信息服务等。私有云是由企业（含企业网、校园网、政务网等）建构的，面向内部用户服务的服务器集群。混合云是由企业自建或租用外部资源池，为公众提供服务的服务器集群。

1.4.5　网络与信息安全措施

长久以来，网络与信息安全是人们关注的主要问题之一。常见的问题有网络攻击、信息泄露、病毒破坏、账号盗用、地址篡改、网络瘫痪、黑客入侵等。这些问题极大地危害着人们的网络生存。俗话说“有备无患”，因此，网络方案设计时要充分考虑网络与信息安全问题。

（1）网络与信息安全前期防范。强调对网络与信息进行全面安全保护。众所周知，“木桶的最大容积取决于木桶最短的一块木板”，此事例对网络安全来说也是十分形象的类比。网络信息系统是一个复杂的计算机系统，它本身在物理上、操作上和管理上的种种漏洞构成了系统的安全脆弱性，尤其是多用户网络系统自身的复杂性、资源共享性使单纯的技术保护防不胜防。攻击者使用的是“最易渗透性”，自然在系统中最薄弱的地方进行攻击。因此，充分、全面、完整地对系统的安全漏洞和安全威胁进行分析、评估和检测（包括模拟攻击），是设计网络安全系统的必要前提条件。

（2）在线保护网络与信息安全。强调安全防护、监测和应急恢复，要求在网络发生被攻击、破坏的情况下，尽可能快地恢复网络信息系统的服务，减少损失。所以，网络安全系统应该包括三种机制：安全防护机制、安全监测机制和安全恢复机制。安全防护机制根据具体系统存在的各种安全漏洞和安全威胁采取相应的防护措施，以避免受到非法攻击；安全监测机制用来监测系统的运行，及时发现和制止对系统进行的各种攻击；安全恢复机制用于在安全防护机制失效的情况下，进行应急处理，尽量、及时地恢复信息，减少攻击的破坏程度。

（3）有效与实用的网络与信息安全。网络安全应以不影响系统的正常运行和合法用户的操作活动为前提。网络中的信息安全和信息应用是一对矛盾。一方面，为健全和弥补系统缺陷的漏洞，会采取多种技术手段和管理措施；另一方面，势必给系统的运行和用户使用造成负担和麻烦，这就是说“越安全就意味着使用越不方便”。尤其在网络环境下，实时性要求很高的业务不能容忍安全连接和安全处理造成的时延。网络安全采用分布式监控、集中式管理，可以有效地实施系统的安全。

（4）网络与信息安全等保管理。良好的网络安全系统必然是分为不同级别的，包括对信息保密程度的分级（绝密、机密、秘密和普通），对用户操作权限的分级（面向个人及面向群组），对网络安全程度的分级（安全子网和安全区域），以及对系统结构（应用层、网络层、数据链路层等）的安全策略。针对不同级别的安全对象，提供全面的、可选的安全算法和安全体制，以满足网络中不同层次的各种实际需求。

网络总体规划设计时要考虑安全系统的设计。避免因考虑不周，出了问题之后“拆东墙补西墙”的做法；避免造成经济上的巨大损失；避免对国家、集体和个人造成无法挽回的损失。由于安全与保密问题是一个相当复杂的问题，因此必须注重网络安全管理。要安全策略到设备、安全责任到人、安全机制贯穿整个网络系统，才能保证网络的安全性。

1.4.6 网络设计与实施流程

网络工程设计与实施（也称“网络系统集成”）可采用如图 1.18 所示的流程。这一流程总体上可分为三个阶段，每个阶段又可分解为若干步骤。

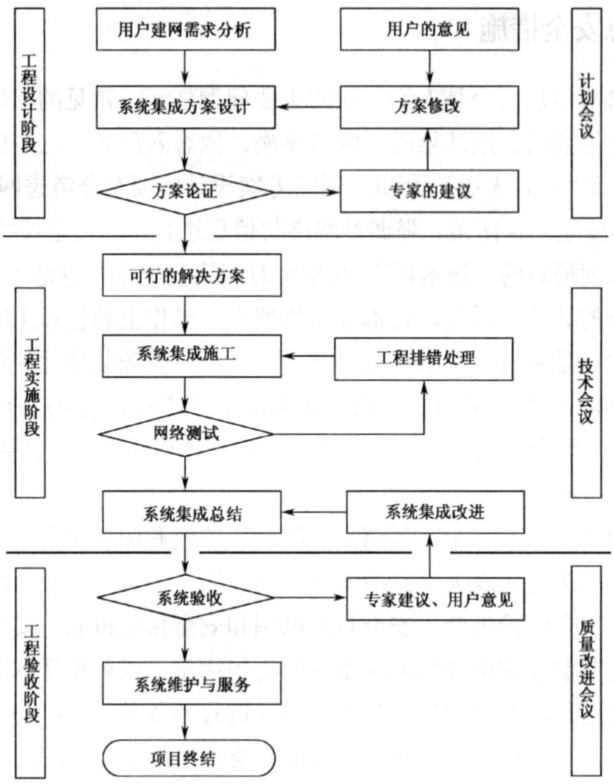

图 1.18　网络工程设计与实施流程

1．网络工程设计阶段

（1）用户建网需求分析。用户网络应用原始问题叙述，了解用户网络系统建构的现有条件，定义用户建网的需求问题。

（2）系统集成方案设计。网络工程技术人员进行“脑力激荡”（好的灵感，思考不受制约，思路连接有序，大胆思考，畅所欲言），提出各种可能的解决方案，选择最可行的解决方案。

（3）方案论证。由网络专家、建网用户代表和系统集成商组成方案论证评审组，对网络系统集成方案进行可行性论证。系统集成商要认真听取专家的建议和用户的意见，检查网络建设问题的界定并增补计划。如有必要，网络工程技术人员再次进行“脑力激荡”，对方案反复修改，直到方案论证通过为止。

2．网络工程实施阶段

（1）可行的解决方案。组织参加本项目的网络集成施工人员解读方案，使每一位施工者（包括项目经理、综合布线工程师、通信系统集成工程师、信息系统集成工程师、网络安全和网络管理工程师）均能明白自己的岗位和职责。树立“优质、高效和低成本”的施工理念，建立项目进度一览表。

（2）系统集成施工。系统集成人员严格按照设计方案的技术文档中的要求和项目进度一览表，进行工程实施。在施工过程中要注重项目工序的独立性和相关性，同时还要注重施工人员的协作性。

（3）网络测试。网络测试包括综合布线测试、通信设备测试和服务器系统的测试。测试时要建立网络系统测试数据表，严格按照设计方案中描述的性能指标项逐个进行。

（4）工程排错处理。针对网络测试中发现的网络故障或性能欠佳等问题，重新返回到“系统集成施工”步骤，对有问题的传输介质或设备进行返工，直到问题解决为止。

（5）系统集成总结。严格按照设计方案的技术文档要求和工程实施情况，撰写网络工程项目验收的各种技术文档，包括设计方案、技术报告和测试报告等文档。同时，对用户进行网络技术培训。

3. 网络工程验收阶段

（1）系统验收。由网络专家、用户代表和集成商代表组成项目评审验收组，对网络系统集成项目进行全面评审验收。若有问题，则对有问题的环节进行改进，直到网络整体工程验收通过为止。

（2）系统维护和服务。项目验收通过后，系统集成商要继续协助用户进行网络系统管理和维护工作，直到用户完全能够独立工作为止，并将网络系统移交用户管理与维护。

（3）项目终结。当用户完全能够使用与维护网络系统时，对系统集成商则意味着项目终结。往后的一段时间，系统集成商还要为用户提供技术和应用咨询服务。

习题与思考一

1.1　通过学习、了解网络工程设计的知识，走访身边的网络工程技术人员，按照你的理解，图示网络（校园网、企业网）工程概念框架。

1.2　通过学习网络协议的知识，联想自己与他人协同做事，为了履行自己的承诺，是否要先制定一个“协同做事的约定”。请用自己或伙伴口头（书面）约定的事例，说明网络协议的作用。

1.3　画图比较 OSI 模型与 TCP/IP 模型的异同，说明模型间层次对应关系。

1.4　观察身边的计算机网、电话网和有线电视网的物理拓扑结构，说明三种网络各采用何种拓扑结构，试比较其优缺点。

1.5　有三个局域网（LAN），主机数量分别为 38、46、56 台，均少于 C 类地址允许的主机数。为这三个 LAN 申请三个 C 类 IP 地址显然有点浪费。请对 C 类网络 202.207.175.0 划分子网，并确定子网掩码。

1.6　试比较 IPv4 与 IPv6 地址结构，并将 IPv4 地址 211.105.192.175 转换为 IPv6 地址。

1.7　通过网络工程需求分析与设计的知识，结合本章课程设计，请回答网络工程设计与实施一般包括哪几个阶段，每个阶段要召开什么会议，会议要解决什么问题。

实　训　一

1. 网络实训目的

（1）了解网络建设需求分析、方案设计的方法。

（2）了解网络工程设计方法、网络需求规格说明的框架。

（3）能按要求撰写网络需求功能描述书和网络项目管理任务书。

（4）学会团队协作解决问题的方法，增强学生自信心与团队责任心，培养学生的主动思考能力和自主学习能力。

2. 网络实训要求

走访身边的企业或学校，了解用户建立网络的功能需求，设计一个简单的网络工程解决方案或网络需求规格说明文档（参见表 1.4）。

教师采取同组异质（相同条件下，不同学力水平的尖子生、一般生、学习障碍生等）的策略将学生分组，每个小组成员为一个团队。每个小组设置项目经理 1 人，由项目经理负责组内成员的分工。按照系统集成需求分析的方法，小组成员要承担自己的职责，集思广益，完成课程设计任务。在小组讨论中，组长和组员可以多次变换角色，体验项目经理的职责。

在课程设计中，教师的角色是策划、分析、辅导、评估和激励。学生的角色是主体性学习、主动思考和做决定。

3. 工具与准备工作

在开始课程设计前，设计者应准备纸、笔、尺及计算器等工具；准备计算机若干台，计算机应安装 Word/Excel 字、表处理软件和 PowerPoint 软件；另外，还可以通过互联网搜集网络系统集成需求分析和质量控制的资料，完善课程设计。

第2章　综合布线与机房工程

计算机网络主要由“信源（数据发送端）、信道、信宿（数据接收端）”三部分组成，信源通过信道连接信宿。信道包括有线和无线两类，有线信道需要敷设线缆。服务器是终端共享的数据源，服务器通过路由交换设备连接信道，这些设备均要部署在机房内。网络工程技术人员，既要会修信道（网络布线），也要会构建信源管理所（网络机房）。

本章简单介绍综合布线系统的相关标准及安全布线的基本要求。重点介绍综合布线设计、安装及测试的相关技术与规范。通过案例，讨论数据中心机房布线、供电、制冷、节能，以及接地保护的技术路线。通过本章学习，从知识、情感及技能方面，达到以下目标。

（1）描述综合布线 EIA/TIA-568、ISO/IEC 11801 标准，了解 GB 50311—2007 规范。识别 EIA/TIA-568 三层配线间连接、ISO 11801 水平布线等规范，以及局域网光光缆传输指标（知识重点）。会使用工具制作 EIA/TIA-568A/568B 的 UTP 接头（技能重点）。

（2）理解综合布线设计思想、原则、范围及步骤（知识重点），能够根据距离、带宽、电磁环境和地理环境的要求，选择合适的传输介质，进行室内综合布线、建筑群综合布线设计和 UTP 线缆测试（知识重点与难点）。走访网络管理部门，调查与研究综合布线系统结构与布线的关键技术（情感与技能重点）。

（3）理解网络中心机房布线、供电、制冷、节能，以及接地保护的方法和步骤（知识重点与难点）。走访数据中心，调查与研究机房建设技术路线，获得机房设计的感性认识（情感与技能）。尝试、模仿网络专家分析问题、解决问题的行为（情感难点），能按照用户网络组网需求，撰写简单的网络布线与机房工程任务书（技能难点）。

2.1　综合布线系统标准

目前，综合布线系统（Premises Distribution System，PDS）被广泛遵循的标准有：北美标准 EIA/TIA-568A；国际标准化组织（ISO）和国际电子技术委员会（IEC）制定的 ISO/IEC 11801 标准；欧洲通信布线标准 EN 50173。各布线系统器件厂商遵照此标准提供了自己的布线产品系列，如 IBM 的先进性连接系统（Advanced Connectivity System）、AT&T 的结构化综合布线系统（Structured Cabling System）、AMP 的开放式布线系统（Open Wiring System）等。

2.1.1　EIA/TIA-568A 标准

结构化综合布线系统（Structured Cabling Systems，SCS）采用模块化设计和分层星状拓扑结构，它能适应任何大楼或建筑物的布线系统，其代表产品是建筑与建筑群综合布线系统。另外，还有两种先进的系统，即智能大楼布线系统（IBS）和工业布线系统（IDS）。它们的原理和设计方法基本相同，差别是 PDS 以商务环境和办公自动化环境为主。

1. EIA/TIA-568A 标准及内容

EIA/TIA-568 标准于 1985 年在美国开始制定，经过 6 年的努力，于 1991 年形成第 1 版

EIA/TIA-568。这个文件是综合布线标准的奠基性文件，与 EIA/TIA-569、TSB36、TSB40 等文件形成北美综合布线系列文件。EIA/TIA568 标准经过改进，于 1995 年 10 月正式修订为 EIA/TIA-568A 标准。该标准制定的目的和内容如下。

（1）标准的目的。建立支持多厂商用户环境的通用布线系统；进行商用建筑结构化布线系统的设计和安装指导，便于用户连接和建立系统；确定布线系统配置的性能和技术标准，提供建筑群和商用大楼内通信布线的最低要求。

（2）标准的基本内容。建议的拓扑结构和布线距离，决定性能的介质参数，确保互通性；规定了连接器针脚功能的分配；办公环境通信布线的最低要求；通信布线系统要求具有 10 年以上的使用期限。

2．EIA/TIA-568A 所建议的拓扑结构

EIA/TIA-568A 完全遵循结构化综合布线系统规范，建议的拓扑结构是主干分层星状拓扑结构，如图 2.1 所示。EIA/TIA-568A 规定了两个层次。

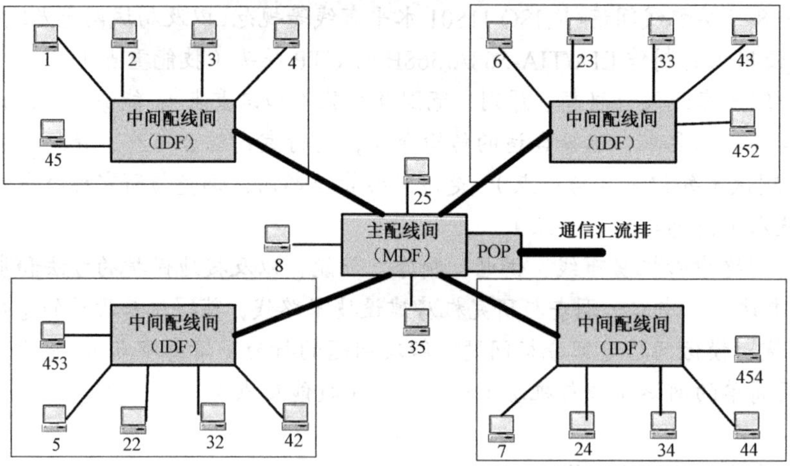

图 2.1　主干分层星状拓扑结构示意图

第一层次，在一幢大楼内，从主配线间 MDF（设备机房）的主跳线连接配线架按星状拓扑将主干电缆直接连到中间配线间 IDF（通信室）配线架。通过水平跳线连接，再按星状拓扑将水平线缆连到各房间内工作区的通信出口处（信息终端、计算机）。

第二层次，在一幢大楼内，当从层次结构第一层的主跳线连接（MDF）配线架到通信配线间（IDF）之间的距离大于 UTP 所限定的距离 90 m，或者连到另一幢大楼的设备间时，在 MDF 与 IDF 之间需要增加一个设备机房（即层次结构的第二层）。

3．EIA/TIA-568A 水平线缆

（1）推荐使用的水平线缆。

- 4 对 100Ω 5 类 UTP（非屏蔽双绞线）；
- 2 对 150Ω STP-A（屏蔽双绞线），端接 IEEE 802.5 数据接口；
- 62.5/125（μm）双芯多模光缆，端接 SC 连接器；
- ANSI/TIA/EIA-568B 标准允许使用 50/125（μm）多模光缆；

- 50Ω同轴电缆也被认可，但初装时不可使用。

虽然 TIA/EIA-568-A 标准承认 50Ω同轴电缆，但是在新的网络项目中不建议使用。4 对 100Ω 5 类 UTP 的性能定义到 100MHz，应采用 100Base-T。

（2）水平线缆选择原则。每个工作区（即每个面板）至少有两个通信插座，一个用于话音，另一个用于数据传输。第一个插座要适合三类或更高标准的 4 对 100Ω UTP。第二个插座要能支持 5 类 4 对 100Ω UTP（推荐 5 类线）、2 对 150Ω STP-A 电缆、62.5/125（μm）双芯多模光缆等介质。

4. 主干电缆和光缆

主干电缆是布线系统在不同层次的配线架之间的连线（如图 2.2 所示），包括主配线交叉连接（MC）、中间配线交叉连接（IC）、水平配线交叉连接（HC），以及主干和水平布线。主干连接、中间到水平的连线，一般由多对数铜缆、多芯光缆及二者相结合而组成。

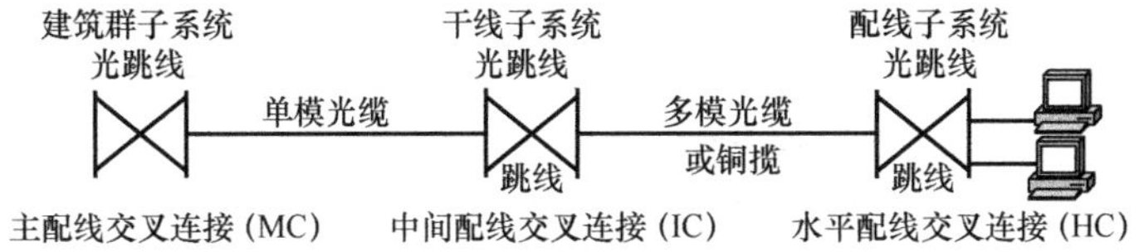

图 2.2　三层配线间连接示意图

（1）EIA/TIA-568A 推荐使用的主干电缆和光缆。100Ω多对数 UTP24AWG、4 对 100Ω UTP24AWG5 类、150Ω STP-A、62.5/125μm 多模光缆等介质可独立或组合使用。ANSI/TIA/EIA-568B 标准允许使用 50/125μm 多模光缆。

（2）EIA/TIA-568 干线距离，如表 2.1 所示。铜缆布线系统分级与类别，如表 2.2 所示。3 类、5/5e 类（超 5 类）、6 类、7 类布线系统应能支持向下兼容的应用。

表 2.1　话音和低速数据的应用

媒体形式	MC-HC	HC-IC	IC-MC
100Ω UTP（语音）	800 m	500 m	300 m
150Ω STP-A	700 m	500 m	700 m
100Ω UTP（数据）	90 m		
多模光纤 MM Fiber	2 000 m	500 m	1 500 m
单模光纤 SM Fiber	3 000 m	500 m	2 500 m

表 2.2　铜缆布线系统分级与类别

系统分级	支持带宽（Hz）	支持应用器件	
		电缆	连接硬件
A	100k		
B	1M		
C	16M	3 类	3 类
D	100M	5/5e 类	5/5e 类
E	250M	6 类	6 类
F	600M	7 类	7 类

在 5～100MHz 特定频带宽度内应用时，假定每端设备线的长度为 5m，则 UTP 或 STP-A 的最大干线距离均为 90m。MC 主跳线连接最长距离为 20m。MC 和 IC 中机房设备线缆最长距离为 30m。

（3）综合布线系统工程的产品类别及链路、信道等级确定应综合考虑建筑物的功能、应用网络、业务终端类型、业务的需求及发展、性能价格、现场安装条件等因素，应符合表 2.3 的要求。光纤在 100Mbps、1Gbps 以太网中支持的传输距离，如表 2.4 所示。

表 2.3　布线系统等级与类别的选用

业务种类	配线子系统		干线子系统		建筑群子系统	
	等级	类别	等级	类别	等级	类别
语音	D/E	5e/6	C	3 类（大对数）	C	3 类（室外大对数）
数据	D/E/F	5e/6/7	D / E / F	5e/6/7（4 对）		
	光纤（多模或单模）	多模 62.5μm，50μm 单模<10μm	光纤	多模 62.5μm，50μm 单模<10μm	光纤	多模 62.5μm，50μm 单模<10μm
其他应用	可采用 5e/6 类 4 对双绞电缆和 62.5μm 多模/50μm 多模/<10μm 单模光缆					

表 2.4　100Mbps、1Gbps 以太网中光纤应用传输距离

光纤类型	应用网络	光纤直径（μm）	波长（nm）	带宽（MHz）	应用距离（m）
多模	100Base-FX				2 000
	1000Base-SX	62.5	850	160	220
	1000Base-LX			200	275
				500	550
	1000Base-SX	50	850	400	500
				500	550
	1000Base-LX		1 300	400	550
				500	550
单模	1000Base-LX	<10	1 310		5 000

5. UTP 连接硬件

为了便于网络互连，EIA/TIA-568A 标准对 UTP 信息插座推荐使用 RJ-45 插头和插座。接头制作有 T568A（白绿、绿，白橙、橙，蓝、白蓝，白棕、棕）和 T568B（白橙、橙，白绿、绿，蓝、白蓝，白棕、棕）两种方式。T568A/568B 针脚和线对连接，如图 2.3 所示。

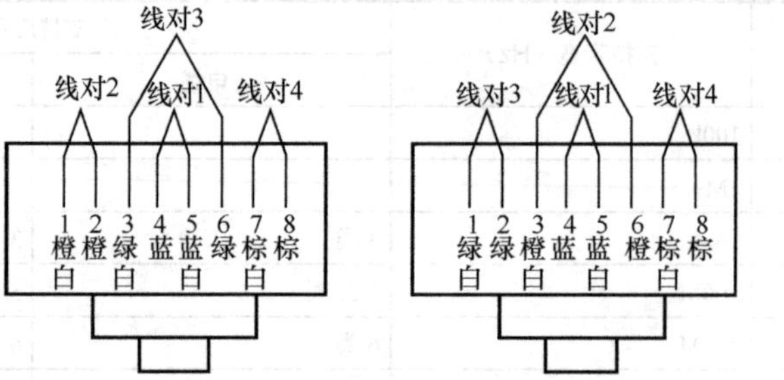

图 2.3　T568A/568B 针脚和线对连接示意图

RJ（Registered Jack）表示属于已注册插座。标准建议用 T568A，对于一般布线系统 T568B 也适用。T568A 与 T568B 只是在蓝、橙、绿、棕 4 对线中位于第 2 的橙对和位于第 3 的绿对位置交换。

6．跳线

跳线分为工作区连接电缆、设备间设备线和配线架跳线。100Ω UTP 跳线色标如表 2.5 所示，水平电缆 UTP 和工作区电缆的最大长度如表 2.6 所示。

表 2.5　100 Ω UTP 跳线色标

导体标识	色标选项 1	色标选项 2
对 1	白-蓝（W-BL）、蓝（BL）	绿（G）、红（R）
对 2	白-橙（W-O）、橙（O）	黑（BK）、黄（Y）
对 3	白-绿（W-G）、绿（G）	蓝（BL）、橙（O）
对 4	白-棕（W-BR）、棕（BR）	棕（BR）、蓝灰（S）

表 2.6　水平电缆 UTP 和工作区电缆的最大长度

水平电缆长度（m）	最长工作区电缆（m）	水平 UTP 两端设备线以及跳线（m）	端到端 UTP 总长度（m）
90	3	9	99
85	7	14	99
80	11	18	98
75	15	22	97
70	20	27	97

2.1.2　ISO/IEC 11801 标准

综合布线国际标准 ISO/IEC 11801 是在 1995 年正式颁布的。ISO 11801 建议的拓扑结构是主干分层的星状结构。分层星状拓扑结构适用于没有星状结构的建筑楼布线系统（如环状、总线和树状）设计，针对环状结构和总线结构设计时，允许在两个通信室之间直接布线。这种布线是对基本星状拓扑的补充。

1．拓扑结构

ISO 11801 建议的主干分层星状结构允许在建筑楼内布线区之间和楼层布线区之间连线。如果建筑楼的布线系统不能采用星状结构时，可采用总线结构或树状结构，以方便建筑楼内的两个通信房间直接布线。

2．ISO 11801 传输介质

（1）传输介质种类。

- 100Ω/120Ω 2 对/4 对 FTP，按 16MHz、20MHz、100MHz，分为三、四、五类；
- 150Ω STP；
- 62.5/125（μm）多模光缆；

- 50/125（μm）多模光缆；
- 8.3～10/125（μm）单模光缆。

（2）水平线缆。ISO 11801 水平线为铜缆，推荐使用屏蔽线 FTP（Foiled Twisted Pair）和 STP（Shielded Twisted Pair）。STP 与 FTP 是两种结构不同的屏蔽线。

STP 是全屏蔽电缆，有较高的容量和较好的抗干扰特性。过去曾广泛地用于数据传输，但成本高，施工难度大，接地要求严格，屏蔽电缆系统必须全程屏蔽。STP 的特性阻抗为 150 Ω，两对线分别加铝箔屏蔽，外面还有两层铝箔和铜编织网屏蔽层。

FTP 又称为 SCTP（Screened Twisted Pair）。FTP 的特性阻抗为 100 Ω，水平线采用 2 对或 4 对的 FTP，在结构上是整体屏蔽，对于 4 对 FTP 即 4 对双绞线的外面，包着一个铝箔屏蔽层；其线径范围：0.4 mm＜线径＜0.65 mm，不同线径对应不同特性阻抗的电缆。

（3）通信信息插座。ISO 11801 允许应用 2 对插座，但无特定设计和对数确定的插座规定。信息插座性能如表 2.7 所示。信息插座反射率随传输频率变化范围是：1 MHz＜f＜20 MHz，23 dB；20 MHz＜f＜100 MHz，14 dB。

表 2.7 信息插座性能

频率/MHz	衰减/dB		NEXT 串音/dB	
	100～120Ω	150Ω	100～120Ω	150Ω
1	0.1	0.05	80	86.5
4	0.1	0.05	68	74.4
10	0.1	0.10	60	66.5
16	0.2	0.15	56	62.4
20	0.2	0.15	54	60.5
31.25	0.2	0.15	50	56.6
32.5	0.3	0.2	44	50.6
100	0.4	0.25	40	46.5

（4）ISO 11801 传输级别分类。按应用和频率可分为 A、B、C、D 四级，如表 2.8 所示。

表 2.8 ISO 11801 传输级别分类

使用级别	A级 话音和低频	B级 中速数字信号	C级 高速数字信号	D级 超高速数字信号
3类 100 和 120Ω	2km	500m	100m	—
4类 100 和 120Ω	3km	600m	150m	—
5类 100 和 120Ω	3km	700m	160m	100m
150Ω STP	3km	1km	250m	150m

2. 屏蔽线传输特性

（1）线缆和连接硬件衰减。线缆和连接硬件衰减与特性阻抗无关，具有相同的规定，如表 2.9 所示。

表 2.9　连接线路衰减、串音 NEXT 及 ACR 的规定

频率/MHz	衰减/dB	NEXT（串音）	ACR	可能 ACR
1.0	2.50	54	—	51.5
4.0	4.80	45	—	40.2
10.0	7.50	39	35.0	31.5
16.0	9.40	36	30.0	26.6
20.0	10.50	35	28.0	24.5
31.25	13.10	32	23.0	18.9
62.50	18.40	27	13.0	8.6
100.0	23.20	24	4.0	2.8

（2）衰减串扰比（ACR）。在某些频率范围内，串扰与衰减量的比值也是一个重要的参数，即衰减串扰比（ACR）。ACR 有时用信噪比（SNR）来表示，它们都是反映电缆性能的重要参数。ACR 实际上代表了信号传输的通频带宽，通频带越宽，信息通过就越容易，越不容易受到干扰。ACR 值越大，表示抗干扰的能力越强，ACR 可由在某个特定频率下的串音 dB 值与相同频率下 100m 内的衰减 dB 值的差值来表示。水平电缆 100m 衰减和近端串音 NEXT 如表 2.10 所示；其中 100Ω和 120 ΩFTP 电缆反射率为 23dB，150Ω STP 电缆反射率为 24dB。

表 2.10　水平电缆 100m 衰减和近端串音 NEXT

频率/MHz	100m 衰减/dB			NEXT/dB	
	100Ω	120Ω	150Ω	100Ω	150Ω
1	2.1	1.8	—	62	—
4	4.3	3.6	2.2	53	58
10	6.6	5.2	3.6	47	53
16	8.2	6.2	4.4	44	50
20	9.2	7.0	4.9	42	49
31.25	11.8	8.8	6.9	40	46
62.5	17.1	12.5	9.8	35	41
100	22.0	17.0	12.3	32	38

3. ISO 11801 水平布线模式

ISO 11801 定义“通道”（Channel）和“链路”（Link）两种水平布线模式，但与 TSB-67 测试标准的基本链路（Basic Link）不同，它含有 5m 快接式跳线。按照 ISO 11801 性能参数，设计的水平布线模式如图 2.4 所示。

4. 直流环路电阻

直流环路电阻是指一对双绞线的两条铜导线电阻之和，直流环路电阻将使信号能量部分转变成热能损耗掉。ISO 11801 规定 100Ω双绞线直流环路电阻不大于 19.2Ω/100m，150Ω STP 直流环路电阻为 12Ω/100m。每对双绞线之间相差要小于 0.1Ω，不能太大；否则，说明接触不良，必须进一步检查连接点。

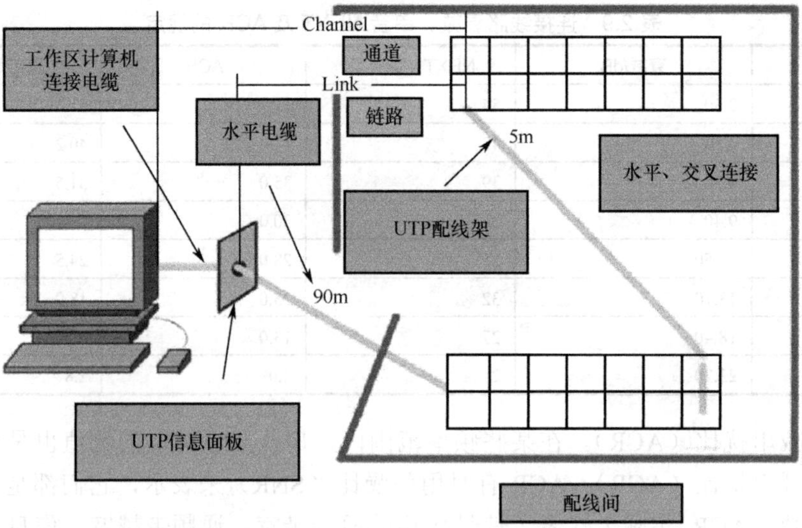

图 2.4　ISO 11801 水平布线模式

2.1.3　综合布线工程设计规范

GB 50311—2007 规范是根据我国建设部建标〔2004〕67 号文件《关于印发“二 OO 四年工程建设国家标准制订、修订计划”的通知》要求，对原《建筑与建筑群综合布线系统工程设计规范》GB/T 50311—2000 工程建设国家标准进行了修订，由信息产业部作为主编部门，中国移动通信集团设计院有限公司会同其他参编单位组成规范编写组共同编写完成的。

GB 50311—2007 规范适用于新建、扩建、改建建筑与建筑群综合布线系统工程设计。综合布线系统设施及管线的建设，应纳入建筑与建筑群相应的规划设计之中。工程设计时，应根据工程项目的性质、功能、环境条件和近、远期用户需求进行设计，并应考虑施工和维护方便，确保综合布线系统工程的质量和安全，做到技术先进、经济合理。综合布线系统应与信息设施系统、信息化应用系统、公共安全系统、建筑设备管理系统等统筹规划，相互协调，并按照各系统信息的传输要求优化设计。（限于篇幅，不再赘述，读者可参考相关内容。）

2.2　综合布线设计与安装

综合布线是智能大厦建设中的一项技术工程项目，它不完全是建筑工程中的“弱电”工程。智能化建筑是由智能化建筑环境内系统集成中心，利用综合布线系统连接和控制“3A”系统组成的。3A 即楼宇自动化（Building Automation）、办公自动化（Office Automation）和通信自动化（Communication Automation）。布线系统设计是否合理，直接影响到 3A 的功能。

2.2.1　设计思想与原则

目前，国际上各综合布线产品都提出了 15 年质量保证体系，但并没有提出多少年投资保证。为了保护建筑物布线投资者的利益，综合布线工程设计可采取“总体规划，分步实施，建筑楼内布线一步到位”的思想。这样，可以降低布线施工成本。具体设计原则如下。

（1）用户至上。首先是以建筑与建筑群对综合布线系统的要求为基础，并以满足用户需求为目标，最大限度地满足用户提出的功能需求，并针对业务的特点，确保使用性。

（2）先进性。在满足用户需求的前提下，充分考虑信息社会迅猛发展的趋势，在技术上适度超前，使提出的方案保证将建筑与建筑群建成先进的、现代化的信息大楼。

（3）灵活性和可扩展性。充分考虑楼宇内所涉及的各部门信息的集成和共享，保证整个系统的先进性、合理性，实现分散式控制、集中统一式管理。总体结构具有可扩展性和兼容性，可以集成不同厂商不同类型的先进产品，使整个系统可随技术的进步和发展而不断得到充实和提高。

（4）标准化和扩展性。网络结构化综合布线系统的设计必须依照国际和国家的有关标准进行。此外，根据系统总体结构的要求，各个子系统必须实现结构化和标准化，并代表当今最新的技术成就。

（5）经济性。在实现先进性、可靠性的前提下，达到功能和经济的优化设计。结构化综合布线系统的设计采用新技术、新材料、新工艺，使综合化布线大楼能够满足智能大厦的各项指标。

2.2.2　设计范围与步骤

综合布线系统是一个模块化结构、星状布线并且具有开放特性的布线系统。该系统一般包括工作区子系统、水平子系统、管理子系统、垂直子系统、建筑群子系统和设备子系统等，如图 2.5 所示。按照该图所示的范围，综合布线系统的设计步骤如下。

（1）获取建筑物平面图。

（2）分析用户需求，生成问题清单。

（3）进行系统结构设计，生成物理拓扑技术文档。

（4）进行布线路由设计，生成逻辑拓扑、插座和电缆索引表；设备 MAC 地址和 IP 地址索引表等技术文档。

（5）绘制布线施工图，生成插座标号、布设电缆标号等技术文档。

（6）编制布线用料清单。

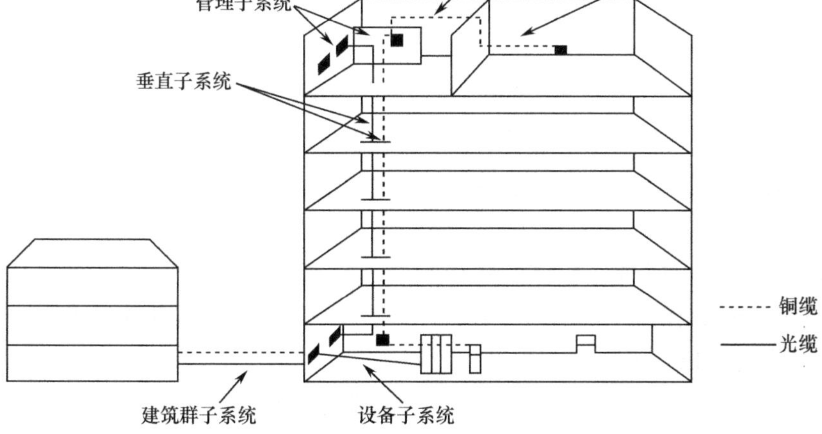

图 2.5　综合布线系统结构图

星状拓扑结构布线方式具有多元化的功能，可以使任一子系统单独布线，从而使每一子系统均为一个独立的单元组，因而在更改任一子系统时，均不会影响其他子系统。

一个设计完善的布线系统，其目标是在既定时间以外，允许在有新需求的集成过程中，不必再去进行水平布线，以免损坏建筑装饰而影响美观。

2.2.3 工作区子系统

工作区子系统又称为服务区子系统，它是由 RJ-45 插座和其所连接的设备（终端或工作站）组成的。根据实际需要，可以将工作区子系统分为以下三个设计等级。

（1）基本型。适用于综合布线系统中配置标准较低的场合，用铜芯电缆组网。其配置为：每个工作区（站）有一个信息插座。每个工作区（站）的配线电缆为一条 4 对双绞线，引至楼层配线架。完全采用夹接式交接硬件。每个工作区（站）的干线电缆（即楼层配线架至设备间总配线架电线）至少有 2 对双绞线。

（2）增强型。适用于综合布线系统中配置标准中等的场合，用铜芯电缆组网。其配置为：每个工作区（站）有两个以上的信息插座。每个工作区（站）的配线电缆均为一条独立的 4 对双绞线，引至楼层配线架。采用夹接式（110A 系列）或接插式（110P 系列）交接硬件。每个工作区（站）的干线电缆（即楼层配线架至设备总配线架）至少有 3 对双绞线。

（3）综合型。适用于综合布线系统中配置标准较高的场合，用光缆和铜芯电缆混合组网。其配置为：在基本型和增强型综合布线系统的基础上增设光缆系统。在每个基本型工作区的干线电缆中至少配有 2 对双绞线。在每个增强型工作区的干线电缆中至少有 3 对双绞线。

所有基本型、增强型、综合型综合布线系统都能支持语音、数据、图像等服务，能随工程的需要转向更高功能的布线系统。它们之间的主要区别在于支持语音和数据服务所采用的方式，以及在移动和重新布局时实施线路管理的灵活性。

在进行终端设备或 I/O 连接时，可能需要某种传输电子装置，但这种装置并不是工作区子系统的一部分。例如调制解调器，它能为终端与其他设备之间的兼容性、传输距离的延长提供所需的转换信号，但不能说是工作区子系统的一部分。

工作区子系统中所使用的连接器必须具备国际标准的 8 位接口，这种接口能接收楼宇自动化系统所有低压信号以及高速数据网络和数码声频信号。设计与安装工作区服务子系统时要注意如下几点。

（1）从 RJ-45 插座到终端设备之间的连线用 UTP 双绞线，一般不要超过 6m。

（2）RJ-45 插座需安装在墙壁上或不易碰到的地方，插座区距离地面 30cm 以上。

（3）配线架上的信息模块与信息插座和插头的线缆的制作要采用同一标准，如 568A 或 568B，不可接错。

（4）确定 I/O 插座的类型。I/O 插座分为嵌入式和表面安装式两种，可根据实际情况，采用不同的安装式样来满足不同的需要。通常，新建筑物采用嵌入式 I/O 插座，而现有的建筑物采用表面安装式的 I/O 插座。

（5）估算 I/O 插座数量。一般给出两种平面图供用户选择：一种是每 $9m^2$1 个 I/O 插座的基本型平面图；另一种是每 $9m^2$ 2 个 I/O 插座的增强型或综合型平面图。

2.2.4 水平与垂直子系统

1. 水平子系统

水平子系统也称为水平布线子系统。水平子系统是从 RJ-45 插座开始到管理子系统的配线柜，其结构一般采用星状。它与干线子系统的区别是：水平子系统总是在一个楼层上，并与信息插座连接。在综合布线系统中，水平子系统由 4 对 UTP 组成，能支持大多数现代化通信设备。如果需要某些宽带应用，则可以采用光缆。

从用户工作区的信息插座开始，水平子系统在交叉连接处连接，或在小型通信系统中在“远程卫星配线间、干线配线间或设备间”任何一处进行互连。在设备间，当设备终端位于同一层时，水平子系统将在干线配线间或远程卫星配线间的交叉连接处连接。

对于水平子系统，综合布线的设计必须具有全面通信介质方面的知识，能够向用户提供完善而又经济的设计。考虑用户的需求，设计与安装要注意以下几点。

（1）水平子系统用线一般为 UTP 双绞线。

（2）长度一般不超过 90m。

（3）UTP 双绞线必须敷设线槽或在天花板吊顶内布线。

（4）不提倡敷设地面线槽。

（5）用 5 类双绞线的传输速率为 100Mbps，用超 5 类双绞线的传输速率为 1000 Mbps。

（6）确定介质布线方法和电缆的走向。

（7）确定至服务接线间的最近 I/O 距离。

（8）确定至服务接线间的最远 I/O 距离。

（9）计算水平子系统所需的线缆长度。

2. 垂直子系统

垂直子系统也称干线子系统。垂直子系统提供建筑物的垂直线缆，负责连接管理子系统到设备子系统。一般都选用光纤（单模、多模）或大对数的非屏蔽双绞线。

垂直子系统提供建筑物垂直线缆的路由，它通常是在两个单元之间，特别是在唯一中心点的公共系统设备处提供多个线路设施。该子系统由所有的布线电缆组成，或由导线、光缆以及将此光缆连到其他地方的相关支撑硬件组合而成。传输介质可包括一幢多层建筑物楼层之间垂直布线的内部电缆或从主要单元（如计算机房或设备间）和其他垂直接线间来的电缆。

垂直子系统还包括：垂直或远程通信接线间和设备间之间的竖向或横向电缆的通道，设备间和网络接口之间的连接电缆或设备与建筑群子系统各设施间的电缆，垂直接线间与各远程通信接线间之间的连接电缆，主垂直间和计算机主机房之间的垂直电缆。为了与其他建筑物进行通信，垂直子系统将中断线交叉连接点和网络接口连接起来。网络接口通常放在设备相邻的房间。设计与安装时要注意以下事项。

（1）垂直子系统一般选用超 5 类 UTP 电缆或多模光纤，以提高传输速率。

（2）垂直电缆的拐弯处不要直角拐弯，应有一定的弧弯，以防线缆受损。

（3）垂直电缆要安装在 PVC 管内或槽内，架空电缆要防止雷击。

（4）确定每层楼的垂直要求和防雷击的设施。

（5）综合整幢大楼垂直要求和防雷击的设施。

2.2.5 设备与管理子系统

1．设备子系统

设备子系统也称设备间子系统，即安装网络设备的房间。EIA/TIA−569 标准规定了设备间的网络布线。它是布线系统最主要的管理区域，所有楼层的数据信息都由电缆或光缆传送至此。设备间是在每一幢大楼的适当地点设置进线设备、进行网络管理以及管理人员值班的场所。设备子系统主要由综合布线系统的建筑楼进出线缆设备、电话交换、数据交换（第二层、第三层交换机等）等各种网络通信设备及其配线设备组成。

设备间内的所有进线终端设备应采用色标区别各类用途的配线区。设备间的位置及大小应根据设备的数量、规模、最佳网络中心位置等内容综合考虑确定。设计与安装时要注意以下几点。

（1）设备间要有足够的空间，以保障设备间的设备存放。

（2）设备间要有良好的工作环境，如温度≤25℃、无尘、无干扰等。

（3）设备间建设标准应按机房建设标准设计，要有性能良好的接地保护系统。

2．管理子系统

管理子系统放置综合布线系统设备，包括水平、主干布线系统的机械和通信设备。管理子系统设置在楼层配线设备的房间内，主要由交接间的配线设备、输入/输出设备等组成。通常，管理子系统与设备子系统在同一房间内。交连和互连允许将通信线路定位或重定位在建筑楼的不同部分，以便能更容易地管理通信线路。通信线缆输入/输出位于用户工作区和其他房间或办公室内，使在移动终端设备时能够方便地进行插拔。

使用跨接线或插入线时，交叉连接允许将“端接在单元一端电缆上的通信线路”连接到“端接在单元另一端电缆上的线路”。插入线包含几根导线，而且每根导线末端均有一个连接器。插入线为重新安排线路提供一种简易的方法，可将交叉连接处的两根导线断点连接起来。

互连实现与交叉连接相同的目的，但不使用跨接线（如 RJ-45 的 UTP 跳线、RJ-11 的电话跳线）或插入线，只使用带插头的导线、插座和适配器。互连和交叉连接也适用于光纤。

在远程通信接线区，如安装在墙上的布线区，交叉连接可以不要插入线，因为线路经常是通过跨接线连接到输入/输出连接器上的。设计与安装时要注意如下几点。

（1）配线架的配线对数由可管理的信息点数决定。

（2）利用配线架的跳线功能，可使布线系统灵活、功能多样化。

（3）配线柜一般由配线模块、配线架和理线面板组成。

（4）管理子系统应有足够的空间放置配线柜和网络设备。

（5）网络设备需配有安全接地保护系统和功率匹配的净化电源或 UPS 电源。

（6）设备房间内应保持一定的温度和湿度，保养好设备。

2.2.6 建筑群子系统

建筑群子系统提供外部建筑物与大楼内布线的连接点。EIA/TIA−569 标准规定了网络接口的物理规格，实现建筑群之间的连接。建筑群子系统由两个以上建筑物的电话、数据和监视系统组成一个建筑群综合布线系统，连接各建筑物之间的缆线和配线设备，组成建筑群子系统。

建筑群子系统是综合布线系统的骨干部分，它支持楼宇之间通信所需的硬件，其中包括导线电缆、光缆及防止电缆上的脉冲电压进入建筑物的电气保护装置。

在建筑群子系统中，为了能进行远距离通信（大于 100m），以及防止雷击对网络设备造成的损坏，一般采用多模或单模光缆。室外敷设光缆一般有三种情况——架空、直埋和地下管道，或者这三种的任意组合，具体情况应根据现场的环境来决定。

在有条件的情况下，建筑群子系统应采用地下管道敷设方式，管道内敷设的铜缆或光缆应遵循电话管道和入孔的各项设计规定。此外，安装时至少应预留 2～4 个备用管孔，以供扩充之用。建筑群子系统采用直埋沟敷设时，如果在同一个沟内埋入了其他的图像和监控电缆，应设立明显的公用标志。

2.2.7　非屏蔽双绞线安装

通常，非屏蔽双绞线包括 5 类、超 5 类、6 类铜线。非屏蔽双绞线用于非涉密系统。

1. 非屏蔽双绞线安装要点

（1）桥架制作合理，保证合适的线缆弯曲半径。上下左右绕过其他线槽时，转弯坡度要平缓，重点注意两端线缆垂直受力后是否还能在不压损线缆的前提下盖上盖板。

（2）放线过程中应主要注意对拉力的控制，对于带卷轴包装的线缆，建议两头至少各安排一名工人，把卷轴套在自制的拉线杆上，放线端的工人先从卷轴箱内预拉出一部分线缆，供合作者在管线另一端抽取，预拉出的线不能过多，避免多根线在场地上缠结环绕。

（3）拉线工序结束后，要整理和保护好两端留出的冗余线缆，盘线时要顺着原来的旋转方向，线圈直径不要太小，尽可能用废线头固定在桥架、吊顶上或纸箱内，做好标注，提醒其他人员勿动勿踩。

（4）在整理、绑扎、安置线缆时，冗余线缆不要太长，不要让线缆叠加受力，线圈顺势盘整，固定扎绳不要勒得过紧。

（5）在整个施工期间，应及时通报工艺流程，与各工种负责人做好沟通，发现问题马上通知用户，在其他后续工种开始前及时完成本工种任务。

（6）如果安装的是非屏蔽双绞线，对接地要求不高，可在与机柜相连的主线槽处接地。

（7）线槽规格的确定：线槽的横截面积留 40%的富余量以备扩充，超 5 类双绞线的横截面积为 $0.3cm^2$。

（8）线槽安装时，应注意与强电线槽的隔离。布线系统应避免与强电线路在无屏蔽、距离小于 20cm 情况下平行走 3m 以上。如果无法避免，该段线槽需采取屏蔽隔离措施。进入家具的电缆管线由最近的吊顶线槽沿隔墙下到地面，并从地面线槽埋管到家具隔断下。

（9）管槽过渡、接口不应该有毛刺，线槽过渡要平滑。

（10）线管超过两个弯头必须留分线盒。

（11）墙装底盒安装应该距地面 30cm 以上，并与其他底盒保持等高、平行。

（12）线管采用镀锌薄壁钢管或 PVC 管。

（13）光缆敷设需要有钢绞线、挂钩、胀塞、螺丝、拉板等附件。

（14）光缆架空要有保护措施（尤其是横跨电力线时），以防止施工人员的意外伤害。

（15）楼内布线需要穿墙、穿楼板时，操作电锤或电钻要有保护措施。

2．6 类线缆安装要点

6 类线缆布线施工，应特别注意以下几点。

（1）如果在两个终端间有多余的线缆，应该按照需要的长度将其剪断，而不应将其卷起并捆绑起来。

（2）线缆的接头处反缠绕开的线段的距离不应超过 2cm，过长会引起较大的近端串扰。

（3）在接头处，线缆的外保护层需要压在接头内而不能在接头外。虽然在线缆受到外界拉力时整个线缆均会受力，但若外保护层压在接头外，则受力的将主要是线缆和接头连接的金属部分。

（4）线缆接线施工时，线缆的拉力是有一定限制的，一般为 9kg 左右。过大的拉力会破坏线缆对绞的匀称性。

由于 6 类线缆的外径要比一般的 5 类线粗，为了避免线缆的缠绕（特别是在弯头处），在管线设计时一定要注意管径的填充度，一般内径为 20mm 的线管以放两根 6 类线为宜。

2.2.8　屏蔽双绞线安装

屏蔽双绞线常用于涉密系统。根据屏蔽方式的不同，屏蔽双绞线分为两类，即 STP（Shielded Twisted-Pair）和 FTP（Foil Twisted-Pair）。STP 是指 8 芯中的每芯线都有各自屏蔽层的屏蔽双绞线，FTP 是指 8 芯整体屏蔽的屏蔽双绞线。屏蔽双绞线的外层由铝箔包裹，以减小辐射，但并不能完全消除辐射。屏蔽双绞线的价格相对较高，安装时要比非屏蔽双绞线电缆困难，且必须采用支持屏蔽功能的特殊连接器和相应的安装技术。

屏蔽布线系统必须是从终点到终点的连续的屏蔽路径。例如，AMP NETCONNECT 屏蔽布线系统从工作区域的信息插座、双绞线、配线架到 RJ-45 跳线，组成了从终点到终点的连续的屏蔽路径。屏蔽路径结构示意图如图 2.6 所示。

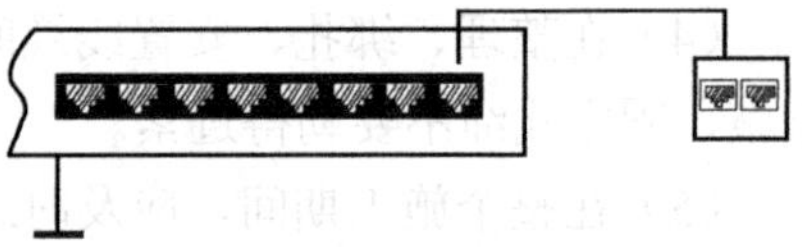

图 2.6　屏蔽路径结构示意图

屏蔽布线系统所有设施应选择同一品牌的产品。屏蔽线缆安装时，要充分考虑屏蔽接地的连续性，使传输铜缆及其连接点完全置于屏蔽层的包覆之中。在水平子系统 FTP 连接的两端，RJ-45 屏蔽接口的屏蔽金属壳与 RJ-45 接头的金属包覆套采用紧密嵌套接合，确保跳线和接口完全充分地接触。例如，AMP 的 4 对 FTP 线有锡箔屏蔽包覆层，屏蔽层内有一条接地线，这条接地线对于降低接地电阻并保持一个低的接地电阻有重要作用。

为了使安装好的屏蔽布线系统接地良好，屏蔽布线安装工艺要求屏蔽层的续接密实、连续。一个完全紧密的接地系统会提高屏蔽系统的整体性能，降低接地电阻，并使其一直保持低于 1Ω 的电阻值。每个屏蔽配线架独立接地，每个配线架只有一个接地点，尽量缩短屏蔽线的开剥长度，保持双绞线转弯时有大于线径 8 倍的弯曲半径。

2.3 综合布线系统的保护

2.3.1 过压与过流的保护

综合布线电气保护的目的，是为了减小电气故障对综合布线的电缆和相关连接硬件的损坏，同时避免终端设备或器件的损坏，保障系统的正常运行。

室外通信电缆进入建筑物时，通常在入口处经过一次转接进入室内。在转接处应加装电气保护设备，这样可以避免因电缆受到雷击产生感应电势或与电力线路接触损坏用户设备。电气保护主要分为过压保护和过流保护两种，这些保护装置通常安装在建筑物入口的专用房间或墙面上。

综合布线的过压保护可选用气体放电管保护器或固态保护器。气体放电管保护器使用断开或放电间隙来限制导体和地之间的电压。放电间隙由粘在陶瓷外壳内密封的两个金属电柱形成，并充有惰性气体。当两个电极之间的电位差超过交流 250V 或雷电浪涌电压超过 700V 时，气体放电管出现电弧，为导体和地电极之间提供一条导电通路。

固态保护器适合于较低的击穿电压（60～90V），而且其电路中不能有振铃电压。它利用电子电路将过量的有害电压泄放至地，而不影响电缆的传输质量。固态保护器是一种电子开关，在未达到击穿电压前，可进行稳定的电压钳位；一旦超过击穿电压，它便将过电压引入地。固态保护器为综合布线提供了最佳的保护。

综合布线系统除了采用过压保护外，还同时采用过流保护。过流保护器串联在线路中，当线路发生过流时，就切断线路。为了维护方便，过流保护一般都采用有自动恢复功能的保护器。

2.3.2 干扰和辐射的屏蔽

电磁干扰和辐射是整个应用系统的问题，由综合布线电缆引起的干扰只是其中的一部分，而且辐射能量与发送信号的电压和频率有关。采用屏蔽是为了在有干扰的环境下保证综合布线通道的传输性能。屏蔽包括两方面：一是减少电缆本身向外辐射的能量；二是提高电缆抗外来电磁干扰的能力。

综合布线的整体性能，取决于应用系统中最薄弱的电缆和相关连接硬件性能及其连接工艺。在综合布线中，最薄弱的环节是配线架与电缆连接部件以及信息插座与插头的接触部位。当屏蔽电缆的屏蔽层在安装过程中出现裂缝时，也构成了屏蔽通道的薄弱环节。为了消除电磁干扰，除了要求屏蔽层没有间断点外，还要求整体传输通道必须达到 360°全程屏蔽。这种要求，对于一个点到点的连接通道来说，是很难达到的。因为其中的信息插口、跳线等很难做到全屏蔽，再加上屏蔽层的腐蚀、氧化破损等因素，因而没有一个通道能真正做到全程屏蔽。同时，屏蔽电缆的屏蔽层对低频磁场的屏蔽效果较差，不能抵御电动机之类的设备产生的低频干扰。所以采用屏蔽电缆也不能完全消除电磁干扰。

屏蔽有静电屏蔽和磁场屏蔽两种。从理论上讲，为减少干扰，可采用屏蔽措施。屏蔽的原理是在屏蔽层接地后，使干扰电流经屏蔽层短路入地。因此，屏蔽层的妥善接地是十分重要的。若接地不良，则不但不能减少干扰，反而会使干扰增大。当接地点安排不正确时，接地电阻将增大，导致接地电位不均衡，引起接地噪声，即在传输通道的某两点产生电位差，从而使金属屏蔽层上产生干扰电流。这时，屏蔽层本身就形成了一个最大的干扰源，导致其性能远不如非屏蔽传输通道。因此，为了保证屏蔽效果，必须对屏蔽层进行正确可靠的接地。

在实际应用中，为了尽可能地降低干扰，除保持屏蔽层的完整、对屏蔽层可靠接地外；还应注意传输通道的工作环境，远离电力线路、变压器或电动机房等各种干扰源。当综合布线环境极为恶劣、电磁干扰强、信息传输率又高时，可直接采用光缆，以保证信道的传输特性。

2.4 综合布线系统的测试

2.4.1 双绞线的测试与标准

1．测试内容

网络工程项目所用布线产品，都必须满足国际标准并通过 ISO 9001（2000 版）及 UL 验证。在工程完工后，必须对整个系统进行全面测试，所有测试程序均要遵循国际标准 TIA/EIA TSB-67 进行。双绞线系统的测试内容包括：双绞线端接线图测试；线缆长度测试；衰减测试；近端串扰测试。

2．双绞线端接线图测试与标准

（1）水平子系统测试。水平子系统的 4 对非屏蔽或屏蔽双绞线（UTP/FTP/STP）的连接均按标准进行，在配线架一端按以下方式来连接。

- 第 1 对：[蓝白]蓝；
- 第 2 对：[橙白]橙；
- 第 3 对：[绿白]绿；
- 第 4 对：[棕白]棕。

对信息插座的连接，可按几种标准来实现，即 4 对双绞线可按 586A、586B、USOC 等标准实现连接。按 568A、568B、USCO 标准实现信息插座的连接，如表 2.11 所示。

表 2.11 按几种标准实现信息插座的连接

568A 标准			568B 标准			USCO 标准		
线对号	线中继	线芯号	线对号	线中继	线芯号	线对号	线中继	线芯号
1	T1	5	1	T1	5	1	T1	5
	R1	4		R1	4		R1	4
2	T2	3	2	T2	1	2	T2	3
	R2	6		R2	2		R2	6
3	T3	1	3	T3	3	3	T3	2
	R3	2		R3	6		R3	7
4	T4	7	4	T4	7	4	T4	1
	R4	8		R4	8		R4	8

一条跳线的一端做成 568A，另一端做成 586B，则此跳线是交叉线，可用于交换机（普

通口）之间的级联。跳线两端线序（色标）全反，则此跳线是全反线，用于网络设备（交换机、路由器）的控制口（Console）和计算机的串口（RS-232C）连接，通过计算机的“超级终端”程序，安装与调试网络通信设备。

水平子系统可采用 EIA/TIA 586A、EIA/TIA 586B 标准连接，通常采用 EIA/TIA 586B 标准。测试仪器一般可选用 Fluke DSP100/2000，其中一端是该测试仪的主机，另一端为测试仪的终端。测试结果要求所有网络信息点连接的正确性要保证 100%，即要保证所有信息点无短路、开路、线对绕接、线对反接等端接错误。

（2）垂直子系统测试。在垂直子系统中，大对数缆线的连接正确性是由色码得到保证的，色码编排表如表 2.12 所示。

表 2.12　色码编排表

线对号	端部	环箍
1～5	白（W）	蓝（BL）
6～10	红（R）	橙（O）
11～15	黑（BK）	绿（G）
16～20	黄（Y）	棕（BR）
21～25	紫（V）	灰（S）

按顺序组合，如 1～5 对线有：蓝白、蓝为第一对线；橙白、橙为第二对线；绿白、绿为第三对线；棕白、棕为第四对线；灰白、灰为第五对线，其他依此类推。安装按此色标顺序进行，方可保证连接的正确性。

垂直子系统中所用的多芯双绞线的测试仪器，可采用 Fluke DSP2000 缆线测试仪。其测试方法是，一端接 Fluke DSP100/2000 缆线测试仪的主机，另一端接 Fluke DSP100/2000 缆线测试仪的终端 Loopback。当测试仪器显示被测线缆的连接正确性为 100%，无短路、开路、绕接、错接现象时，表示测试通过。

3. 线缆长度测试与标准

（1）基本链路（Basic Link）。基本链路是包括从配线间的配线架敷设至用户房间的信息模块水平布线的长度。测试长度不能超过 94m，该长度含两条 2m 测试跳线。

（2）信道（Channel Link）。信道是包括从配线间的配线架敷设至用户房间的信息模块水平布线的长度，加上用户房间的信息模块连接至计算机跳线的长度。其测试长度不能超过 99m，该长度含 3 条 3m 跳线。

4. 衰减测试与标准

衰减是信号在传输介质上进行传输的过程中所产生的损耗。衰减测试包括以下内容。

（1）测试对象：5 类布线整体测试。

（2）测试条件：对 5 类线及相关产品实现从 1～100MHz 的测试，测试温度为 20℃～30℃，信息点到配线室距离不超过 90m。信道中水平 UTP 长度＝90m＋10m，包括设备跳线、快接式跳线或卡接式跳线。基本链路中水平 UTP 长度＝90m＋4m，包括测试仪跳线。

（3）测试仪器：Fluke DSP2000 缆线测试仪。

（4）测试方法：被测线路一端安装仪器，另一端接 Loopback，仪器的显示器上将显示测试结果或结论，一般显示通过或不通过。

（5）测试结果：在不超过如表 2.13 所示结果的情况下，视为测试通过。

表 2.13　衰减测试标准

f / MHz	最大衰减测试值（测试温度为 20℃）/dB					
	信道（100m）			基本链路（94m）		
	Cat.3	Cat.4	Cat.5	Cat.3	Cat.4	Cat.5
1	4.2	2.6	2.5	3.2	2.2	2.1
4	7.3	4.8	4.5	6.1	4.3	4
8	10.2	6.7	6.3	8.8	6	5.7
10	11.5	7.5	7	10	6.8	6.3
16	14.9	9.9	9.2	13.2	8.8	8.2
20		11	10.3		9.9	9.2
25			11.4			10.3
31.25			12.8			11.5
62.5			18.5			16.7
100			24			21.6

5．近端串扰（NEXT）测试与标准

近端串扰（NEXT）本身对终接点（跳线架、信息插座）处的非双绞金属线很敏感，同时对粗劣的安装也非常敏感。例如，5 类线在终接点处的打开绞合的线长度至多不能超过 13 mm。因此，对 NEXT 的测试相当重要。NEXT 的计算公式为：NEXT＝20lg（V_n/V_i）(dB)，式中 V_i 是输入值（也是正常电压值），V_n 是所产生的干扰信号。因为 $V_n<V_i$，所以表 2.14 中出现的 NEXT 值为负数。近端串扰测试包括以下内容。

（1）测试对象：3 类、5 类产品的联合测试。

（2）测试条件：对 3 类、5 类线及相关产品实现从 1～100MHz 的测试，测试温度为 20℃～30℃，信息点到配线架距离不超过 90m。

（3）测试结果。测试结果显示在仪器上，一般显示通过或不通过。显示的测试结果不应超过如表 2.14 所示的值（注意：表中值为负数）。

表 2.14　NEXT 测试标准

f / MHz	近端串扰（NEXT）测试值（测试温度为 20℃）/dB					
	信道（100m）			基本链路（94m）		
	Cat.3	Cat.4	Cat.5	Cat.3	Cat.4	Cat.5
1	39.1	53.3	60	40.1	54.7	60
4	29.3	43.3	50.6	30.7	45.1	51.8
8	24.3	38.2	45.6	25.9	40.2	47.1
10	22.7	36.6	44	24.3	38.6	45.5
16	19.3	33.1	40.6	21	35.3	42.3
20		31.4	39		33.7	40.7
25			37.4			39.1
31.25			35.7			37.6
62.5			30.6			32.7
100			27.1			29.3

6. 电缆测试

（1）电缆检测仪。MicroScanner2（MS2）是 Fluke 620 的换代产品。MS2 电缆检测仪创新地改进了音频、数据和视频电缆测试。MS2 能从四种测试模式中获取结果，并在一个屏幕上显示：图形化布线图、线对长度、到故障点的距离、电缆 ID 以及远端设备。MS2 集成了 RJ-11、RJ-45 和同轴电缆测试端口，支持任何类型的低压电缆测试，不需要适配器。

（3）电缆认证测试仪。Fluke 公司推出的 DTX 1800 电缆认证分析仪是既可满足当前要求而又面向未来技术发展的高技术测试平台。通过提高测试过程中各个环节的性能，这一革新的测试平台极大地缩短了整个认证测试的时间。DTX 1800 可测试 5 类、5e 类、6 类铜链路，可测试光缆。它具有 IV 级精度、智能故障诊断、900MHz 的测试带宽、12h 电池使用时间和快速仪器设置，并可以生成详细的中文图形测试报告。

2.4.2 光缆安装与测试方法

光缆安装过程中，涉及光缆敷设、光缆弯曲半径、光纤熔接、光纤跳接等；加上设计方法及物理布线结构的不同，导致两个网络设备间的光纤路径上光信号的传输衰减有很大的不同。光缆链路测试，如果按两根光纤进行环回测试，则所测得的指标应换算成单根光纤链路的指标来验收。

1. 光缆芯线终接安装要求

（1）采用光纤连接盒对光纤进行连接、保护，在连接盒中光纤的弯曲半径应符合安装工艺要求。

（2）光纤熔接处应加以保护和固定，使用连接器，以便于光纤的跳接。

（3）光纤连接盒面板应有标志。

（4）光纤连接损耗值，应符合如表 2.15 所示的规定。

表 2.15　光纤连接损耗

连接类别	光纤连接损耗/dB			
	多模光纤		单模光纤	
	平均值	最大值	平均值	最大值
熔接	0.15	0.3	0.15	0.3

2. 光纤链路测试方法

（1）测试前应对所有的光连接器进行清洗，并将测试接收器校准至零位。

（2）测试内容：对整个光纤链路（包括光纤和连接器）的衰减进行测试；进行光纤链路的反射测量，以确定链路长度及故障点位置。

（3）在两端对光纤逐根进行测试，在一端对两根光纤进行环回测试。

（4）光纤链路系统指标应符合设计要求。

（5）所有测试结果应有记录，并纳入文档管理。

（6）光缆布线链路在规定的传输窗口测量出的最大光衰减（介入损耗）应不超过如表 2.16 所示的规定，该指标已包括链路接头与连接插座的衰减。

（7）光缆布线链路的任一接口测出的光回波损耗大于表 2.17 给出的值。

表 2.16 光缆布线链路的衰减

布线	链路长度/m	衰减/dB			
		单模光缆		多模光缆	
		1 310nm	1 550nm	850nm	1 300nm
水平	100	2.2	2.2	2.5	2.2
建筑物主干	500	2.7	2.7	3.9	2.6
建筑物主干	1 500	3.6	3.6	7.4	3.6

表 2.17 最小光回波损耗

类别	单模光缆		多模光缆	
波长	1 310nm	1 550nm	850nm	1 300nm
光回波损耗	26dB	26dB	20dB	20dB

2.4.3 电缆布线故障诊断

综合布线系统工程的电缆电气性能测试内容与测试不合格产生的原因，如表 2.18 所示。

表 2.18 测试项目不合格产生的原因

测量结果	可能产生的原因
近端串音（NEXT）不合格	电缆与接插件卡接不良； 电缆线对扭绞不良； 外部噪声源影响； 接插件性能不良或没有达到 5 类产品技术指标
衰减不合格	布线系统水平电缆超过规定长度； 现场高温影响； 电缆与接插件卡接不良； 接插件性能不良或没达到 5 类产品技术指标
布线图不合格	线对交叉； 终接处线对非扭绞长度超过要求； 线对串接； 终接处及芯线断线； 终接处及芯线短路
长度不合格	测试仪表传播时延（NVP）调整不准确； 布线系统电缆超过规定长度； 电缆断线； 电缆短路

2.4.4 工程文档报告

1. 测试记录报告

综合布线工程的电缆系统测试内容包括基本测试项目和任选项目测试。各项测试要有详细记录，以作为竣工资料的一部分。测试记录格式如表 2.19 所示。

表 2.19　5 类及光纤综合布线系统工程电气性能测试记录格式

序号	编号			内容								记录
				电缆系统						光缆系统		
	地址号	缆线号	设备号	长度	接线图	衰减	近端串音（2 端）	电缆屏蔽层连通情况	其他任选项目	衰减	长度	
	测试日期、人员及测试仪表型号											
	处理情况											

电气性能测试仪应具有二级精度，即达到表 2.20 规定的要求。

表 2.20　测试仪精度最低性能要求

序号	性能参数名称	最低性能要求（1～100MHz）
1	随机噪声最低值	65～15dB
2	剩余近端串扰（NEXT）	55～15dB
3	平衡输出信号	37～15dB
4	共模抑制	37～15dB
5	动态精确度	±0.75dB
6	长度精确度	(1±0.04)m
7	回损	15dB

2. 竣工技术文件

工程竣工后，施工单位应在工程验收以前，将工程竣工技术资料交给建设单位。综合布线系统工程的竣工技术文件应包括以下内容。

（1）安装工程量。

（2）工程说明。

（3）设备、器材明细表。

（4）竣工图纸为施工中更改后的施工设计图。

（5）测试记录（宜采用中文表示）。

（6）工程变更、检查记录及施工过程中，需更改设计或采取相关措施，由建设、设计、施工等单位之间的双方洽商记录。

（7）随工验收记录。

（8）隐蔽工程签证。

（9）工程结算。

竣工技术文件要保证质量，做到外观整洁，内容齐全，数据准确。

2.5 机房设计与安装

网络工程基础工作主要包括结构化布线工程、数据中心机房工程等。数据中心既是企业网数据通信核心枢纽（安装核心交换与路由设备），也是大量服务器集中安装场地。机房工程涉及机房布线、机房供电、机房制冷、动力环境监测及机房接地保护等。

2.5.1 设计思想

依据云计算理论与方法，绿色节能与安全是新一代数据中心机房建设的首要问题。通常，机房布局和可扩展性，很难通过改造进行根本性的调整。因此，数据中心机房设计既要满足用户网络与服务器增长规模，又要适应绿色节能的发展趋势。新一代数据中心机房设计主要考虑 5 方面问题。

（1）机房整体布局。机房设备应整体布局合理、整洁美观及符合节能环保要求。要按照机房现有的设备数量及未来 5 年预估增加的设备数量，估算机房的使用面积需求（机柜数量）、用电量、空调制冷量及环境管理等基础设施。

（2）机房建筑节能。要依据设备环境要求和机房设计标准，控制机房区域的环境温度和湿度。机房应设置在阴面，防止日光辐射。外墙采用隔热材料，使机房外的热空气尽可能少地进入机房内。

（3）机房设备节能。数据中心要尽可能降低 IT 设备能耗、减少设备占地空间，提高机房制冷效率。例如，施耐德公司提出了水平送风的行级制冷，可以有效地解决高密度机柜散热问题。施耐德、华为、台达等公司均有机房整体节能的技术产品和方案。

（4）机房设施安全。应科学、合理、规范部署机房电气连接、网络连接、安全接地等设施，保障数据中心机房支撑系统接地更安全，电气连接和布线更可靠，内部环境空气污染、噪声污染、电磁干扰和辐射污染等更低。

（5）服务器数据安全。建立网络与信息安全保障体系，支持服务器数据安全管理，支持服务器数据完整备份与恢复，保障数据完全可信与可用。

由此可以看出，新一代数据中心机房建设除涵盖设备节能、省地、安全等“显性”因素之外，还涵盖了数据安全，机房无污染、无干扰等“隐性”因素。

2.5.2 TIA-942 标准

数据中心机房建设 TIA-942 标准于 2005 年 4 月被批准并发布。该标准讨论了企业级机房在空间布局和布线管理等方面的有关问题，为机房规划和建设提出了设计规范，提出了机房设备用电、网络布线、安全接地、防火保护、建筑结构布局等方面的技术规范及要求。TIA-942 标准中，依据机房整体重要性，将机房分为 4 个等级（Tier），如表 2.21 所示。

表 2.21 TIA-942 标准

等级	一级（Tier1）	二级（Tier2）	三级（Tier3）	四级（Tier4）
线路冗余	1 电源+1 布线	1 电源+1 布线	2 电源+1 布线（1 套系统工作）	2 电源+2 布线（2 套系统同时工作）

（续表）

等级	一级（Tier1）	二级（Tier2）	三级（Tier3）	四级（Tier4）
允许宕机时间	28.8 小时/年	22 小时/年	1.6 小时/年	0.4 小时/年
可靠（用）性	99.67%	99.749%	99.982%	99.995%
电源	UPS	UPS+发电机	UPS+发电机	UPS+发电机
备用部件	*N*	*N*+1	*N*+1	2(*N*+1)
系统冗余	没有	没有	空调+电源	全部冗余 system +system

从表 2.21 可看出，Tier1 是最基本的配置，电源采用不间断电源（Uninterruptible Power System，UPS），供电系统与网络传输均为 1 套。Tier2 是在 Tier1 基础上增加了发电机，Tier3 是在 Tier2 基础上配置了双路供电系统。Tier4 是最昂贵的配置，电源与布线均为双路配置，并且 2 套系统同时工作。除此之外，机房还要采用生物识别技术门禁系统，配备气体灭火系统、多个备用布线管槽、网络主干冗余等。

一般企业（含学校）的机房，可按照 Tier1 或 Tier2 的标准建设；面向公众服务的电子政务、电子商务、电子金融，以及数据通信服务商等的机房，可按照 Tier3 或 Tier4 标准建设。当然，数据中心机房可按照数字业务的重要程度确定级别标准，还要根据该机房的规模、可投入的资金确定合适的级别标准。

该标准约定了数据中心的布线方式与数据中心的规模、功能、性质等因素的相关性。合理地设计机房的布线拓扑结构，是新一代机房设计的重要特征，也是为达到适用、灵活、安全、规范的机房工程建设要求的有效技术措施之一。

2.5.3　机房布线

在综合布线系统中，数据中心机房布线是网络工程的主要组成部分。数据中心机房布线安装质量的好坏，直接影响数据传输的可靠性与稳定性。

1．布线方式

机房布线直接影响到数据传输的性能，一般要求采用 6 类及以上 UTP 铜线及光纤，UTP 布线距离尽量短，布线整齐，排列有序。机房布线按照机房设备（服务器、存储系统、网络通信与安全设备等）规模，可分为地板布线、桥架布线、混合布线。

（1）地板布线。该布线方式适用于小规模数据中心（机柜数量≤5，未来 5 年不增加）的布线，它充分利用了防静电地板下的空间。但要注意地板下漏水、鼠害和散热问题。地板下敷设的强电线槽、弱电线槽分离，采用金属材质，以防止电磁干扰数据传输。

（2）桥架布线。该布线方式适用于中小规模（机柜数量≥6，未来 5 年增加更多机柜）数据中心，目前比较流行。此方式中，桥架分为电源布线桥架（金属材质）、通信布线桥架。在每个机柜上方开凿相应的穿线孔（包括线槽）。当然，也要注意天花板漏水、鼠害和散热问题。

（3）混合布线。该布线方式综合了以上两种方式的优点，目前非常流行。此方式利用地板下的空间实施电源布线，采用桥架进行通信布线。该方式既使强电与弱电隔离，又降低了成本。在每个机柜上方、下方开凿相应的穿线孔。地板下的强电线槽最好采用金属材质，也要注意地板和天花板漏水、鼠害和散热问题。

2. 布线内容

布线内容包括电源布线、弱电布线和接地布线。其中，电源布线和弱电布线均放在金属布线槽内，具体的金属布线槽尺寸可根据线缆量的多少确定，并考虑一定的发展余地（一般为 100mm×50mm 或 50mm×50mm）。电源线槽和弱电线槽之间的距离应保持至少为 5cm，相互之间不能穿越，以防止电磁干扰。

（1）电源布线。在新机房装修进行电源布线时，应根据整个机房的布局和 UPS 的容量来安排。在规划中的每个机柜和设备附近，安排相应的电源插座。插座的容量应根据接入设备的功率来确定，并留有一定的冗余，一般为 10A 或 15A。电源的线径应根据电源插座的容量确定，并留有一定的余量。

（2）弱电布线。弱电布线按照服务器与网络通信设备间的接口，确定线缆类别。服务器均为板载 1Gbps 网卡，宜采用 6 类（或 7 类）UTP 机制网线，UTP 线缆敷设在桥架内，桥架到每个机柜、设备连接点均有线缆出口。网络设备互连宜采用光纤（单模、多模），以减小传输时延。考虑方便管理，各种线缆要设置标签，并分门别类地用尼龙编织带捆扎好。

（3）接地布线。网络机房内部署了服务器、核心交换机、防火墙及网络管理设备，这些设备对接地有着严格的要求。接地是消除公共阻抗，防止电容耦合干扰，保护设备和人员的安全，保证计算机系统稳定可靠运行的重要措施。在机房地板下应布置信号接地用的铜排，以供机房内设备接地需要，铜排再以专线方式连接机房的弱电信号接地系统。

2.5.4 机房供配电

数据中心有服务器、磁盘存储系统等设备，意外掉电或电压波动会导致服务器、存储系统发生故障。例如，系统配置文件损坏、数据库记录丢失、操作系统无法启动、硬盘故障等问题。好的解决办法是采用结构化供配电及配置大功率 UPS，保证服务器和存储系统可靠、稳定与持续工作。

1. 结构化供配电

通常，机房交流电源频率为 50Hz，电压为 380V/220V，相数为三相五线制（380V）/单相三线制（220V）。机房电源变动范围：电压变动为-5%～+5%，周波变化为-0.2～+0.2Hz。机房采用一类供电，建立不停电供电系统。依据 Tier1 或 Tier2 标准和机房的电源情况，允许供电电源变动的范围为 B 级，如表 2.22 所示。

表 2.22 供电电源的质量分级

项目/级别	A 级	B 级	C 级
稳态电压偏移范围（%）	±2	±5	+7～-13
稳态频率偏移范围（Hz）	±0.2	±0.5	±1
电压波形畸变率（%）	3～5	5～8	8～10
允许断电持续时间（ms）	0～4	4～200	200～1 500

在机房内设置电源输入配电柜和输出配电柜。通常，输入配电柜配置 3 个空气开关，其中 1 个为进线总空气开关，1 个连接 UPS，1 个连接制冷机等。输出配电按照机柜数量与功耗的用电设备配置空气开关的数量。将 UPS 电源输出端与每个空气开关的金线端连接，铜电缆

一端与空气开关出线端连接，铜电缆一端与机柜的 PDU（Power Distribution Unit，电源分配单元）连接。采用这种结构化供配电的好处是，设备运行中一旦发生故障需要断电维护，即可断开相连的空气开关，而不影响其他设备正常运行。

2. UPS 结构与分类

目前，UPS 通常分为工频机结构 UPS 和高频机结构 UPS 两种。工频机结构 UPS 和高频机结构 UPS 是按其设计电路工作频率来区分的。工频机结构 UPS 采用传统的模拟电路原理设计，由可控硅整流器（SCR）、绝缘栅双极型晶体管（IGBT）逆变器、旁路和工频升压隔离变压器组成。因其整流器和变压器工作频率均为工频 50Hz，故名为工频 UPS。

高频机结构 UPS 通常由 IGBT 高频整流器、电池变换器、逆变器和旁路组成。IGBT 可以通过加在门极的驱动来控制其开通与关断，IGBT 整流器开关频率通常在几千赫兹到几十千赫兹，甚至高达上百千赫兹，远远高于工频机，因此称为高频 UPS。

隔离变压器是工频机与高频机在组成上的主要区别。目前，数据中心供电系统除了注重可靠性、可用性以外，节能减排（降低电能消耗与降低二氧化碳排放）也是其面临的重大问题。为 IT 设备提供不间断电源的供电系统，其自身供电效率的高低也部分地决定了数据中心能耗的高低。

从性能和节能方面来讲，传统的 UPS 系统中由于采用工频逆变器，逆变效率不高，并配有工频变压器，体积庞大笨重、能耗高、成本高，已逐渐不适应节能减排的需求。采用全 IGBT 高频机结构的 UPS 历经 10 多年的发展，具有模块化结构、尺寸小、重量轻、易扩容、运行效率高、噪声低、性价比高等特点，技术和产品趋于成熟。随着半导体技术的日益发展，高频 UPS 在技术和市场方面的优势将会越来越明显。

3. UPS 的工作原理

UPS 是一种含有储能装置、以逆变器为主要组成部分的恒压、恒频的电源设备。它主要的功能是，当市电输入正常时，会将电流稳压后供应给负载使用；当市电中断时，会及时向用电设备提供电能，使设备仍能持续工作一段时间，以便处理好未完成的工作。

从技术的角度上来讲，UPS 可以分为三类：后备式（又称离线式）、在线式和在线互动式。一般来说，在不同的市电环境下，UPS 分别有两种工作状态：一是当市电供电正常时，由市电通过 UPS 给负载供电，此时 UPS 主要负责对市电进行滤波、稳压和稳频调整，以便向负载提供更为稳定的电流，同时通过充电器把电能转变为化学能储存在电池中；二是当市电供应意外中断时，UPS 会在瞬时切换到电池供电模式，这时它通过逆变器把化学能转变为交流电提供给负载，从而保证对负载提供不间断的电力供应。除此之外，UPS 还有一种旁路工作状态，即在刚开机或机器发生故障时，可以把输入电流经高频滤波后直接输出，以保证能为负载提供正常供电。

4. 使用 UPS 应注意的问题

（1）UPS 主机。依据机房所需功率确定 UPS 选型（节能选用高频机）。列出所有需要保护的用电设备，还有显示器、终端、外挂硬盘。对于整体设备的功率则以其额定数为基准。把所有设备的功率值汇总，将汇总值加上 20%～30%的扩充容量，以备系统升级时用。

将各个负载的额定容量累加求出总容量，对瞬间激活耗电量大的负载，如激光打印机，需另以瞬间激活时的耗电量计算，以避免所有设备同时激活造成超载情形。一旦市电中断，则 UPS 也无法持续供电。负载总耗电量不得大于 UPS 输出端功率，否则就是超载。

通常，计算机负载在开机时会产生超出平常多倍的大冲击电流，超过了 UPS 的峰值功率因数提供的能量。因此，选择 UPS 容量时需要考虑负载波动及冲击余量，适当增大 UPS 容量，以抵御负载的波动。

（2）配置电池。电池供电时间主要受负载大小、电池容量、环境温度、电池放电截止电压等因素的影响。根据延时能力，确定所需电池的容量大小，用安时（AH 值）来表示，以给定电流安培数时放电的时间（h，小时）数来计算。蓄电池数量=（UPS 电源功率×延时时间）/（电池直流电压×电池安时数）。需要注意的是，UPS 系统的电池是按组配置的，每组电池数量可依据主机技术参数和电池技术参数确定。

例如：某企业数据中心服务器、核心交换机、防火墙等设备用电总功率≤15.78 kW，选用 20 kVA 的高频 UPS 主机（输出功率因数≥0.8）。假设延长时间 4h，需配置 12 V/100AI 电池 64 块。每组电池 16 块串联相接，总电压为 12 V×16 =192 VDC。4 组电池与 20 kVA 的高频 UPS 主机并联连接。

（3）UPS 正确安装与起停。安装 UPS 时，应严格遵守厂家产品说明书中的有关规定，保证 UPS 所接市电的火线、零线顺序符合要求。如果将火线与零线的顺序接反，那么在从市电状态向逆变状态转换时极易造成 UPS 的损坏。不要频繁地关闭和开启 UPS 电源，一般要在关闭 UPS 电源 2min 后才能再次开启，否则，UPS 电源可能处于“启动失败”的状态，即 UPS 电源处于既无市电输出，又无逆变器输出的状态。

（4）蓄电池的使用与维护。蓄电池应当正立安装放置，不要倾斜，电池组中每个电池间的端子连接要牢固。电池安装后，一定要进行一次较长时间的初充电，初充电的电流大小应符合说明书中的要求。在使用中要注意，不要让电池过度放电或发生短路。UPS 应尽可能安装在清洁、阴凉、通风和干燥的地方，尽量避免受到阳光、加热器等辐射热源的影响。

对于长期闲置不用的 UPS 电源，应每隔一个月为电池充电一次，时间保持在 10～20h。如果市电供电一直正常，不妨每隔一个月人为停电一次，让 UPS 电源在逆变状态下工作 5～10min，以便保持蓄电池的良好充放电特性。此外，蓄电池都有自放电的特性，因此需定期进行充放电维护。

5．电源避雷

考虑到电源负荷电流容量较大，为了安全起见及使用和维护方便，数据通信电源系统的多级防雷，原则上均选用串联型电源避雷器。在安装电源避雷器时，要求避雷器的接地端与接地网之间的连接距离尽可能近。如果避雷器接地线拉得过长，将导致避雷器上的限制电压（被保护线与地之间的残压）过高，可能使避雷器难以起到应有的保护作用。

因此，避雷器的正确安装以及接地系统的良好与否，将直接关系到避雷器防雷的效果和质量。避雷器安装的基本要求：电源避雷器的连接引线必须足够粗，并尽可能短；引线应采用截面积不小于 25 mm^2 的多股铜导线；在引线长度超过 1 m 时，应加大引线的截面积；引线应紧凑并排或绑扎布放，并尽可能就近可靠入地。

2.5.5　机房节能

所有电子设备都会产生热量。为了避免设备温度升高至无法接受的程度，必须将这些热量扩散掉。网络机房内的大多数电子设备是通过空气冷却的。为了确定制冷系统的容量，必须了解封闭空间内设备的发热量，以及其他常见热源所产生的热量。

1. 机房热源计算

一个系统的总发热量等于它所有组件的发热量之和。整个系统包括 IT 设备及其他（如 UPS、配电系统、空调装置、照明设施和人员等）。可以根据简单的测算标准，确定各项的发热量。UPS 和配电系统的发热量由两部分组成：一部分是 UPS 自身损耗电能产生的热量；另一部分是与负载功率成正比的电能消耗产生的热量。照明设施和人员所产生的热量也可以使用标准值进行估算。针对某企业数据中心服务器、核心交换机、防火墙等设备用电总功率≤15.78kW，采用简单规则进行估算网络机房散热量，如表 2.23 所示。机房使用面积为 80m^2，机房工作人员有 5 人，按照表 2.23 分项计算，各项发热量合计为 19.07kW。

这样所得的结果与精细分析的结果相差不大。这种快速估算法可以使不具备任何专业知识或未经过专业培训的人员胜任这一工作。

表 2.23　网络机房散热量计算数据表（表中热量和功率单位为 W，面积单位为 m^2）

项目	所需数据	散热量计算	散热量小计
IT 设备	IT 设备总负载功率	机房内所有用电设备总负载功率	15.78 kW
带电池的 UPS	电源系统额定功率	（0.04×电源系统额定值）+（0.06×IT 设备总负载功率）	1.75 kW
配电系统	电源系统额定功率	（0.02×电源系统额定值）+（0.02×IT 设备总负载功率）	0.72 kW
照明设施	灯的瓦数和数量	0.04×8	0.32 kW
人员	最大人员数	0.10×5（最大人员数）	0.50 kW
合计		各项发热量合计	19.07 kW

上述分析并没有考虑周围环境中的热源，如透过窗口照射进来的阳光和从墙外传导进来的热量。许多小型网络机房没有暴露在室外的墙或窗户，这时不考虑上述热源的假设是正确的。但是，对于墙或屋顶暴露在室外的大型网络而言，额外的热量会进入网络（数据中心）机房，空调系统产生的冷气必须将这些热量抵消，使机房温度维持在 IT 设备正常运行的环境温度下（如 25℃）。

2. 空调设备选型

一般来说，1PH 家用空调的制冷量大致为 2 000 kcal，换算成国际单位应乘以 1.162，即 1PH 的制冷量为 2 000 kcal×1.162 = 2.324kW。这里的 W 表示制冷量。一般情况下，2.2～2.6 kW 称为 1 PH，3.2～3.6 kW 称为 1.5PH，4.5～5.1kW 称为 2PH。

一台 5PH 空调的制冷量为 2 000×5×1.162 = 11.62kW。家用空调在应用时，60%多的功率是在制冷，剩下 30%多的功率是在除湿。5PH 空调的制冷功率约为 6.97kW。

如果考虑节能，可选用精密空调。例如，爱默生 DME12MCP1 单冷室内机的制冷量为 12.5kW（24℃，50%rh）。该机制冷功率约为 5.32kW（室内机 5.1kW+室外机 0.22kW），采用高效的制冷系统设计，节能运行，比普通舒适性（家用）空调节省 20%～30%的能耗。具有恒温恒湿功能，大风量小焓差设计，满足专业机房需要。

3．机房冷热风区规划

上述例子中，服务器群、存储系统等设备，安装在 4 个标准服务器机柜内，核心交换机、路由器、防火墙、光通信设施等安装在 2 个标准交换机机柜内。所有 IT 设备靠近空调“面对面”均衡部署在 6 个机柜内。考虑到 IT 设备扩展，预留 6 个机柜位置。为了提高制冷系统效率，12 个机柜摆放，采用机柜前门对前门（间距为 1.5m）的方式，如图 2.7 所示。

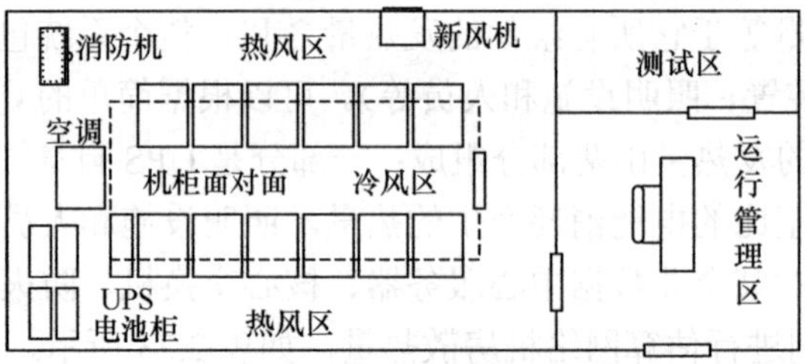

图 2.7　机房设备部署位置图

在机房内形成热风区和冷风区，热分区空间大于冷风区 2 倍以上，如图 2.8 所示。冷热分区采用玻璃墙隔离，使得冷、热空气能够正常流通，不形成混流。部署水平送风型的精密空调（制冷能耗≤IT 设备能耗的 50%），采用按需调配制冷方案，设定冷风区的温度为 25℃，尽量缩短空调制冷风道，将冷风直接吹向服务器、存储器及网络设备前面板。将冷热通道和适应性调节结合起来，以达到节能的目的。

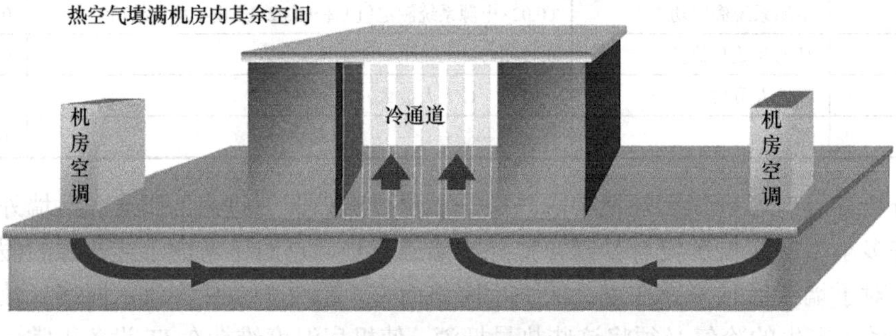

图 2.8　机房冷热区示意

如果数据中心机房位于有空调设备的封闭空间内，则其他热源造成的影响可忽略不计。如果数据中心机房有较大面积的墙或屋顶暴露在室外，则需要估算出最大热量负荷，然后将该值统计到前一部分确定的整个系统的发热量中。

4．电源使用效率计算

机房节能，是指在额定的用电功率下，使用技术手段，尽可能降低电能消耗及减少二氧化碳排放。The Green Grid（绿色网格）组织，定义了两种测量数据中心能耗指标的方法。第一种，电源使用效率 PUE=数据中心总输入功率÷IT 负载功率。PUE 是一个比率，基准是 2，越接近 1 表明能效水平越好。第二种，数据中心基础架构效率 DCiE=IT 设备负载功率÷数据中心总输入功率×100，DCiE 是一个百分比值，数值越大越好。目前，PUE 已经成为国际上比较通行的数据中心电力使用效率衡量指标。

上述例子，数据中心 IT 设备消耗电能约为 15.78kW，UPS 电源及人员产生的热量约为 3.29kW，额定制冷量为 12.5kW，精密空调耗电能为 5.32kW（室内机 5.1 kW +室外机 0.22 kW）。机房总输入功率=15.78+3.29+5.32=24.39kW，则 PUE=24.39÷15.78≈1.55。该数据中心采用缩短空调制冷风道，将冷风直接吹向机柜前方（水平送风），使用玻璃隔断隔离冷热风区（图 2.7 中的虚线框内的温度为 25℃），减少了对机房制冷量的需求，使机房整体功耗降低了 30% 以上。

2.5.6　机房接地保护

机房布线电缆和相关连接硬件接地是提高网站系统可靠性、抑制噪声、保障安全的重要技术措施。因此，设计人员、施工人员在进行机房布线设计施工前，都必须对所有设备，特别是电气系统设备的接地要求进行认真研究，弄清接地要求及各类地线之间的关系。如果接地系统处理不当，将会影响网络设备的稳定性，引起故障，甚至会烧毁网络设备，危害操作人员生命安全。机房和设备接地，按不同作用分为直流工作接地、交流工作接地、安全保护接地、防雷保护接地、防静电接地及屏蔽接地等。

交流工作接地、安全保护接地、直流工作接地、防雷保护接地这 4 种接地之间的距离应大于 25m，尤其要使防雷装置与其他接地体之间保持足够的安全距离。接地系统是以接地电流易于流动为目标，同时也可以降低电位变化引起的干扰，故接地电阻越小越好。一般，交流工作接地、安全保护接地和防雷保护接地的电阻值≤4 Ω，直流工作接地的电阻值≤1 Ω。接地导线截面积可参考表 2.24 确定。

表 2.24　接地导线选择表

楼层配线设备至大楼总接地体的距离	30m	100m
信息点的数量（个）	75	>75 450
选用绝缘铜导线的截面（mm^2）	6～16	16～50

根据国家规范的要求，在建筑楼入口区、高层建筑的楼层设备间、配线间都应设置接地装置。网络布线引入电缆的屏蔽层必须连接到建筑楼入口区的接地装置上，干线电缆的屏蔽层应采用大于 $4mm^2$ 的多股铜线，连接到设备间或配线间的接地装置上，而且干线电缆的屏蔽层必须保持连续。设备间、配线间的接地应采用多股铜线与接地母线进行焊接，然后再引至接地装置。非屏蔽电缆应敷设于金属管或金属线槽内，金属槽管应连接可靠，保持电气连通，并引至接地干线上。同时，服务器、交换机、配线架等设备接地应采用并联方式与接地装置相连，不能串联连接。同类型接地连接点要连成一体，通过引下线与接地体可靠连接。

接地体是指埋在土壤中起散流作用的导体，接地体应采用直径大于 50mm 的镀锌钢管，壁厚大于 3.5（mm），或镀锌角钢不小于 50×50×5（mm），或镀锌扁钢不小于 40×4（mm）。应将多根接地体连接成地网，地网的布置应优先采用环状地网，引下线（机房引出的地线）应连接在环状地网的四周，这样有利于雷电流的散流和内部电位的均衡。

垂直接地体一般长为 1.5～2.5m，埋深 1m，地极间隔 5m。水平接地体应埋深 1m，其向建筑物外引出的长度一般不大于 50m。框架结构的建筑应采用建筑物基础钢筋做防雷接地体，但接地电阻要小于 4 Ω。

总之，机房接地保护对网站系统的安全、可靠运行起着重要作用。只有精心设计，精心施工，才能使电气保护系统满足规范要求和设备要求，保证机房系统正常工作。

习题与思考二

2.1　小明和小朋各有一台装有网卡的计算机，他们二人彼此想使用对方计算机中的软件。两台计算机采用集线器连接，请按照 T568A/568B 标准制作连接用的 UTP 电缆；如果两台计算机用网卡直连，请按照 T568A/568B 标准制作连接用的 UTP 电缆。说明平行跳线和交叉跳线的使用条件。

实验材料：RJ-45 接头 4 个，2m 5 类 UTP 线缆 2 条，UTP 压线钳 1 把，UTP 线缆通断测试器 1 个。

2.2　某学校新建一个具有 40 台 PC 的网络机房，根据教学需要有三种机房布局，如图 2.9 所示。列布局是将两边机器靠墙，中间机器背靠背；行布局类似教室的课桌；环状布局依据机房的面积，将几台机器围成一个环，便于小组协作学习。学习者可在教师的指导下，组成学习小组，任选一种机房布局，设计网络机房的布线系统。方案设计要考虑防电磁辐射问题。各小组完成方案设计后，小组之间可开展讨论。讨论问题可涉及布线技术、布线成本和各种方案的优缺点。

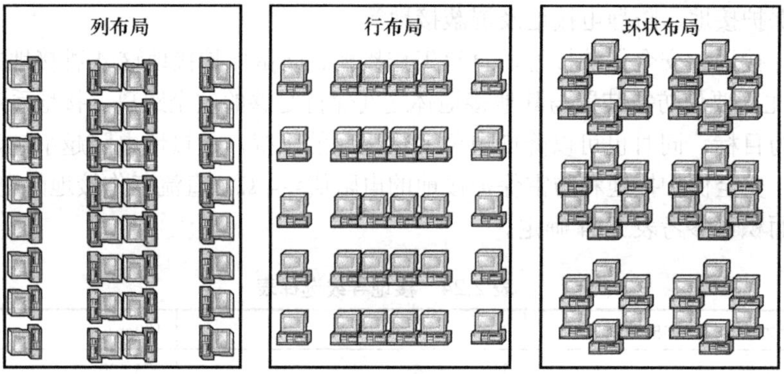

图 2.9　网络机房的三种布局

2.3　通过学习综合布线及机房工程设计的知识，了解身边的网络综合布线系统（校园网、网络机房、企业网、网吧等环境）的架构、所采用的通信介质、布线标准，以及介质敷设的情景。请写一份 2 000 字左右的调研报告，报告中要有具体的图表和数据。

实　训　二

1. 网络实训背景与目的

某煤焦企业占地面积 120 亩，包括公司新建办公大楼、万家岭煤矿、焦化厂三个区域。企业区域内原有的楼宇设施已有局域网，企业信息化新要求是将各个孤立楼宇网络连接起来，汇聚在公司新建办公大楼的三楼数据中心机房，如图 2.10 所示。

具体网络布线需求如下：

（1）新建办公大楼共 6 层，信息点 122 个。一楼 22 个，二楼 20 个，三楼 26 个，四楼 18 个，五楼 16 个，六楼 20 个。

（2）新建办公大楼距焦化厂 500m，距万家岭煤矿 1 000m。办公大楼、焦化厂和煤矿三个区域之间采用

1 000 Mbps 连接。

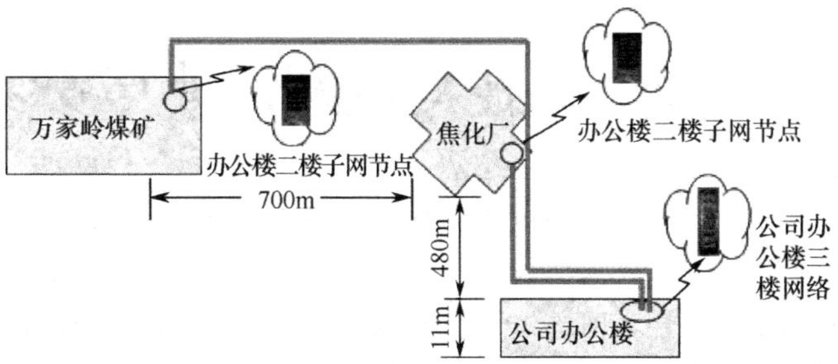

图 2.10 网络布线示意图

（3）数据中心机房相电压为 380～400 V，线电压为 180～230 V，需要采用净化电源和 UPS。

（4）数据中心机房设备间需要安装防雷地和工作保护地。接地电阻小于 4Ω。

网络综合布线课程设计的目的如下：

（1）综合运用网络布线知识，完成煤焦企业网络布线工程方案设计。

（2）学会团队协作解决问题的方法，增强学生自信心与团队责任心，培养学生的主动性思考能力和自主学习能力。

2．网络实训要求

教师采取同组异质（相同条件下，不同学力水平的尖子生、一般生、学习障碍生等）的策略将学生分组，每个小组成员为一个团队。每个小组设置项目经理 1 人，由项目经理负责组内成员的分工。按照系统集成需求分析的方法，小组成员要承担自己的职责，集思广益，完成课程设计任务。在小组讨论中，组长和组员可以多次变换角色，体验项目经理的职责。

课程设计中，教师的角色是策划、分析、辅导、评估和激励。学生的角色是主体性学习、主动思考和做决定。

3．工具/准备工作

在开始课程设计前，设计者可以准备纸、笔、尺、计算器等工具。要准备计算机若干台，计算机安装有 Word/Excel 字、表处理软件和 PowerPoint 软件。还可以通过互联网搜集网络综合布线工程设计的资料，完善课程设计。

第3章　高速局域网设计与安装

众所周知，交通运输是由车辆和道路组成的，各种车辆在机动车道上行驶要遵守交通规则。网络通信与交通运输一样，也要遵守规则。该规则主要由通信原理与技术规范建立，如以太网原理与数据交换机制等。网络工程技术人员，应具备物理层设备及网卡、交换机基本配置管理，以及虚拟局域网三层交换（路由）配置管理的知识与能力。

本章简要梳理了以太网技术发展概况，说明了以太网通信原理和物理层设备及网卡的功能与使用。重点介绍了数据交换机的基本技术与配置，虚拟局域网设计、局域网第三层交换（路由）技术与配置。通过案例，讨论了企业局域网设计、设备安装与调试方法。通过本章学习，从知识、情感及技能方面，达到以下目标。

（1）描述高速以太网技术发展过程。识别局域网物理层、数据链路层和网络层设备的功能及使用方法。会使用交换机、集线器、收发器、网卡组建简单的局域网（知识重点），会对交换机、网卡进行基本配置与使用（技能重点）。

（2）理解交换机的基本原理和三种交换技术（知识重点）、VLAN技术原理、局域网多层与路由交换（知识难点），交换机性能描述与连接，以及WLAN技术与组网模式（知识重点）。会对交换机连接、VLAN设置、交换机路由设置进行基本配置与使用（技能重点）。

（3）走访网络管理部门，调查与研究园区网系统结构与组网的关键技术（情感与技能重点）。能够根据用户组网需求，选择合适的网络数据通信设备（第二层交换机、第三层交换机、无线接入器等），设计网络解决方案（知识重点），能够按照方案写出主要设备互连的配置文档，并进行设备安装调试（技能难点）。

3.1　以太网技术概述

以太网（Ethernet）是一种流行的计算机局域网组网技术。经过30多年的发展，以太网从共享10 Mbps发展为全双工100 Mbps/1 000 Mbps，以及10 Gbps以太网，成为高速局域网主流技术。

3.1.1　以太网历史与现状

以太网（Ethernet）技术是在1973年由施乐（Xerox）公司提出并实现的数据通信技术，其数据传输速率为2.94 Mbps。随后几年中，在Xerox、Digital和Intel的共同努力下，在1982年推出了10 Mbps DIX以太网标准。在这个技术规范的基础上，国际标准化组织于1985年发布了IEEE 802.3标准，传输速率是10 Mbps，传输介质采用同轴电缆（粗缆、细缆）。1986年，通信介质扩展为非屏蔽双绞线（UTP），称为10Base-T标准（T表示双绞线）。

由于支持10Base-T的集线器和交换机工作十分可靠，使得这种技术和10Base-T标准得到了迅速推广。802.3支持共享介质上的半双工传输，并采用CSMA/CD协议来解决信息在共享介质上的冲突。

1995 年，IEEE 通过了 802.3u 标准，将以太网的数据传输速率提升到 100 Mbps。实现了无屏蔽双绞线（UTP）的标准，称为 100Base-T 快速以太网。100Base-T 除了继续支持在共享介质上的半双工通信外，还支持在两个通道上的双工通信。双工通信进一步改善了以太网的传输性能。

20 世纪 90 年代，以太网得到了前所未有的规模应用，大部分新建和改造的网络都采用了这一技术。10/100 Mbps 到桌面成为局域网的新潮流，进而又带动了以太网的进一步发展。1998 年，802.3z 千兆位以太网标准正式发布；2002 年，IEEE 通过了 802.3ae 万兆位以太网标准。IEEE 802.3 规范和通信介质标准如表 3.1 所示。以太网技术的进步，不但在局域网领域奠定了坚实的基础，而且在城域网市场也占有一席之地。

表 3.1　IEEE 802.3 规范和通信介质标准

分类	802.3 规范	通信介质	介质标准
传统以太网	802.3	同轴粗电缆	10Base5
	802.3a	同轴细电缆	10Base2
	802.3i	3 类双绞线	10Base-T
	802.3j	MMF 光缆	10Base-F
快速以太网 FE	802.3u	5 类双绞线	100Base-T
		MMF/SMF 光纤	100Base-F
千兆位以太网 GE	802.3ab	超 5 类双绞线	1000Base-T
	802.3z	850nm 短波光缆	1000Base-SX
		1 310nm 长波光缆	1000Base-LX/LH
万兆位以太网 TE	802.3ae	850nm 短波光缆	10GBase-S
		1 310nm 长波光缆	10GBase-L
		1 550nm 长波光缆	10GBase-E

为什么以太网技术能够在当初并列的三大标准（802.3、令牌总线 802.4、令牌环 802.5）中脱颖而出，最终成为局域网的主流技术，并在城域网甚至广域网范围获得进一步应用？分析以太网的发展历程和技术特点，可以发现以太网的发展主要得益于以下原因。

（1）开放标准，获得众多服务提供商的支持。DIX 在首次公布以太网规范时就没有添加任何版权限制，Xerox 公司甚至放弃了专利和商标权利，其想法就是让以太网技术能够获得大量应用，进而生产以太网产品。IEEE 组织也成立了专门的研究小组，广泛吸纳科研院所、厂商、个人会员参与研究讨论。这些举动得到了众多服务提供商的支持，使以太网很容易地融入到新产品中。

（2）结构简单，管理方便，价格低廉。由于没有采用访问优先控制技术，因而简化了访问控制的算法，简化了网络的管理难度，并降低了部署的成本，进而获得广泛应用。

（3）持续技术改进，满足用户不断增长的需求。在以太网的发展过程中，技术不断改进：物理介质从粗同轴电缆、细同轴电缆、双绞线到光纤；网络功能从共享以太网、全双工到交换以太网；数据传输速率从 3 Mbps 到 10 Mbps，从 10 Mbps 到 100 Mbps，再从 100 Mbps 到 1 000 Mbps，现已发展到 10 000 Mbps。极大地满足了用户需求和各种应用场合。

（4）网络可平滑升级，保护用户投资。以太网的改进始终保持向前兼容，使用户能够实现无缝升级。一方面不需要额外投资升级上层应用系统，另一方面也不影响原先的业务部署和应用。

3.1.2 以太网通信原理

以太网介质访问存取采用载波监听多路访问/碰撞检测（Carrier Sense Multiple Access With Collision Detection，CSMA/CD）技术，即在以太网中，在同一时刻只允许一个终端发送数据。按照 CSMA/CD 机制，终端发送数据包时，先检测以太网通信线路是否处于空闲状态（网上没有数据传输）。这种检测由网卡电路的碰撞检测（Collision Detection）单元完成。如果网上没有数据传输，则终端发送数据包。如果以太网传输通道忙，终端则等待一段时间后再尝试发送。这一过程称为“碰撞检测”。CSMA/CD 的流程如图 3.1 所示。

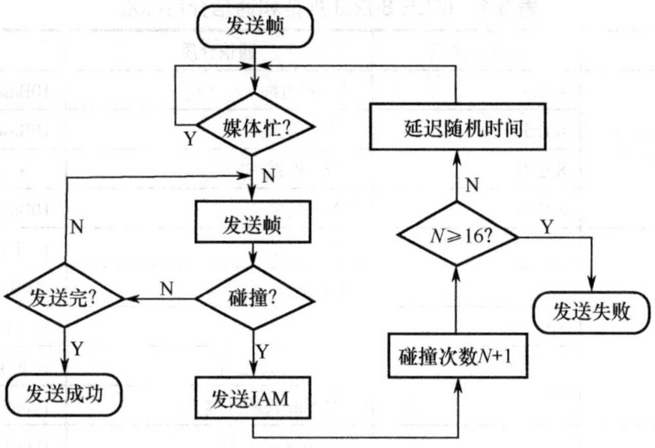

图 3.1　CSMA/CD 的流程

当以太网发生冲突时，所有的发送者都终止包传送。在以太网中，从包发送开始到包到达目的地的时间叫做“传输时延”。以太网多个终端（如 A 和 B）同时发送数据包发生碰撞（冲突）的经过，如图 3.2 所示。

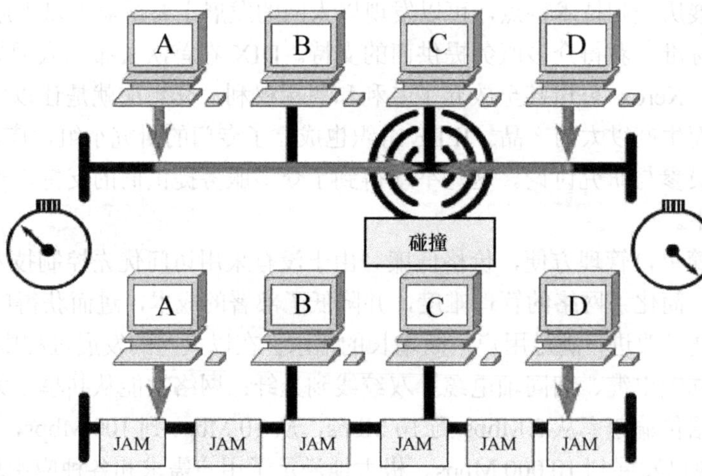

图 3.2　共享以太网碰撞发生示意图

碰撞发生后，共享传输介质上的所有终端均可“监听”到碰撞。每一终端“监听”到“碰撞”的时延稍有差异，均在按自己“监听”到“碰撞”的时刻开始进行退避算法（JAM），以进行数据包重发。之后，周而复始地重复这一过程，直到退出网络为止。

3.1.3　100 Mbps 快速以太网技术

100 Mbps 快速以太网（Fast Ethernet）是源于 10Base-T 和 10Base-F 技术的发展，传输速率达到共享 100 Mbps 的局域网技术。

1．快速以太网体系结构

100 Mbps 快速以太网的帧结构、媒体访问控制方式完全遵从 IEEE 802.3 的基本标准。快速以太网的帧结构与 10 Mbps 以太网一样，包括数据链路层和物理层，如图 3.3 所示。从 IEEE 802 标准来看，它具有 MAC 子层和物理层（包括传输介质）的功能。快速以太网标准于 1995 年正式作为 IEEE 802.3 标准的补充，即 IEEE 802.3u 标准公布于众。

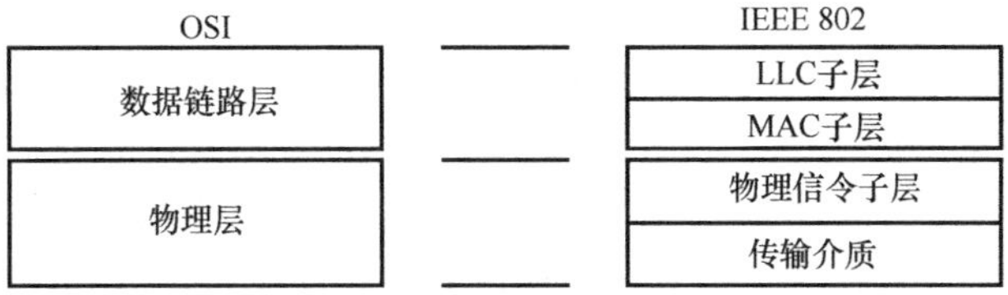

图 3.3　快速以太网体系结构

在统一的 MAC 子层下面，有 4 种 100 Mbps 以太网的物理层，如图 3.4 所示。每种物理层连接不同的媒体来满足不同的布线环境。同样，4 种不同的物理层中也可以再分成编码/译码和收发器两个功能模块。显然，4 种编码/译码功能模块不全相同，收发器的功能也不完全一样。

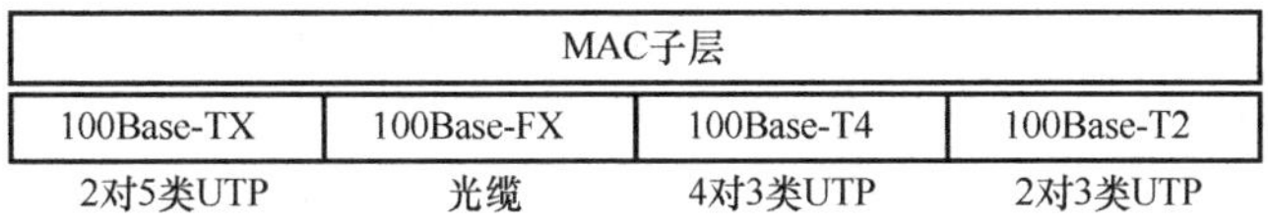

图 3.4　4 种不同的 100 Mbps 以太网物理层

可以理解，100Base-TX 继承了 10Base-T 5 类非屏蔽双绞线（UTP）的环境，在布线不变的情况下，从 10Base-T 设备更换成 100Base-TX 的设备，即可形成一个 100 Mbps 的以太网系统。同样，100Base-FX 继承了 10Base-FL 多模光纤的布线环境，直接可以升级成 100 Mbps 光纤以太网系统。对于较旧的一些只采用 3 类非屏蔽双绞线的布线环境，则可采用 100Base-T4 和 100Base-T2 来适应。

2．快速以太网系统组成

快速以太网系统组成如图 3.5 所示。其网络组成部分包括网卡（外置或内置收发器），收发器（外置）及其电缆和光缆，集线器，双绞线及光缆媒体。本系统的收发器称为光纤收发器，收发器与集线器连接的端口为 UTP/RJ-45，采用光缆连接的两个收发器的端口为 100Base-FX。在该系统中，所有媒体上均传输 100 Mbps 的信息。

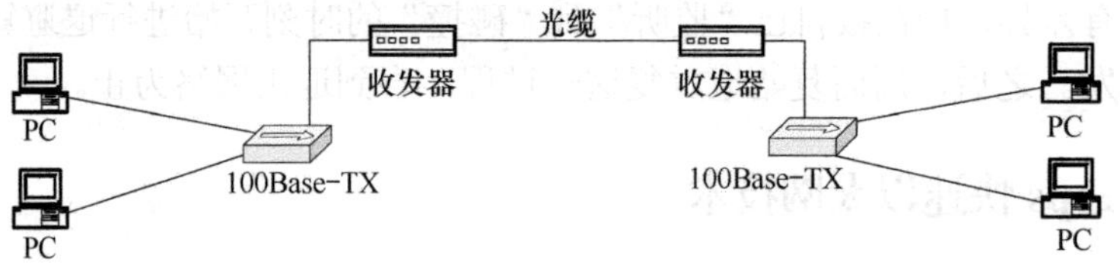

图 3.5　快速以太网系统组成

3．自动协商

快速以太网卡和集线器的 RJ-45 端口支持多种工作模式，如 100Base-TX、T2、T4，或者全双工模式。因此，当两个设备端口间进行连接时，为了达到逻辑上的互通，可以人工进行工作模式的配置。但在新一代产品中，引入了端口间自动协商的功能，不必进行人工配置（使用屏蔽双绞线 STP 及光缆作为媒体的设备中不支持自动协商功能）。当端口间进行自动协商后，就可获得一致的工作模式。

为此，对设备所支持的工作模式必须进行自动协商的优先级排队。优先级别可定为 7 级，100Base-T2 全双工为第一优先级，100Base-TX 全双工为第二优先级等。两个支持自动协商功能的设备，其端口间在 UTP 连接并进行加电后，首先就在端口间进行自动协商，协商的结果获得了两者所拥有的共同最佳工作模式。例如，如果双方都具有 10Base-T 和 100Base-TX 工作模式，则自动协商后，按共同的高优先级工作模式进行自动配置，最后端口间确定按 100Base-TX 工作模式进行工作。

在 IEEE 802.3u 补充条款中，说明了自动协商的功能。除 100Base-T2 工作模式外，其他工作模式均作为可选部分，而 100Base-T2 则必须要求具有自动协商功能。当设备加电启动后，就立即进行自动协商。端口间进行自动协商时，首先在连接的链路上发送快速链路脉冲（Fast Link Pulse，FLP）信号，其中包括设备工作模式的信息。FLP 信号是一个表示 33 位二进制的脉冲串，有脉冲表示“1”，无脉冲表示“0”。前面 17 个脉冲代表了时钟同步信号，每一位都必须出现脉冲，而后面 16 位脉冲则表示数据信息，有脉冲与无脉冲分别表示“1”和“0”。自动协商的信息就包含在后面的 16 位二进制数据信息中，支持自动协商端口的双方设备利用 FLP 所携带的信息实现自动协商，并自动配置成共同的最佳工作模式，即按照共同的优先级最高的工作模式来配置。

自动协商功能一旦完成，就确定了共同的工作模式。此后，FLP 就不再出现，端口之间链路进入正常工作状态。若设备重新启动或者工作时链路媒体断开后重新连接，则自动协商功能再次启动，FLP 再次出现直至重新正常工作。

4．10 Mbps/100 Mbps 自适应

为了与原来 100Base-T 系统共存，并使 10Base-T 系统平滑地过渡到快速以太网环境中，在新的快速以太网环境中，不仅继承了原有的以太网技术，而且最大限度地保护了用户原来的投资。端口间 10 Mbps 与 100 Mbps 传输率的自动匹配功能（或称为 10 Mbps/100 Mbps 自适应功能）显然能满足以上要求。

当一个原有的 10Base-T 系统欲过渡或升级到 100Base-TX 系统时，并非所有的站都需要升级置换成 100Base-TX 的网卡。在过渡系统中，一部分站为了得到高带宽而置换成 100 Mbps

网卡，而大部分的站可能仍处在 10Base-T 工作模式上。此时必须更换 10Base-T 集线器，而新的 100Base-TX 集线器端口必须具有自动协商功能才能达到过渡的目的。此时，10 Mbps/100 Mbps 自适应的处理过程就会发生在原有 10Base-T 网卡和新的 100Base-TX 集线器的端口间 UTP 上。

3.1.4 1 Gbps 以太网技术

1996 年 3 月，IEEE 成立了 802.3z 工作组，负责研究 1 Gbps 以太网技术并制定相应的标准。在 IEEE 802.3z 工作组成立不久，即宣告成立千兆位以太网联盟（Gigabit Ethernet Alliance，GEA）。GEA 是个开放论坛，其宗旨是促进千兆位以太网技术发展过程中的工业合作。

1. 1 Gbps 以太网技术的特点

1 Gbps（1 000 Mbps）以太网与快速以太网很相似，只是传输和访问速度更快，为系统扩展带宽提供有效保证。1 Gbps 以太网在作为骨干网络时，能够在不降低性能的前提下支持更多的网络分段和网络设备。首先，它能够聚集下层交换机，提供超高速交换路径；其次，它能将主服务器资源与各分支设备连接，以解决现存的快速以太网转发的瓶颈问题。

网络主干上有了 1 Gbps 以太网交换机的支持，可以把原来的 100Base-T 系统设备迁移到低层，这样主干上实现了无阻塞，低层又能分享到更多的带宽。

总之，1 Gbps 以太网是 10 Mbps/100 Mbps 以太网的自然“进化”，它不仅使系统增加了带宽，而且还提高了通信服务质量，这一切都是在低开销的条件下实现的。

2. 1 Gbps 以太网体系结构和功能模块

1 Gbps 以太网体系结构和功能模块的描述如图 3.6 所示。其整个结构类似于 IEEE 802.3 标准所描述的体系结构，包括 MAC 子层和物理（PHY）层两部分内容。MAC 子层中实现了 CSMA/CD 媒体访问控制方式和全双工/半双工的处理方式，其帧的格式和长度也与 802.3 标准所规定的一致。

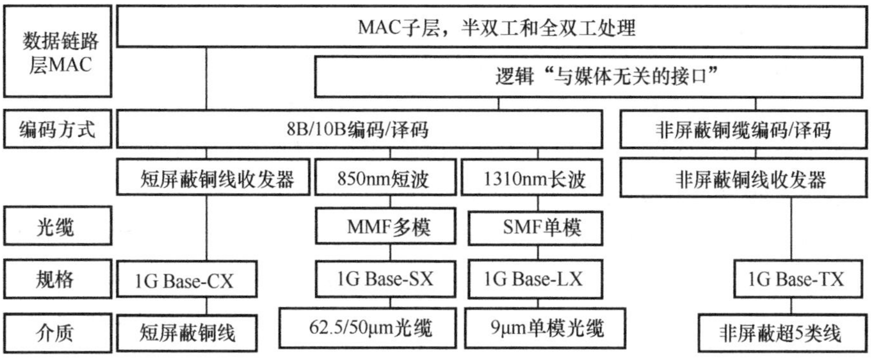

图 3.6 1 Gbps 以太网体系结构和功能模块

1 Gbps 以太网的 PHY 层中包括了编码/译码、收发器和媒体三个主要模块，还包括了 MAC 子层与 PHY 层连接的逻辑“与媒体无关的接口”，体现了 802.3z 与 802.3 标准的区别。收发器模块包括长波光缆激光传输器、短波光缆激光传输器、短屏蔽铜线收发器以及非屏蔽铜线收发器四种类型。不同类型的收发器模块分别对应于所驱动的传输媒体，传输媒体包括单模和多模光缆以及屏蔽和非屏蔽铜缆。对应不同类型的收发器模块，802.3z 标准还规定了两类编码/译码器：8B/10B 和专门用于 5 类 UTP 的编码/译码方案。对于光缆媒体的 1 Gbps 以太网除了支持半双工链路外，还支持全双工链路；而铜缆媒体只支持半双工链路。

3．1 Gbps 以太网按 PHY 层分类

1 Gbps 以太网 PHY 层包括了众多的功能模块，其中包括两类编码/译码方案、三种收发器方案，使用了三类媒体，支持全双工或半双工链路。综合各种 PHY 层上的功能，把它们归纳成两种实现技术，即 1000Base-X 和 1000Base-T。如图 3.6 所示，在同一个 MAC 子层下面的 PHY 层中包括了 1000Base-X（8B/10B 编码方式）和 1000Base-T（非屏蔽铜线编码方式）两种技术；而 1000Base-X 中又包括了 1000Base-LX、1000Base-SX 及 1000Base-CX，它们分别对应着相应的编码/译码技术、收发器和传输媒体。1000Base-T 的物理层功能与 1000Base-X 差别较大，有其相应的编码/译码技术、收发器及传输媒体。

4．1000Base-X

1000Base-X 是 1 Gbps 以太网技术中易实现的方案。虽然包括了 1000Base-CX、LX 和 SX，但其 PHY 层中的编码/译码方案是共同的，即均采用 8 B/10 B 编码/译码方案。对于收发器部分，三者差别较大。原因在于所对应的传输媒体，以及在媒体上所采用的信号源方案不一致，导致了不同的收发器方案。

（1）1000Base-CX。1000Base-CX 是使用铜缆的两种 1 Gbps 以太网技术之一，另一种是 1000Base-T。1000Base-CX 的媒体是一种短距离屏蔽铜缆，最长距离达 25 m，这种屏蔽电缆不是符合 ISO 11801 标准的 STP，而是一种特殊规格高质量平衡双绞线对的带屏蔽的铜缆。连接这种电缆的端口上配置 9 芯 D 型连接器。在 9 芯 D 型连接器中只用了 1、5、6、9 四芯，1 与 6 用于一根双绞线，5 与 9 用于另一根双绞线。双绞线的特性阻抗为 150 Ω。

1000Base-CX 的短距离铜缆适用于交换机间的短距离连接，特别适用于 1 Gbps 主干交换机与主服务器的短距离连接。这种连接往往就在机房的配线架柜上，以跳线方式连接即可，不必使用长距离的铜缆或光缆。

（2）1000Base-LX。1000Base-LX 是一种在收发器上使用长波激光（LWL）作为信号源的媒体技术，在这种收发器上配置了激光波长为 1 270～1 355 nm（一般为 1 300 nm）的光缆激光传输器，它可以驱动多模光缆，也可以驱动单模光缆。使用的光缆规格有 62.5 μm 的多模光缆、50 μm 的多模光缆和 9 μm 的单模光缆。

（3）1000Base-SX。1000Base-SX 是一种在收发器上使用短波激光（SWL）作为信号源的媒体技术，在这种收发器上配置了激光波长为 770～860 nm（一般为 800 nm）的光缆激光传输器。不支持单模光缆，仅支持多模光缆，包括 62.5 μm 的多模光缆和 50 μm 的多模光缆两种。

5．1000Base-T

1000Base-T 是一种使用 5 类 UTP 的 1Gbps 以太网技术，最长的媒体距离与 1000Base-TX 一样，达 100 m。这种在超 5 类 UTP 上，距离为 100 m 的技术从 100 Mbps 传输速率升级到 1 000 Mbps，对用户来说在原来使用超 5 类 UTP 的布线系统中，传输的带宽可增加 10 倍。但是要实现这样的技术，不能采用 1000Base-X 所使用的 8 B/10 B、编码/译码方案以及信号

驱动电路，而应代之以专门的更先进的编码/译码方案和特殊的驱动电路方案。

6．帧扩展技术

在半双工模式下，由于 CSMA/CD 机理的约束，产生了碰撞槽和碰撞域的概念。由于要在发送帧的同时能检测到媒体上发生的碰撞现象，就要求发送帧限定最小长度，在一定的传输率下，最小帧长度与碰撞域的地理范围成正比关系，即最小帧长度越长，则半双工模式的网络系统跨距越大。在 10 Mbps 传输速率情况下，802.3 标准中定义最小帧长度为 64 B，即 512 位数字信号长度。

100 Mbps 快速以太网与 10 Mbps 以太网不同的是，碰撞域范围大大缩小。快速以太网使用光缆半双工模式在无中继器情况下跨距只有 412 m，即在最小帧长度不变的情况下，碰撞域范围随着媒体传输率的增加会缩小。当传输速率达到 1 Gbps 时，采用同样的最小帧长度标准，则半双工模式下的网络系统跨距要缩小到无法实用的地步。为此，在 1 Gbps 以太网上采用了帧的扩展技术，目的是为了在半双工模式下扩展碰撞域，达到扩展跨距的目的。

帧扩展技术是在不改变 802.3 标准所规定的最小帧长度情况下提出的一种解决办法，如图 3.7 所示，把帧一直扩展到 512 B（即 4 096 位）。若形成的帧小于 512 B，则在发送时要在帧的后面添上扩展位，达到 512 B 发送到媒体上去。扩展位是一种非“0”、“1”数值的符号，若形成的帧已大于或等于 512 B，则发送时不必添加扩展位。

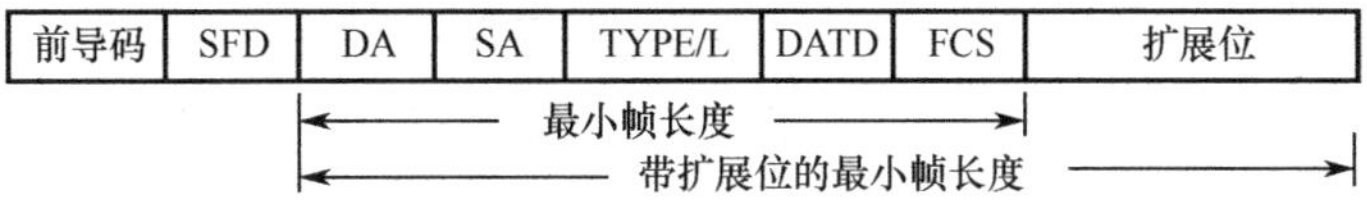

图 3.7　帧的扩展

这种解决办法使得在媒体上传输的帧长度最短不会小于 512 B，在半双工模式下大大扩展了碰撞域，媒体的跨距可延伸得较长。显然，在全双工模式下，由于不受 CSMA/CD 约束，无碰撞域概念，因此在全双工模式下，在媒介上的帧没有必要扩展到 512 B。

7．帧突发技术

以上所讨论的帧扩展技术，在 1 Gbps 半双工模式下获得了比较大的地理跨距，使 1 Gbps 以太网组网得到了较理想的工程可用性。但如果处在大量短帧传输的应用环境中，这种技术就会造成系统带宽的浪费，大大降低了半双工模式下的传输性能。为解决传输性能下降的问题，802.3z 标准中定义了一种“帧突发”（Frame Bursting）技术。

帧突发在 1 Gbps 以太网上是一种可选功能，它使一台主机（特别是服务器）一次能连续发送多个帧，如图 3.8 所示。当一台主机需要发送很多短帧时，该主机先试图发送第一帧，该帧可能是附加了扩展位的帧。一旦第一帧发送成功，则具有帧突发功能的主机就能够继续发送其他帧，直到帧突发的总长度达到 1 500 B 为止。为了使得在帧突发过程中，媒体始终处在“忙状态”，必须在帧间隙时间中，发送站发送非“0”、“1”数值符号，以避免其他 PC 在帧间隙时间中占领媒体而中断本站的帧突发过程。

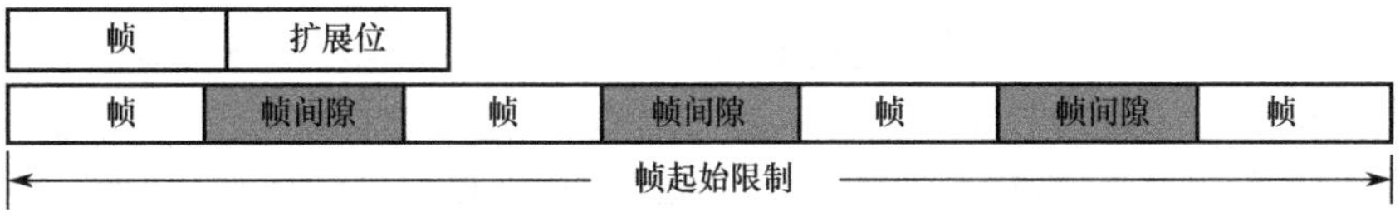

图 3.8　帧突发过程

帧突发过程中只有第一帧在试图发出时可能会遇到信道忙或产生碰撞，在第一帧以后的成组帧的发送过程中再也不可能产生碰撞。以“帧起始限制”（Frame Start Limit）参数控制成组帧的发送长度，该长度不能超过 1 500 B。如果第一帧恰恰是一个最长帧，即 1 518 B，则标准规定帧突发过程的总长度限制在 3 000 B 范围内。

显然，只有半双工模式才可能选择帧突发过程，以弥补大量发送短帧时系统效率的急剧降低。当采用全双工模式时，就不存在帧突发的选择问题。

3.1.5 10 Gbps 以太网技术

1999 年 12 月，成立了 IEEE 802.3ae 工作组，负责 10 Gbps 以太网技术研究。2002 年 6 月，正式发布了 802.3ae 10 Gbps 标准。

1. 10 Gbps 以太网技术标准体系结构

10 Gbps 以太网技术提供了丰富的带宽和处理能力，能够有效地节约用户在链路上的投资，并保持以太网的兼容、简单、易用和易升级等特点。802.3ae 10 Gbps 以太网技术标准的体系结构如图 3.9 所示。

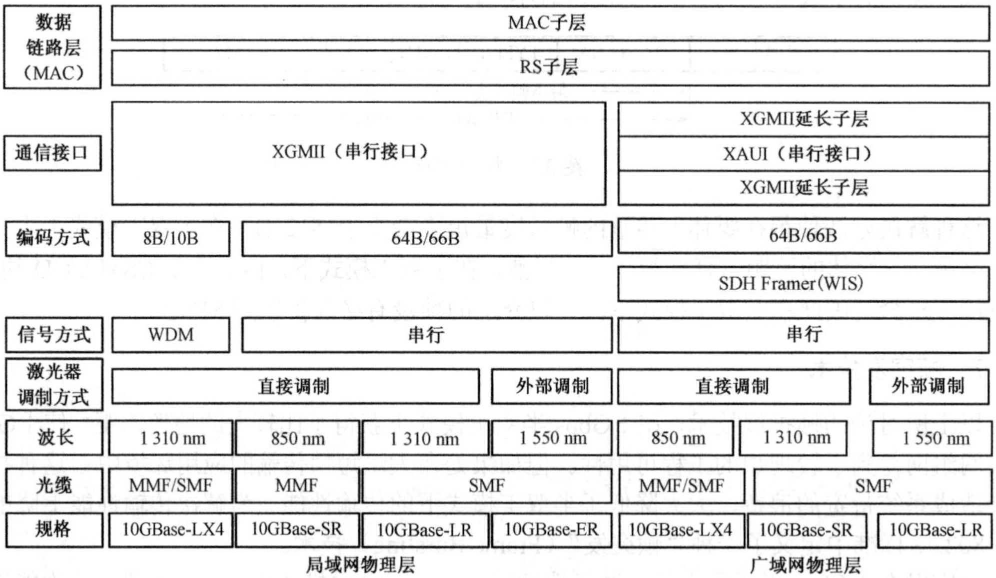

图 3.9 802.3ae 10 Gbps 以太网技术标准的体系结构

（1）物理层。在物理层，802.3ae 大体分为两种类型：一种是与传统以太网连接、速率为 10 Gbps 的局域网物理层；另一种是与 SDH/SONET（同步光纤网络）连接、速率为 9.584 64 Gbps 的广域网物理层。每种物理层分别可使用 10GBase-S（850 nm 短波）、10GBase-L（1 310 nm 长波）和 10GBase-E（1 550 nm 长波）三种规格，最大传输距离分别为 300 m、10 km 和 40 km。另外，局域网物理层还包括一种可以使用 DWDM 波分复用技术的“10GBase-LX4”规格。广域网物理层与 SONET OC-192 帧结构的融合，可与 OC-192 电路、SONET/SDH 设备一起运行，保护传统基础投资，使运营商能够在不同地区通过城域网提供端到端的以太网。

（2）传输介质层。目前，802.3ae 支持 9 μm 单模、50 μm 多模和 62.5 μm 多模三种光缆，对电接口支持规范 10GBase-CX4。

（3）数据链路层。802.3ae 继承了 802.3 以太网的帧格式和最大/最小帧长度，支持多层星状连接、点到点连接及其组合，充分兼容已有应用。由于不影响上层应用，进而降低了升级风险。与传统的以太网不同，802.3ae 仅支持全双工方式，不支持单工和半双工方式，不采用 CSMA/CD 机制。802.3ae 不支持自主协商，可简化故障定位，并提供广域网物理层接口。

2. 10 Gbps 以太网的应用场合

如今，1 Gbps 到桌面日益普及。10 Gbps 以太网技术更多用于高速局域网的汇聚聚层与核心层互连。10 Gbps 以太网应用场合包括校园网、数据中心出口和城域网等。

（1）校园网。随着高校多媒体网络教学、数字图书馆等应用的普及，校园网已成为 10 Gbps 以太网的重要应用场合，如图 3.10 所示。利用 10 Gbps 高速链路构建校园网的骨干链路和各分校区与本部之间的连接，可实现端到端的以太网访问，进而提高传输效率，有效保证远程多媒体教学和数字图书馆等业务的开展。

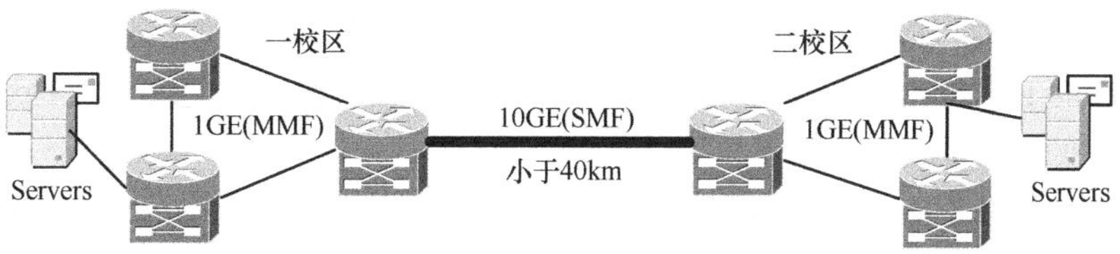

图 3.10　10 Gbps 以太网在校园网中的应用

（2）数据中心出口。如今，服务器、区域存储网络 SAN 等设备均采用 1 Gbps 两端口或四端口聚合连接网络，使用 10 Gbps 高速链路可为数据中心出口提供充分的带宽保障，如图 3.11 所示。

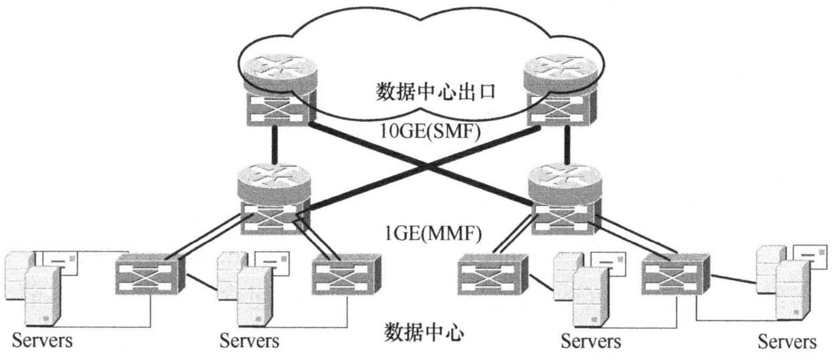

图 3.11　10 Gbps 以太网在数据中心的应用

（3）城域网。如今，城域网支持多媒体数据业务（如流媒体视频、多媒体互动游戏）已成为常态。多媒体数据业务对城域网的带宽提出了更高要求，传统的同步数字系列（Synchronous Digital Hierarchy，SDH）、密集波分复用（DWDM）技术作为网络骨干，存在网络结构复杂、难于维护和建设成本高等问题。采用 10 Gbps 以太网作为城域网骨干，可以省略骨干网设备的 POS（Packet Over SONET/SDH，是 SONET/SDH 上的分组）或者 ATM 链路。一方面，可以端到端地使用链路层的 VLAN 信息以及优先级信息；另一方面，可以省略在数据设备上的多次链路层封装、解封装及可能存在的数据包分片，以简化网络设备。

在城域网骨干层部署 10 Gbps，可大大简化网络结构、降低成本和便于维护。10 Gbps 在城域网中的应用主要有两个方面：第一，采用 10 Gbps 取代原来传输链路，作为城域网骨干；第二，通过 10 Gbps 粗波分复用（CWDM）接口或 WAN 接口与城域网的传输设备相连接，充分利用已有的 SDH 或 DWDM 骨干传输资源。

3.1.6 高速无源光网络技术

高速无源光网络（Passive Optical Network，PON）技术标准有两个：一个是以太无源光网络（Ethernet PON）技术标准，另一个是千兆位无源光网络（Gigabit-Capable PON）技术标准。GPON 性价比优于 EPON，已成为运营商光纤入户的首选技术。

1．EPON 技术

2004 年 6 月，IEEE 802.3 EFM 工作组发布了 EPON 标准（IEEE 802.3ah）。在该标准中将以太网和 PON 技术相结合，在无源光网络的基础上，定义了一种用于 EPON 的物理层（主要是光接口）规范和扩展的以太网数据链路层协议，以实现以太网帧在一点到多点 PON 中的时分复用（Time Division Multiplex，TDM）接入。此外，EPON 还定义了一种运行、维护和管理机制，以实现必要的运行管理和维护功能。

EPON 是一种新型的光纤接入网技术，它采用点到多点结构、无源光纤传输，在以太网上提供多种业务。它在物理层采用 PON 技术，在链路层采用以太网协议，利用 PON 的拓扑结构实现了以太网接入。因此，EPON 整合了 PON 和以太网低成本、高带宽，扩展性强，灵活快速的服务重组，与现有以太网的兼容性，以及方便的管理等优点。

2．GPON 技术

2002 年 9 月，FSAN（Full Service Access Networks，全业务接入网论坛）组织提出了 GPON。在此基础上，2003 年 3 月，国际电信联盟电信标准分局（ITU-T）完成了 ITU-T G.984.1 和 G.984.2 的制定，2004 年 6 月完成了 G.984.3 的标准化。GPON 技术是基于 ITU-TG.984.3 标准的新一代宽带无源光网络接入标准，具有高带宽、高效率、大覆盖范围、用户接口（数据、语音、视频等）丰富等优点。

GPON 技术特点是在第二层借鉴了 ITU-T 定义的 GFP（Generic Framing Procedure，通用成帧规程）技术，扩展支持 GEM（General Encapsulation Methods）封装格式，将任何类型和任何速率的业务经过重组后由 PON 传输。而且 GFM 帧头包含帧长度指示字节，可用于可变长度数据包的传递，提高了传输效率。因此，能更简单、通用、高效地支持全业务。

3．EPON/GPON 组网模式

EPON/GPON 组网模式与 PON 类似，即由局端的 OLT（光线路终端），用户端的 ONT/ONU（光网络终端或光网络单元），无源分光器（Passive Optical Splitter，POS）构成的 ODN（光分配网络），以及网管系统组成，如图 3.12 所示。这些设备采用单模光纤连接。

OLT 放在中心机房（Central Office，CO）。ONU 放在网络接口单元（Network Interface Unit，NIU）附近或与其合为一体。POS 通过单模光纤连接 OLT 和 ONU，它的功能是将输入（下行）光学信号分发给多个输出端口，使多个用户能够共用一条光纤，从而共享带宽；在上行方向，将多个 ONU 光学信号时分复用到一条光纤中。

EPON/GPON 与传统交换机组网对比如图 3.13 所示。交换机组网仅支持点到点，带宽独占，铜线距离有限（<100m），需要有源交换机实现汇聚上连主干网。EPON/GPON 组网，支持点对多点光纤传输及点对点光纤传输，EPON 带宽为 1.25Gbps≥10km、GPON 带宽为 2.5Gbps≥20km，通过无源分光器实现分路连接用户终端。ONU 在自己的时隙内发送数据包，没有冲突，不需要 CSMA/CD，光链路可以充分保障数据高速传输。

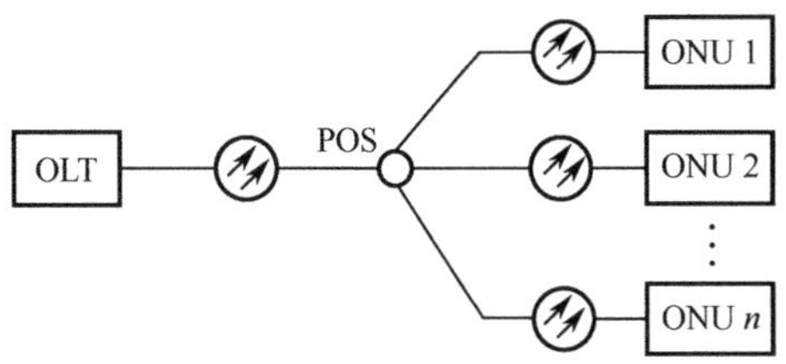

图 3.12　EPON/GPON 组成结构

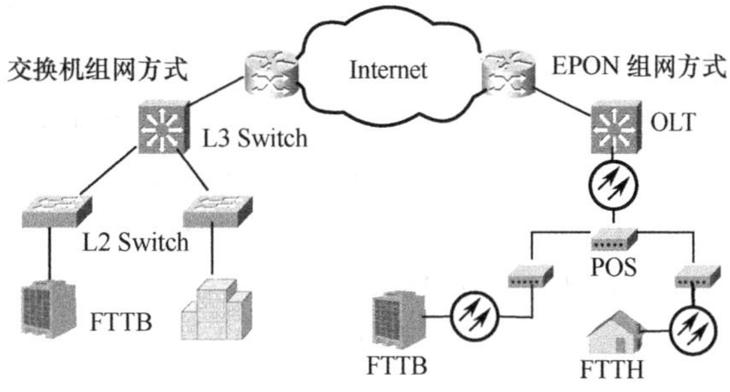

图 3.13　EPON/GPON 与传统交换机组网对比

3.2　有线局域网常用设备

按照 OSI 参考模型，以太局域网设备分为物理层、数据链路层和网络层这三类。物理层设备有集线器、收发器，数据链路层设备有网卡、二层交换机，网络层设备有三层交换机、路由器等。通常，二层和三层交换机是局域网组建的主要设备，路由器是局域网与外部网互连的边界设备。

3.2.1　集线器的性能与使用

集线器是一种共享总线的通信设备，由星状结构的多端口转发器组成，每个端口均具有发送与接收数据的能力。当某个端口收到连在该端口上的主机发来的数据时，就转发至其他端口。在数据转发之前，每个端口都对它进行再生、整形，并重新定时。

集线器有三种规格：10 Mbps 集线器、100 Mbps 集线器、10/100（Mbps）集线器。集线器可以互相串联，形成多级星状结构，但相隔最远的两台主机受最大传输延时的限制，因此只能串联 2 级或 3 级。当连接的主机数过多时，总线负载很重，碰撞将频频发生，导致网络利用率下降或网络阻塞故障。

集线器工作在 OSI 七层参考模型的物理层，不能隔离数据通信冲突，相当于一个多端口的中继器。集线器的碰撞域上所有终端通信量的总和应小于总线上无冲突地全速通信时通信量的 1/3。10 Mbps 以太网上各终端的总通信需求应当不大于 3 Mbps，100 Mbps 以太网上各终端的总通信需求应当不大于 30 Mbps。

3.2.2　收发器的性能与使用

收发器是一种在数据传输中实现信号转换或介质转换的设备。例如，将 10 Mbps 同轴电缆转接为 10 Mbps UTP 电缆的收发器，将 100 Mbps UTP 转接为 100 Mbps 多模光缆，将 1 000

Mbps 超 5 类 UTP 转换为 1 000 Mbps 多模或单模光缆。该设备工作在 OSI 七层参考模型的物理层，不能隔离数据通信冲突。

高速以太网的普及和光收发器的低成本，极大地促进了光收发器的发展。目前，比较流行的有 100 Mbps、1 000 Mbps 和 100/1 000 Mbps 自适应以太网光纤收发器。

光收发器一般采用高性能芯片和高品质光收发一体模块，其性能较稳定，适应性强。光收发器与常用网络设备均能正常连接使用，适用于建筑楼宇局域网之间的光缆连接，也可用于用户网络与电信、广电等宽带网络连接。

例如，1 000 Mbps 的光收发器配置 1 个 UTP-RJ-45 电口和 1 个 SC 光口，实现双绞线和光纤之间的 1 Gbps 以太网光电信号转换，符合 1000Base-T 和 1000Base-SX/LX 标准。电口为 1000Base-T，能自适应直通线/交叉线连接方式，电口支持全双工/半双工模式，双绞线最长 100 m。光口为 1 000 Mbps 全双工模式，支持 62.5 μm 多模光纤最长 224 m、50 μm 多模光纤最长 550 m、9 μm 单模光纤 10～20 km。

3.2.3 网卡结构与通信设置

计算机与局域网是通过主机板上的网络接口卡（Network Interface Card，NIC）连接的。网络接口卡也称为通信适配器或网络适配器。现在，更多的人愿意使用更为简单的名称：“网卡”。

1. 全双工以太网卡功能结构

现在，以太网卡（NIC）是 PC 的标配接口。局域网中，网卡的工作是双重的：一方面负责接收局域网上传过来的数据帧，解帧后通过与主板相连的总线将数据传输给计算机；另一方面将相连的计算机上的数据封帧后送入局域网。

全双工以太网卡的结构如图 3.14 所示。Transmit 是数据发送端、Receive 是数据接收端，还有碰撞检测电路（Collision Detection）、自环电路和全双工以太网控制器。

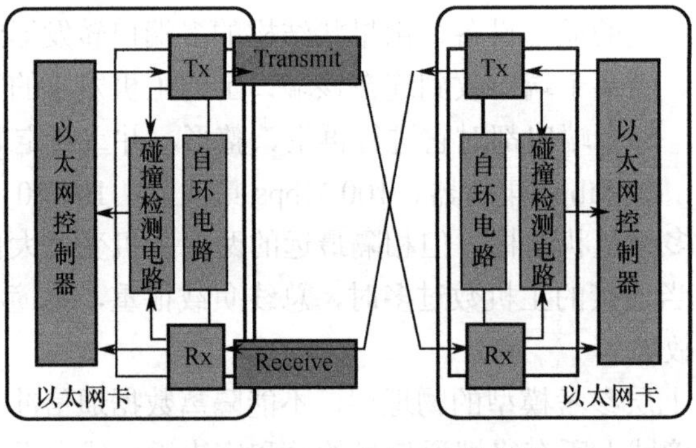

图 3.14　全双工以太网卡的结构

2. 以太网卡的类型

以太网卡在 OSI 参考模型中处于第二层，是数据链路层设备。为了实现与不同传输介质的连接，早期网卡有 AUI 接口（粗缆接口）、BNC 接口（细缆接口）、RJ-45 接口（5 类双绞线）和双口网卡（RJ-45 和 BNC 接口）等类型。目前，市面流行的是 RJ-45 接口的 10/100 Mbps 自适应网卡，RJ-45 接口的 100/1 000 Mbps 自适应网卡，以及 1 000/10 000 Mbps 光纤网卡。

高速网卡用于高性能服务器和多媒体图形工作站。台式机和笔记本电脑配置 RJ-45 接口的 10/100/1000 Mbps 网卡，笔记本还配置 11/54/108 Mbps 的无线网卡。

3．IP 地址和相关参数设置

早期的网卡在使用时必须进行跳线（Jumper）设置，现在的网卡上再也看不到 Jumper 插座，而是使用无跳线（Jumper Less）设置，通过网卡附带的软件来完成。网卡安装时，要在主机不带电的情况下，将网卡插入主机的扩展槽中。

完成了网卡安装后，仅说明网卡与主机连接完成。将主机与网络连通，需要进行 IP 地址的设置。网卡本身也有地址，称为 MAC（Media Access Control）地址。MAC 地址也就是常说的物理地址，总长有 48 位，分为左 24 位（表示网络设备制造商编号）、右 24 位（表示网络设备制造商生产网卡的序列号）。

IP 地址的设置要依据操作系统的要求。例如在 Windows 2000 系统设置时，用鼠标左键单击“开始”→“设置”→“控制面板”→“网络和拨号连接”→“本地连接”按钮，出现如图 3.15 所示的对话框。选择“Internet 协议（TCP/IP）”，单击“属性”按钮，出现如图 3.16 所示的对话框，接着设置 IP 地址、子网掩码、默认网关、DNS 服务器等参数。

若连接的是对等网，则在上述工作完成后，同时给主机命名，加载 NetBEUI 协议，即可通信了。

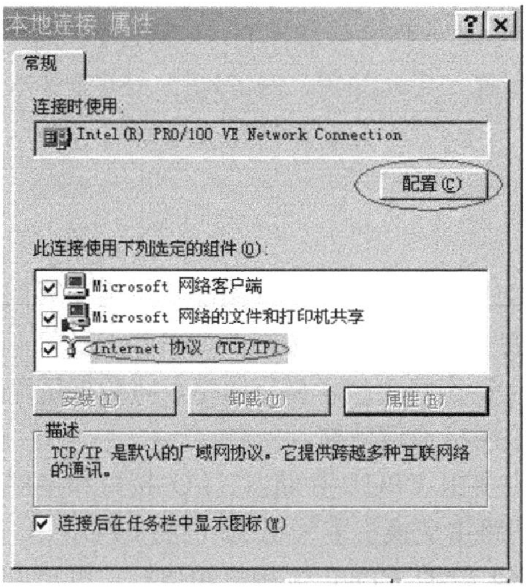

图 3.15　网卡配置

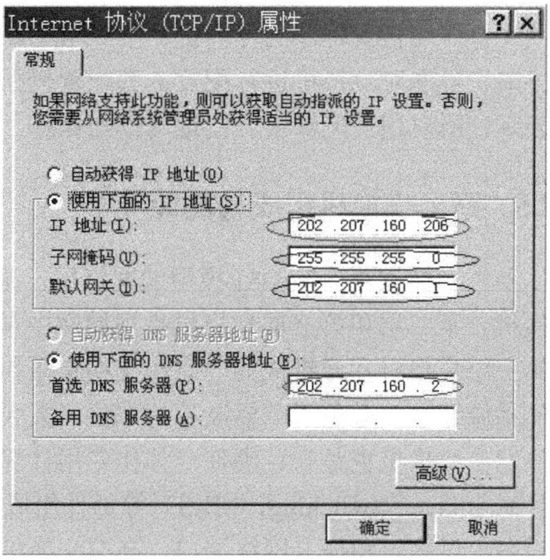

图 3.16　TCP/IP 属性设置

4．网络连接调试

当网卡 TCP/IP 属性设置好以后，即可测试网卡是否能工作。可采用 ping 命令来测试网卡的连通性，ping 127.0.0.1（自环地址）或 ping 192.168.1.2（假设此地址为网卡的 IP 地址）能连通，则表明网卡本身没问题。接下来可以用 ping 连接网络系统中的一台在线主机，若能连通则表明网卡安装和连接网络工作结束。若连不通，则要检查网线、网头和交换机等环节，直至排除故障。

3.2.4 交换机组成与功能

交换机工作在OSI模型的数据链路层，是一种交换式集线器，也称二层交换机。交换机采用局域网交换技术（LAN Switching），使局域网共享传输介质引发的冲突域缩小，每个终端能独享与其直连交换机的端口带宽，从而改善了网络通信性能。

交换机是软、硬件一体化专用计算机，主要由CPU、存储器、I/O接口等部件组成。不同系列和型号的交换机，其CPU也不尽相同。交换机的CPU负责执行处理数据帧转发和维护交换地址。交换机多采用32位的CPU，配置固定网络端口，1U机架设备。

交换机的存储器有4种类型：只读内存（ROM）、随机存取内存（RAM）、非易失性RAM（NVRAM）和闪存（Flash RAM）。其中，闪存是用于外存储的电子盘。

ROM保存着交换机器操作系统的基本部分，负责交换机的引导、诊断等。ROM通常做在一个或多个芯片上，插接在交换机的主机板上。RAM的作用是支持操作系统运行、建立交换地址表与缓存，以及保存与运行活动配置文件。NVRAM的主要作用是保存交换机启动时读入的启动配置脚本。这种配置脚本称为“备份的系统配置程序”。闪存的主要用途是保存操作系统的扩展部分（相当于计算机的硬盘），支持交换机的正常工作。闪存通常做成内存条的形式，插接在主机板的SIMM插槽上。

交换机接口主要是以太网接口，用于将交换机连接到网络，如10/100/1 000Mbps自适应电口，1 000Mbps光口。除此之外，交换机还有Console口，该端口为异步端口，主要连接终端或支持终端仿真程序的计算机，在本地配置交换机，不支持硬件流控制。可通过PC的“超级终端”界面对交换机进行配置。其配置包括运行配置、启动配置。两者均以ASCII文本格式表示，所以用户能够很方便地阅读与操作。

3.2.5 路由交换机组成与功能

路由交换机工作在OSI模型的网络层，是一种支持包转发的交换式集线器，也称第三层交换机。第二层和第三层交换机是局域网中最重要的设备，局域网基本上是由若干台第二层和第三层交换机互连组成的。路由交换机采用静态、动态路由技术微化网络，将数据链路层的广播域缩小，避免了广播风暴的产生，大大改善了网络通信效能。

路由交换机也是软、硬件一体化专用计算机，主要由CPU、存储器、I/O接口和多层交换（Multilayer Switching，MLS）等部件组成。低端路由交换机多采用32位的CPU，1U机架设备提供固定和插卡网络端口。高端交换机采用64位的CPU，采用机箱架构，机箱内可以插入多端口的第二层交换板、第三层交换板，以及流量控制、负载均衡和防火墙功能板。

多层交换（MLS）为交换机提供了基于芯片的第三层高性能交换。MLS采用专用集成电路（Application Specific Integrated Circuit，ASIC）交换部件，完成子网间的IP包交换，可以大大减轻路由器（软件路由）在处理数据包时所造成的过长时间延迟。

多层交换技术支持多种协议（如IP/IPX），并使由路由器软件完成的帧转发和重写功能，通过交换机的ASIC芯片完成。MLS将传统路由器的包交换功能迁移到第三层交换机上，其条件是要求交换的路径必须存在。MLS主要由以下3个部分组成。

（1）多层路由处理器（MLS-RP）。MLS-RP相当于网络中的路由器，负责处理每个数据流的第一个数据包，协助MLS交换引擎（MLS-SE）在第三层的CAM（Content Addressable

Memory，内容可寻址存储器）中建立捷径条目（Shortcut Entry）。MLS-RP 可以是一个外部的路由器，也可以由第三层交换机的路由交换模块（RSM）来实现。

（2）多层交换的交换引擎（MLS-SE）。负责处理转发和重写数据包功能的交换实体。

（3）多层交换协议（MLSP）。MLSP 是一个协议，通过多层路由处理器（MLS-RP）对多层交换引擎进行初始化。

路由交换机利用 ASIC 芯片进行“一次路由，多次交换”处理数据包，速度相当快，可以达到 48～576Mbps，甚至 1 000Mbps。

3.3 交换机技术与设备安装

交换机是局域网中重要设备之一。交换机技术主要包括端口网桥和数据帧交换等技术。网桥技术解决交换机端口的数据帧通信问题，交换技术解决交换机整体的数据帧通信问题。

3.3.1 交换机的网桥技术

局域网帧交换通过数据链路层的网桥技术实现，交换是指数据帧（Frame）转发的过程。局域网交换机任意两个端口均可组成网桥，通信时执行两个基本的操作：一是交换数据帧，将从网桥一端收到的数据帧转发至网桥的另一端；二是构造和维护交换 MAC 地址表。

1. 网桥工作原理

网桥（Bridge）工作在数据链路层，根据 MAC 地址（物理地址）进行数据帧接收、地址过滤与数据帧转发，以实现多个网段之间的数据帧交换，如图 3.17 所示。网桥工作过程如下。

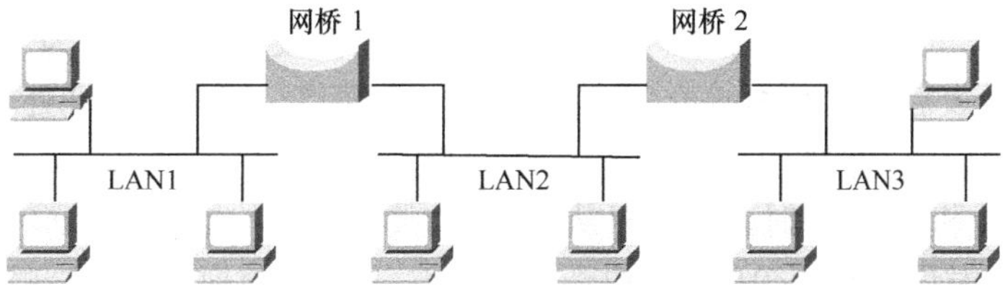

图 3.17　网桥工作示意图

（1）接收。接收数据帧，对数据帧拆封，找出帧中的目的 MAC 地址。

（2）转发。如果该帧的目的 MAC 地址不在网桥的缓冲区内，则重新封装该数据帧，直接将该帧转发至网桥的另一个端口。该过程也称为数据帧广播。因此，网桥扩大了广播域。

（3）过滤。如果该帧的目的 MAC 地址在网桥的缓冲区内，则直接将该数据帧传输到目的 MAC 地址的 PC。同时，不将该帧向网桥的另一个端口转发。这个过程称为数据帧过滤。因此，网桥缩小（或隔离）了冲突域。

2. 交换机的帧交换过程

以太网交换机通信时，任意两个端口均可组成一个网桥。如果数据帧的目的 MAC 地址是广播地址（地址位全 1 的地址），则向交换机所有端口转发（除数据帧来的端口）；如果数据帧的目的地址是单播地址（地址位由 0、1 组成），但这个地址不在交换机的地址表中，那么也会向所有的端口转发(除数据帧来的端口)；如果数据帧的目的地址在交换机的地址表中，则根据地址表转发到相应的端口；如果数据帧的目的地址与数据帧的源地址在一个网段上，它就会丢弃这个数据帧，转发也就不会发生。下面以图 3.18 为例，说明数据帧转发过程。

（1）当主机 D 发送广播帧时，交换机从 E3 端口接收到目的地址为 ffff.ffff.ffff（广播地址）的数据帧，则向 E0、E1、E2 和 E4 端口转发该数据帧。

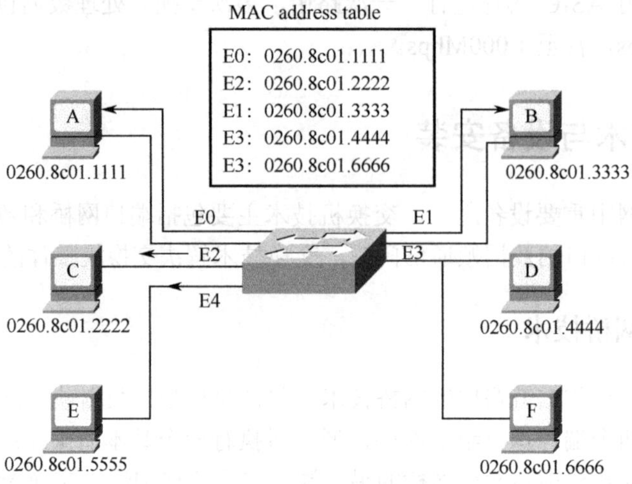

图 3.18　交换机中数据帧交换过程示意图

（2）当主机 D 与主机 E 通信时，交换机从 E3 端口接收到目的地址为 0260.8c01.5555 的数据帧，查找地址表后发现 0260.8c01.5555 并不在表中，因此，交换机仍然向 E0、E1、E2 和 E4 端口转发该数据帧。

（3）当主机 D 与主机 F 通信时，交换机从 E3 端口接收到目的地址为 0260.8c01.6666 的数据帧，查找地址表后发现 0260.8c01.6666 也位于 E3 端口，即与源地址处于同一网桥端口，所以交换机不会转发该数据帧，而是直接丢弃（过滤）。

当主机 D 与主机 A 通信时，交换机从 E3 端口接收到目的地址为 0260.8c01.1111 的数据帧，查找地址表后发现 0260.8c01.1111 位于 E0 端口，所以，交换机将数据帧转发至 E0 端口，这样主机 A 即可收到该数据帧。

（4）如果在主机 D 与主机 A 通信的同时，主机 B 也正在向主机 C 发送数据，交换机同样会把主机 B 发送的数据帧转发到连接主机 C 的 E2 端口。这时 E1 和 E2 之间，以及 E3 和 E0 之间，通过交换机内部的硬件交换电路，建立了两条链路，这两条链路上的数据通信互不影响，网络不会产生冲突。所以，主机 D 和主机 A 之间的通信独享一条链路，主机 C 和主机 B 之间也独享一条链路。而这样的链路仅在通信双方有需求时才会建立，一旦数据传输完毕，相应的链路也随之拆除。这就是交换机主要的特点。

从以上交换机数据帧通信过程中，可以看到数据帧的转发都是基于交换机内的 MAC 地址表。由此表明建立和维护 MAC 地址表是网桥隔离冲突域的重要功能，也是交换机进行数据帧通信的基础。

3．构造与维护交换地址表

交换机的交换地址表中，一条表项主要由一个主机 MAC 地址和该地址对应的交换机端口号组成。整个地址表的生成采用动态自学习方法，即当交换机收到一个数据帧以后，将数据帧的源 MAC 地址和输入端口号记录在交换地址表中。如 Cisco 交换机将交换地址表放置在内容可寻址存储器（Content Addressable Memory，CAM）中，称为 CAM 表。

当然，在存放交换地址表项之前，交换机首先要查找地址表中是否已经存在该源 MAC 地址的匹配表项，仅当匹配表项不存在时才能存储该表项。每一条地址表项都有一个时间标记，用来指示该表项存储的时间周期。地址表项每次被使用或者被查找时，表项的时间标记就会被更新。如果在一定的时间范围内地址表项仍然没有被引用，它就会从地址表中被移走。因此，交换地址表中所维护的是有效和精确的主机 MAC 地址与交换机端口对应信息。

3.3.2　交换机的交换技术

交换机在对数据帧交换时，可选择不同的模式来满足通信需求。目前，交换机一般使用存储转发、快速转发和自由分段 3 种交换技术，如图 3.19 所示。

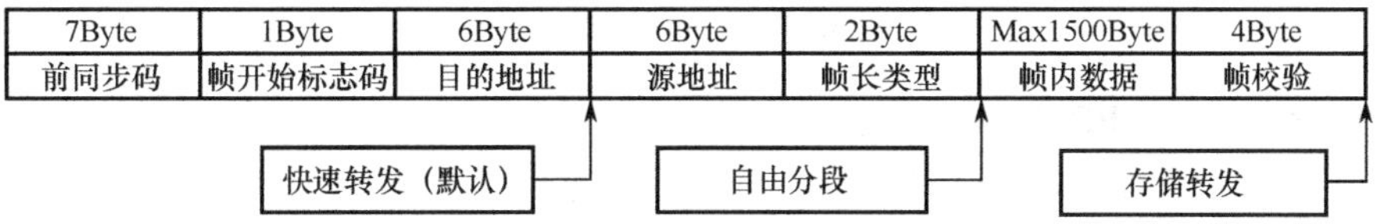

图 3.19　交换机的三种交换技术

1．存储转发

存储转发（Store and Forward）模式是指交换机接收完整个数据帧，并在 CRC 校验通过之后，才能进行转发操作。如果 CRC 校验失败，即数据帧有错，交换机则丢弃此帧。这种模式保证了数据帧的无差错传输，当然其代价是增加了传输延迟，而且传输延迟随数据帧长度的增加而增加。

2．快速转发

快速转发（Fast Forward）模式是指交换机在接收数据帧时，一旦检测到目的 MAC 地址就立即进行转发操作。由于数据帧在进行转发处理时并不是一个完整的帧，因此数据帧将不经过校验、纠错而直接转发。造成错误的数据帧仍然被转发到网络上，从而浪费了网络的带宽。这种模式的优势在于数据传输的低延迟，但其代价是无法对数据帧进行校验和纠错。

3．自由分段

自由分段（Fragment Free）模式是指交换机在接收数据帧时，一旦检测到该数据帧不是碰撞碎片（Collision Fragment）就进行转发操作。碰撞碎片是因为网络冲突而受损的数据帧碎片，其特征是长度小于 64 B。碰撞碎片并不是有效的数据帧，应该被丢弃。因此，交换机的自由分段模式实际上就是一旦数据帧已接收的部分超过 64 B，就开始进行转发处理。这种模式的性能介于存储转发模式和快速转发模式之间。

从图 3.19 中可以看到，在进行转发操作之前，不同的交换模式所接收数据帧的长度不同，这也决定了相应的延迟大小。接收数据帧的长度越短，交换机的交换延迟就越小，交换效率也就越高，相应的错误检测也就越少。

3.3.3 交换机基本配置与级联

交换机品牌很多，如 Cisco、Juniper、锐捷、华为、H3C 等，其配置基本一样。只要掌握了某一品牌交换机的配置方法，则其他品牌交换机按照配置手册即可完成配置。这里以 Cisco 交换机为例，说明交换机的基本配置。

交换机基本配置包括主机名、密码、以太网接口、管理地址及保存配置。交换机安装配置可通过 PC 的超级终端进行，用反转线（两端 RJ-45 接头线序相反）将 PC 串口（如 COM1）和交换机 Console 口连接，反转线一端接在交换机的 Console 口，另一端通过 DB9-RJ-45 转接头连接在 PC 的串口，如图 3.20 所示。

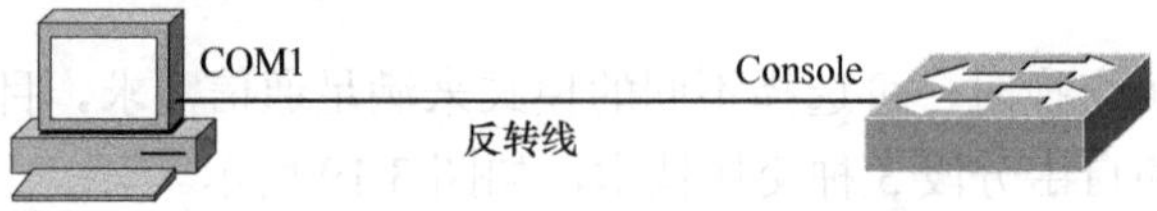

图 3.20　交换机配置连接

（1）设置主机名。PC“超级终端”与交换机建立连接后，操作界面出现交换机普通用户操作提示符“>”，输入“enable”且按 Enter 键后，进入特权用户提示符“#”，即可设置主机名，如图 3.21 所示。

```
Switch> enable                    ;输入enable，进入特权用户模式
Switch# conf terminal             ;输入conf terminal，进入全局配置模式
Switch(config)# hostname  SW1     ;输入hostname，设置交换机名为：SW1
```

图 3.21　设置交换机名的命令行操作

（2）配置密码。全局配置模式可设置普通用户口令和特权用户口令，如图 3.22 所示。

```
SW1(config)# enable secret  ciscoA     ;输入enable secret，设置特权用户口令：ciscoA
SW1(config)# line vty 0 15             ;输入line vty 0 15 ，进入虚拟终端登录配置模式
SW1(config-line)# password  ciscoB     ;输入password，设置普通用户口令：ciscoB
SW1(config-line)# login local          ;输入login local，设置本地（Telnet）登录
```

图 3.22　设置用户登录密码

（3）接口基本配置。交换机出厂（默认）时，交换机的以太网接口是开启的。使用时，交换机的以太网接口可配置双工通信模式和速率等，如图 3.23 所示。

```
SW1(config)#  interface f0/1                        ;输入interface f0/1，设置f0/1接口配置模式
SW1(config-if)# duplex {full | half | auto}         ;duplex设置接口的通信模式{双工|半双工|自动}
SW1(config-if)# speed {10 |100 | 1000 |auto}        ;speed设置接口的通信速率，可选数值或自动
```

图 3.23　接口通信模式和速率设置

（4）管理地址配置。交换机运行时可通过 Telnet 登录，进行配置管理。这时，交换机需要配置一个 IP 地址，以便能通过 PC 进行 Telnet。通常，交换机管理地址是在 VLAN（虚拟子网，随后介绍）接口上配置的，如图 3.24 所示。设置默认网关 IP 地址，可使不同 VLAN 的 PC 也能通过 Telnet 登录该交换机，进行运行管理。

```
SW1(config)# int vlan 1                            ;设置vlan 1接口(vlan1为管理vlan)
SW1(config-if)# ip address 192.168.0.11 255.255.255.128  ;设置管理IP地址和子网掩码
SW1(config-if)# ip default-gateway 192.168.0.1 ;设置网关IP地址：192.168.1.1
SW1(config-if)# no shutdown                        ;激活管理接口地址
```

图 3.24　管理地址与网关地址配置

（5）保存配置。以上配置操作完成后，需要将配置程序保存在 NVRAM。在特权用户模式下，使用“wr”命令或“copy running-config startup-config”命令将配置程序保存。

（6）交换机连接。两台交换机连接时，采用连接线缆分别连接两台设备的对应端口。例如，Cisco 交换机级联用交叉线（UTP 线缆的 RJ-45 头分别采用 568 A、568 B 标准制作），锐捷交换机级联用平行线或交叉线均可。两台交换机的管理 IP 地址设置为同一 VLAN 的子网地址，如图 3.25 所示。

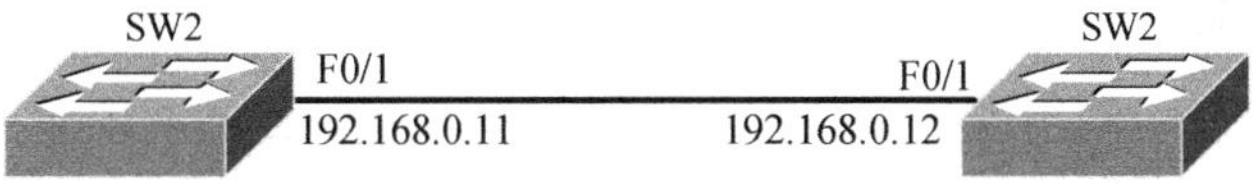

图 3.25　交换机连接

按照以上操作步骤，设置 SW2 的主机名、密码、接口通信模式和速率，以及管理地址等内容。SW2 的 F0/1 接口通信模式与速率要与 SW1 的 F0/1 接口通信模式、速率一致，如均设置为全双工、100 Mbps。

3.4　虚拟局域网设计与路由配置

交换机的第二层交换功能实现了数据链层通信。多个交换机连接扩大了局域网的范围，同时也扩大了广播域的范围。广播域扩大易产生广播风暴，使网络通信效率降低或瘫痪。因此，交换机提供了虚拟局域网（Virtual LAN）和路由（第三层交换）功能。VLAN 技术能够控制第二层广播域的大小，减少或避免广播风暴的发生。第三层交换可实现不同 VLAN 子网之间的数据通信，扩大了局域网的规模和覆盖范围。

3.4.1　虚拟局域网设计

虚拟局域网（Virtual Local Area Network，VLAN）是指在交换局域网的基础上，采用 VLAN 协议（802.1Q）实现的逻辑网络。这种逻辑网络可跨越多个交换机，实现不同地理位置的 PC（IP 地址为同一子网）互连互通。

1. VLAN 实现途径

建立 VLAN 的条件：构成虚拟局域网的 PC 必须直接连接到支持 VLAN 功能的局域网交换机端口上，交换机要有相应的 VLAN 管理及协议。交换式以太网实现 VLAN 主要有 3 种途径：基于端口的 VLAN、基于 MAC 地址的 VLAN 和基于 IP 地址的 VLAN。

（1）基于端口的 VLAN。基于端口的 VLAN 就是将交换机中的若干个端口定义为一个 VLAN，同一个 VLAN 中的 PC 处于同一个网段，不同的 VLAN 之间进行通信需要通过路由器。采用这种方式的不足之处是灵活性差。例如，当一个网络 PC 从一个端口移动到另外一个新的端口时，如果新端口与旧端口不属于同一个 VLAN，则用户必须对该 PC 重新进行配置，加入到新的 VLAN 中；否则，该 PC 将无法进行网络通信。

（2）基于 MAC 地址的 VLAN。在基于 MAC 地址的 VLAN 中，交换机对 PC 的 MAC 地址和交换机端口进行跟踪。在新 PC 入网时根据需要将其划归至某一个 VLAN，该 PC 在网络中可以自由移动。由于其 MAC 地址保持不变，因此所处的 VLAN 保持不变。这种 VLAN 技术的不足之处是在 PC 入网时，需要对交换机进行比较复杂的手工配置，以确定该 PC 属于哪一个 VLAN。

（3）基于 IP 地址的 VLAN。在基于 IP 地址的 VLAN 中，新 PC 在入网时无须进行多项配置，交换机则根据各 PC 的 IP 地址自动将其划分成不同的 VLAN。在 3 种 VLAN 的实现技术中，基于 IP 地址的 VLAN 智能化程度最高，实现起来也最复杂。

虽然 VLAN 的优点很突出，但是虚拟网络技术的应用又会产生新的问题，这就是虚拟网间如何通信的问题。下面介绍此问题的解决方法。

2．VLAN 实现方法

（1）VLAN 的划分。利用支持 VLAN 的交换机可以很方便地实现虚拟局域网。虚拟局域网只是给用户提供的一种跨交换机逻辑组网的服务，而不是一种新的局域网。

一般情况下，在一个企业或组织的园区网络中，多基于交换机端口划分 VLAN，并通过多层交换技术（VLAN 干道 Trunk），即可实现园区网络的 VLAN 划分与管理。

（2）虚拟网传输协议。虚拟网传输采用 802.1q 协议实现交换机间的 VLAN 中继。它是一个数据包标记协议，在支持 802.1q 接口上发送的帧由一个标准以太网帧及相关的 VLAN 信息组成。在支持 802.1q 的接口上可以传送来自不同 VLAN 的数据。

（3）VLAN 的优点。VLAN 是一个由用户与资源构成的逻辑网络，不论用户和资源在何处，都可以由支持 VLAN 的交换机进行协议配置和逻辑组合。当用户新增或变更 PC 业务时，可通过远程登录（Telnet）交换机，进行 VLAN 配置，由此可见，VLAN 的管理简单方便。

3．VLAN 设计案例

例如，某公司现有技术科、财务科、销售科等部门（分布在不同楼层）。为了实施信息化管理，计划组建公司内部网络。组网技术要求同一业务部门 PC 为同一逻辑子网，不同业务部门 PC 及公司业务服务器在数据链路层隔离，确保数据安全。

按照该公司组网要求，可采用 VLAN 技术实现公司业务逻辑子网。该公司的 VLAN 划分与服务器连接拓扑结构如图 3.26 所示。其中，核心交换机（锐捷 RG-S3760）连接三台服务器和三台接入交换机（RG-S2328G），每台接入交换机连接业务处理 PC，在物理上构成一个局域网。

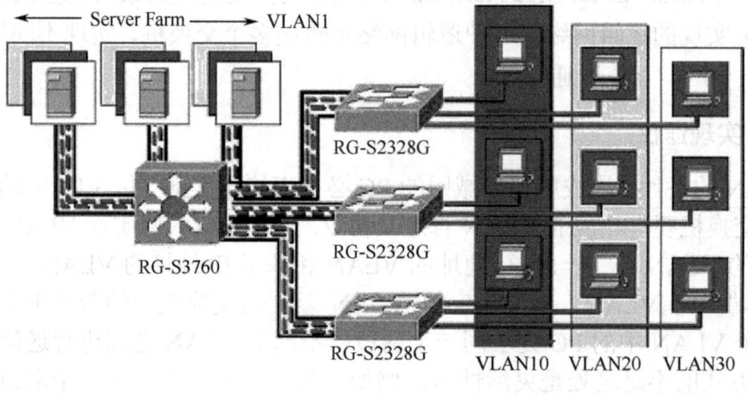

图 3.26　VLAN 划分与服务器连接拓扑结构

按照公司业务需要分成三个工作组，采用基于端口的 VLAN，可划分为 VLAN10、VLAN20、VLAN30 三个逻辑子网。考虑到服务器的安全，可为服务器单独设置一个虚拟网 VLAN1。每个逻辑子网是一个广播域，在数据链路层被隔离，子网之间的通信需要第三层（IP 路由）交换实现。锐捷 RG-S3670 交换机是具有第三层交换功能的低端交换机，可实现不同 VLAN 数据包的路由转发。由此，不同业务部门的 PC 通过 RG-S3670 设置的 IP 路由协议，可直接访问服务器，以及分布在不同楼层的同一业务部门 PC 也可交换数据。

3.4.2 VLAN 的多层交换技术

虚拟局域网的多层交换，是在局域网的多台交换机中选取一台或几台交换机作为中心（即 Server），采用 VTP（VLAN Trunk Protocol）建立、修改和删除 VLAN。VLAN 信息通过 Trunk 链路自动扩散到局域网中级联的交换机（即 Client），使交换机保持相同的 VLAN 信息。

1. VTP 技术

VTP 提供了一种在交换机管理 VLAN 的方法。VTP 被组织成管理域（VTP Domain），相同域中的交换机共享 VLAN。根据交换机在 VTP 域中的作用不同，VTP 可分为以下 3 种模式。

（1）服务器（Server）模式。VTP 服务器能创建、修改和删除 VLAN，同时变更后的 VLAN 信息会通告给域中的其他交换机。默认情况下，交换机是服务器模式。每个 VTP 域必须至少有一台交换机是服务器模式，域中的 VTP 服务器可以有多台。

（2）客户机（Client）模式。VTP 客户机不允许创建、修改和删除 VLAN，但它会监听来自其他交换机的 VTP 通告，并更改自己的 VLAN 信息。接收到的 VTP 信息也会在 Trunk 链路上向其他交换机转发，因此，这种交换机还能充当 VTP 中继。

（3）透明（Transparence）模式。这种模式的交换机不参与 VTP，可在该模式的交换机上创建、修改和删除 VLAN。更改的 VLAN 不会通告给其他交换机，也不会接收其他交换机通告的 VLAN 而更改自己的 VLAN。但该模式的交换机会通过 Trunk 链路转发接收到的 VTP 通告，充当了 VTP 中继的角色，因此，将该模式称为透明模式。

2. VLAN 间的信息传递

交换机必须有一种方式来了解 VLAN 的成员关系，即哪一个客户机属于哪一个虚拟网。否则，虚拟网就只能局限在单台交换机的应用环境里。为了使多个 VLAN 能够部署在多台交换机级联的环境中，交换机采用了基于 VLAN 的信息传递技术。

（1）交换机列表支持方式（Table Maintenance）。在这种方式下，当客户机第一次在网络上广播其存在时，交换机就在自己内置的地址列表中将客户机的 MAC 地址或交换机的端口号与所属虚拟网一一对应起来，并不断地向其他交换机广播。如果客户机的虚拟网成员身份改变了，交换机中的地址列表将由网络管理员在控制台上手动修改。随着网络规模的扩充，大量用来升级交换机地址列表的广播信息将导致主干网的拥塞。因此，这种方式在实际应用中不太普及。

（2）帧标签方式（Frame Tagging）。帧标签是一种流行的 VLAN 技术，帧标签是在每个数据帧头位置插入一个标签，以标注该数据帧属于哪个 VLAN。目前，多数品牌的交换机均采用帧标签方式，因而在 VLAN 部署中，信息传递采用了帧标签方式。这种方式也存在两个问题：其一，若不同品牌交换机的标签长度不一样，则它们之间不能互连（事实上，国内外主流品牌均采用了 802.1Q 标准，这样，不同品牌交换机之间可以互连互通）；其二，数据帧加上标签后使交换机处理数据帧的负担加重了。

（3）时分复用（Time Division Multiplexing，TDM）方式。TDM 在 VLAN 上的实现方式与它在广域网上的实现方式非常类似。在这里，每个 VLAN 都将拥有自己的网络通路。这样，在一定程度上避免了以上两种方式所遇到的问题。但另一方面，属于某一个 VLAN 的时间片断只能被该 VLAN 的成员使用，所以仍然有很多带宽被浪费了。

3.4.3 VLAN 互连路由配置

交换机设置 VLAN 后，不同 VLAN 的客户机在数据链路层就无法通信了。不同 VLAN 间的通信需要在网络层（第三层）进行，如路由器的单臂路由，或者路由交换机的第三层交换等。路由交换机的第三层交换采用 ASIC 芯片，局域网路由效能的性价比较高。

1. 单臂路由配置

低端路由器的以太网接口较少（一般配置 2～4 个），使用路由器为不同 VLAN 提供通信，当 VLAN 个数较多时，路由器的以太网接口无法直连多个 VLAN 的交换机。因此，提出了单臂路由解决方案。路由器只需一个以太网接口和交换机连接，交换机的这个接口设置为 Trunk 接口。在路由器上建立多个子接口（物理接口上的逻辑接口）和不同的 VLAN 连接。单臂路由网络拓扑如图 3.27 所示。R1 表示路由器，如锐捷 RSR20-14E。S1 表示二层交换机，如锐捷 RG-S2628G-E。R1 和 S1 的连接是 VLAN 间路由的 Trunk（干道）。

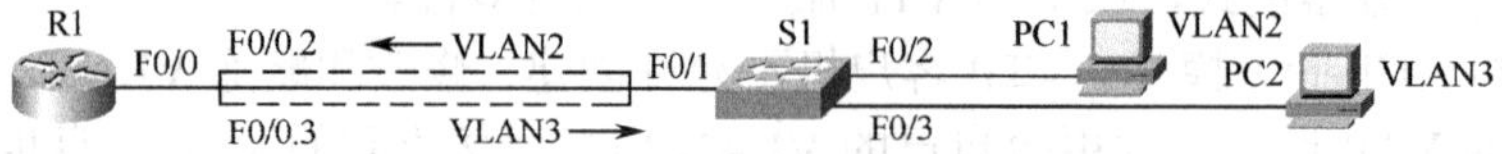

图 3.27 单臂路由网络拓扑

假设，PC1 给 PC2 发送数据，当交换机 F0/2 口收到 PC1 发来的数据帧后，由于 F0/2 和 F0/3 的 VLAN 号不同，交换机通过 Trunk 接口将 PC1 的数据发给路由器。路由器收到 PC1 的数据后，将该数据的 VLAN2 的标签去掉，重新用 VLAN3 的标签封装发往 PC2 的数据，通过 Trunk 链路将数据发送到交换机的 Trunk 接口。交换机收到该数据帧，去掉 VLAN3 标签，发给 PC2，从而实现了 VLAN 间的通信。具体操作步骤如下。

（1）在 S1 上建立 VALN。PC1 以“超级终端”方式进入交换机的全局配置模式，建立 VLAN2，将 F0/2 口设置为 VLAN2，如图 3.28 所示。可按照如图 3.28 所示的操作建立 VLAN3，并将 F0/3 口设置为 VLAN3。

```
S1(config)# vlan 2                          ;建立vlan 2
S1(config-vlan)# name vlan2                 ;设置vlan 的名字为：vlan2
S1(config-vlan)# exit                       ;退出
S1(config)# int f0/2                        ;进入f0/2接口配置
S1(config-if)# switchport mode access       ;设置f0/2接口为连接PC的接口
S1(config-if)# switchport access vlan2      ;设置f0/2接口为vlan2的接口
```

图 3.28 交换机建立 VLAN2 及端口设置

（2）在 S1 上建立连接路由器 R1 的 Trunk。确定 F0/1 口为 Trunk，在全局配置模式下，设置 F0/1 为 Trunk，并采用 802.1Q 协议封装，如图 3.29 所示。

```
S1(config)# int f0/1                              ;进入f0/1接口配置
S1(config-if)# switchport mode trunk              ;设置f0/1接口为连接通信设备的接口
S1(config-if)# switchport trunk encap dot1q       ;用802.1Q封装f0/1接口
```

图 3.29 交换机建立 Trunk 接口

（3）在 R1 上建立连接交换机 S1 的 Trunk 子接口。PC1 以“超级终端”方式进入路由器的全局配置模式，确定 F0/0 为连接 S1 的物理接口。在 F0/0 口上分别建立子接口 F0/0.1 和 F0/0.2，对子接口用 802.1Q 封装，并设置 VLAN2 和 VLAN3 的路由网关地址，激活物理端口，如图 3.30 所示。

R1(config)# int f0 /0.1	**;进入f0/0.1子接口配置**
R1(config-subif)# encapture dot1q	**;用802.1Q封装f0/0.1接口**
R1(config-subif)# ip address 192.168.2.1 255.255.255.0	**;设置vlan2的网关**
R1(config)# int f0/0.2	**;进入f0/0.2子接口配置**
R1(config-subif)# encapture dot1q	**;用802.1Q封装f0/0.2接口**
R1(config-subif)# ip address 192.168.3.1 255.255.255.0	**;设置vlan3的网关**
R1(config)# int f0/0	**;进入f0/0接口配置**
R1(config-if)# no shutdown	**;激活f0/0接口**

图 3.30　路由器建立 Trunk 子接口

（4）在 PC1 和 PC2 上配置 IP 地址和网关。PC1 的网关为 192.168.2.1，PC2 的网关为 192.168.3.1。测试 PC1 和 PC2 的通信。

2. 第三层交换配置

第三层交换网络拓扑如图 3.31 所示。SR1 表示第三层交换机，如锐捷 RG-S3760E-24。S1 表示第二层交换机，如锐捷 RG-S2628G-E。SR1 和 S1 的连接是 VLAN 间路由的 Trunk（干道）。连接在 S1 上的 PC1 和 PC2 分别属于 VLAN2 和 VLAN3，PC1 和 PC2 要进行通信需要通过 SR1 提供路由。具体操作步骤如下。

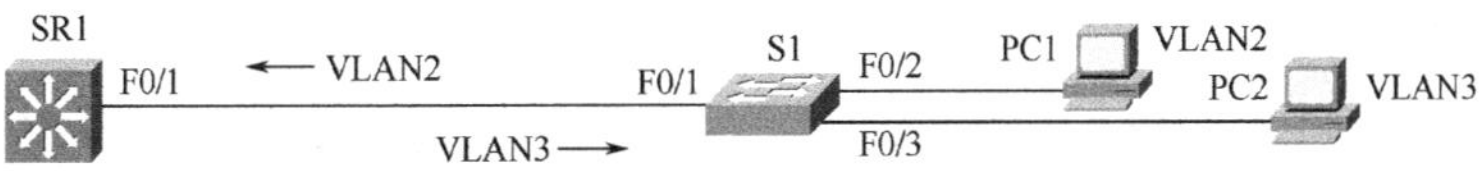

图 3.31　第三层交换网络拓扑

（1）在 S1 上划分 VALN。操作方法与图 3.28 相同。

（2）在 S1 上建立连接 SR1 的 Trunk。操作方法与图 3.29 相同。

（3）配置第三层交换机 SR1。PC1 以“超级终端”方式进入 SR1 的全局配置模式，确定 F0/1 为连接 S1 的 Trunk 接口。对该接口用 802.1Q 封装，并设置 VLAN2 和 VLAN3 的路由网关地址，激活 VLAN 接口，激活 IP 路由，如图 3.32 所示。

SR1(config)# vlan 2	**;建立vlan 2**
SR1(config-vlan)# name vlan2	**;设置vlan 的名字为：vlan2**
SR1(config-vlan)# exit	**;退出**
//按照以上命令，建立vlan 3//	
SR1(config)# int f0/1	**;进入f0/1接口配置**
SR1(config-if)# switchport mode trunk	**;设置f0/1接口为连接交换机的接口**
SR1(config-if)# switchport trunk encap dot1q	**;用802.1Q封装f0/1接口**
SR1(config)# int vlan 2	**;进入vlan2配置**
SR1(config-if)# ip address 192.168.2.1 255.255.255.0	**;设置vlan2的网关**
SR1(config-if)# no shutdown	**;激活vlan 2**
SR1(config)# int vlan 3	**;进入vlan3配置**
SR1(config-if)# ip address 192.168.3.1 255.255.255.0	**;设置vlan3的网关**
SR1(config-if)# no shutdown	**;激活f0/0接口**
SR1(config-if)# exit	**;退出**
SR1(config)# ip routing	**;激活IP路由（开启第三层交换）**
SR1(config)# exit	**;退出**
SR1# wr	**;保存配置文件config**

图 3.32　第三层交换机提供 VLAN 间路由的配置

（4）检查 SR1 上的 IP 路由表。在 SR1 的特权模式下，输入“show ip route”命令，该命令的结果如图 3.33 所示。第三层交换机和路由器一样也有 IP 路由表。

```
SR1# show ip route                                    ;执行检查ip路由表的命令
//此处省略//
C    192.168.2.0 is directly connected,Vlan2          ;C表示直连路由网络
C    192.168.2.0 is directly connected,Vlan2
```

图 3.33 检查第三层交换机上的 IP 路由表

（5）在 PC1 和 PC2 上配置 IP 地址和网关。PC1 的网关为 192.168.2.1，PC2 的网关为 192.168.3.1。测试 PC1 和 PC2 的通信。

3.5 交换机性能与选型

局域网交换机按照组成结构，可分为固定端口交换机和模块化交换机。通常，一个中等规模的企业网由多台交换机组成，其中固定端口交换机作为接入交换机连接终端 PC，模块化交换机作为汇聚、核心交换机连接接入交换机。企业网组建需考虑交换机的性能、交换机链路冗余、交换机级联带宽与瓶颈等问题。

3.5.1 交换机性能与互连

1. 交换机性能指标

交换机性能指标主要包括：交换容量（Gbps）、背板带宽（Gbps）、吞吐率或包转发率（Mpps）等。其中，Mpps（Million Packet Per Second，每秒转发百万包数）是最重要的指标。包转发率的衡量标准是以单位时间内发送 64 B 的数据包（最小包）的个数作为计算的基准。

千兆位以太网包转发率=1 000 000 000 bps/8 bit/(64+8+12) B = 1 488 095 pps。该算式中的“64+8+12”表示，当以太网帧为 64 B 时，需考虑 8 B 的帧头和 12 B 的帧间隙的固定开销。这样，1 Gbps 以太网端口在转发 64 B 包时的包转发率为 1.488 Mpps，100Mbps 快速以太网端口包转发率是 1 Gbps 以太网的 1/10，为 148.8 kpps。10 Gbps 以太网端口包转发率是 1 Gbps 以太网的 10 倍，为 14.88 Mpps。转发率越高，表明交换机的交换性能越强。交换机选型，主要考查该交换机每秒能转发多少个数据包。

交换容量（转发能力）表示交换引擎的转发性能。一般第二层数据帧转发能力用 bps 表示，第三层数据包转发能力用 pps 表示。根据包转发率计算公式，交换机转发带宽 = 包转发速率×8×(64+8+12)=包转发速率×672 Mbps。例如，一台最多提供 64 Gbps 端口的交换机，其满配置交换容量应达到 64×1.488×672=63.995 904 Gbps。

背板带宽是交换机接口处理器或接口卡与数据总线间所能吞吐的最大数据量。一台交换机的背板带宽越高，所能处理数据的能力就越强，同时成本也会增加。按照背板带宽选择交换机应从两个方面来考虑：第一，所有端口速率乘以端口数量之和的 2 倍小于背板带宽，可实现全双工无阻塞交换，表明交换机具有发挥最大数据交换性能的条件。第二，满配置吞吐量（Mpps）=满配置 1 Gbps 端口数量×1.488 Mpps，其中 1 个 1 Gbps 端口在包长为 64 B 时的理论吞吐量为 1.488 Mpps。一般两者都满足的交换机才是合格的交换机。

例如，一台最多可以提供 64 个千兆位端口的交换机，其满配置吞吐量应达到 64×

1.488Mpps = 95.2Mpps，才能确保在所有端口均线速工作时，提供无阻塞的包交换。如果一台交换机最多能够提供 176 个千兆位端口，但吞吐量为小于 261.8Mpps（176×1.488Mpps = 261.8），则有理由认为该交换机采用的是有阻塞的结构设计。

2．交换机互连技术

（1）冗余连接。众所周知，以太网逻辑结构是总线，不允许出现环路。为了提高通信链路的可靠性，工程中常采用冗余连接，由此形成了环路，如图 3.34 所示。交换机在冗余连接的环路中，任何时刻只允许有一条链路工作（主链路），另一条链路处于备份状态。能够避免环路的技术就是生成树（Spanning Tree）协议。

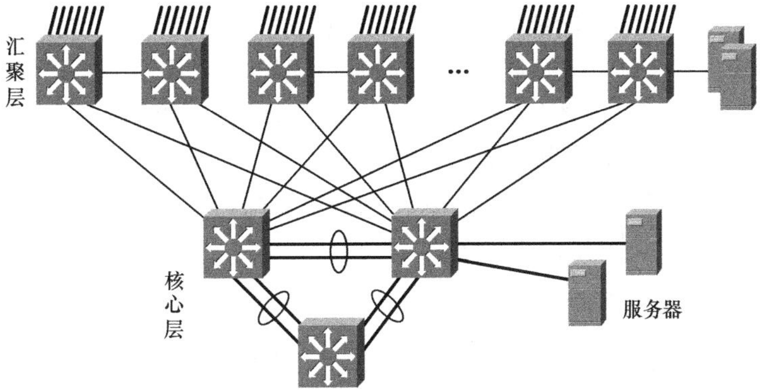

图 3.34　交换机的冗余连接示意图

以太网交换机是多端口的透明桥接设备，交换机存在桥接设备的拓扑环（Topology Loops）问题。当某个网段的数据帧通过某个桥接设备传输到另一个网段，而返回的数据帧通过另一个桥接设备返回源地址时，这个现象叫做“拓扑环”。一般，交换机采用生成树（也称扩展树）协议 802.1D 让网络中的每一个桥接设备相互知道，自动防止拓扑环生成。交换机通过将检测到的“拓扑环”中的某个端口断开，达到消除“拓扑环”的目的，维护网络中拓扑树的完整性。网络设计中，“拓扑环”常被推荐用于关键数据链路的冗余（双链路）备份。支持 802.1D 协议的交换机承担骨干网的数据通信任务，如图 3.34 所示。该图中的核心层交换机与汇聚层交换机彼此间均有两条连接（冗余）线路，以保障数据通信的高可用性。

（2）链路聚合。通常，企业网核心层交换机彼此之间采用链路聚合（圆圈标注的两条线路，表示链路聚合）技术，提高骨干网传输带宽，如图 3.34 所示。FEC（Fast Ethernet Channel，100Mbps 端口聚合）、GEC（Gigabit Ethernet Channel，1Gbps 端口聚合）、ALB（Advanced Load Balancing，负载均衡）和 Port Trunking（端口聚合）技术，可以允许每条冗余链路实现负载分担。交换机端口设置 Port Trunking，交换机之间可实现 2 倍（2 端口聚合）或 4 倍（4 端口聚合）线速带宽连接。

（3）堆叠。支持堆叠的交换机具有堆叠端口，可以通过专用堆叠线缆连接多台交换机。通常，堆叠带宽是交换机端口速率的几十倍。例如，一台 100Mbps 交换机，堆叠后两台交换机之间的带宽可以达到几百兆位甚至上千兆位。多台交换机的堆叠是通过背板总线的多口堆叠母模块与单口堆叠子模块相连实现交换机的堆叠的。

3.5.2 局域网交换机选型

局域网交换机选型要遵循实用、好用和够用的原则。实用指符合实际需要；好用指易安装、配置与维护管理；够用指满足当前需要，并有一定的可扩展性。

1. 交换机选型的基本原则

（1）品牌选择。局域网设备应尽可能选取同一品牌产品，这样，用户可从网络设备的性能指标、技术支持、价格、网络组建，以及运行维护等方面获得利益。通常，应选择产品线齐全、技术力量雄厚、产品市场占有率高的品牌，如华为、H3C、锐捷等。

（2）扩展性考虑。网络层次结构中，核心交换机选型，其背板带宽、包转发率和端口数量应预留一定的富余量，以便于扩展。接入交换机选型，满足用户需要即可。

（3）"量体裁衣"策略。根据网络实际带宽性能需求、端口类型和端口密度选型。如果是旧网改造项目，应尽可能保留可用设备，减少在资金投入方面的浪费。

（4）性价比高、质量可靠。网络设备应选用性价比高、质量可靠的产品。要考虑网络建设费用的投入产出应达到最大值，为用户节约资金。

2. 核心交换机的选型要求

核心网络骨干交换机是宽带网的核心，应具备以下特点。

（1）高性能，高速率。第二层交换最好能达到线速交换，即交换机背板带宽≥所有端口带宽的总和。如果网络规模较大（连网机器的数量超过 250 台），或连网机器台数较少，但出于安全考虑，需要划分虚拟子网。这两种情况均需要配置 VLAN，第三层（路由）交换能够适配 VLAN 之间数据包流畅转发的要求。

（2）便于升级和扩展。具体来说，具有 250～500 个信息点以上的网络，适宜采用模块化（插槽式机箱）交换机；具有 500 个信息点以上的网络，交换机还必须能够支持高密度端口和大吞吐量扩展卡；具有 250 个信息点以下的网络，为降低成本，应选择具有可堆叠能力的固定配置交换机作为核心交换机。

（3）高可用性。应根据经费，选择冗余设计的设备，如双交换引擎（负责第三层包转发）、双电源、双风扇等；要求设备扩展卡支持热插拔，易于更换维护。

（4）强大的网络控制能力，提供 QoS（服务质量）和网络安全，支持 RADIUS、TACACS+ 等认证机制（RADIUS 认证机制将在第 7 章介绍）。

（5）良好的可管理性，支持通用网管协议，如 SNMP、RMON、RMON2 等。

3. 汇聚层和接入层交换机的选型要求

通常，大型、大中型企业网采用三层架构，汇聚层交换机应考虑支持路由功能。如果局域网覆盖范围比较集中、规模较小或适中，企业网可采用扁平架构，网络中只有核心层和接入层交换机，接入层采用第二层交换机。汇聚/接入交换机均为可堆叠/扩充式固定端口交换机。这种固定端口交换机，在大中型网络中用来构成多层次的、结构灵活的汇聚和接入网络，在中小型网络中也可能用来构成网络骨干交换（支持路由）设备。除此之外，还具备下列要求。

（1）灵活性。提供多种固定端口数量，可堆叠、易扩展，支持多级别网络管理。

（2）高性能。作为大中型网络的二级交换设备，应支持 1Gbps/10Gbps 高速上连（最好支持链路聚合 FEC/GEC），以及同级设备堆叠。当然，还要注意与核心交换机品牌的一致性。如果作为小型网络的中心交换机，要求具有较高背板带宽和第三层交换能力。

（3）在满足技术性能要求的基础上，最好价格便宜，使用方便，即插即用，配置简单。

（4）具备网络安全接入控制能力（IEEE 802.1x）及端到端的 QoS（服务质量）。

（5）跨地区企业，通过互联网远程连接分支部门的路由交换机，要支持虚拟专网 VPN 标准协议。

3.6 企业网设计与安装

3.6.1 企业网需求分析

某钢铁公司现有焦化厂、炼钢厂、炼铁厂、焊管厂、制氧厂、信控处、机修厂、烧结厂、物资处、科技处、人事处、计财处、经贸处和公司总部等分厂和职能部门，分布在 20 余栋建筑楼宇内。以公司总部大楼为中心，总部大楼与其他楼宇间的距离在 200～5 000 m。公司有各类计算机共 1670 台，这些计算机分布在各分厂和管理部门局域网内。企业网具有多用户并发访问资源及多媒体传输的需求，网络核心设备要考虑负载均衡和主干网高带宽传输能力。

为了拟制广播风暴，提高数据传输性能，均衡网络数据流量，需要采用 VLAN 技术。企业按业务职能划分 VLAN，分厂、行政、后勤等部门约需 21 个 VLAN。企业网是各种应用的统一通信平台，该平台的可用性要达到 99.99%。在这种需求下，主干设备应有一定的冗余度，这种冗余度不只是设备级的，也应该考虑物理线路、数据链路层和网络层的容错能力，需要保证主干网络具有很高的稳定性和可靠性。

3.6.2 企业网整体设计

1. 网络核心设备选型

核心交换机选型重点考虑该设备的交换容量、包转发率、模块插槽数量、传输质量控制、IPv4/IPv6 双栈协议、网络虚拟化，以及安全、可靠、可管理等多种性能。企业网 3000 个数据终端同时在线，要求核心交换机的包转发率不低于 446.4Mpps（0.148Mpps×3000）、交换容量不低于 300Gbps（446.4×0.672Gbps）。

核心交换机管理引擎支持第二层到第三层无阻塞交换，支持高密度 10GE、1GE 以太网端口。锐捷 RG-S8605E 交换机提供 2 个管理引擎插槽（交换引擎冗余）和 3 个业务插槽。交换容量为 12Tbps，包转发速率为 2160 Mpps，支持高密度的千兆/万兆端口线速转发。RG-S7805E 提供 2 个管理引擎插槽（交换引擎冗余）和 2 个业务插槽。交换容量为 4.8Tbps，包转发速率为 1440 Mpps，支持高密度的千兆/万兆端口线速转发。

企业网整体架构采用万兆核心、千兆汇聚、百兆到桌面的扩展星状结构。企业数据中心机房作为企业网核心层，连接企业行政管理、各分厂、后勤服务等楼宇，构成企业主干网，如图 3.35 所示。

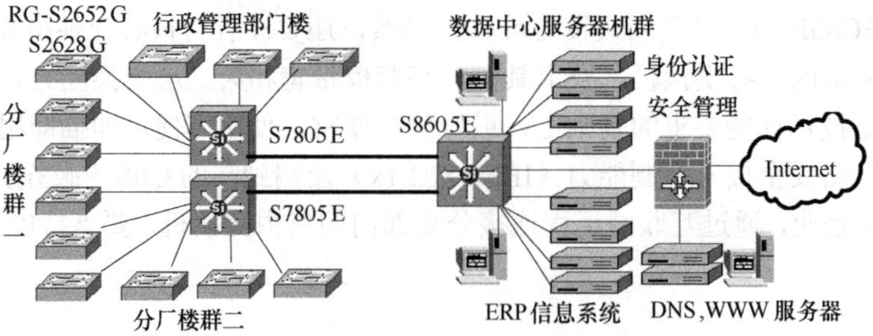

图 3.35　企业网拓扑结构

2. 主干网拓扑结构

企业网核心交换机选用 1 台 S8605E 和 2 台 S7805E，2 台 S7805E 各连接 50%的建筑楼群，S8605E 连接服务器群。这种部署将接入层终端与服务器逻辑隔离，增强了服务器的稳定性、安全性，同时 S7805E 均衡连接接入层，实现均衡负载及逻辑隔离故障，保障了企业网传输的稳定性和可靠性。S7805E 配置 M7800-02XS24SFP/8GT 光口万兆/千兆卡，以及 1000 Base-SX/LX 千兆和 10GBase-SR-XFP 万兆光模块。S8605E 配置 M8600-48GT/4SFP-EC 千兆卡和 M8600-02XFP 光口万兆卡，以及 10GBase-SR-XFP 光模块。S8605E 与 S7805E 采用万兆光口连接。

企业行政管理、各分厂、后勤服务等楼宇配置 RG-S2652G/S2628G 第二层交换机。S2628G 和 S2652G 有 24/48 个 100/1000Mbps 电口及 4 个 SFP 的 1Gbps 光口。楼宇间距离＜550m，配置 1000 Base-SX 光模块；楼宇间距离＞550m，配置 1000 Base-LX 光模块。S2652G 和 S2628G 的千兆光口模块型号和 S7805E 配置的 Mini-GBIC-SX 模块及 Mini-GBIC-LX 模块数量要一致，即核心层与汇聚层的千兆多模、单模连接要一一对应。

3.6.3　网络互连与 VLAN 设置

网络组建是实施核心层、汇聚层和接入层等交换机安装与互连配置的过程，包括企业网地址与互连地址分配，VLAN 划分与地址分配，第三层交换机互连路由配置、VALN 设置与 VLAN 间路由配置，第二层交换机 VLAN 设置，以及交换机互连调试等。

1. 核心层互连及地址分配

由设计方案可知，该企业网规模较小，采用 3 台第三层核心交换机将企业网逻辑分割成用户计算机接入区和服务器机群区。核心层互连及地址分配如表 3.2 所示。连接服务器的 S8605E 和连接用户计算机的 S7805E（2 台）通过万兆光口互连，要将互连端口设为路由接口，并在该端口设置互连 IP 地址，三台核心交换机之间采用静态路由协议互连。

表 3.2　企业网核心层互连及地址分配

M8606 万兆接口	端口地址	服务器与网管地址空间	S7805E 万兆光口	端口地址	用户计算机地址空间
2/0 端口	172.16.1.1/30	172.16.2.1~172.16.2.255	第 1 台 1/0 端口	172.16.1.2/30	172.16.4.1~172.16.16.255
2/1 端口	172.16.1.5/30	172.16.3.1~172.16.3.255	第 2 台 1/0 端口	172.16.1.6/30	172.16.17.1~172.16.29.255

2．VLAN 划分与地址分配

企业网被核心层交换机分成 3 个区域，采用基于端口的 VLAN 划分子网，每个 VLAN 为一个子网。按照网络安全及缩小广播域的要求，每个子网约定 64 个地址或 128 个地址，其子网掩码为 255.255.255.192 或 255.255.255.128。考虑到服务器的安全，可将服务器机群和网络管理分别设置为不同的 VLAN。S8605E 和 S7805E 的 VLAN 划分及地址分配如表 3.3 所示。S8605E 设置 3 个 VLAN，命名为 Vlan1，Vlan10，Vlan20；第 1 台 S7805E 设置 20 个 VLAN，命名为 Vlan30，Vlan40，…，Vlan220；第 2 台 S7805E 设置 20 个 VLAN，命名为 Vlan230，Vlan240，…，Vlan420。

表 3.3　S8605E 与 S7805E 的 VLAN 划分与地址分配

设备	部门	VLAN	VLAN 网关	子网地址范围	子网掩码
S8605E	网络管理	1	172.16.2.1	172.16.2.1～255	255.255.255.0
	服务器群 1	10	172.16.3.1	172.16.3.1～126	255.255.255.128
	服务器群 2	20	172.16.3.129	172.16.3.130～254	255.255.255.128
S7805E-1	公司机关	30	172.16.4.1	172.16.4.1～126	255.255.255.128
	焦化厂	40	172.16.4.129	172.16.4.130～254	255.255.255.128
	炼钢厂	60	172.16.5.1	172.16.5.1～126	255.255.255.128
	炼铁厂	70	172.16.5.129	172.16.5.130～254	255.255.255.128
S7805E -2	焊管厂	80	172.16.6.1	172.16.6.1～126	255.255.255.128
	制氧厂	90	172.16.6.129	172.16.6.130～254	255.255.255.128
	机修厂	100	172.16.7.1	172.16.7.1～126	255.255.255.128
	……				

3.6.4　核心层交换机互连配置

按照用户业务类别和数据中心资源服务分类，核心层 S8605E 和两台 S7805E 共设置 21 个 VLAN。核心层通过 M8600E-CM 与 M7800E-CM 实现 VLAN 网间路由转发。交换机安装配置分为用户、特权和全局配置三种模式，交换机互连的 trunk 端口封装默认是 802.1Q。

1．S8605E 配置

采用全反 UTP 跳线连接交换机（控制口）和 PC（RS-232 端口），启动 PC 的“超级终端”程序，同时给交换机加电。待交换机自检完成后，进入“SETUP”菜单，按菜单提示输入：交换机的名称、IP 地址、子网掩码、网关、VLAN 数据库、路由端口、静态（默认）路由协议等参数。或采用交换机的命令行参数配置方式，进入全局配置模式配置管理 IP 等参数。下面给出 M8600E-CM 管理引擎的脚本和路由模块的脚本。

（1）设置交换机的名称。

```
hostname S8605E-L3                          ;设置交换机的名称
```

（2）设置 M8600-02XFP 的 10Gbps 光纤端口为路由端口。

```
interface 10GigabitEthernet2/0              ;在全局配置模式下，进入端口 10GE2/0 配置状态
no switchport                               ;将 10GE2/0 端口变成第三层路由端口
```

```
ip address 172.16.1.1 255.255.255.252    ;设置 10GE2/0 的网关 IP 地址，该端口与第 1 台 S7805E 的
                                         10GE1/0 端口的路由模式连接，对端的网关 IP 为 172.16.1.2
no shutdown                              ;激活端口
interface 10GigabitEthernet2/1           ;在全局配置模式下，进入端口 10GE2/1 配置状态
no switchport                            ;将 10GE2/0 端口变成第三层路由端口
ip address 172.16.1.5 255.255.255.252    ;设置 10GE2/0 的网关 IP 地址，该端口与第 2 台 S7805E 的
                                         10GE1/0 端口采用路由模式连接，对端的网关 IP 为 172.16.1.6
no shutdown                              ;激活端口
```

（3）建立 VLAN 数据库与设置 VLAN 网关 IP 地址。在全局配置模式（Config）下，使用“vlan 1”命令设置 VLAN1，使用“name vlan1”命令设置 VLAN1 的名称。重复该命令，完成所有 VLAN 设置。

```
interface vlan1                          ;在全局配置模式，进入 VLAN1 配置状态
description default                      ;说明 VLAN1 为默认 VLAN
ip address 172.16.2.1 255.255.255.0      ;设置 VLAN1 的网关 IP 地址
no shutdown                              ;激活 VLAN1
interface vlan10                         ;在全局配置模式，选择 VLAN10
description vlan10                       ;说明 VLAN10 的名称
ip address 172.16.3.1 255.255.255.128    ;设置 VLAN10 的网关 IP 地址
no shutdown                              ;激活 VLAN10
```

按照 VLAN10 的设置命令，设置 VLAN20。

（4）设置连接服务器的端口为 Access 模式。每个 Access Port 只能属于一个 VLAN， 它只传输属于这个 VLAN 的数据帧。

```
interface GigabitEthernet 3/1            ;在全局配置模式，进入千兆电口（3 槽/1 口）配置状态
switchport mode access                   ;设置该端口为 Access 模式
switchport access vlan 10”               ;设置该端口归属 VLAN10
```

按照以上命令，依次将连接服务器的端口设置在 VLAN10 和 VLAN20。

（5）设置静态路由协议分别与两台 S7805E 连接。

```
ip route 172.16.4.0 0.0.0.255 172.16.1.2     ;指向第 1 台 S7805E 的 172.16.4.0 子网的静态路由，0.0.0.255
                                             是反掩码，涵盖 172.16.4.0 和 172.16.4.129 两个子网
ip route 172.16.5.0 0.0.0.255 172.16.1.2     ;指向第 1 台 S7805E 的 172.16.5.0 子网的静态路由
……
ip route 172.16.16.0 0.0.0.255 172.16.1.2    ;指向第 1 台 S7805E 的 172.16.16.0 子网的静态路由
ip route 172.16.17.0 0.0.0.255 172.16.1.6    ;指向第 2 台 S7805E 的 172.16.17.0 子网的静态路由
ip route 172.16.18.0 0.0.0.255 172.16.1.6    ;指向第 2 台 S7805E 的 172.16.18.0 子网的静态路由
……
ip route 172.16.29.0 0.0.0.255 172.16.1.6    ;指向第 2 台 S7805E 的 172.16.29.0 子网的静态路由
```

按照上述操作依次设置指向学校、机关、职能处室、系部所等单位子网的静态路由。

（6）设置默认路由协议与防火墙建立连接，通过防火墙连接外网。

```
ip default-gateway 172.16.2.1                ;设置该交换机的默认网关 IP 地址
```

ip classless ;设置无类路由，即子网地址采用可变长掩码

ip route 0.0.0.0 0.0.0.0 212.206.174.14 ;设置该交换机的默认路由，212.206.174.14 是防火墙以太网口 GE0/0 地址

2. S7805E 配置

采用全反 UTP 跳线连接交换机（控制口）和 PC（RS-232 端口），启动 PC 的“超级终端”程序，同时给交换机加电。待交换机自检完成后，进入“SETUP”菜单，按菜单提示输入：交换机的名称、IP 地址、子网掩码、网关、VLAN 数据库、路由端口、默认路由协议等参数。或采用交换机的命令行参数配置方式，进入全局配置模式配置管理 IP 等参数。

下面给出第 1 台 S7805E 的 M7800E-CM 管理引擎的脚本和路由模块的脚本。

（1）设置交换机的名称。

hostname S7805E-1 ;设置交换机的名称

（2）设置 M7800-02XS24SFP/8GT 的 10Gbps 光纤端口为路由端口。

interface 10GigabitEthernet1/0 ;在全局配置模式下，进入端口 10GE1/0 配置状态

no switchport ;将 10GE1/0 端口变成第三层路由端口

ip address 172.16.1.2 255.255.255.252 ;设置 10GE1/0 的网关 IP 地址，该端口与 S8605E 的 10GE2/0 端口的路由模式连接，对端的网关 IP 为 172.16.1.1

no shutdown ;激活端口

（3）建立 VLAN 数据库与设置 VLAN 网关 IP 地址。

interface vlan1 ;在全局配置模式，进入 VLAN1 配置状态

description default ;说明 VLAN1 为默认 VLAN

ip address 172.16.2.2 255.255.255.0 ;设置 VLAN1 的网关 IP 地址，该地址为网管地址

no shutdown ;激活 VLAN1

interface vlan30 ;在全局配置模式，选择 VLAN10

description vlan30 ;说明 VLAN10 的名称

ip address 172.16.4.1 255.255.255.128 ;设置 VLAN10 的网关 IP 地址

no shutdown ;激活 VLAN10

按照 VLAN30 的设置命令，设置 VLAN40～VLAN220。

（4）设置连接接入交换机的千兆光端口为 trunk 模式。

interface GigabitEthernet 3/0 ;在全局配置模式下，进入端口 1GE3/0 配置状态

switchport mode trunk ;设置该端口为 VLAN 的干道

switchport trunk allowed vlan all ;设置 Trunk 口许可所有 VLAN 通过

……

按照以上命令，依次将连接接入交换机的端口 1GE4/0～1GE27/0 设置为 trunk 模式，该端口允许所有 VLAN 通过。

（5）设置默认路由协议连接 S8605E。

ip default-gateway 172.16.2.2 ;设置该交换机的默认网关 IP 地址

ip classless ;设置无类路由，即子网地址采用可变长掩码

ip route 0.0.0.0 0.0.0.0 172.16.1.1 ;设置该交换机的默认路由，指向 172.16.1.1

按照第 1 台 S7805E 配置步骤，配置第 2 台 S7805E。其中，VLAN 参照 3.6.4 节中的“VLAN

划分与地址分配”设置 VLAN 号和子网网关地址，与 S8605E 的路由连接参考表 3.3 中子网地址分配。

3.6.5 接入层交换机互连配置

企业网接入层设备为 RG-S2652G/S2628G 第二层交换机，部署在多个建筑楼宇。按照设计方案，S2652G、2628G 配置 2～4 个 SFP 千兆光模块上连 S7805E。采用全反 UTP 跳线连接交换机（控制口）和 PC（RS-232 端口），启动 PC 的“超级终端”程序，同时给交换机加电。待交换机自检完成后，进入“SETUP”菜单，按菜单提示输入：交换机的名称、IP 地址、子网掩码、网关等参数。或采用交换机的命令行参数配置方式，进入全局配置模式配置管理 IP 等参数。接入交换机互连配置步骤如下。

（1）设置交换机的名称，如 hostname S2652-1。

（2）设置管理 IP 地址。trunk 端口默认是 VLAN1，设置 VLAN1 的 IP 地址，该地址与对应第三层交换机 S7805E 的 VLAN1 的 IP（子网网关）是同一子网。在全局配置模式下，使用“interface vlan1”命令，进入 VLAN 1 配置状态；使用“ip address 172.16.2.3 255.255.255.0”命令，设置 VLAN1 的 IP 地址。

（3）建立 VLAN 数据库。在全局配置模式（config）下，使用“vlan 30”命令设置 VLAN 30，使用“name vlan30”命令设置 VLAN30 的名称。重复该命令，按照该交换机各个 10/100Mbps 电口归属的 VLAN，设置 VLAN 的名称。

（4）设置千兆光口为 trunk 模式。在全局配置模式下，使用“interface GigabitEthernet 0/1”命令进入千兆光口（0 槽/1 口）配置状态，使用“switchport mode trunk”命令设置该端口为 VLAN 的干道；使用“switchport trunk allowed vlan all”命令设置 Trunk 口许可所有 VLAN 通过。

（5）设置 10/100Mbps 端口为 Access 模式。在全局配置模式下，使用“interface FastbitEthernet 0/1”命令进入百兆电口（0 槽/1 口）配置状态，使用“switchport mode access”命令设置该端口为 Access 模式；使用“switchport access vlan 30”命令设置该端口归属 VLAN30。按照这两个命令，依次将连接 PC 的端口设置在约定的 VLAN 上。

（6）检测交换机的连通性，用 ping 命令检测各个 VLAN 的网关 IP 是否通，若不通则返回以上各步检查配置参数，直至连通为止。

习题与思考三

3.1 什么是 CSMA/CD？画图表示 CSMA/CD 的工作流程。

3.2 高速以太网技术有哪几种？每种主要的技术特征有哪些？

3.3 A 学校 3 年前建构 2 个网络机房，每个机房采用 3 台 24 口集线器连接 PC 62 台。当学生在机房利用“网上邻居”相互传输文件时，机房网络通信经常发生故障（速率很低，延时过长，甚至不通）。请问：引起故障的原因是什么？应如何减少故障发生？

3.4 A 学校随着学生人数的增加，需要增加 2 个网络机房，每个机房安装 PC 62 台。同时，建构企业网络。教学办公计算机有 26 台，教师备课、制作课件计算机有 30 台，学校网络中心有服务器 5 台，工作计算机有 5 台。请画出该校网络系统拓扑结构，并对拓扑图的网络元素进行简要说明。

3.5　A、B 两个学校相距 6 000 m，均在一年前建构了企业网。两个学校的领导和教师均有相互共享对方教学资源的意愿。面对此问题，可以租用运营商的通信线路，但费用较高（10 Mbps 年费用为 2 万元）。是否还有其他解决办法？请设计技术方案。

3.6　针对第 2 章课程设计的内容，给出完整的企业网解决方案。方案中包括网络设备选型（第二层、第三层交换机，光连接模块）、网络拓扑结构、VLAN 划分、子网地址分配等。

实　训　三

1. 集线器和交换机性能测试

（1）实训目的：了解交换机的工作原理与工作模式，会运用交换机组建交换式网络。

（2）实训资源、工具和准备工作：安装与配置好的 Windows 98/2000 PC 2～4 台；制作好的 UTP 网络连接线（双端均有 RJ-45 头）若干条，交换机 1 台或 2 台，普通集线器 1 台或 2 台。

（3）实训内容：安装与配置 Windows 98/2000 PC 的网卡，将 PC 分别与集线器和交换机端口连接；利用网络邻居，在两台 PC 之间传输大量的文件，观察集线器和交换机的工作（冲突）指示灯的变化状态。

（4）实训步骤：

① 按照实训内容，进行网络组建实训。

② 写出实训报告。

2. 局域网组建

（1）实训目的：了解基于 VLAN 的局域网组建的技术和方法，会运用交换机（第二层、第三层）组建多层交换网络。

（2）实训资源、工具和准备工作：安装与配置好的 Windows 98/2000 PC 2～4 台；制作好的 UTP 网络连接线（双端均有 RJ-45 头）若干条，Cisco 第二层交换机 2～4 台，Cisco 第三层交换机 1 台。可按照如 3.4.1 节中图 3.26 所示的网络拓扑组网。

（3）实训内容：安装与配置 Windows 98/2000 PC 的网卡，将 PC 与第二层交换机端口连接；安装与配置第二层交换机的 VLAN，将第二层交换机连接 PC 的端口设置 VLAN ID；安装与配置第三层交换机的 VLAN，将第三层交换机与第二层交换机连接，分别在相连交换机的端口设置 VTP 干道协议 802.1q，并将端口设置为 trunk 模式。在 PC 用 ping 命令测试 VLAN 间的连通性。

（4）实训步骤：

① 按照 3.6.4 节中给出的命令操作示例，进行网络组建实训；

② 写出实训报告。

第 4 章　局域网路由与系统虚拟化

众所周知，汽车道路包含县道、省道和国道，这些道路通过交通枢纽连接在一起。交通枢纽的作用之一是实现运输干线交会，使汽车能够按照行驶目的地，选择变道、转向及调头。网络通信也有“通信枢纽”，该枢纽的作用是为数据报文提供最佳路径。计算机网络将这种通信枢纽称为“网络路由”。网络工程技术人员要熟练掌握局域网路由技术，会使用通信枢纽设备（路由器、路由交换机等）构建静态、动态路由网络。

本章简要介绍了路由器的组成、路由协议、路由器的安装与配置准备，以及局域网系统虚拟等基本知识。通过多个案例，重点介绍了 IPv4 静态路由协议的配置管理，IPv4 OSFP 动态路由协议的配置管理，NAT 协议配置管理，VSU 与 VSD 配置管理。通过本章学习，从知识、情感及技能方面，达到以下目标。

（1）了解边界路由器和路由交换机的作用，了解局域网系统虚拟技术。理解路由器的组成、路由协议、路由器的安装与配置准备等基本知识（知识重点）。

（2）熟练掌握路由器的 IPv4 静态路由协议配置（知识重点），基本掌握路由交换机 IPv4 OSFP 动态路由协议配置（知识重点与难点）。能够在中小型局域网互连中，熟练使用路由器和路由交换机组网（技能重点）。

（3）掌握 NAT 协议配置（知识重点），能够配置路由器的 NAT 协议连接外网（技能重点）。一般掌握环状拓扑 VSU 配置、双核心拓扑 VSU 配置，以及交换机 VSD 配置方法（知识与技能难点）。

4.1　局域网路由器概述

局域网路由有两方面的需求：一方面是通过路由器将局域网与广域网连接，使用户能够共享 Internet 的资源；另一方面是通过路由器将局域网内部的若干个子网互连，构成一个可管可控的园区网络。该网络能够有效阻止广播风暴，改善数据通信效能。

4.1.1　路由器组成与功能

通常所说的路由器包括两种：一种是专用路由器，另一种是第三层交换机（路由交换机）。它们的硬件基本相同，均包括 CPU、内存、Boot ROM 和 Flash RAM 及各种接口。路由器（路由交换机）软件包括操作系统和配置文件。

1．硬件组成

（1）处理器。路由器的处理器（CPU）和通用计算机一样，是路由器的控制和运算部件。不同系列和型号的路由器，其 CPU 也不相同。CPU 负责执行数据包转发所需的工作，如维护路由表和确定数据包转发的路由出口等。低端路由器多采用 32 位的微处理器技术。

（2）存储器。所有计算机（通用、专用）都安装有存储器。路由器是一种专用计算机，采用了四种类型的存储器：只读存储器（ROM）、闪存器（Flash RAM）、随机读写存储器（RAM）、非易失性读写存储器（NVRAM，机器断电后，数据不丢失），如图 4.1 所示。

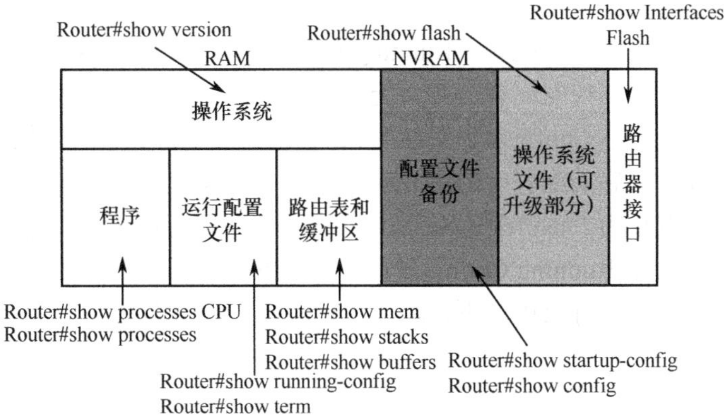

图 4.1　路由器的内存分类和用途

ROM 保存着路由器操作系统（如 Cisco 的 IOS、锐捷的 RGNOS 等）的基本部分，负责路由器的引导、诊断等。ROM 中的操作系统是路由器开机启动程序，该程序执行后，使路由器进入加载操作系统扩展部分的工作状态。ROM 通常做在一个或多个芯片上，插接在路由器的主机板上。

闪存 Flash RAM 是电擦除的可编程芯片 EEPOM，俗称电子盘（计算机的 U 盘）。其用途是保存路由器操作系统的扩展部分，维持路由器操作系统的升级。路由器完整的操作系统由 ROM+Flash RAM 中程序组成，ROM 程序启动后，将 Flash RAM 中程序加载到 RAM 中执行，该程序运行后，路由器进入正常工作状态。闪存可以插在主机板的 SIMM（Single In-line Memory Module，单边接触内存模组）上，也可以做成一张 PCMCIA（Personal Computer Memory Card International Association，PC 内存卡）卡，安插在路由器的主板上。

RAM 存储器是程序运行的基础。路由器的 RAM 是操作系统运行、路由程序运行、执行路由配置文件、建立静态或动态路由表，以及缓存地址表，转发数据包到指定接口的存储器。

NVRAM 存储器保存路由配置文件（也称脚本程序），该文件是“备份的路由配置程序”。路由器启动时要从 NVRAM 存储器读入路由配置文件，按照该文件创建路由转发的工作环境。

（3）路由器接口。路由器接口主要有局域网接口和广域网接口。路由器的型号不同，其接口数目和类型也不一样。局域网接口即以太网接口，低端路由器配置百兆或千兆 UTP 接口。中高端路由器配置千兆或万兆光接口。广域网接口主要有高速同步串口[可连接 DDN、帧中继（Frame Relay）、X.25、E1、V.35 等]，同步/异步串口（可用软件将端口设置为同步或异步工作方式，连接 PSTN 等）。

除了以上两类接口外，路由还有两个异步配置接口。一个是 AUX 端口，用于远程配置，需要通过 MODEM 与电话线连接；支持硬件流控制（Hardware Flow Control）。另一个是 Console 端口，用于本地配置路由器；需要连接计算机的串口，通过计算机的仿真终端进行操作；Console 端口不支持硬件流控制。

2．配置文件

没有路由配置文件的路由器是不能用于网络互连互通的。也就是说，使用路由器的第一步是给路由创建配置文件。建立配置文件的直接方法是通过 Console 端口对路由器进行配置操作。路由器的配置包括运行配置、启动配置。两者均以 ASCII 文本格式表示，路由器使用人员能够方便地阅读与操作。

运行配置有时也称为“活动配置（Running Config）”，驻留于 RAM，包含了目前在路由器中“活动”的路由及数据转发配置命令。配置 Running Config 时，相当于更改路由器的运行配置。启动配置（Startup Config）驻留在 NVRAM 中，包含了希望在路由器启动时执行的配置命令。启动完成后，启动配置中的命令就变成了“运行配置”。

有时也把启动配置称为“备份配置”。当修改并认可了运行配置后，通常应将运行配置备份到 NVRAM 里，每一次 Running Config 改动后都要备份为 Startup Config，以便路由器下次启动时调用。备份操作是在特权用户下，输入“WR”后回车即可。

3．工作原理与功能

路由器为了将数据包从一个数据链路传递到另一个数据链路，使用了路径选择和包交换功能。路由器将它的一个接口上接收的数据包传递到它的另一个接口上，完成包交换。路由器通过路径选择，为转发的数据包选择最恰当的接口。当主机上的一个应用程序需要将数据包送到另一个目标网络时，数据链路的帧在路由器的一个接口上接收，网络层检查数据包头，解析目标网络地址，然后查询路由表，找到目标网络对应的接口。接着，数据包又被封装到数据链路帧中，送往被选定的接口，按顺序存储并向路径的下一跳传递。这个过程在路由器之间交换数据包时发生。在路由器直接和包含目的主机的网络相连时，数据包又被封装到目标网络的数据链路帧格式中，并被送往目标主机。

路由器的工作原理如图 4.2 所示。假设，该图中的 X 主机访问 Y 主机，X 主机直连路由器 A，Y 主机直连路由器 E。从该图路由器连接拓扑可知，从 A 到 E 有 5 条路径，即 A→C→E，A→D→E，A→B→D→E，A→B→D→C→E，A→D→C→E。当 X 访问 Y 的（请求）数据包到达 A 时，A 进行最佳路径（如路径短、时间短）选择和包交换（A 的 fe0 端口接收数据包，将该数据包转发到 s0 端口），将该数据包通过选定的路径（如 A→C→E）传输到 E，由 E 通过 fe0 端口直连的网络转发给 Y。

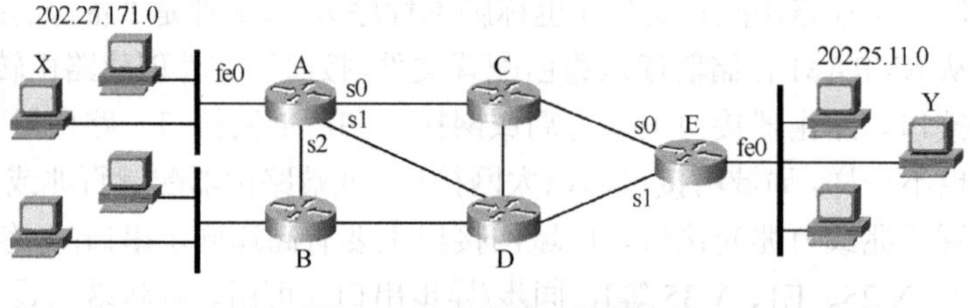

图 4.2　路由器的工作原理

4.1.2　路由器协议与作用

路由器协议工作在网络层，协议分为静态路由协议和动态路由协议。路由协议的作用是建立及维护路由表，为每个 IP 数据包提供转发路径，该路径为一跳路由器接口的地址。

1．静态路由协议

通常，一个局域网与广域网连接，需要采用静态路由（Static Route）协议。也就是说，局域网和广域网的点到点连接，需要在广域网边界路由器设置静态路由协议，在局域网边界路由器设置默认路由协议。如图 4.3 所示。该图中的存根网络（Stub Network）代表局域网，与存根网络连接的网络代表广域网。存根网络与广域网只有一条路径，采用静态路由（Static Route）协议。存根网络到广域网目标不定，采用默认路由协议。静态路由、默认路由协议是由命令设置的固定路由表信息，该路由表信息不需要刷新。这样，链路带宽可以全部用于 IP 或 IPX 数据包传输。

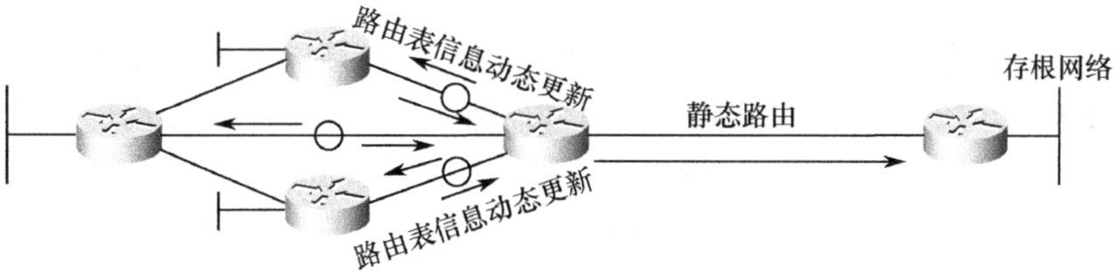

图 4.3　静态路由和动态路由示意图

静态路由命令为：ip route 目标网络　目标网络掩码　下一跳网关

默认路由命令为：ip route 0.0.0.0 0.0.0.0 下一跳网关

假设，图 4.3 中的存根网络路由器连接远程网络的地址为 202.207.121.2，远程网络路由器连接存根网络的地址为：，202.207.121.1，则静态路由命令和默认路由命令如下。

静态路由命令：ip route 202.207.175.0 255.255.255.0 202.207.121.2

默认路由命令：ip route 0.0.0.0 0.0.0.0 202.207.121.1 1

默认路由命令中的 0.0.0.0 0.0.0.0 表示目标网络任意，202.207.121.1 是下一跳路由器相连端口的 IP 地址。最后的 1 表示从该路由器到下一个直接相连的路由器只有一跳，该 1 可以省略。

2．动态路由协议

动态路由协议主要包含路由信息协议（Routing Information Protocol，RIP/RIP v2）、开放路径最短优先协议（Open Shortest Path First，OSPF）、内部网关路由协议（Interior Gateway Routing Protocol，IGRP）和边界网关协议（Border Gateway Protocol），如 BGP4 等。

RIP/RIP v2、OSPF 和 IGRP 均为内部网关路由协议，用在自治系统内部路由器之间的交换网络可达性消息传递。RIP/RIP v2 是距离向量路由协议，一般用于企业内部小规模网络。OSPF 和 IGRP 是链路状态协议，采用带宽、负载、延迟、可靠性等作为选择路由的权值，一般用于大规模企业网或数据通信服务网络。这些网络多采用若干台路由器网状连接，如图 4.3 所示。在动态路由支持下，各个路由器的路由表信息是动态更新的（Routing Update）。这些路由信息相互宣告，也要占用一定的链路带宽。

3．自治系统与边界网关协议

一个自治系统（Autonomous System，AS）就是处于一个管理机构控制之下的路由器和网络群组。它可以是一个路由器直接连接到一个局域网上，同时也连到广域网（Internet）上。它可以是一个由企业骨干网互连的多个局域网。一个自治系统是一个路由选择域（Routing Domain），会分配一个全局唯一的 16 位号码，该号码称为自治系统号（ASN）。在一个自治系统中的所有路由器必须相互连接，运行相同的路由协议，同时分配同一个自治系统编号。自治系统之间的连接使用外部路由协议，如边界网关协议（Border Gateway Protocol，BGP）。BGP4 协议基于距离向量，是当前自治系统间路由协议的唯一选择。通常，BGP 交换大量网络可达性消息，是若干个 IP 自治系统互连的重要协议。路由协议运行需要实现高可靠、高稳定、健壮性及安全性的路由信息环境。

4．被路由协议

路由协议（类似公交车）是为被路由协议（类似车上的乘客）提供服务的，被路由协议主要有 IP、IPX 等。图 4.4 中的 X 为信源，Y 为信宿。X 对信息封装由高层到低层送往路由器 A，A 接收后通过低三层的解帧、解包，打包、封帧将信息送往路由器 B，B 和 C 上进行与 A 相同的操作。当 Y 收到 X 发出的数据帧后，立即进行数据包的解封装操作。在 X 和 Y 通信的过程中，A、B、C 3 台路由器均提供对上层功能的支持服务。

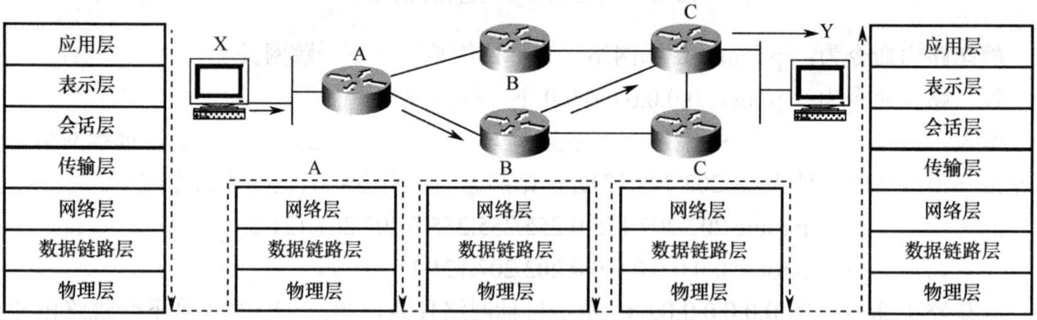

图 4.4　网络协议操作示意图

5．路由器的安全性

路由器是互联网的交通枢纽，也是网络互连的关键设备，其安全要求很高。路由器的安全性分为两个方面：一方面是路由器本身的安全，另一方面是数据的安全。服务器的安全漏洞会导致该服务器无法访问，路由器的安全漏洞会导致整个网络不可访问。

路由器的安全漏洞可能存在管理上和技术上的原因。在管理上，对路由器口令简单设置、路由协议授权管理不当，以及路由的错误配置，都可能导致路由器工作出现问题。路由器技术上的安全漏洞可能存在恶意攻击，如窃听、流量分析、假冒、重发、拒绝服务、资源非授权访问、干扰和病毒等攻击，或软件漏洞，操作系统漏洞、TCP/IP 协议漏洞等。路由器传输数据的安全可以由接入路由器提供 IPSec 安全通道来保证。

4.1.3　局域网路由设备选型

局域网互连要根据网络规模大小、网络传输性能和用户资金情况，确定路由器品牌和数量。然后，再根据路由器性价比等因素，确定路由器产品的基本性能要求。

1．路由器类型

通常，用于局域网互连的路由器可归结为两种。第一种是作为局域网的边界路由器（如图 4.2 中的存根网络），采用点到点的数据链路实现局域网和广域网（远程网络）的连接。边界路由器需要配置连接广域网的接口（如高速同步串口）和连接局域网的以太网接口。例如，Cisco 2821 提供 2 个 10/100/1000Mbps 路由以太网接口、4 个接口卡插槽；锐捷 RSR20-04E 提供 3 个 10/100/1000Mbps 路由以太接口（其中 2 个为光电复用口）、4 个 SIC 广域网/语音模块插槽等。

第二种是用于集团内部若干个局域网（子网）互连的路由器。这种路由器是具有第三层交换功能的交换机，称为路由交换机或第三层交换机（见 3.2.5 节内容）。依据园区网规模大小，路由交换机可以是点到点，也可以是一点到多点或冗余连接等。

路由交换机有两种结构：一种是机箱+模块的结构，如 Cisco 的 Catalyst 4506-E （6 个插槽）、锐捷 RG-S8607E（6 个插槽）；另一种是固定端口结构，如 H3C 的 3560 和锐捷 S3760E 等。路由交换机支持 IPv4/IPv6 双协议栈静态、动态路由。

2. 路由器选型

路由器品牌众多，如 Cisco、H3C、华为、锐捷等，各个品牌路由器的性能基本相同。局域网路由器选型应考虑的因素如表 4.1 所示。

表 4.1　路由设备选型考虑的因素

考虑的因素	说明
实际需求	首要原则就是考虑实际需要，一方面必须满足使用需要，另一方面不要盲目追求品牌、新功能等。只要路由器的功能、稳定性、可靠性满足实际需求就可以
可扩展性	要考虑到近期内（3～5 年）网络扩展，所以选用边界路由器、路由交换机时，必须考虑一定的扩展余地，如增加网络光接口、电接口的数量等
性能因素	高性能 IP 路由包括静态路由、动态路由、控制数据流向的策略路由、负载均衡，以及 IPv4/IPv6 双协议栈等。在价格限定下，重点考察路由器的 IP 数据包转发性能
价格因素	用户组网，在综合考虑以上因素以后，最关心的是价格。在满足实际使用需求下，用户希望选用价格低一些的产品，以降低费用
服务支持	路由器是一种高科技产品，售前、售后支持和服务是非常重要的因素。必须选择能绝对保证服务质量的厂家产品
品牌因素	选择路由器不可避免会受品牌因素的影响。因为名牌产品技术支持过硬，产品线齐全（高、中、低配置），产品质量认证体系完备，产品性能稳定

总之，购买路由器时应该根据实际情况综合考虑以上因素，尽量购买性价比高的产品。路由器、路由交换机考虑最多的问题是稳定性、安全性与可靠性。

4.1.4　路由器安装与配置准备

路由器使用时要进行加电自检，自检通过后可进行配置。下面从路由器启动过程、配置途径、操作模式及使用注意事项等方面，说明路由器安装与配置的准备工作。

1. 路由器启动过程

（1）加电之后，ROM 运行加电自检程序（POST），检查路由器的处理器、接口及内存等硬件设备。

（2）执行路由器中的启动程序（Bootstrap），加载操作系统，如锐捷的 RGNOS。路由器的操作系统可以从 Flash RAM 中装入内存，也可从 TFTP 服务器装入内存。

（3）操作系统加载完成后，从 NVRAM 中将配置文件读入内存，按照配置文件中的命令完成路由器配置工作。若 NVRAM 找不到配置文件，也可从 TFTP 服务器读入内存。

（4）配置文件生效后，激活有关接口、协议和网络参数。

（5）在找不到配置文件时，路由器进入配置模式（Setup）。

2．路由器的配置途径

可通过以下几种途径对 Cisco（或锐捷）路由器进行配置，如图 4.5 所示。

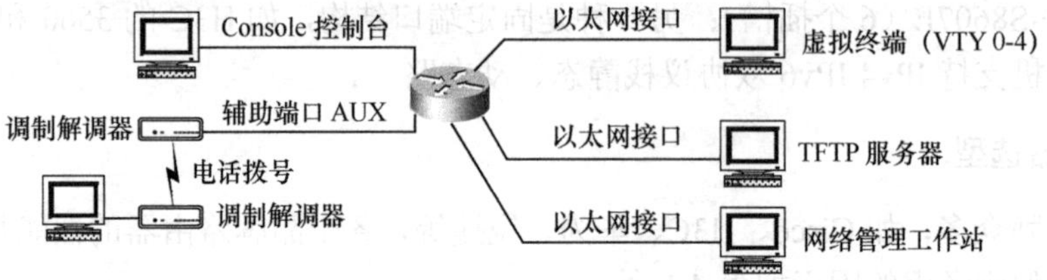

图 4.5　路由器配置途径示意图

（1）Console 控制台。将 PC 的串口直接通过全反（rollover）线与路由器控制接口 Console 相连，在 PC 上运行终端仿真软件，与路由器进行通信，完成路由器的配置。

（2）辅助端口 AUX。在路由器端将 MODEM 与路由器辅助端口 AUX 相连，MODEM 连接电话线，远程用户采用电话拨号（Dial-in）进行路由器的配置。

（3）虚拟终端（VTY 0-4）。如果路由器已有一些基本配置，至少有一个端口有效（如 Ethernet），此时可通过运行 Telnet 程序的计算机作为路由器的虚拟终端与路由器建立通信，完成路由器的配置。

（4）网络管理工作站。路由器可通过运行网络管理软件的工作站配置，如锐捷的 RG-SNC 智能网络指挥官、HP 的 OpenView 等网络管理软件。

（5）TFTP（Trivial File Transfer Protocol）服务器。TFTP 是一个 TCP/IP 简单文件传输协议，可将配置文件从路由器传送到 TFTP 服务器上，也可将配置文件从 TFTP 服务器传送到路由器上。TFTP 不需要用户名和口令，使用非常简单。

3．路由器的三种模式

（1）用户模式（User Exec）。用户模式是路由器启动时的默认模式，提供有限的路由器访问权限，允许执行一些非设置性的操作，如查看路由器的配置参数、测试路由器的连通性等，但不能对路由器配置做任何改动。该模式下的提示符（Prompt）为“＞”。输入“Show interface”命令可查看路由器接口信息。

（2）特权模式（Privileged Exec）。特权模式也称为使能（Enable）模式，可对路由器进行更多的操作，使用的命令集比用户模式多，可对路由器进行更高级的测试，如使用 debug 命令。在用户模式下输入“Enable”，按提示输入特权口令可进入特权模式。提示符为“#”，输入“Show running config”命令，可查看路由器的运行配置文件。

（3）配置模式（Global Configuration）。配置模式是路由器的最高操作模式，可以设置路由器上运行的硬件和软件的相关参数，配置各接口和路由协议，设置用户和访问密码等。在特权模式“#”提示符下输入 config 命令，可进入配置模式。

4. 路由器使用注意事项

路由器在实际使用中，除了正确安装设置外，还应注意以下事项。

（1）保障工作环境。路由器出厂时，在厂商的说明书中已经规定了路由器正常运转的环境指标，使用过程中要尽量符合厂商提出的环境指标，否则将不利于路由器的正常运行，甚至有可能会损坏路由器。一般需注意用电安全，如额定功率、输入电压、电源频率等，还要注意路由器工作温度、相对湿度等。

（2）注意接地保护。如果没有相应的接地保护措施，就容易遭受雷击等自然灾害。

（3）避免热插拔。在路由器加电以后，不要进行带电插拔的操作，因为这样的操作很容易造成电路损坏。即使有的厂家采取了一定的措施，但是仍需小心，以免损坏路由器。

（4）避免撞击、震荡。路由器受到撞击和震荡时，有可能造成路由器的部件松动，或者直接造成硬件损坏。因此，安装时最好把路由器固定在机架上，这样不仅可以避免路由器受到撞击、震荡，还可以使线缆不易脱落，确保路由器正常通信。

（5）注意安全防范。在路由器配置好以后，要设置好管理口令，并注意保密，不要让管理员以外的其他人随便接近路由器，更不要让别人对路由器进行配置。

4.2　静态路由配置案例

路由器配置管理（Configuration Management，CM）是通过技术手段对基于路由的网络互连过程进行控制、规范的一系列措施。配置管理的目标是记录路由器互连接口及路由协议设置过程，确保网络组建人员在网络互连生命周期中各个阶段都能得到精确的路由配置。

4.2.1　路由器接口配置

局域网连接广域网可采用 E1（欧洲的 30 路脉码调制 PCM 简称 E1，速率是 2.048Mbps）接口或以太网（10/100/1000Mbps）接口，将局域网边界（出口）路由器与数据通信服务商 ISP（Internet 服务提供者）的接入路由器连接在一起，实现网络互连互通。

1. 边界路由器组网拓扑

通常，局域网与广域网互连拓扑如图 4.6 所示。假设 ISP 接入路由器和局域网出口路由器互联子网地址是 214.26.121.0～214.26.121.3，局域网地址是 214.27.100.0～214.27.100.255。边界路由器需要配置局域网 LAN 接口、广域网 WAN 接口，激活 IP 路由协议，配置路由协议，配置链路连接协议（如 HDLC 或 PPP）。下面以锐捷 RSR20-04E 或 Cisco 2821 为例（Cisco 与锐捷配置命令相同），局域网与 Internet 连接配置如下。

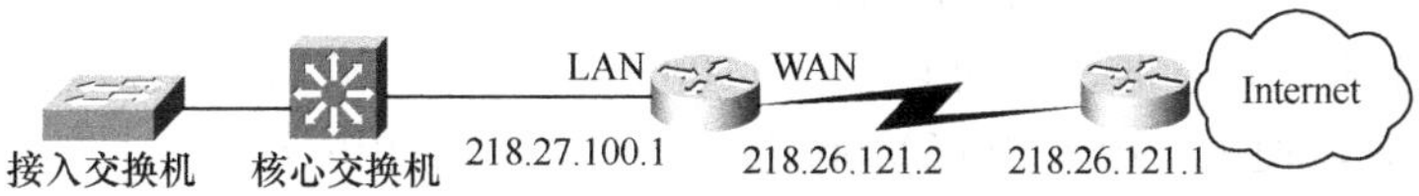

图 4.6　边界路由器组网拓扑

2. LAN 接口配置

LAN 接口是路由器与局域网的连接点，每个 LAN 接口与一个子网相连。配置 LAN 接口就是将 LAN 接口子网地址范围内的一个 IP 地址分配给 LAN 接口。配置方法如下。

（1）在特权模式下输入“config t”命令，按回车键，路由器进入配置模式。

（2）在配置模式下输入要配置的接口名，如“interface fastethernet 0/0”，按回车键，提示符变为 config-if。

（3）输入“ip address”加 IP 地址和子网掩码，按回车键完成。如图 4.6 中 LAN 接口地址描述，该命令为 ip address 214.27.100.1 255.255.255.128。

（4）激活接口。使用“no shutdown”命令，该命令生效后，LAN 接口处于活动状态。

（5）配置完成后，按 Ctrl+Z 组合键退出配置，回到特权模式。可用“show ip interface f0/0”命令查看配置参数。

（6）输入 wr 命令，保存当前配置的参数。

3. WAN 接口配置

WAN 接口的配置方法和 LAN 接口一样，以串口 1 为例，配置步骤如下。

（1）在特权模式下，输入 config t 命令，按回车键进入配置模式。

（2）输入所要配置的 WAN 接口，如串口 0，命令格式为 interface serial 0/0，按回车键，进入 config-if 模式。

（3）输入“ip address”加 IP 地址和子网掩码，按回车键完成。该命令为 ip address 214.26.121.2 255.255.255.252。

（4）激活接口。使用 no shutdown 命令，该命令生效后 WAN 接口处于活动状态。

（5）按 Ctrl+Z 组合键结束接口配置，返回特权模式。可用“show interface s0/0”命令来查看串口配置。

（6）输入 wr 命令，保存当前配置的参数。

4.2.2 链路协议与静态路由协议配置

局域网边界路由器到 ISP 路由器采用点到点链路连接，如图 4.6 所示。点到点链路连接协议为 PPP，可按照双边路由器默认的链路连接协议确定其中一种。除此之外，要实现局域网与广域网双向通信，还要配置静态（含默认）路由协议和激活 IP 路由。

1. PPP 协议配置

PPP（Peer-Peer Protocol，点对点协议）支持在各种物理类型的点到点串行线路上，传输上层协议报文。PPP 有很多丰富的可选特性，如支持多协议、提供可选的身份认证服务、能够以各种方式压缩数据、支持动态地址协商、支持多链路捆绑等。这些丰富的选项增强了 PPP 的功能。同时，不论是异步拨号线路，还是路由器之间的同步链路均可使用。因此，应用十分广泛。PPP 协议封装：encapsulation ppp。

路由器与 E1 链路连接时，使用同步口（s0/0、s1/0 等）和 V.35 接口连接 E1。路由器与以太网链路连接时，使用 10/100/1000Mbps 接口连接对端的相应接口。具体配置步骤如下。

（1）在特权模式下输入 config t 命令进入配置模式。

（2）配置连接的 WAN 接口。如 interface serial 0/0，进入 config-if 模式。

（3）PPP 协议封装。输入 encapsulation ppp，按回车键。

（4）设置带宽。输入 bandwidth 带宽，如 bandwidth 2048（E1 带宽）。

PPP 认证有两种协议：一种是密码验证协议（Password Authentication Protocol，PAP）验证，另一种是询问握手验证协议（Challenge Handshake Authentication Protocol，CHAP）验证。PAP 利用 2 次握手的简单方法进行认证，用户名和口令是明码传输，不安全。在 PPP 链路建立后，源节点在链路上不停地发送用户名和口令，直到对方给出应答。

CHAP 采用 3 次握手周期性的验证源节点的身份。CHAP 不允许连接发起方在没有收到询问消息的情况下进行验证，这样，使链路连接更为安全。CHAP 每次使用不同的询问消息，每个消息都是不可预测的唯一值。CHAP 可防止再次攻击，安全性比 PAP 高。

PPP 是业界标准，所有品牌路由均支持 PPP，不同品牌路由器互连首选 PPP 协议。通常，路由器互连均为可信连接，身份认证（PAP 或 CHAP）服务也就不需要了。

2．静态路由协议配置

局域网的边界路由器属于存根网络，该路由器到 ISP 连接只有一条链路（如图 4.6 所示），需要配置默认路由协议。ISP 的接入路由器，需要配置静态路由协议。

（1）默认路由配置。命令为 ip route 0.0.0.0 0.0.0.0 214.26.121.1 1。

（2）静态路由配置。命令为 ip route 214.27.100.0 255.255.255.0 214.26.121.2。

（3）激活 IP 路由。命令为 ip routing。该命令生效后，路由协议处于活动状态。

4.2.3　连锁超市网络互连

某超市在 A 城市有三个连锁超市，分别在三个大的主要街区。为了实现商品统一的进销存管理，该超市计划租用 GPON（10Mbps）链路构建企业网。运营商的 GPON 网络已基本覆盖 A 城市，连锁超市采用路由器+GPON 实现企业网互连互通，是一种低成本的解决方案。

1．连锁超市网络设计

连锁超市网通信平台选用锐捷 RG-RSR20-14E 路由器（2 个千兆光电口，24 个百兆电口，第三层包转发 2Mpps）1 台、RG-RSR20-04E 路由器（1 个千兆光电口，8 个百兆电口，第三层包转发 1.5Mpps）3 台、华为 HG8321 GPON 终端（2 个百兆电口，1 个语音口）6 台。其中，RG-RSR20-14E 部署在超市总部，作为路由汇聚层设备；RG-RSR20-04E 部署在三个连锁店，作为路由接入层设备。连锁超市网络拓扑结构如图 4.7 所示。使用超 5 类 UTP 跳线分别将 GPON 终端的以太网口的与 RG-RSR20-14E 和 RG-RSR20-04E 的 FE 口连接。

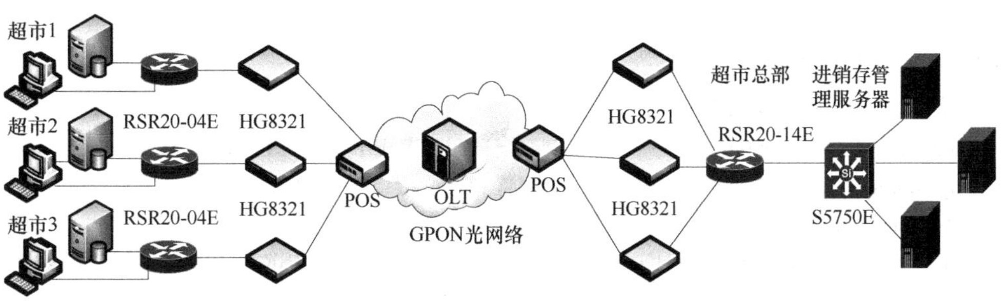

图 4.7　连锁超市网络拓扑结构

2. 网络互连静态路由配置

汇聚路由器 RG-RSR20-14E 和接入路由器 RG-RSR20-04E 互连配置前，先进行网络互连地址规划。连锁超市网可采用 Intranet 地址 172.16.0.0 作为互连地址。互连地址分配如表 4.2 所示。端口地址中的“/30”表示子网掩码“255.255.255.252”。

由图 4.7 可以看出，该企业网是以 RG-RSR20-14E 为中心的星状结构。RSR20-14E 通过运营商 GPON 网络连接任何一台 RSR20-04E 只有一条链路，网络互连可采用静态路由协议。由 RSR20-14E 到 RSR20-04E 采用静态路由协议，由 RSR20-04E 到 RSR20-14E 采用默认路由协议，具体配置步骤如下。

表 4.2　连锁超市网络互连地址分配表

总部路由汇聚端口	端口地址	超市路由接入端口	端口地址	接入地址空间
RSR20-14E FE0/0 端口	172.16.1.1/30	超市 1 RSR20-04E FE0/0 端口	172.16.1.2/30	172.16.11.0/24
RSR20-14E FE0/1 端口	172.16.1.5/30	超市 2 RSR20-04E FE0/0 端口	172.16.1.6/30	172.16.12.0/24
RSR20-14E FE0/2 端口	172.16.1.9/30	超市 3 RSR20-04E FE0/0 端口	172.16.1.10/30	172.16.13.0/24

（1）超市总部 RSR20-14E 配置

/*设置 RSR20-14E 以太端口 IP 地址*/

```
interface fastethernet 0/0                       /*在全局配置模式下，进入 FE 0/0 接口*/
ip address 172.16.1.1 255.255.255.252            /*配置 FE 0/0 接口的 IP 地址*/
no shutdown                                      /*激活 FE 0/0 接口*/
interface fastethernet 0/1
ip address 172.16.1.5 255.255.255.252            /*配置 FE 0/1 接口的 IP 地址*/
no shutdown
interface Serial 2/0
ip address 172.16.1.9 255.255.255.252            /*配置 FE 0/2 接口的 IP 地址*
no shutdown
interface fastethernet 0/2
ip address 172.16.1.13 255.255.255.252           /*配置 FE 0/3 接口的 IP 地址*
no shutdown
/*RSR20-14E 设置指向 RSR20-04E 的静态路由 IP 地址*/
ip route 172.16.11.0 255.255.255.0 172.16.1.2    /*设置指向超市 1 路由器的静态路由 IP 地址*/
ip route 172.16.12.0 255.255.255.0 172.16.1.6    /*设置指向超市 2 路由器的静态路由 IP 地址*/
ip route 172.16.13.0 255.255.255.0 172.16.1.10   /*设置指向超市 3 路由器的静态路由 IP 地址*/
ip touting                                       /*激活 IP 路由*/
```

（2）超市 1 RSR20-04E 配置

/*设置 RSR20-04E 以太端口 IP 地址*/

```
interface fastethernet 0/0               /*在全局配置模式下，进入 FE 0/0 接口*/
ip address 172.16.1.2 255.255.255.252    /*配置 FE 0/0 接口的 IP 地址*/
no shutdown                              /*激活 FE 0/0 接口*/
ip route 0.0.0.0 0.0.0.0 172.16.1.1      /*RSR20-04E 设置指向 RSR20-14E 的默认路由 IP 地址*/
ip touting                               /*激活 IP 路由*/
```

（3）超市 2 RSR20-04E 配置

/*设置 RSR20-04E 以太端口 IP 地址*/

```
interface fastethernet 0/0                /*在全局配置模式下，进入 FE 0/0 接口*/
ip address 172.16.1.6 255.255.255.252     /*配置 FE 0/0 接口的 IP 地址*/
no shutdown                               /*激活 FE 0/0 接口*/
ip route 0.0.0.0 0.0.0.0 172.16.1.5       /*RSR20-04E 设置指向 RSR20-14E 的默认路由 IP 地址*/
ip touting                                /*激活 IP 路由*/
```

（4）超市 3 RSR20-04E 配置

/*设置 RSR20-04E 以太端口 IP 地址*/

```
interface fastethernet 0/0                /*在全局配置模式下，进入 FE 0/0 接口*/
ip address 172.16.1.10 255.255.255.252    /*配置 FE 0/0 接口的 IP 地址*/
no shutdown                               /*激活 FE 0/0 接口*/
ip route 0.0.0.0 0.0.0.0 172.16.1.9       /*RSR20-04E 设置指向 RSR20-14E 的默认路由 IP 地址*/
ip touting                                /*激活 IP 路由*/
```

（5）网络互连互通测试

以管理员账号登录 RSR20-14E（或 RSR20-04E），使用 ping 命令检测各子网 IP 地址（如超市 1 的路由网关地址 172.16.1.2）是否通，若不通则返回以上各步检查配置参数，直至连通为止。

4.3　动态路由配置案例

局域网规模扩大后，采用 VLAN 技术无法精细管理网络性能，采用静态路由加大了配置管理的工作量。一种好的方案是采用多台路由交换机组网，利用动态路由协议 OSPF 简化网络互连配置管理，同时满足网络互连扩展，以及数据流畅性传输的要求。

4.3.1　OSPF 协议概述

开放最短路径优先（OSPF）是一个内部网关协议（IGP），用在单一自治系统（AS）内决策路由。OSPF 是目前内部网关协议中使用最为广泛、性能最优的一个协议。最短路径优先（SPF）算法是 OSPF 的基础，SPF 是 Dijkstra 发明的，也称为 Dijkstra 算法。OSPF 路由器采用 SPF 可独立计算到达任意目的地的最佳路径。

（1）OSPF 的特点。可适应大规模的网，路由变化收敛速度快，无路由自环，支持变长子网掩码（VLSM），支持等值路由，支持区域划分，提供路由分级管理，支持验证，支持以多播地址发送协议报文。

（2）OSPF 网络类型。广播多路访问型（BMA）、非广播多路访问型（NBMA）、点到点型（Point to Point）和点到多点型（Point to Multi Point）。

广播多路访问型网络，如以太网、Token Ring 和 FDDI 等。为减小多路访问网络中 OSPF 流量，OSPF 会选择一个指定路由器（DR）和一个备份指定路由器（BDR）。当多路访问网络发生变化时，DR 负责更新其他所有 OSPF 路由器。BDR 会监控 DR 的状态，并在当前 DR 发生故障时接替其角色。DR、BDR 有它们自己的多播地址 224.0.0.6，DR、BDR 的选举是以路由器接口为基础的。

非广播多路访问型网络，如 X.25、Frame Relay 和 ATM 等，不具备广播的能力，BDR 和 DR 邻接关系需要人工指定。OSPF 包采用 unicast 的方式。

点到点网络（如 E1 线路）是连接单独的一对路由器的网络，有效邻居总是可以形成邻接关系。点到多点网络是 NBMA 网络的一个特殊配置，可以看成点到点链路的集合。在这样的网络上不选举 DR 和 BDR。

（3）OSPF 基本命令。OSPF 通过路由器之间通告网络接口的状态来建立链路状态数据库，生成最短路径树，每个 OSPF 路由器使用这些最短路径构造路由表。OSPF 基本命令设置如表 4.3 所示。

表 4.3　OSPF 基本命令设置

任务	命令
指定使用 OSPF 协议	router ospf *process-id*
配置路由器 ID	router-id *area-id*
指定与该路由器相连的网络	network *address wildcard-mask* area *area-id*

OSPF 路由进程 *process-id* 指定范围在 1～65 535，多个 OSPF 进程可以在同一个路由器上配置，但最好不这样做。多个 OSPF 进程需要多个 OSPF 数据库的副本，必须运行多个最短路径算法的副本。*process-id* 只在路由器内部起作用，不同路由器的 *process-id* 可以不同。

高版本的路由器操作系统中，*wildcard-mask* 可以是网络掩码，也可以是子网掩码的反码。网络区域 ID *area-id* 可以是 0～4 294 967 295 内的十进制数，也可以是带有 IP 地址格式的 x.x.x.x。当网络区域 ID 为 0 或 0.0.0.0 时为主干域。不同网络区域的路由器通过主干域获取路由信息。

4.3.2　OSPF 网络的配置管理

一种常见的路由交换机组网结构如图 4.8 所示。该图中的 RW1～RW5 组成单区域（Area 0）OSPF 网络。局域网核心交换机为 RG-S8605E 万兆路由交换机，汇聚层为 4 台 RG-S3760E 千兆路由交换机。RG-S8605E 和 RG-S3760E 采用单模千兆光口连接。

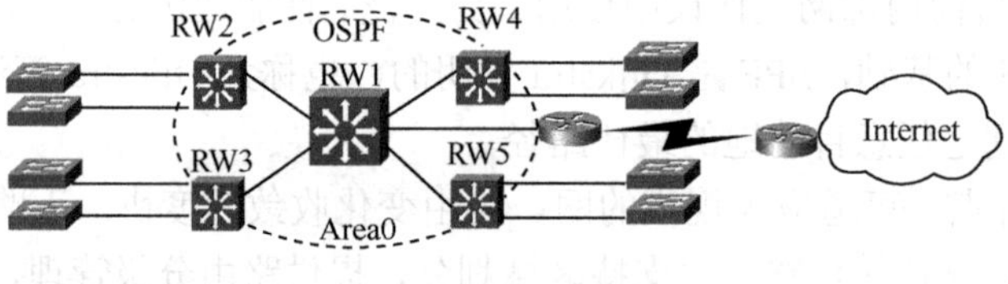

图 4.8　由路由交换机组成的 OSPF 网络拓扑

1. DR 与 BDR 选举

多台路由交换机组成了 BMA 网络。在该网络中选举一个 DR，每个路由器都与 DR 建立邻接关系。同时选出一个 BDR，在 DR 失效时 BDR 担负起 DR 的职责，所有其他路由器都与 DR 和 BDR 建立邻接关系。

图 4.8 中的 RW1～RW5，最先启动的被选举成 DR。如果 RW1～RW5 中任意两个同时启动或者重新选举，则看接口优先级（范围为 0～255），优先级最高的被选举成 DR。默认情况下，多路访问网络接口优先级为 1。点到点网络接口优先级为 0。修改接口优先级的命令是“ip ospf priority”，如果接口优先级被设置为 0，则该接口不参加 DR 选举。如果启动时间和优先

级相同，则路由器 ID 号最高的被选举成 DR。

DR 选举是非抢占的，除非人为地重新选举。重新选举 DR 的方法有两种：一是路由器重新启动；二是执行“clear ip ospf process”命令。

2．配置 OSPF 网络

（1）IP 地址分配。RW1～RW5 配置 192.164.10.0～192.164.50.0 子网络，子网掩码为 255.255.255.0。IP 地址分配如表 4.4 所示。

表 4.4　IP 地址分配

序号	IP 地址范围	所属设备
1	192.164.10.0～192.164.10.255	RW1～RW5，OSPF 网络
2	192.164.20.0～192.164.20.255	RW2 接入网络
3	192.164.30.0～192.164.30.255	RW3 接入网络
4	192.164.40.0～192.164.40.255	RW4 接入网络
5	192.164.50.0～192.164.50.255	RW5 接入网络

（2）路由交换机配置。

```
RW1:
router ospf 100                              ;设置 OSPF 路由进程 ID
router-id 192.164.10.0                       ;设置路由器 ID
network 192.164.10.0 255.255.255.0 area 0    ;通告网络及网络所在区域
auto-cost reference-bandwidth 1000           ;修改参考带宽，确保参考标准相同
RW2:
router ospf 100                              ;设置 OSPF 路由进程 ID
router-id 192.164.20.0                       ;设置路由器 ID
network 192.164.10.0 255.255.255.0 area 0    ;通告网络及网络所在区域
network 192.164.20.0 255.255.255.0 area 0
auto-cost reference-bandwidth 1000
RW3:
router ospf 100                              ;设置 OSPF 路由进程 ID
router-id 192.164.30.0                       ;设置路由器 ID
network 192.164.10.0 255.255.255.0 area 0    ;通告网络及网络所在区域
network 192.164.30.0 255.255.255.0 area 0
auto-cost reference-bandwidth 1000
RW4:
router ospf 100                              ;设置 OSPF 路由进程 ID
router-id 192.164.40.0                       ;设置路由器 ID
network 192.164.10.0 255.255.255.0 area 0    ;通告网络及网络所在区域
network 192.164.40.0 255.255.255.0 area 0
auto-cost reference-bandwidth 1000
RW5:
Interface GigabitEthernet 0/0
router ospf 100                              ;设置 OSPF 路由进程 ID
router-id 192.164.50.0                       ;设置路由器 ID
```

```
network 192.164.10.0 255.255.255.0 area 0     ;通告网络及网络所在区域
network 192.164.50.0 255.255.255.0 area 0
auto-cost reference-bandwidth 1000
```

（3）网络调试。使用“show ip ospf neighbor”命令，可显示该路由器邻居的基本信息。若在RW1的特权命令模式下，输入“show ip ospf neighbor”，其结果表示在广播多路访问网络中，RW1是DR，RW2是BDR，RW3～RW5是DROTHER。

使用“show ip ospf interface”命令，可显示路由接口信息及邻居、邻接关系状态。使用“show ip ospf adj”命令，显示OSPF邻接关系创建或中断的过程。

4.3.3 OSPF网络的默认路由

局域网用户访问Internet，需要在OSPF网络中设置默认路由。使用“default-information originate”命令，可在OSPF网络设置默认路由。在图4.8中，通过RW1连接边界路由器，边界路由器连接ISP的路由器，提供访问Internet的路由。RW1配置访问外网的默认路由是在RW1配置OSPF的基础上增加默认路由语句。

```
interface GigabitEthernet 6/1                  ;交换机第6插槽接口板的第1接口
no switch                                      ;设置接口为路由模式
ip address 192.164.1.2 255.255.255.252         ;设置连接边界路由器的地址
ip route 0.0.0.0 0.0.0.0 192.164.1.1    1      ;设置默认路由指向路由器接口
router ospf 100                                ;设置OSPF进程ID
router-id 192.164.10.0                         ;设置路由器ID
network 192.164.1.0 255.255.255.252 area 0     ;通告网络及网络所在区域
network 192.164.10.0 255.255.255.0 area 0
default-information originate always           ;向OSPF区域注入一条默认路由
```

“default-information originate”命令后面可以加可选“always”参数。如果不使用该参数，路由器RW2上必须存在一条默认路由，否则该命令无效。若使用该参数，无论路由器上是否存在默认路由，路由器都会向OSPF区域注入一条默认路由。也就是会向RW1、RW3、RW4、RW5、RW6注入一条默认路由。路由器配置好后，使用“show ip route”命令可查看路由表。通过路由表信息，可看到在OSPF区域注入的默认路由。

在边界路由器也要设置指向内网的静态路由、地址转换协议和指向外网的默认路由。

```
interface GigabitEthernet 0/0
ip address 192.164.1.2 255.255.255.252         ;设置连接RW1的地址
ip route 192.164.0.0 255.255.0.0 192.164.1.2 1 ;设置静态路由
interface GigabitEthernet 0/1
ip address 214.26.121.2 255.255.255.252        ;设置连接ISP地址214.26.121.2
ip route 0.0.0.0 0.0.0.0 214.26.121.1 1        ;设置连接Internet的默认路由
```

局域网采用内网地址192.164.0.0，该地址不能直接访问Internet。在边界路由器需要配置地址转换协议NAT，方可使用户访问Internet。

当然，也可将边界路由器包含在如图4.8所示的OSPF区域内，就不需要在OSPF网络中设置默认路由。边界路由器需要配置OSPF网络参数，设置指向ISP路由器的默认路由。

```
router ospf 100                                ;设置OSPF进程ID
router-id 192.164.10.0                         ;设置路由器ID
network 192.164.10.0 255.255.255.0 area 0      ;通告网络及网络所在区域
```

4.4　NAT 协议配置案例

IPv4 地址是 32 位二进制数，地址空间明显不足。为了解决 IPv4 地址不够用的问题，路由器采用了网络地址转换（Network Address Translation，NAT）协议。NAT 协议可以使企业或组织使用较少的 IPv4 地址连接 Internet，同时可保护内网不被外网黑客攻击。但也存在问题，如影响了 Internet 端到端的传输特性。

4.4.1　NAT 协议应用方式

路由器配置 NAT 协议，以下三种方式分别适用于不同的需求。

（1）静态地址转换。适用于企业内部服务器向企业网外部提供服务（如 Web 和 E-mail 等），需要建立服务器内部地址到固定合法 IPv4 地址的静态映射。

（2）动态地址转换。建立一种内外部 IPv4 地址的动态转换机制，常适用于租用的 IPv4 地址数量较多的情况。企业可以根据访问需求，建立多个 IPv4 地址池，绑定到不同的部门。这样既增强了管理的力度，又简化了排错的过程。

（3）端口地址复用。适用于 IPv4 地址数很少而多个用户需要同时访问 Internet 的情况。如网吧、网络机房和分支机构的办公室等。

4.4.2　企业网 NAT 协议配置

某企业从当地网络接入服务商获得 16 个有效 IPv4 地址：218.26.174.112～218.26.174.127，掩码为 255.255.255.240（可表示为/28）。其中，218.26.174.112 和 218.26.174.127 为网络地址和广播地址，不可用。通过一台 RSR20-14 路由器接入 Internet，该路由器 FE0/0 端口地址设置为 218.26.174.114/28。企业内部网络根据职能分成若干子网，通过服务器子网对外提供 WWW 和 E-mail 服务，如图 4.9 所示。企业网络中心使用独立的地址池接入 Internet，其他部门共用剩余的地址池。地址的具体分配如表 4.5 所示。

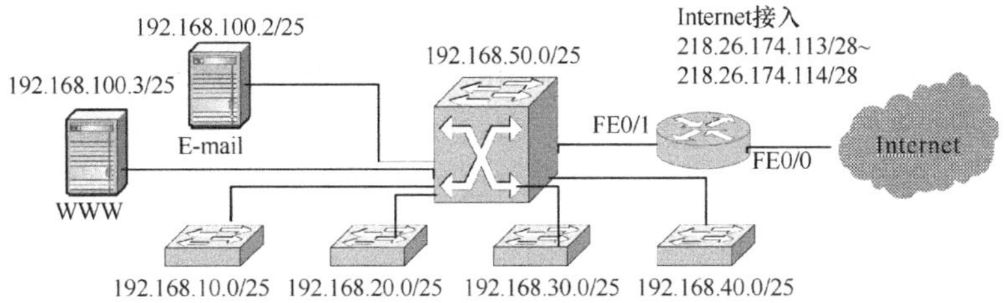

图 4.9　企业网拓扑结构

表 4.5　企业内、外网地址分配表

地址对象	地址空间	地址转换	IP 地址分配	地址数量
路由器 S0/0 口	218.26.174.114/28		218.26.174.114/28	1
接入服务对端	218.26.174.113/28		218.26.174.113/28	1
WWW	192.168.100.3/25	静态	218.26.174.116/28	1
E-mail	192.168.100.2/25	静态	218.26.174.115/28	1
网络中心	192.168.50.0/25	端口复用	218.26.174.117/28	1
其他部门	192.168.10.0/25～192.168.40.0/25	动态	218.26.174.118/28～218.26.174.126	9

具体配置步骤如下。

（1）选择边界路由器 FE0/1 作为内网接口，FE0/0 作为外网接口。

```
interface f0/1
ip address 192.168.50.1 255.255.255.128
ip nat inside     /*配置 f0/0 为内部接口*/
interface f0/0
ip address 218.26.174.114 255.255.255.240
ip nat outside   /*配置 s0/0 为外部接口*/
```

（2）为各部门配置地址池（network——网络中心，other——其他部门）。

```
ip nat pool network 218.26.174.117 218.26.174.117 netmask 255.255.255.240
ip nat pool other 218.26.174.118 218.26.174.126 netmask 255.255.255.240
```

（3）用访问控制列表检查数据包的源地址并映射到不同的地址池。

```
ip nat inside source list 1 pool network overload     /*overload-启用端口复用*/
ip nat inside source list 2 pool other                /*动态地址转换*/
```

（4）定义访问控制列表。

```
access-list 1 permit 192.168.50.0 0.0.0.128
access-list 1 permit any
access-list 2 permit 192.168.10.0 0.0.0.128
access-list 2 permit 192.168.20.0 0.0.0.128
access-list 2 permit 192.168.30.0 0.0.0.128
access-list 2 permit 192.168.40.0 0.0.0.128
access-list 2 permit any
```

（5）建立静态地址转换，并开放 WWW（TCP 80），E-mail（TCP 25/110）端口。

```
ip nat inside source static tcp 192.168.50.3 80 218.26.174.116 80
ip nat inside source static tcp 192.168.50.2 80 218.26.174.115 25      /*25 邮件发送端口*/
ip nat inside source static tcp 192.168.50.2 80 218.26.174.115 110     /*110 邮件接收端口*/
```

（6）设置默认路由，218.26.174.113 是网络接入服务商端路由器接口的 IP 地址。

```
ip route 0.0.0.0 0.0.0.0 218.26.174.113
```

经过上述配置后，Internet 上的主机可以通过 218.26.174.116:80 访问到企业内部 WWW 服务器 192.168.50.3；通过 218.26.174.115:25，218.26.174.115:110 访问到企业内部 E-mail 服务器 192.168.50.2。网络中心的接入请求将映射到 218.26.174.117；其他部门的接入请求被映射到 218.26.174.118～218.26.174.126 地址段。至此，一个企业通过 NAT 协议连接 Internet 的任务就完成了。

4.5 策略路由配置案例

静态（含默认）和动态路由协议是根据数据包的目标地址，为数据包寻找一条到达目标主机或网络的最佳路径。如今，园区局域网和广域网（如 Internet）互连出口已从 1 个增加为

2 个或多个。局域网增加出口后，需要根据数据包的源地址确定出口路径。能够按照源地址及相关属性，对数据包进行转发的技术称为策略路由协议。

4.5.1　策略路由与策略路由映射图

策略路由是一种支持数据包按照既定规则路由及转发的技术。策略路由不仅能够根据目标地址来选择数据包转发路经，而且能够根据源 IP 地址、数据包大小、协议类型及应用来选择数据包转发路经。路由器执行策略路由，是通过“路由映射图”对数据包按照约定规则进行路由与转发。

路由映射图（Route Map）决定了一个数据包的下一跳转发路由设备的端口地址。配置策略路由，必须指定策略路由使用的 Route Map。如果 Route Map 不存在，则要创建 Route Map。一个 Route Map 由很多条策略组成，策略按序号大小排列，每个策略都定义了一个或多个匹配规则和对应操作。路由设备的接口配置策略路由后，将对该接口接收到的所有数据包进行检查，不符合 Route Map 任何策略的数据包，将按照基于目标地址的路由进行转发处理。符合 Route Map 中某个策略的数据包，即按照该策略中定义的操作进行处理。

Route Map 命令中最重要是“match”和“set”。match 语句用来定义匹配条件、语句在路由器输入端口对数据包进行检测。常用的匹配条件包括 IP 地址、接口、度量值、数据包长度等。set 语句定义对符合匹配条件的语句采取的行为。常用的策略路由命令如表 4.6 所示。

表 4.6　常用的策略路由命令

命令	描述
set ip next-hop	定义策略路由下一跳
set ip default next-hop	定义策略路由默认下一跳，用于路由表中没有到数据包目的地址路由条目时
set interface	定义策略路由出口
set default interface	定义策略路由默认出口
set tos	设置报文 IP 头中的 tos
set preference	设置报文 IP 头中的优先级
match ip address	设置过滤规则
match length	匹配报文长度
route-map	定义路由映像图

4.5.2　基于源 IP 地址的策略路由

数据传输中，若路由器是依据数据包的源 IP 地址，为数据包提供下一跳转发路径，则称为基于源 IP 地址的策略路由。这种策略路由，可根据客户机 IP 地址不同，为数据包提供不同的网络出口，如图 4.10 所示。

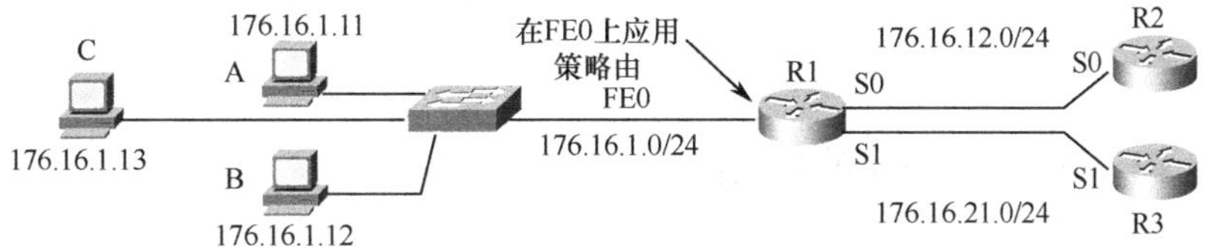

图 4.10　基于源 IP 地址的策略路由拓扑图

在路由器 R1 的 FE0 接口应用源 IP 地址的策略路由（假设策略路由名为 RULE1），从主机 A 来的数据包设置下一跳地址为 176.16.12.1；从主机 B 来的数据包设置下一跳地址为 176.16.21.1；所有其他的数据包正常（按目标地址）转发。R1、R2 和 R3 运行 OSPF 协议。

（1）配置路由器 R1。使用 access-list id {deny|permit}{src src-wildcard|host src |any | interface idx}命令，建立一个访问控制列表（ACL），用于过滤 IP 数据包。命令中的 id 表示 ACL 的序号，deny 表示拒绝数据包通过，permit 表示允许数据包通过，src 表示源地址，src-wildcard 表示源地址通配符，host src 表示主机 IP，any 表示任意地址，interface idx 表示输入匹配接口。

```
R1(config)#access-list 1 permit 176.16.1.11               ;设置主机 A 允许访问列表
R1(config)#access-list 2 permit 176.16.1.12               ;设置主机 B 允许访问列表
R1(config)#route-map RULE1 permit 10                      ;设置主机 A 的策略路由序号为 10
R1(config-route-map)#match ip address 1                   ;设置匹配地址 access-list 1
R1(config-route-map)#set ip next-hop 176.16.12.1          ;设置数据包的下一跳地址
R1(config)#route-map RULE1 permit 20                      ;设置主机 B 的策略路由序号为 20
R1(config-route-map)#match ip address 2
R1(config-route-map)#set ip next-hop 176.16.21.1
R1(config)# interface fe0/0
R1(config-if)#ip address 176.16.1.1 255.255.255.0
R1(config-if)#ip policy route-map RULE1                   ;在 FE0/0 接口启用策略路由
R1(config)# interface s0/0
R1(config-if)#ip address 176.16.12.2 255.255.255.0
R1(config)# interface s1/0
R1(config-if)#ip address 176.16.21.2 255.255.255.0
R1(config)#router ospf 100
R1(config-router)#network 176.16.1.0 255.255.255.0
R1(config-router)#network 176.16.12.0 255.255.255.0
R1(config-router)#network 176.16.21.0 255.255.255.0
```

（2）配置路由器 R2 和 R3 的 OSPF。

```
R2(config)# interface s0/0
R2(config-if)#ip address 176.16.12.1 255.255.255.0
R2(config)#router ospf 100
R2(config-router)#network 176.16.12.0 255.255.255.0
R3(config)# interface s0/0
R3(config-if)#ip address 176.16.21.1 255.255.255.0
R3(config)#router ospf 100
R3(config-router)#network 176.16.21.0 255.255.255.0
```

（3）策略路由测试。依据路由器 R1 配置的策略路由，主机 A 只能 ping 通 R2 的 S0/0 接口，主机 B 只能 ping 通 R3 的 S1/0 接口。主机 C 的数据包到达 R1 的 Fe0/0 接口不匹配策略路由，数据包正常转发，所以主机 C 可 ping 通 R2 的 S0/0 口和 R3 的 S1/0 接口。使用“show ip policy”命令，可显示在哪些接口上应用了哪些策略。

4.5.3 配置 VLAN 接口的策略路由

目前，大学校园网一般有两个网络出口，一个为 CERNET（中国计算机教育科研网）出口，另一个为 ChinaNET（由电信、联通、移动等数据通信服务商提供）出口，如图 4.11 所示。RS1 选用 RG-S8607E 路由交换机，RS1 需要配置目标 IP 地址路由和源 IP 地址策略路由，以便用户能够按照 IP 地址类别，选择访问 Internet 的出口。

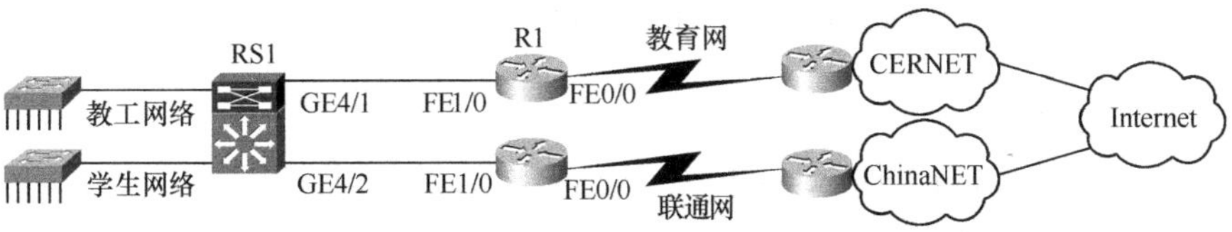

图 4.11　校园网双出口网络拓扑图

（1）VLAN 划分与地址分配。假设教工网络 IP 地址范围是 202.207.171.0～202.207.175.255，学生公共机房 IP 地址范围是 176.16.10.0～176.16.50.255。校园网采用基于端口的 VLAN。VLAN 的 IP 地址按子网分配，一个 VLAN 为一个子网。按照网络安全及缩小广播域的要求，每个子网约定 64 个地址或 128 个地址，其子网掩码为 255.255.255.192 或 255.255.255.128。教工 VALN 子网范围是 VLAN10，VLAN20，…，VLAN100，学生机房 VLAN 子网范围是 VLAN300，VLAN310，…，VLAN390。VLAN 子网 IP 地址及设备接口 IP 地址分配如表 4.7 所示。

表 4.7　VLAN 子网与设备地址分配

VLAN	VLAN 网关	VLAN 出口	边界设备互连 IP	VLAN 出口下一跳
1	202.207.171.1	RS1-GE4/1	176.16.1.2～176.16.1.1	教育网 176.16.1.1
10	202.207.171.129	RS1-GE4/1	176.16.1.2～176.16.1.1	教育网 176.16.1.1
20	202.207.172.1	RS1-GE4/1	176.16.1.2～176.16.1.1	教育网 176.16.1.1
⋮	⋮	⋮	⋮	⋮
300	176.16.10.1	RS1-GE4/2	176.16.1.4～176.16.1.3	联通 176.16.1.3
310	176.16.10.129	RS1-GE4/2	176.16.1.4～176.16.1.3	联通 176.16.1.3
⋮	⋮	⋮	⋮	⋮

RS1 建立 VLAN 数据库 VLAN1，VLAN10，…，VLAN390。RS1 和第二层交换机互连的吉比特光口设置为 trunk 模式，允许园区网中所有 VLAN 通行。RS1 启用 VLAN 间路由功能，同时启用了基于源地址的策略路由。教工 VLAN 的下一跳指向连接教育网路由器 R1 的 FE0 地址 176.16.1.1，学生 VLAN 的下一跳指向连接联通网路由器 R2 的 FE0 地址 176.16.1.3。

（2）配置 VLAN 出口控制列表。使用 ip access-list { standard | extended } { id | name }命令，设置 VLAN 访问控制列表（ACL）。命令中的 standard 表示标准列表，extended 表示扩展列表，id | name 表示列表编号或名称。使用[sn] { permit |deny } {src src-wildcard | host src | any | interface idx}命令设置 VLAN 访问控制列表的子网 IP 地址范围。命令中的 sn 表示 ACL 表项序号，permit 表示允许，deny 表示拒绝，src 表示源地址，src-wildcard 表示源地址通配符。

```
RS1(config)#ip access-list standard 1                ;设置教工连接外网的 ACL
RS1(config- std-nacl)#10 permit 202.207.171.0 0.0.0.128
RS1(config- std-nacl)#20 permit 202.207.171.128 0.0.0.128
RS1(config- std-nacl)#30 permit 202.207.172.0 0.0.0.128
```

```
……
RS1(config)#ip access-list standard 2                   ;设置学生连接外网的ACL
RS1(config- std-nacl)#10 permit 176.16.10.0 0.0.0.128
RS1(config- std-nacl)#20 permit 176.16.10.128 0.0.0.128
RS1(config- std-nacl)#30 permit 176.16.11.0 0.0.0.128
……
```

（3）配置策略路由。

```
RS1(config)#route-map net22 permit 10                   ;设置出口策略路由序号为10
RS1(config-route-map)#match ip address 1                ;匹配访问列表中的地址
RS1(config-route-map)#set ip next-hop 176.16.1.1        ;设置数据包的下一跳地址
RS1(config)#route-map net22 permit 20
RS1(config-route-map)#match ip address 2                ;匹配访问列表中的地址
RS1(config-route-map)#set ip next-hop 176.16.1.3        ;设置数据包的下一跳地址
```

（4）应用策略路由。设置 VLAN 子网网关 IP，在 VLAN 接口应用策略路由。

```
RS1(config)#interface VLAN 1                            ;设置VLAN1的网关IP和策略路由
RS1(config-if)# ip address 202.207.171.1 255.255.255.128
RS1(config-if)# ip policy route-map net22
RS1(config)# interface VLAN 10
RS1(config-if)# ip address 202.207.171.129 255.255.255.128
RS1(config-if)# ip policy route-map net22
……
RS1(config)# interface VLAN 300
RS1(config-if)# ip address 202.207.10.1 255.255.255.128
RS1(config-if)# ip policy route-map net22
RS1(config)# interface VLAN 310
RS1(config-if)# ip address 202.207.10.129 255.255.255.128
RS1(config-if)# ip policy route-map net22
……
```

4.6 局域网系统虚拟化

众所周知，虚拟局域网是一种采用 VLAN 协议（802.1Q）实现的逻辑子网络。VLAN 可以抑制网络广播风暴，提高网络通信的安全性。如今，一种新的局域网系统虚拟化技术应运而生。该技术可将多个交换机集成为一个设备，或将一个设备分成多个虚拟交换机，简化局域网配置管理，以及增强网络可用性等。

4.6.1 局域网系统虚拟化概述

1. 新型网络交换技术

在 2012 年 SDN（软件定义网络）和 OpenFlow（一种新型网络交换模型）大潮的推动下，网络虚拟化已成为新一代局域网构建的热点。各大网络设备厂商相继推出了局域网系统虚拟化解决方案，如思科的 VSS（Virtual Switching System，虚拟交换系统）、H3C 的 IRF2（Intelligent

Resilient Framework，智能弹性架构）、锐捷的 VSU（Virtual Switching Unit，虚拟交换单元），以及华为的 CSS（Cluster Switch System，集群交换机系统）等。这些新技术均为网络虚拟化的一种形态，其目的是将多台支持集群的交换机整合成为一台单一逻辑上的虚拟交换机。下面以锐捷 VSU2.0 为例，说明局域网系统虚拟化过程的原理与方法。

2. 虚拟交换单元的功能

虚拟交换单元（VSU）是一种将多台网络交换机虚拟成一台交换机的技术，采用 VSU 可以扩展交换机端口数量或扩展交换机带宽，也可以用 VSU 取代 MSTP+VRRP 双核心冗余结构，简化网络拓扑结构，提高链路切换性能，又能充分利用所有带宽。

采用 MSTP+VRRP 协议支持链路冗余、路由网关冗余的网络拓扑，如图 4.12（a）所示。该网络采用 VSU 后，核心层的两台交换机变成了一个虚拟交换单元（VSU），汇聚层交换机直连核心层的虚拟交换单元，如图 4.12（b）所示。虚拟交换单元（VSU）由主设备（Active）和从设备（Standby）组成。主设备负责控制管理整个 VSU，从设备作为主设备的备用设备运行。当主设备故障时，从设备自动升级为主设备接替原主设备的工作。

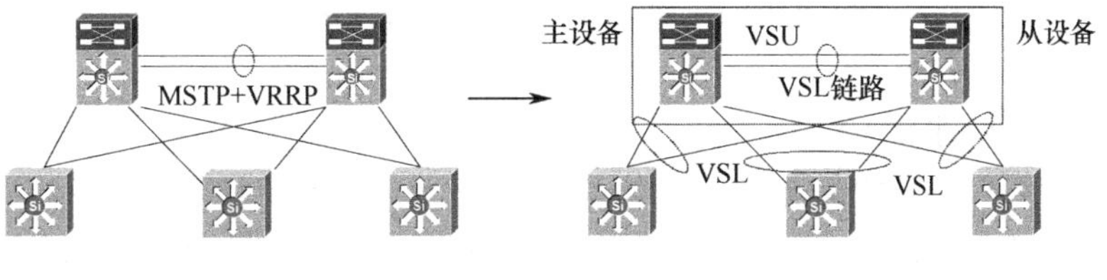

图 4.12　用 VSU 取代 MSTP+VRRP 双核心冗余结构示意图

交换机有单机和 VSU 两种工作模式，默认工作模式是单机模式。组建 VSU 时，必须将交换机的工作模式从单机模式切换到 VSU 模式。如果 VSU 使用堆叠口作为 VSL 成员端口，在交换机启动时识别到堆叠口，则自动激活到 VSU 模式，而不需要手工激活 VSU 模式。

4.6.2 VSU 参数与交换链路

1. VSU 属性参数

为了方便网络虚拟化管理，VSU 建立了域、域内设备编号及优先级等属性参数。每一个 VSU 均有一个域编号（Domain ID），也称标识符。两台交换机的域编号相同，才能组成 VSU。取值范围是 1～255，默认值=100。

每个 VSU 域中的设备采用编号（Switch ID）区分，该编号表示 VSU 中的成员，取值是 1～8，默认值=1。单机模式，接口编号采用二维格式（如 GigabitEthernet 2/3）。VSU 模式中，接口编号采用三维格式（如 GigabitEthernet 1/2/3），第一维（数字 1）表示机箱成员编号，后面两维（数字 2 和 3）分别表示槽位号和该槽位上的接口编号。这样，即可保证 VSU 中所有成员的设备编号具有唯一性。

如果建立 VSU 成员设备编号不唯一，系统会通过 VSU 自动编号机制为所有成员设备重新设定编号，以保障设备编号的唯一性。建立 VSU 时，还要设置设备的优先级，在角色（Active=主、Standby=备、Candidate=候选）选举过程中，优先级高的设备会被选举为 Active 主设备。

设备优先级取值范围是 1～255，默认优先级=100。

Active 角色的选举规则为：当前设备优先级高的优先，或者 MAC 地址小的优先。Standby 角色的选举规则为：最靠近主机的优先，设备优先级大的优先，MAC 地址小的优先。在角色选举阶段，所有的设备根据 Active 角色的选举规则从拓扑中推举出 Active。被选为 Active 的设备从剩下设备中选出 Standby。

2．VSU 虚拟交换链路

VSU 中连接交换机的链路，称为虚拟交换链路（Virtual Switching Link，VSL）。VSL 是交换机之间传输控制信息和数据流的特殊聚合链路。VSL 端口以聚合端口组的形式存在，根据流量平衡算法，VSL 的数据流在聚合端口的各个成员之间进行负载均衡。设备上用于 VSL 端口连接的物理端口，称为 VSL 成员端口。VSL 成员端口可以是堆叠端口，也可以是以太网电口或者光口。交换机上哪些端口可作为 VSL 成员端口，与交换机的型号有关。

VSL 端口连接可以采用堆叠专用线缆、UTP 线缆和光缆。堆叠专用线缆能够为成员设备（交换机）间报文的传输提供很高的可靠性和性能。使用 UTP（交叉）网线连接 VSL 端口的成本较低，不需要购置堆叠专用接口卡或者光模块。使用光纤连接 VSL 端口，可以将距离很远的交换机连接组成 VSU，使虚拟化组网更加灵活。

组建 VSU 时，要注意 VSL 端口连接问题。如果 VSL 端口以聚合口的形式存在，则一个 VSL 聚合口只能连接一个 VSL 聚合口。如果 VSL 成员端口和普通端口相连，或者一个 VSL 聚合口连接多个 VSL 聚合口，则会影响 VSU 拓扑的可靠性。如果一个 VSL 聚合口连接到多个 VSL 聚合口，将导致 VSL 聚合口的部分成员端口被禁用。如果 VSL 成员端口连接到非 VSL 成员端口，也会导致 VSL 成员端口被禁用。组网时要确保正确地连接 VSL 端口，否则会影响 VSU 拓扑的可靠性。若连接错误而被禁用的 VSL 成员端口，将其重新正确连接后即可恢复可用。

4.6.3　VSU 的拓扑发现及变化

VSU 的成员设备加电（交换机）启动后，根据 VSL 配置参数，将交换机物理端口识别为 VSL 口，并开始检测直连交换机的 VSL 连接关系。当交换机端口 VSL 状态变为 UP 之后，VSU 即开始拓扑发现。

1．拓扑发现过程

VSU 中的每台交换机，通过和拓扑中的其他交换机之间交互 VSU Hello 报文，收集整个 VSU 的拓扑关系。VSU Hello 报文会携带拓扑信息，包括本机成员编号、设备优先级、MAC 地址、VSU 端口连接关系等内容。每个交换机会在状态为 UP 的 VSL 口上，向拓扑成员洪泛 Hello 报文，其他成员收到 Hello 报文后，会将报文从非入口的状态为 UP 的 VSL 口转发出去。通过 Hello 报文的洪泛，每个交换机可以逐一学习到整个拓扑信息。当设备收集完拓扑信息后，开始进行角色选举。角色选举完成后，Active 的设备向整个拓扑发送收敛（Convergence）报文，通知拓扑中的所有设备一起进行拓扑收敛。随后，VSU 进入管理与维护阶段。

2．拓扑分裂与合并

VSU 拓扑连接有两种：一种是线状拓扑，如图 4.13 所示；另一种是环状拓扑，如图 4.14

所示。线状拓扑中出现 VSL 链路故障时，会引起 VSU 分裂。环状拓扑中某个 VSL 链路出现故障时，只是导致环状拓扑变为线形拓扑，而 VSU 的业务不会受到影响。因此，环状拓扑比线状拓扑具有更高的可用性。

图 4.13　VSU 线状拓扑结构

图 4.14　VSU 环状拓扑结构

无论是线状拓扑，还是环状拓扑，VSU 拓扑变化存在两种情况。一种是 VSU 分裂，当出现 VSL 链路故障时，将导致 VSU 中两相邻交换机通信中断，造成一个 VSU 变成两个小的 VSU（或 VSU 不存在），这个过程称为 VSU 分裂。另一种是 VSU 合并，当两个各自稳定运行 VSU 的 Domain ID 相同时，则可以在两个 VSU 之间增加 VSL 链接，使其合并成为一个 VSU，这个过程称为 VSU 合并。

4.6.4　VSU 的双主机检测

双主机建立 VSU 后，当 VSL 断开导致 Active 设备和 Standby 设备分到不同的 VSU 时，就造成了 VSU 分裂。发生 VSU 分裂时，网络上会出现两个配置相同的 VSU。从设备认为主设备丢失，从设备切换成主设备。此时，网络中将出现两台主设备。两台设备配置完全相同，包括两台设备的任何一个虚接口（VLAN 接口和环回接口等）配置相同，网络中将会出现 IP 地址冲突，导致网络不可用。

1. BFD 检测双主机

目前，双主机检测有两种方法：一种是 BFD 检测，另一种是聚合口检测。BFD 检测需要在两台交换机之间建立一条双主机检测链路，如图 4.13 所示。当 VSL 断开时，两台交换机开始通过双主机检测链路发送检测报文，收到对端发来的双主机检测报文，就说明对端仍在正常运行，存在两台主机。

BFD（Bidirectional Forwarding Detection）是一种网络互连节点的双向转发检测机制，可以提供毫秒级的检测，可以实现链路的快速检测。基于 BFD 的双主机检测端口必须是三层路由口，二层口、三层聚合（Aggregation Port，AP）口或 VSI 口都不能作为 BFD 检测端口。如果将双主机检测端口从三层路由口转换为其他类型的端口模式，BFD 的双主机检测配置将自动清除，并给出提示。

一般情况下，线状 VSU 防止双主机产生，BFD 链路连接首尾两台交换机，如图 4.13 所示。环状 VSU 防止双主机产生，BFD 链路连接任意两台交换机，如图 4.14 所示。

2. 聚合端口检测双主机

聚合端口检测双主机拓扑结构如图 4.15 所示。当 VSL 链路断开，产生双主机时，两个主机之间相互发送聚合端口私有报文来检测多主机。聚合端口检测与 BFD 检测不同，基于聚合端口的检测需要配置在跨设备 RS3 的业务聚合端口上(不是 RS1 和 RS2 的 VSL 聚合端口)，而且需要 VSU 周边设备（如 RS3）转发私有检测报文。

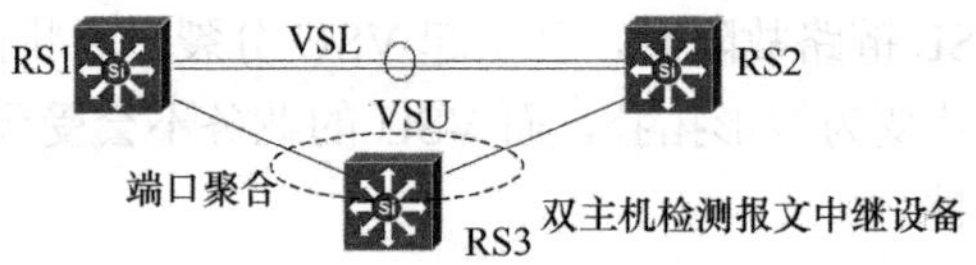

图 4.15　聚合端口检测双主机拓扑结构

在由多台交换机组成的 VSU 中，要防止完全防止双主机，最好的方法是聚合端口检测。该方法需要多条 BFD 链路两两互连，聚合端口检测只需要 *n* 条链路即可。如 4 台交换机组成 VSU，需要 4 条链路。该方法使用的前提是，VSU 下连的接入交换机是统一品牌设备，以保证该品牌交换机的私有报文可以正常转发。

3. VSU 的 Recovery 模式

检测出双主机后，系统将根据双主机检测规则选出最优 VSU 和非最优 VSU。最优 VSU 一方没有受到影响，非最优 VSU 一方进入恢复（Recovery）模式，系统将会关闭除 VSL 端口和管理员指定的例外端口(管理员可以用 config-vs-domain 模式下的命令“dual-active exclude interface”指定哪些端口不被关闭）以外的所有物理端口。

当 VSU 进入 Recovery 模式后，不要直接重启设备。简单有效处理方法是重新连接 VSL。排除 VSL 故障后，Recovery 模式的 VSU 会自动重启，并加入到最优 VSU 中。如果不能在解决 VSL 故障之前将设备直接复位，可能导致复位重启的设备没有加入到最优 VSU 中，再次出现双主机冲突。

4.7　VSU 与 VSD 配置案例

目前，局域网虚拟化组建有两种。第一种是将多个设备虚拟化成一个逻辑设备（VSU），解决多设备冗余架构配置的复杂性及增强逻辑设备的高可用性问题。其典型的 VSU 有环状拓扑组网、核心层与汇聚层拓扑组网。第二种是将一个设备虚拟化成多个逻辑设备（VSD），解决简化网络结构及提高设备利用率问题。

4.7.1　环状拓扑 VSU 配置

局域网采用环状拓扑是一种常见的组网类型。环状结构既可以实现网络负载均衡，又可以增强网络的高可用性。

1. 环状拓扑与组网准备

假设，某单位采用三台 RG-S5750-24GT/8SFP-E 彼此互连组成 VSU，三台交换机分别标记为 RS1、RS2 和 RS3，交换机之间相互连接构成 VSL 链路，如图 4.16 所示。

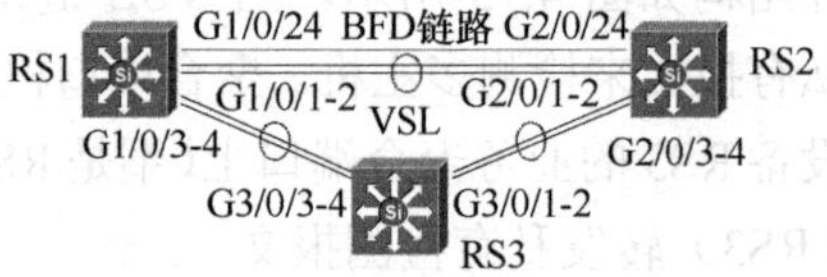

图 4.16　三设备互连的 VSU 拓扑结构

设置 VSU 域编号（Domain ID）1，RS1 的优先级是 200，RS2 的优先级是 150，RS3 的优先级是 100，优先级高的设备为管理主机。为了提高网络互连的稳定性，两台交换机的 VSL 至少为两条。如果条件限制，一条也可以构建 VSU。VSU 域中的交换机采用三维格式编号（Switch ID）区分，RS1 的编号为 G1/0/X，RS2 的编号为 G2/0/X，RS3 编号为 G3/0/X，X 表示 10/100/1000Mbit/s 自适应电端口号 1-24。

交换机相互连接组成 VSL 链路，相邻交换机之间的 VSL 链路可以是一条，也可以是多条。如果相邻交换机之间的 VSL 链路是多条，则多条 VSL 链路通过端口聚合（aggregateport）形成聚合 VSL。交换机的 VSL 聚合链路可以添加多个接口。本案例中，RS1 的 G1/0/1-2 聚合与 RS2 的 G2/0/1-2 聚合连接，RS1 的 G1/0/3-4 聚合与 RS3 的 G2/0/3-4 聚合连接，RS2 的 G1/0/3-4 聚合与 RS3 的 G2/0/1-2 聚合连接。

RG-S5750-24GT/8SFP-E 支持千兆口与万兆口作为 VSL。依据聚合原理，不同速率的端口和不同介质的端口不能加入一个聚合组，该交换机的千兆口和万兆口、光口和电口均不能设置在同一个 VSL-aggregateport 中。

为了测试 VSL 连路连接状态，防止双主机产生，RS1 和 RS2 通过心跳接口（G1/0/24 和 G2/0/24）建立 BFD 链路。

2．配置 VSU 属性参数及 VSL 聚合端口

（1）RS1 交换机配置，“;”后为配置说明。

```
RS1# configure terminal                          ;进入全局配置模式
RS1(config)# switch virtual domain 1             ;设置 VSU domain id=1
RS1(config-vs-domain)# switch 1                  ;设置 RS1 switch id= 1
RS1(config-vs-domain)# switch 1 priority 200     ;配置 RS1 优先级=200，指定 RS1 为主设备
RS1(config-vs-domain)# switch 1 description RS1  ;设备名=RS1
RS1(config-vs-domain)# exit                      ;退出 VSU 域配置
RS1(config)# vsl-aggregateport 1                 ;进入 VSL 聚合端口 1 配置，只能选择 1 或者 2，
为了提升 VSU 的可靠性，可至少采用 2 条 VSL 链路。VSL 编号本地有效
RS1(config-vsu-ap)# port-member interface GigabitEthernet 0/1 copper    ;设置 Gi 0/1 加入 VSL 组 1。
若是光口则将 copper 更改为 fibber，以下类同，不再赘述
RS1(config-vsu-ap)# port-member interface GigabitEthernet 0/2 copper    ;设置 Gi 0/2 加入 VSL 组 1
RS1(config)# vsl-aggregateport 2                 ;进入 VSL 聚合端口 2 配置，一个 vsl-aggregateport
对应一台交换机，不能将不同交换机的接口都放到同一个 vsl-aggregateport 内
RS1(config-vsu-ap)# port-member interface gigabitEthernet 0/3 copper    ;设置 Gi 0/4 加入 VSL 组 2
RS1(config-vsu-ap)# port-member interface gigabitEthernet 0/4 copper    ;设置 Gi 0/3 加入 VSL 组 2
RS1(config-vsu-ap)# exit                         ;退出 VSL 端口聚合配置
RS1(config)# exit
```

（2）RS2 交换机配置。

```
RS2# configure terminal                          ;进入全局配置模式
RS2(config)# switch virtual domain 1             ;设置 VSU domain id=1
RS2(config-vs-domain)# switch 2                  ;设置 switch id=2
RS2(config-vs-domain)# switch 2 priority 150     ;配置 RS2 优先级=150，指定 RS2 为从设备
RS2(config-vs-domain)# switch 2 description RS2  ;配置 switch id 的描述信息=RS2
RS2(config-vs-domain)# exit                      ;退出 VSU 域配置
RS2(config)# vsl-aggregateport 1                 ;进入 VSL 聚合端口 1 配置
```

```
RS2(config-vsu-ap)# port-member interface gigabitEthernet 0/1 copper    ;设置 Gi 0/1 加入 VSL 组 1
RS2(config-vsu-ap)# port-member interface gigabitEthernet 0/2 copper    ;设置 Gi 0/2 加入 VSL 组 1
RS2(config)# vsl-aggregateport 2                                        ;进入 VSL 聚合端口 2 配置
RS2(config-vsu-ap)# port-member interface gigabitEthernet 0/3 copper    ;设置 Gi 0/3 加入 VSL 组 2
RS2(config-vsu-ap)# port-member interface gigabitEthernet 0/4 copper    ;设置 Gi 0/4 加入 VSL 组 2
RS2(config-vsu-ap)# exit                                                ;退出 VSL 聚合端口配置
RS2(config)# exit
```

（3）RS3 交换机配置。

```
RS3# configure terminal                          ;进入全局配置模式
RS3(config)# switch virtual domain 1             ;设置 VSU domain id=1
RS3(config-vs-domain)# switch 3                  ;设置 switch id=3
RS3(config-vs-domain)# switch 3 priority 100     ;配置 RS3 优先级=100，指定 RS3 为候选设备
RS3(config-vs-domain)# switch 3 description RS3  ;配置 switch id 的描述信息=RS3
RS3(config-vs-domain)# exit                      ;退出 VSU 域配置
RS3(config)# vsl-aggregateport 1                 ;进入 VSL 聚合端口 1 配置
RS3(config-vsu-ap)# port-member interface gigabitEthernet 0/1 copper    ;设置 Gi 0/1 加入 VSL 组 1
RS3(config-vsu-ap)# port-member interface gigabitEthernet 0/2 copper    ;设置 Gi 0/2 加入 VSL 组 1
RS3(config)# vsl-aggregateport 2                 ;进入 VSL 聚合端口 2 配置
RS3(config-vsu-ap)# port-member interface gigabitEthernet 0/3 copper    ;设置 Gi 0/3 加入 VSL 组 2
RS3(config-vsu-ap)# port-member interface gigabitEthernet 0/4 copper    ;设置 Gi 0/1 加入 VSL 组 2
RS3(config-vsu-ap)# exit                         ;退出 VSL 聚合端口配置
RS3(config)# exit
```

3．交换机转换为 VSU 模式

```
RS1#switch convert mode virtual                  ;将 RS1 交换机转换为 VSU 模式
Convert switch mode will automatically backup the "config.text" file and then delete it, and reload the switch. Do you want to convert switch to virtual mode? [no/yes] y    ;输入 y
RS2#switch convert mode virtual                  ;将 RS2 交换机转换为 VSU 模式
Convert switch mode will automatically backup the "config.text" file and then delete it, and reload the switch. Do you want to convert switch to virtual mode? [no/yes] y    ;输入 y
RS3#switch convert mode virtual                  ;将 RS3 交换机转换为 VSU 模式
Convert switch mode will automatically backup the "config.text" file and then delete it, and reload the switch. Do you want to convert switch to virtual mode? [no/yes] y    ;输入 y
```

以上操作进行时，交换机复位重启，并且进行 VSU 选举。该时间可能比较长，需等待。VSU 建立成功后，可进行 BFD 配置。

4．配置 BFD 及心跳接口

```
RS1#configure terminal                              ;RS1 进入全局配置模式
RS1(config)#interface GigabitEthernet 1/0/24        ;选择 RS1 的第 24 口为 BFD 接口
RS1(config-if-GigabitEthernet 1/0/24)#no switchport ;设置 RS1 的 BFD 接口为路由接口
RS1(config-if-GigabitEthernet 1/0/24)#exit          ;退出 BFD 接口配置
RS2#configure terminal                              ;RS2 进入全局配置模式
RS2(config)#interface GigabitEthernet 2/0/24        ;选择 RS2 的第 24 口为 BFD 接口
RS2(config-if-GigabitEthernet 2/0/24)#no switchport ;设置 RS2 的 BFD 接口为路由接口
RS2(config-if-GigabitEthernet 2/0/24)#exit          ;退出 BFD 接口配置
```

```
RS1(config)#switch virtual domain 1                                    ;RS1 进入虚拟交换域 1 模式
RS1(config-vs-domain)#dual-active detection bfd                        ;设置 BFD 的双活性检测
RS1(config-vs-domain)#dual-active bfd interface GigabitEthernet 1/0/24    ;设置 RS1 心跳端口
RS2(config-vs-domain)#dual-active bfd interface GigabitEthernet 2/0/24    ;设置 RS2 心跳端口
```

5. 使用 show 命令检查 VSU 功能

通过以上步骤，一个环状 VSU 配置完成。可以采用以下命令，检查 VSU 的功能。

（1）show switch virtual。该命令查看 VSU 域内交换机的设备编号、域编号、优先级、工作状态及角色（Active：主设备，Standby：从设备，Candidate：候选设备）。

（2）show switch virtual config。该命令查看 VSU 的配置信息，包括域编号、设备编号、优先级、设备名称，以及 VSL 聚合端口号和端口信息。

（3）show switch virtual dual-active summary。该命令查看 VSU 的 BFD 检测信息。

（4）show switch virtual link。该命令查看 VSL 信息。

（5）show switch virtual topology。该命令查看环型 VSU 拓扑信息。也可将 RS1 和 RS2、或者 RS1 和 RS3、或者 RS2 和 RS3 之间的 VSL 断开，查看线状 VSU 拓扑信息。

4.7.2 双核心拓扑 VSU 配置

局域网采用双核心设备互连汇聚设备，是一种常见的典型结构。双核心设备组成 VSU 与汇聚层设备互连，可以消除 MSTP+VRRP 协议配置的复杂性，简化网络结构，以及增强网络的高可用性。

1. 网络拓扑与组网准备

假设某局域网由 2 台 RG-S8605E 组成核心层，由 4 台 RG-S3760E 交换机组成汇聚层。6 台交换机分别标记为 VSS1、VSS2、VSS3、VSS4、VSS5、VSS6。2 台 RG-S8605E 组成 VSU，VSL 由 2 端口聚合形成，VSU 与汇聚层采用跨交换机的端口聚合连接，如图 4.17 所示。

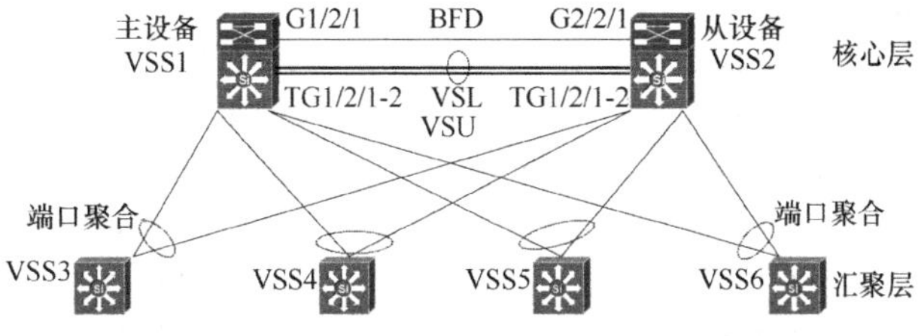

图 4.17　核心层 VSU 与汇聚交换机互连拓扑

S8605E 采用 VSU3.0 技术，最大可将 4 台物理设备虚拟化为一台逻辑设备，统一运行管理。S8605E 为 5 槽机箱交换机，配置 M8600E-CM 主控引擎、M8600E-24GT20SFP4XS-ED 线卡和万兆光模块 XG-SFP-CU3M，以及 RG-PA1600I（1600W/16A）通用交流电源模块。M8600E-24GT20SFP4XS-ED 插入 RG-S8605E 第 2 槽位，提供 24 个千兆以太网电接口+20 个千兆以太网光口+4 个万兆以太网光口，以及 2 个万兆 SFP 模块+3 米连接光纤。配置 4 个千兆 Mini-GBIC-LX 光模块，千兆光口聚合连接 VSS3、VSS4、VSS5、VSS5 交换机。

设置 VSU 域编号（Domain ID）1，VSS1 的优先级是 210，VSS2 的优先级是 110，优先级高的 VSS1 为管理主机。为了提高网络互连的稳定性，两台交换机的 VSL 至少为两条。VSU

域中的交换机采用三维格式编号（Switch ID）区分，VSS1 的编号为 TG1/2/X，VSS2 的编号为 TG2/2/X，X 表示万兆以太网光口 1～4。

选用 VSS1 的 GigabitEthernet 1/2/1 和 VSS2 的 GigabitEthernet 2/2/1 为 VSU 的双主机 BFD 检测接口。BFD 专用链路会根据双主机报文的收发检测出存在双主设备。VSU 将根据双设备检测规则选择一设备（低优先级设备）进入恢复（Recovery）模式。双主机检测可以阻止核心交换机 IP 地址冲突，保障网络可用（前提是其他设备连接到双核心都具备冗余链路条件）。

除 VSL 端口、MGMT 口（MGMT 是网络管理端口，可以单独设置一个 IP 地址，直接用网线连接，Telnet 登录以网页模式管理设备）和管理员指定的例外端口（保留作为设备其他端口 shutdown 时可以 Telnet）以外，其他端口都被强制关闭。

S3760E 采用 RG-S3760E-24 交换机，24 口 10/100Mbit/s 自适应电口，2 个 SFP/GT 光电复用口，配置 2 个千兆 Mini-GBIC-LX 光模块，光口聚合连接 VSS1、VSS2 的光端口。

2．交换机虚拟化配置

（1）核心交换机 VSS1 初始化配置。

```
VSS1# configure terminal                                         ;进入全局配置模式
VSS1 (config)# switch virtual domain 1                           ;设置 VSU domain id=1
VSS1 (config-vs-domain)# switch 1                                ;设置 VSS1 switch id=1
VSS1 (config-vs-domain)# switch 1 priority 210                   ;配置 VSS1 优先级=210，指定 VSS1 为主设备
VSS1 (config-vs-domain)# switch 1 description VSS1               ;配置设备的描述信息= VSS1
VSS1 (config-vs-domain)# exit                                    ;退出 VSU 域配置
VSS1 (config)# vsl-aggregateport 1                               ;进入 VSL 聚合端口 1 配置
VSS1 (config-vsu-ap)# port-member interface TenGigabitEthernet 2/1 fibber   ;设置 TG2/1 为 VSL 组 1
VSS1 (config-vsu-ap)# port-member interface TenGigabitEthernet 2/2 fibber   ;设置 TG2/2 为 VSL 组 1
VSS1 (config-vsu-ap)# exit                                       ;退出 VSL 聚合端口配置
VSS1 (config)# exit
```

（2）核心交换机 VSS2 初始化配置。

```
VSS2# configure terminal                                         ;进入全局配置模式
VSS2 (config)# switch virtual domain 1                           ;设置 VSU domain id=1，与 VSS1 同域
VSS2 (config-vs-domain)# switch 2                                ;设置 VSS1 switch id=2，同域中的第 2 台设备
VSS2 (config-vs-domain)# switch 2 priority 110                   ;配置 VSS1 优先级=110，指定 VSS2 为从设备
VSS2 (config-vs-domain)# switch 2 description VSS2               ;配置设备的描述信息= VSS2
VSS2 (config-vs-domain)# exit                                    ;退出 VSU 域配置
VSS2 (config)# vsl-aggregateport 1                               ;进入 VSL 聚合端口 1 配置
VSS2 (config-vsu-ap)# port-member interface TenGigabitEthernet 2/1 fibber   ;设置 TG2/1 为 VSL 组 1
VSS2 (config-vsu-ap)# port-member interface TenGigabitEthernet 2/2 fibber   ;设置 TG2/2 为 VSL 组 1
VSS2 (config-vsu-ap)# exit                                       ;退出 VSL 聚合端口配置
VSS2 (config)# exit
```

（3）设置 VSS1 和 VSS2 交换机的 BFD 及心跳接口。

```
VSS1#configure terminal                                          ;VSS1 进入全局配置模式
VSS1 (config)#interface GigabitEthernet 1/2/1                    ;选择 VSS1 线卡第 1 口为 BFD 接口
VSS1 (config-if-GigabitEthernet 1/2/1)#no switchport             ;设置 BFD 接口为路由接口
VSS1 (config-if-GigabitEthernet 1/2/1)#exit                      ;退出 BFD 接口配置
VSS2#configure terminal                                          ;VSS2 进入全局配置模式
```

```
VSS2(config)#interface GigabitEthernet 2/2/1                     ;选择 VSS2 线卡第 1 口为 BFD 接口
VSS2(config-if-GigabitEthernet 2/2/1)#no switchport              ;设置 BFD 接口为路由接口
VSS2(config-if-GigabitEthernet 2/2/1)#exit                       ;退出 BFD 接口配置
VSS1(config)#switch virtual domain 1                             ;VSS1 进入虚拟交换域 1 模式
VSS1(config-vs-domain)#dual-active detection bfd                 ;打开 BFD 双活性检测开关，默认关闭
VSS1(config-vs-domain)#dual-active bfd interface GigabitEthernet 1/2/1   ;设置 VSS1 心跳端口
VSS2(config-vs-domain)#dual-active bfd interface GigabitEthernet 2/2/1   ;设置 VSS2 心跳端口*
```

（4）指定 VSS1 和 VSS2 的例外接口。VSU 的 VSL 链路故障时，BFD 链路将根据双主机报文的收发，检测出双主机存在。此时，VSU 将根据双主机检测规则选择一台交换机（低优先级设备）进入恢复（Recovery）模式。除 VSL 端口、MGMT 端口（MGMT 是网络管理端口，可以单独设置一个 IP 地址，直接用网线连接，Telnet 登录以网页模式管理设备）和管理员指定的例外端口（保留作为设备其他端口 shutdown 时可以 Telnet）以外，其他端口都被强制关闭。为了能够管理交换机，要设置例外接口。

```
VSS1(config-vs-domain)# dual-active exclude interface ten1/1/2   ;指定 VSS1 例外口，上连路由口保
                                                                  留，出现双主机时可以 telnet
VSS2(config-vs-domain)# dual-active exclude interface ten2/1/2   ;指定 VSS2 例外口，上连路由口保
                                                                  留，出现双主机时可以 telnet
```

（5）连接好 VSL 链路，并确定接口已经 UP。

（6）保存两台设备的配置，并一起切换为 VSU 模式。

```
VSS1# wr                                                         ;保存核心交换机 1 的配置
VSS1# switch convert mode virtual                                ;VSS1 转换为 VSU 模式
Are you sure to convert switch to virtual mode[yes/no]:yes       ;输入 yes
Do you want to recove"ryconfig.text"from"virtual_switch.text"[yes/no]:no     ;输入 no
VSS2# wr                                                         ;保存核心交换机 2 的配置
VSS2# switch convert mode virtual                                ;VSS1 转换为 VSU 模式
Are you sure to convert switch to virtual mode[yes/no]:yes       ;输入 yes
Do you want to recovery"config.text"from"virtual_switch.text"[yes/no]:no     ;输入 no
```

选择转换模式后，设备重新启动，并组建 VSU。VSU 建立时间通常需要 10min 左右，需耐心等待。如果 VSL 链路此时尚没有连接，或对端交换机还未重启，则交换机默认会在 10min 内一直等待对端启动并持续打印 log 提示“June 6 15:17:18: %VSU-5-RRP_TOPO _INIT: Topology initializing, please wait for a moment”。

（7）确认 VSU 建立成功。① 通过主机（本例主机为 VSS1）管理 VSU；② VSU 主机（VSS1）的引擎 Primary 灯绿色常亮，VSU 从机（本例从机为 VSS2）的 Primary 灯灭，可以用来判断主从机关系（高优先级的设备会成为主机）；③ VSU 建立后，从机 Console 口默认不能进行管理，可连续按 4 次 Esc+C 组合键，打开输出开关。建议使用 session device 2 slot （m1,m2 , 线卡槽位）登录其他设备查看信息；④ 全局模式下使用上节“show”命令，检查 VSU 功能，通过检查，可判断主从设备配置是否正确。

（8）使用 show switch virtual role 命令检查主设备是否符合预期，如图 4.18 所示。

```
VSS1# show switch virtual role
Switch_id  Domain_id  Priority   Position   Status  Role          Description
------------------------------------------------------------------------------------------
1(1)       100(100)   210(210)   LOCAL      OK      ACTIVE        VSS1 ------>ACTIVE表示主机
2(2)       100(100)   110(110)   REMOTE     OK      STANDBY       VSS2 ------>STANDBY表示从机
```

图 4.18　VSU 设备工作状态检查

3．VSU 端口聚合配置

通过以上步骤，两台 RG-S8605E 组成了 VSU。由于核心层与汇聚层采用 OSPF 协议互连，因此，VSU 与 RG-S3760E 采用三层口（路由接口）聚合连接。在主设备（VSS1）建立聚合口，配置为路由口（no switchport）；分别将 VSS1 和 VSS2 千兆光口配置为路由口（no switchport），将该口设置为聚合口；配置与汇聚设备 RG-S3760E 互联 IP 地址。VSU 与汇聚设备互连参数设置，如表 4.8 所示。

表 4.8　VSU 与汇聚设备互连参数设置表

VSU	端口	聚合口	互连地址	汇聚设备	端口	聚合口	互连地址
VSS1	G1/2/2	2	176.16.1.1	VSS3	G1	1	176.16.1.2
VSS2	G2/2/2				G2		
VSS1	G1/2/3	3	176.16.1.5	VSS4	G1	1	176.16.1.6
VSS2	G2/2/3				G2		
VSS1	G1/2/4	4	176.16.1.9	VSS5	G1	1	176.16.1.10
VSS2	G2/2/4				G2		
VSS1	G1/2/5	5	176.16.1.13	VSS6	G1	1	176.16.1.14
VSS2	G2/2/5				G2		

（1）VSU 与汇聚交换机 VSS3 端口聚合互连配置

```
VSS1(config)#interface aggregateport 2                                ;配置 VSS1 聚合口 2
VSS1(config-if-AggregatePort 2)#no switchport                         ;路由接口
VSS1(config-if-AggregatePort 2)#description linktoVSS3                ;连接 VSS3
VSS1(config-if-AggregatePort 2)#exit                                  ;退出
VSS1(config)#interface Gig 1/2/2                                      ;配置 VSS1 的光口 Gig 1/2/2
VSS1(config-if-GiggabitEthernet 1/2/2)#no switchport                  ;Gig 1/2/2 为路由口
VSS1(config-if-GiggabitEthernet 1/2/2)#description linkto VSS3        ;连接 VSS3
VSS1(config-if-GiggabitEthernet 1/2/2)#port-group 2                   ;Gig 1/2/2 植入聚合口 2
VSS1(config-if-GiggabitEthernet 1/2/2)#exit                           ;退出
VSS2(config)#interface Gig 2/2/2                                      ;配置 VSS2 的光口 Gig 2/2/2
VSS2(config-if-GiggabitEthernet 2/2/2)#no switchport                  ;Gig 2/2/2 为路由口
VSS2(config-if-GiggabitEthernet 2/2/2)#description linktoVSS3         ;连接 VSS3
VSS2(config-if-GiggabitEthernet 2/2/2)#port-group 2                   ;Gig 1/2/2 植入聚合口 2
VSS2(config-if-GiggabitEthernet 2/2/2)#exit                           ;退出
VSS1(config)#interface aggregateport 2                                ;进入 VSU 聚合口 2
VSS1(config-if-AggregatePort 2)#ip add 172.16.1.5 255.255.255.252     ;配置接口互连地址和掩码
VSS1(config-if-AggregatePort 2)#exit                                  ;退出
```

（2）汇聚交换机 VSS3 端口聚合与 VSU 互连配置

```
VSS3(config)#interface aggregateport 2                              ;配置 VSS3 聚合口 1
VSS3(config-if-AggregatePort 1)#no switchport                       ;路由接口
VSS3(config-if-AggregatePort 1)#description linktoVSU               ;连接 VSU
VSS3(config-if-AggregatePort 1)#exit                                ;退出
VSS3(config)#interface Gig 1/1                                      ;配置 VSS3 的光口 Gig 1/1
VSS3(config-if-GiggabitEthernet 1/1)#no switchport                  ;Gig 1/1 为路由口
VSS3(config-if-GiggabitEthernet 1/1)#description linkto VSU         ;连接 VSU
VSS3(config-if-GiggabitEthernet 1/1)#port-group 1                   ;Gig 1/1 植入聚合口 1
VSS3(config)#interface Gig 1/2                                      ;配置 VSS3 的光口 Gig 1/2
VSS3(config-if-GiggabitEthernet 1/2)#no switchport                  ;Gig 1/2 为路由口
VSS3(config-if-GiggabitEthernet 1/2)#description linkto VSU         ;连接 VSU
VSS3(config-if-GiggabitEthernet 1/2)#port-group 1                   ;Gig 1/2 植入聚合口 1
VSS3(config-if-GiggabitEthernet 1/1)#exit                           ;退出
```

通过以上步骤，核心层 VSU 端口聚合与汇聚层 VSS3 交换机互连配置完成。按照以上配置方法可完成 VSU 与 VSS4、VSS5 和 VSS6 的端口聚合互连配置。

4．OSPF 互连接口与 GR 配置

园区网核心层与汇聚层可采静态路由协议互连（参见 3.6.4 节），也可采用 OSPF 动态路由协议互连（参见 4.3 节）。通常，园区网汇聚层路由交换机较多时，网络互连采用 OSPF 协议。

（1）IP 地址分配。VSU 设备 VSS1、VSS2 与 VSS3～VSS6 组网 OSPF 网络，网络互连地址为 172.16.1.0～172.16.1.255，掩码为 255.255.255.252（最小子网掩码）。VSS3～VSS6 接入网络地址为 172.16.1.0～172.16.5.0，子网掩码为 255.255.255.0。IP 地址分配如表 4.9 所示。

表 4.9　IP 地址分配

VSU 设备与汇聚设备名称	子网 IP 地址范围	子网掩码
VSS1,VSS2;VSS3～VSS6,OSPF 网络	172.16.1.0～172.16.1.255	255.255.255.252
VSS3 接入网络	172.16.2.0～172.16.2.255	255.255.255.0
VSS4 接入网络	172.16.3.0～172.16.3.255	255.255.255.0
VSS5 接入网络	172.16.4.0～172.16.4.255	255.255.255.0
VSS6 接入网络	172.16.5.0～172.16.5.255	255.255.255.0

（2）配置 OSPF 接口。VSU 聚合口和汇聚设备互连的三层接口修改为 OSPF 接口，其类型为 point-to-point，对端需要同样修改。VSU 聚合口 2 连接 VSS3、聚合口 3 连接 VSS4、聚合口 4 连接 VSS5、聚合口 5 连接 VSS6。

```
VSS1 (config)#interface aggregateport 2                             ;进入 VSU 聚合口 2 配置
VSS1 (config-if-AggregatePort 2)#ip ospf network point-to-point     ;设置为 OSPF 接口 point-to-point
VSS1 (config-if-AggregatePort 2)#exit                               ;退出
VSS3 (config)#interface aggregateport 1                             ;进入 VSU 聚合口 2 配置
VSS3 (config-if-AggregatePort 1)#ip ospf network point-to-point     ;设置为 OSPF 接口 point-to-point
VSS3 (config-if-AggregatePort 1)#exit                               ;退出
```

按照以上方法，分别配置 VSU-VSS4、VSU-VSS5、VSU-VSS6 互连聚合口为 OSPF 接口。

（3）配置 OSPF GR。核心层两设备构建 VSU 后，双引擎主、备交换机切换时，OSPF 动

态路由协议邻居会重新建立，将导致网络中断或数据流路径切换。为了解决此问题，交换机需要配置平滑重启（Graceful Restart，GR）协议。该协议的作用是在 OSPF 路由协议重启时，能够保持路由器间的 OSPF 邻居关系不中断，保障按照原有路径转发，保障关键业务不中断。OSPF GR 功能需要邻居设备支持并开启 GR Helper（如锐捷设备支持 GR Helper，默认开启，不需配置），邻居不具备 GR Helper 功能时，VSU 主从设备异常切换时，OSPF 邻居关系依然会中断，造成网络短暂中断。

```
VSS1(config)#router ospf 100                 ;设置 VSS1 OSPF 路由进程 ID=100
VSS1(config-router)#graceful-restart         ;开启 VSS1 GR 功能
VSS2(config)#router ospf 100                 ;设置 VSS2 OSPF 路由进程 ID=100
VSS2(config-router)#graceful-restart         ;开启 VSS2 GR 功能
```

4.7.3 交换机 VSD 配置

虚拟设备单元（Virtual Switch Device，VSD）是一种将一台物理设备虚拟成多个逻辑设备的网络虚拟化技术，每台逻辑设备是一个 VSD。每个 VSD 拥有独立的硬件及软件资源，包括独立的接口、CPU，独立路由维护表和转发表，以及配置文件。对于用户来说，每个 VSD 就是一台独立的设备。

1. 组网准备

通常，一栋写字楼内分布了各种业务的用户。为了保障用户数据安全隔离，以及简化网络运维管理，可采用一台性能较好的路由交换机组网，如 RG-S8605E。该设备支持 VSD（Virtual Switch Device，虚拟交换设备）技术，可将一台设备虚拟化为多台虚拟设备，每台虚拟设备具有独立的配置管理界面、独立硬件资源分配，可以独立重启而不影响其他虚拟交换机。

假设，该写字楼入住了三种业务的用户群。RG-S8605E 配置 M8600E-48GT-ED 线卡（48 端口千兆以太网 RJ-45 接口板）3 个。在 RG-S8605E 设置三个区域 VSDA、VSDB 和 VSDC，每个区域分配一个 M8600E-48GT-ED 线卡，分别插入 1~3 槽，如图 4.19 所示。RG-S8605E 安装 VSD 功能 license，创建 VSDA，为 VSDA 分配物理端口 1/1-48；创建 VSDB，为 VSDB 分配物理端口 2/1-48；创建 VSDC，为 VSDC 分配物理端口 3/1-48。

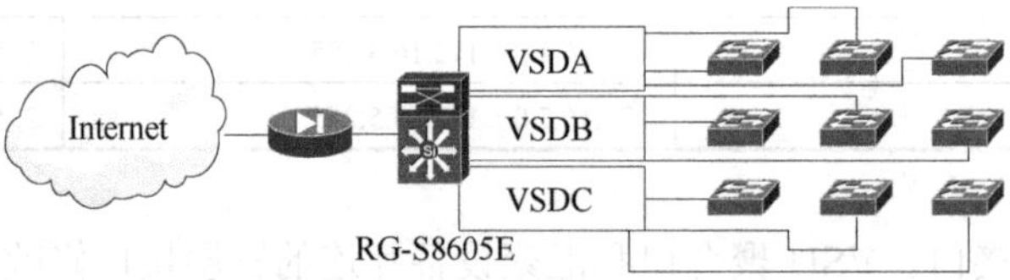

图 4.19 交换机 VSD 组网示意图

2. 配置 VSD

（1）安装 VSD 功能 license，RG-S8605E 名称为 S86E。

```
S86E# configure terminal                                  ;进入全局配置模式
S86E (config)# license install usb0:/LIC-VSD00000002328406.lic   ;设置 VSD license
Success to install license file, service name: LIC-N18000-VSD
```

（2）创建 VSDA。

```
S86E #configure terminal                 ;进入全局配置模式
```

S86E (config)#vsd VSDA　;配置 VSDA

S86E (config-vsd)#allocate int gi 1/1　;将 Gi1/1 所在端口组划入 VSDA，端口组基于芯片划分，多芯片线卡可将不同芯片端口划入不同 VSD。同芯片端口不能拆封至不同 VSD

Moving ports will cause all config associated to them in source vsd to be removed. Are you sure to move the ports? [yes] yes　;输入 yes，端口划入 VSD，端口原有配置丢失

S86E (config-vsd)#exit　;退出 VSDA 配置

（3）创建 VSDB。

S86E # configure terminal　;进入全局配置模式

Ruijie(config)# vsd VSDB　;配置 VSDB

S86E (config-vsd)# allocate int gi 2/1　;将 Gi2/1 所在端口组划入 VSDB

Moving ports will cause all config associated to them in source vsd to be removed. Are you sure to move the ports? [yes] yes　;输入 yes，端口划入 VSD，端口原有配置丢失

S86E (config-vsd)#　;退出 VSDB 配置

（4）创建 VSDC。

S86E # configure terminal　;进入全局配置模式

S86E (config)# vsd VSDC　;配置 VSDC

S86E (config-vsd)# allocate int gi 3/1　;将 Gi3/1 所在端口组划入 VSDC

Moving ports will cause all config associated to them in source vsd to be removed. Are you sure to move the ports? [yes] yes　;输入 yes，端口划入 VSD，端口原有配置丢失

S86E (config-vsd)#　;退出 VSDC 配置

（5）查看 VSD 端口线卡划分。

S86E-N18K #show vsd all　; show vsd all 命令可以查看所有 VSD 端口线卡详细划分情况

例如，VSDA 端口线卡划分如下：

vsd_id: 1　;VSD 编号

vsd_name: VSDA　;VSD 名称

vsd mac address: 00d0.f876.988a　;VSD 物理地址

interface:GigabitEthernet 1/1 GigabitEthernet 1/2　;VSD 的端口

……

3. VSD 管理配置

S86E (config)# switchto vsd VSDA　;进入 VSD 配置模式，进行 VSDA 配置

S86E-VSDA> enable　;普通用户模式下，输入 enable，进入特权用户模式

S86E-VSDA# configure terminal　;进入 VSD 全局配置模式

S86E-VSDA (config)#int mgmt 0　;配置 mgmt 0 端口

S86E-VSDA (config-if-Mgmt 0)#ip address 10.1.1.10 255.255.255.0　;设置 Mgmt 0 的 IP 地址

VSDA 可看成一台独立设备，配置 VSDA 的静态路由、动态路由 OSPF、VALN 等协议，可按照实际组网需求完成，参考单机进行。

S86E-VSDA (config-if-Mgmt 0)#end　;结束 Mgmt 0 配置

S86E-VSDA #switchback　;退出 VSD 配置模式

VSDB 配置方法与 VSDA 一样，其中 Mgmt 0 的 IP 地址可设置为 10.1.1.20 255.255.255.0。VSDC 配置方法与 VSDA 一样，其中 Mgmt 0 的 IP 地址可设置为 10.1.1.30 255.255.255.0。

通过 VSD 技术，可以将一台物理设备虚拟成多台逻辑设备。一台物理设备可以承担逻辑

拓扑中的多个网络节点的数据通信任务。VSD 技术可以最大限度地利用现有资源，降低网络运维成本。同时，不同的 VSD 可以部署不同的业务，实现业务隔离及故障隔离，提高网络的安全性和可靠性。

4.8 企业网系统虚拟化案例

局域网系统虚拟化是一种采用云计算技术，对网络拓扑结构进行简化、整合及优化的网络再造工程。其目的是提高企业网（含校园网、政府网等）基础架构的高可用性、可扩展性，以及降低互连互通配置的复杂性，从而以较低的成本为企业提供稳定与可靠的网络。

4.8.1 需求分析

经过多年发展，某企业采用“有线+无线”网络技术，构建了覆盖全企业的高速网络。企业用户使用各种数据终端，可随时随地访问企业资源和互联网资源。企业网资源主要有 Web 门户站点、邮件系统、各职能部门的管理信息系统（MIS）、多媒体会议系统、网络培训课程、企业生产资源库、网络办公系统等。这些应用系统基本上是孤岛，分在在数十台物理服务器和存储设备上。应用高峰期时，一些服务器响应不及时，不能满足用户需求。还有一些应用频度不高，独享物理设备，造成资源利用率低，消耗电能多等问题。

解决以上问题的最佳途径，就是采用云计算技术，对原有的企业信息服务基础设施（网络设备、服务器、存储设备等）进行技术改进。通过资源虚拟化技术，将校园原有网络核心交换设备、服务器与存储设备和新添的服务器与存储、网络核心交换等设备，整合成简化、高效的企业信息服务基础设施。

4.8.2 企业简网络整体架构

某企业网为三层（核心、汇聚、接入）架构。为了企业网高可用性，核心交换机和汇聚交换机采用双链路连接，企业主干网为环路结构。为了处理主干网交换机之间多路径冗余，避免形成环路，交换机需要设置 VRRP 和 MSTP 等协议。使网络管理复杂性加大，网络维护成本加大。采用网络系统虚拟化技术，可以有效地解决这些问题。

1．统一交换的企业简网络

企业网是企业各种应用的统一通信平台，主干网要求具有安全、可靠、高带宽等特性。目前，锐捷推出的 VSU 2.0 网络虚拟化技术，具备和满足了云计算的“超大规模、超高性能、灵活架构、高可扩展及智能管理”的基本特征和要求。该技术采用统一交换架构，支持多种业务融合。可将 2~4 台网络设备虚拟化成一台设备，并将这些设备看成单一设备进行管理与使用。采用 VSU2.0 技术架构的企业简网络，如图 4.20 所示。

企业简网络总体分成三大区域：企业互连区、网络出口区和数据中心区。其中，企业互连区又分为核心交换区、汇聚交换区和用户接入区。企业网络支持 IPv4/IPv6 双栈路由协议，核心区设备与汇聚区设备采用 OSPF 协议互连。核心交换区位于企业数据中心，通过 VSU2.0 技术将 2 台 S8610E（配置 2 个管理引擎模块、2 个交换网板）横向虚拟化成核心交换设备。用户密集的厂区楼宇汇聚层部署多台 S5750E，用户较少厂区楼宇部署 S3760E 路由交换机。

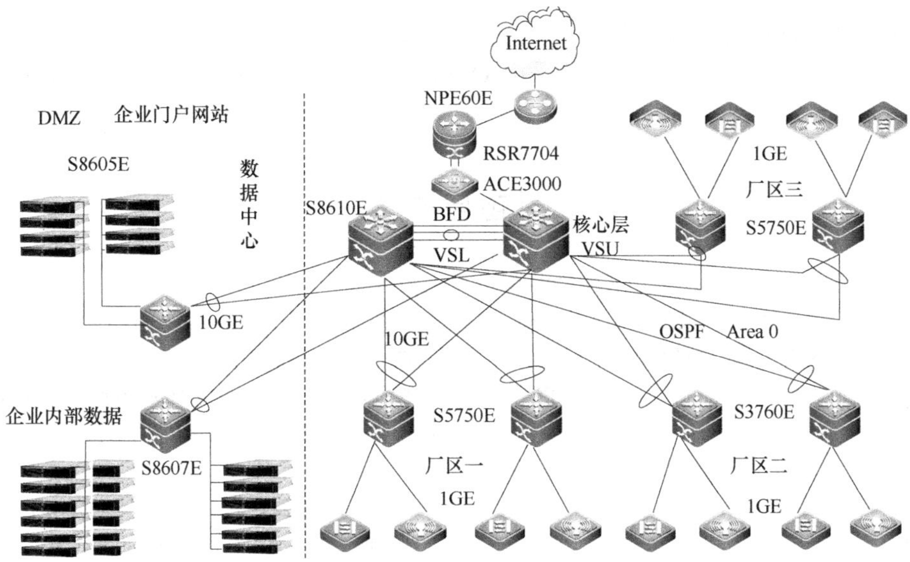

图 4.20 企业混合云网络拓扑结构

数据中心由企业门户网站(DMZ 区)和企业内部数据区组成。在 DMZ 区部署 1 台 S8605E (配置 2 个管理引擎模块和 1 个防火墙板卡)，在企业数据区部署 1 台 S8607E (配置 2 个管理引擎模块和 1 个防火墙板卡)。DMZ 区通过防火墙卡与内网逻辑隔离，外网、内网均可访问。企业内网数据区通过防火墙卡保护，仅内网可访问。由 2 台 S8610E 组成的 VSU 分别与 S8607E、S8605E 和 S5750E 及 3760E 路由交换机，采用跨机箱的端口聚合链路连接。

企业网出口区，部署流控设备 ACE3000、路由器 RSR7704 和出口网关 NPE60E。NPE60E 连接 Internet。RSR7704 上连 NPE60E，下连 ACE3000。ACE3000 下连 VSU 中的 S8610E。

从图 4.20 看出，服务器区域 S8605E/S8607E、汇聚区域 S5750E/S3760E 均通过路由口上连核心 VSU。服务器网关和用户网关均分布在汇聚设备上，汇聚与核心设备运行 OSPF 协议，均在 Area 0 中。在出口区域，RSR7704 通过双链路串接 ACE 的双桥，连接到核心 VSU。由于路由器不支持聚合，所以和核心 VSU 的互连采用双链路，配置 OSPF，通过负载均衡或调整链路 OSPF COST 来实现主备路径。

2. 网络虚拟化的优势

核心层采用 VSU 配置后成为了一个单一的逻辑设备。这样，核心层交换机与汇聚层交换机连接，演变为核心逻辑交换机与汇聚交换机的连接。交换机冗余互连链路减少了，网络拓扑结构简化了。这种简化的组网模式，不再需要配置 MSTP、VRRP 协议，也就简化了网络配置。同时，通过核心层 VSU 成员设备与汇聚层设备之间的双链路聚合，增加核心层与汇聚层的带宽，提高了网络可靠性。

S8610E 交互容量=21.33Tbit/s、包转发速率=6240Mpps。两台 S8610E 交换机组成 VSU，提升了核心层设备的性能，即交互容量=42.66Tbit/s、包转发速率=12480Mpps，以及逻辑交换机端口数量增加 1 倍。

3. 网络互连配置说明

网络互连配置参考 4.7.2 节，将 2 台 S8610E 配置成 VSU。VSU 与数据区 S8605E/S8607E，

以及汇聚层 S5750E 连接，均采用 2 个万兆光口聚合实现。VSU 与汇聚层 S3760E 连接，采用 2 个千兆光口聚合实现。企业网互联采用 OSPF 协议，参考 4.3 节中有关 OSPF 内容，完成 OSPF 协议配置。限于篇幅，不再赘述。

习题与思考四

4.1　画图描述路由器的组成，说明路由器与 PC 有何区别。

4.2　常用的路由协议有哪些？它们与被路由协议的关系如何？

4.3　局域网边界路由器的作用是什么？路由交换机的作用是什么？

4.4　某企业网计划升级改造。企业网 PC 增加到 3000 台，网络出口升级为 1000Mbps 连接 Internet。3000 台网络终端分布在 20 个楼宇，本次网络改造目的是限制不明数据流（不规则 VLAN 数据）对网络的冲击，提高网络通信稳定性。请设计技术解决方案。

4.5　目前流行的局域网虚拟化技术有哪些？画图描述 VSU 的概念模型，说明 VSU 组网技术要点有哪些。

4.6　画图描述 VSU 环型拓扑结构，在图中标注 VSU 组网元素，说明环状 VSU 有哪些优点及应用场景。

4.7　画图描述 VSU 双核心拓扑结构，在图中标注 VSU 组网元素，说明双核心 VSU 有哪些优点及应用场景。

4.8　画图描述交换机 VSD 拓扑结构，说明 VSD 有哪些优点及应用场景。

实　训　四

1．使用静态路由进行网络互连

（1）实训目的：了解静态路由的配置与运行过程，会运用静态路由、默认路由配置和连接多台路由器。

（2）实训资源、工具和准备工作：RSR20-04 路由器 3 台，其中 1 台作为汇聚路由器，2 台作为接入路由器，如图 4.21 所示；Windows 7 客户机 3 台；制作好的 UTP 网络连接线（双端均有 RJ-45 头）若干条，集线器或交换机 1 台或 2 台。子网划分与地址分配可参考 4.2.1 节内容。

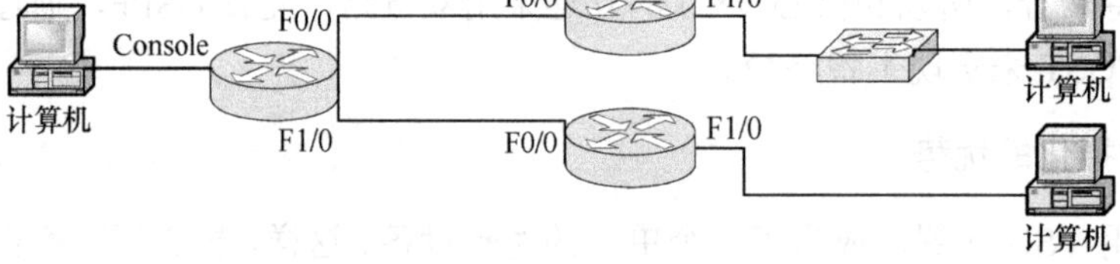

图 4.21　网络实训拓扑图一

（3）实训内容：按照 4.2 节的配置步骤，设置路由器名称、IP 地址、一般用户口令、特权用户口令、静态路由、默认路由。保存配置文件。重新启动路由器，调试网络，直至 3 台路由器互连成功。

（4）实训步骤：按照 4.2 节给出的命令操作示例，进行网络互连的配置与调试；写出实训报告。

2．使用 NAT 协议进行网络互连

（1）实训目的：了解 NAT 协议的配置与运行过程，会运用 NAT 配置路由器连接外网。

（2）实训资源、工具和准备工作：RSR20-04 路由器 2 台，网络实训拓扑如图 4.22 所示；Windows 7 客户机 2～4 台，制作好的 UTP 网络连接线（双端均有 RJ-45 头）若干条，集线器或交换机 2 台。子网划分与

地址分配可参考图 4.22。

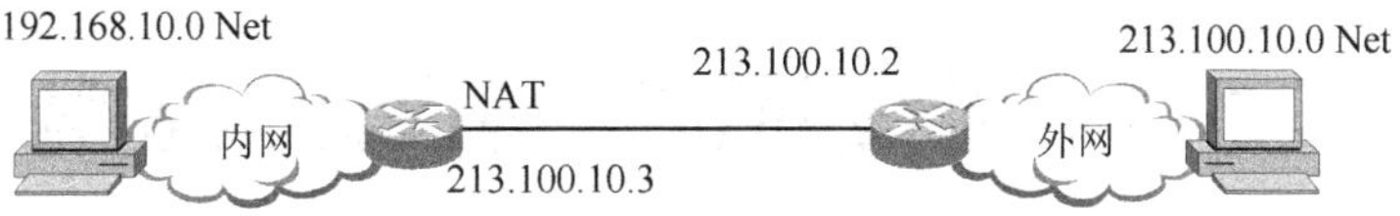

图 4.22 网络实训拓扑图二

（3）实训内容：按照 4.4.2 节的配置步骤，设置图 4.22 中各台路由器名称、IP 地址、一般用户口令、特权用户口令、NAT 路由。保存配置文件。重新启动路由器，调试网络，直至多台路由器互连成功。

（4）实训步骤：按照 4.4.2 节给出的配置操作示例，进行网络互连的配置与调试，写出实训报告。

3．使用 OSPF 协议进行网络互连（选做）

（1）实训目的：了解 OSPF 协议配置与运行过程，会使用多台路由交换机组建 OSPF 网络。

（2）实训资源、工具和准备工作：RSR3760E 交换机 5 台，网络实训拓扑如图 4.8 所示；Windows 7 客户机 5 台，制作好的 UTP 网络连接线（双端均有 RJ-45 头）若干条。子网划分与地址分配可参考表 4.4。

（3）实训内容：按照 4.3.2 节的配置步骤，设置图 4.8 中各台交换机名称、IP 地址、一般用户口令、特权用户口令、OSPF 协议。保存配置文件。重新启动路由器，调试网络，直至多台交换机互连成功。

（4）实训步骤：按照 4.3.2 节给出的配置操作示例，进行网络互连的配置与调试，写出实训报告。

第 5 章　无线局域网络设计与安装

如今，智能手机已成为人们日常工作、学习和生活的重要工具。无论是购买物品、各种票证，还是了解新闻、阅读小说、搜索问题答案，或者利用 QQ、微信及时沟通、分享观点或见闻，这一切均通过手机实现。手机无线上网有两种途径：一种是运营商的 3G、4G 网络，另一种是 WiFi 网络。人们无论是在房间（宿舍、办公室、教室等）内，还是在房间外，总是习惯用手机连接 WiFi。一个合格的网络管理员，除了会构建有线局域网外，还要会构建 WiFi 网络。这种 WiFi 就是大家熟悉的无线局域网。

本章简要介绍无线局域网技术标准，无线局域网组建技术路线。从无线漫游、MAC 层优化、双频多模物理层优化，以及智能无线技术等方面讨论了无线局域网性能改善的方法与技术。通过本章学习，从知识、情感及技能方面，达到以下目标。

（1）了解无线局域网发展过程，理解无线局域网技术标准（知识重点）。基本熟悉无线局域网组建与通信技术（知识重点），会设计简单的无线局域网技术方案（技能重点）。

（2）理解无线局域网性能改善的方法与技术，包括基于 IP 移动的无线漫游（知识难点），MAC 层优化、双频多模物理层优化（知识难点），以及智能无线技术（知识重点与难点）。

（3）理解无线校园网案例（知识重点），能够按照用户组建无线局域网的需求，采用“无线控制器+AP”的模式，设计无线局域网解决方案（技能重点与难点）。

5.1　无线局域网技术概述

无线局域网（Wireless Local Area Network，WLAN）是 20 世纪 90 年代计算机技术与无线通信技术相结合的产物。WLAN 采用无线信道接入网络，为数据移动通信和网络泛在服务提供了便利条件，已成为宽带接入的主要手段之一。现代通信技术的不断发展，使 IEEE 802.11 系列标准和技术在无线局域网中得到广泛应用。

5.1.1　IEEE 802.11b 技术

WLAN 通信标准是由美国电气和电子工程师协会（IEEE）制定的。1997 年，IEEE 802.11 标准的制定是无线局域网发展的里程碑。IEEE 802.11 标准定义了单一的 MAC 层和多样的物理层，其物理层标准主要有 IEEE 802.11b（含 WiFi）、IEEE 802.11a、IEEE 802.11g 和 IEEE 802.11n 等。

1999 年 9 月正式通过的 IEEE 802.11b 标准是 IEEE 802.11 协议标准的扩展。它支持 1、2、5.5、11Mbps 的数据速率，运行于 2.4GHz 的 ISM（Industrial Scientific and Medical，工业、科学和医疗）频段上，采用的调制技术是补码键控（Complementary Code Keying，CCK）。全球绝大多数国家通用 2.4GHz 的 ISM 频段，由此，IEEE 802.11b 在全球获得广泛应用。苹果公司把自己开发的 IEEE 802.11 标准起名为 AirPort。

1999 年，为了推动 IEEE 802.11b 规格的制定，组成了无线以太网相容性联盟（Wireless Ethernet Compatibility Alliance，WECA）。2000 年，改名为 WiFi（Wireless Fidelity）联盟。

WiFi 是无线局域网的“无线相容性认证”，实质上是一种商业认证，同时也是一种无线连网技术。IEEE 标准委员会于 2003 年 6 月发布了第三代 WiFi 标准 IEEE 802.11g，2009 年 9 月发布了第四代 WiFi 标准 IEEE 802.11n。

目前，WiFi 已成为智能手机、平板电脑等设备上的标准配置。在 WLAN 覆盖区域，用户使用智能手机的 WiFi 可连接网络，节省了 2G/3G/4G 数据流量费。2013 年，Wi-Fi 联盟宣布，将与无线吉比特联盟（WiGig）合并，将无线吉比特技术融入 WiFi，即第五代 WiFi 标准 IEEE 802.11ac。

5.1.2　IEEE 802.11a 技术

IEEE 802.11a 标准是 IEEE 802.11b 协议标准的延续。IEEE 802.11a 工作于 5GHz 频段，使用正交频分复用（Orthogonal Frequency Division Multiplexing，OFDM）调制技术，支持 54Mbps 的传输速率。依据信道传输状态，数据速率可降为 48、36、24、18、12、9 或者 6Mbps。由于 ISM 频段的射频频率 2.40～2.48GHz 是一个免费频段，有很多设备都使用该频率，十分拥挤。因此，采用 5GHz 的频带的 IEEE 802.11a 具有低冲突的优点。

然而，高载波频率也带来了负面效果，IEEE 802.11a 几乎被限制在直线范围内使用，这导致必须使用更多的无线访问接入点（Access Point，AP）。另外，IEEE 802.11a 与 IEEE 802.11b 工作在不同的频段上，导致 IEEE 802.11a 与 IEEE 802.11b 互不兼容。IEEE 802.11a 具备更高频宽的特性，适用于语音、数据、图像等业务传输，或 20～50 人的公众无线传输服务。对网络带宽要求不高或人数不多公共场合，采用 IEEE 802.11b 可满足需求。

5.1.3　IEEE 802.11g 技术

为了解决 IEEE 802.11a 与 IEEE 802.11b 互不兼容问题，提升 IEEE 802.11b 传输速率，2003 年 7 月，IEEE 802.11 工作组批准了 IEEE 802.11g 标准。该草案与以前的 IEEE 802.11 协议标准相比有两个特点：第一，在 2.4GHz 频段使用正交频分复用（Orthogonal Frequency Division Multiplexing，OFDM）调制技术，使数据传输速率提高到 20Mbps 以上，最高速率可达 54Mbps。第二，IEEE 802.11g 标准能够与 IEEE 802.11b 的 WiFi 系统互相连通，共存在同一 AP 的网络里，保障了后向兼容性。这样，原有的 WLAN 系统可以平滑地向高速无线局域网过渡，延长了 IEEE 802.11b 产品的使用寿命，降低了用户的投资。

IEEE 802.11g 采用直序列扩频调制（Direct Sequence Spread Spectrum，DSSS）及补码键控技术（Complementary Code Keying，CCK）、正交频分复用技术，以及分组二进制卷积编码调制（Packet Binary Convolution Code，PBCC）。IEEE 802.11g 采用 OFDM 和 CCK 等关键技术，保障较高的传输性能。为了与 IEEE 802.11b 兼容，采用了 CCK/OFDM 和 CCK/PBCC 作为可选调制方式。

5.1.4　IEEE 802.11n 技术

IEEE 802.11n 工作小组由高吞吐量研究小组发展而来，其任务是制定一项新的高速无线局域网标准，该标准于 2009 年 9 月批准。IEEE 802.11n 计划将 WLAN 的传输速率从 IEEE 802.11a 和 IEEE 802.11g 的 54Mbps 增加至 108Mbps 以上，最高速率可达 320Mbps。IEEE 802.11n 协议为双频工作模式，包含 2.4GHz 和 5GHz 两个工作频段。这样，IEEE 802.11n 保障了与 IEEE 802.11a、IEEE 802.11b、IEEE 802.11g 标准的兼容，见表 5.1。

表 5.1　常用无线局域网系列标准

标准编号	频率	带宽	距离	业务
IEEE 802.11	2.4GHz	1～2Mbps	100m，功率增加可扩展	数据
IEEE 802.11a	5.0GHz	54Mbps	5～10km，功率增加可扩展	数据、语音、图像
IEEE 802.11b	2.4GHz	11Mbps	100m，功率增加可扩展	数据、图像
IEEE 802.11g	2.4GHz	54Mbps	100m，功率增加可扩展	数据、语音、图像
IEEE 802.11n	2.4GHz,5GHz	108～320Mbps	5～10km，功率增加可扩展	数据、语音、图像

IEEE 802.11n 采用多输入多输出（Multiple Input Multiple Output，MIMO）与 OFDM 相结合，使传输速率成倍提高。另外，天线技术及传输技术，使得无线局域网的传输距离大大增加，可以达到几公里，并且能够保障 100Mbps 的传输速率。IEEE 802.11n 标准全面改进了 IEEE 802.11 标准，不仅涉及物理层标准，而且也采用新的高性能无线传输技术提升 MAC 层的性能，优化数据帧结构，提高网络的吞吐量性能。

IEEE 802.11ac 的核心技术是 IEEE 802.11a 技术的演进，工作在 5.0GHz 频段，保证向下兼容性。最大优势是数据传输通道大大扩充，在当前 20MHz 的基础上增至 40MHz 或者 80MHz，甚至有可能达到 160MHz。再加上大约 10%的实际频率调制效率提升，新标准的理论传输速度最高有望达到 1Gbps，是 IEEE 802.11n 300Mbps 的 3 倍多。

通常，WLAN 是在较复杂的电磁环境中，多径效应（移动体往来于建筑群与障碍物之间，其接收信号的强度将由各直射波和反射波叠加合成，多径效应会引起信号衰落）、频率选择性衰落和其他干扰源的存在，使无线信道中的高速数据传输比有线信道困难得多。因此，WLAN 需要采用合适的调制技术。

5.2　无线局域网组建基础

WLAN 与 LAN 相比，具有组网灵活、快捷、可移动通信等优势。随着 IEEE 802.11g、IEEE 802.11n 等标准的推出，无线局域网在传输速率和传输质量得到了很大的提高。然而，WLAN 绝不能取代 LAN，而是弥补 LAN 的不足（如网络用户无固定场所，有线局域网架设受环境限制或成本很高，以及 WLAN 作为 LAN 的备用系统），以达到延伸网络覆盖区域的目的。

5.2.1　无线局域网设备

WLAN 设备包括无线网卡、无线访问接入点（Access Point，AP）、无线集线器、无线网桥、无线路由器，以及以太网远程供电适配器（POE）和无线局域网天线等，如图 5.1 所示。几乎所有的 AP 都自带无线发射/接收功能，且通常是一机多用。

1．无线网卡

无线网卡有内置、外置两种。通常，笔记本电脑（含平板电脑）内置了 802.11b/802.11g 无线网卡，智能手机内置了 WiFi 模块。如果笔记本电脑没有内置无线网卡，需要移动连网时，就需要配置笔记本无线网卡。例如锐捷 RG-WSG108 笔记本网卡，采用第二代 802.11g 多模式高速芯片组，支持 108Mbps 高速传输。台式电脑一般没有内置无线网卡，需要无线连网时，可通过一种外置无线网卡，如锐捷 RG-WG54U 是外置 USB 无线网卡。RG-WG54U 采用 802.11g 芯片组，提供 USB 2.0 接口，可方便地配合笔记本、台式电脑使用，即插即用。

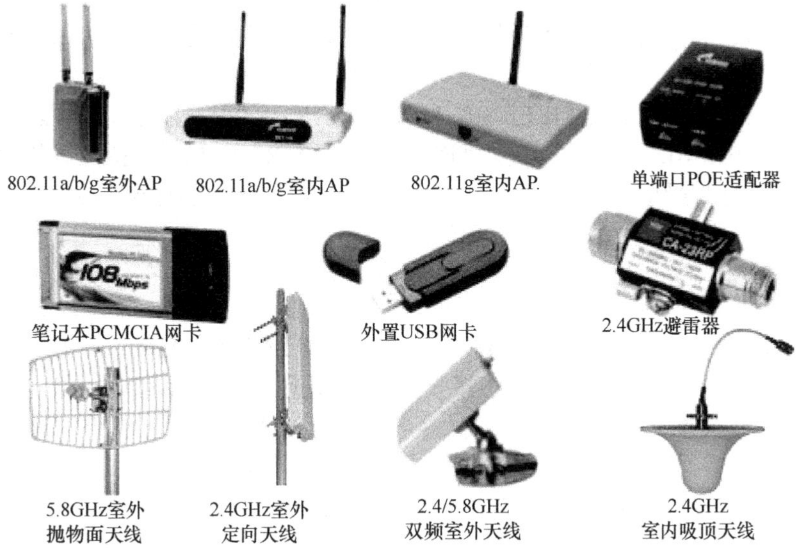

图 5.1　无线局域网设施形状一览图

2. 无线访问接入点

无线访问接入点（AP）通常又称为网络桥接器（网桥）。顾名思义，AP 是有线局域网与无线局域网连接的桥梁。任何一台装有无线网卡的电脑均可通过 AP 连接有线网络。AP 本身还兼有网管功能，可对覆盖范围内的无线终端进行管理。AP 有室内、室外两种。

（1）室内 AP。通常，室内 AP 采用高增益设计，即 AP 附加的室内多向天线具有良好的无线发射/接收功能，微波可穿透 30cm 的砖墙。例如 RG-WG54P 基于 802.11b/g 设计，其内置的高速加密引擎支持临时密钥完整性协议（Temporal Key Integrity Protocol，TKIP）及 128 位分组对称加密算法 AES，并且不会出现性能衰减。RG-WG54P 在提供高速无线通信的同时，支持基于 802.3af 的以太网远程供电技术，可方便用户办公区域、公众环境构建无线接入网络。支持 802.1Q VLAN 划分技术，可快速实现用户分组，完成无线与有线的管理融合。具备快速实现漫游切换、广播风暴抑制、实时带宽管理等多项精细化功能。

（2）室外 AP。通常，室外 AP 采用双路双频高速芯片组设计。较大的发射功率配合内置或外接天线，可完全保障信号在室内和户外的传输，并加强了穿透障碍物的能力。室外 AP 具有较低的噪声指数，提高了接收灵敏度，使覆盖范围增大。例如 RG-P-780 支持 802.11a 和 802.11b/g 标准，提供双路无线信号覆盖与网桥互连。无线覆盖模式和无线网桥模式，均可以达到 108Mbps 高速传输，保证了高密度接入用户环境中的访问。同时，内置的高速加密引擎支持所有 TKIP 及 AES 协议且不会出现性能衰减。

3. 无线网供电适配器

无线局域网是通过室内、室外 AP 覆盖用户区域，AP 工作需要供电装置。AP 安装时，需要敷设通信线路（如 UTP 线缆）和电源线路。通常，应在无线覆盖区域的几何中心位置安装 AP，该位置敷设电源线不太方便，如将 AP 安装在大型会议室的天花板，或将 AP 安装在露天广场等。这时，需要采用无线以太网供电适配器（PoE），以降低 AP 部署施工难度及保障用电安全。

无线以太网供电适配器有两种：一种是单端口装置，如 RG-E-120，适应于 AP 与以太网交换机之间的连接；另一种是将 PoE 集成在以太网交换机内，这种交换机 RJ-45 口支持远程馈电，提供 PoE 功能。

无线以太网供电适配器按照 IEEE 802.3af 标准设计，RJ-45 端口提供远程电力续航功能。RJ-45 端口支持 MDI/MDIX 线缆自识别直连或交叉线缆。RJ-45 端口支持网线传输电力最大有效距离 100m，使远程受电 AP 部署更加灵活。无线以太网供电适配器具备短路保护功能，可避免因线路故障或安装错误引起的设备损坏。

4．无线局域网天线

天线是一种向空间辐射电磁波能量和从空间接收电磁波能量的装置。无线局域网天线按频段分为 2.4GHz 和 5GHz；按微波发射/接收方位分为栅状抛物面天线、板状定向天线及杆状全向天线。天线形状如图 5.1 所示。

通常，园区楼宇间敷设有线网络困难时，可采用支持双频的 AP 和天线架构无线网络。利用 2.4GHz 天线连接移动用户，利用 5GHz 天线实现 AP 互连及通信中继传输。例如 RG-A-811 工作于 2.4GHz 和 5.8GHz 频段范围，同时可提供无线接入和网桥双重功能，具有高穿透力的信号传输效果。该产品可广泛应用于大型楼宇楼道内覆盖、楼宇建筑墙体信号穿透覆盖、远距离无线网桥信号传输、复杂楼群无线信号中继等无线网络部署环境。可保证在 3～5km 半径（视环境而定）内的无障碍传输。

5．无线路由器

具有路由器功能的 AP 称为无线局域网路由器，适用于家庭网络、小型办公室网络，如 RG-WSG108R 无线宽带路由器。这类产品一般有 4 个 LAN 端口、1 个 WAN 端口。LAN 端口连接计算机，WAN 端口连接 GPON 光纤猫（连接 Internet）或楼宇交换机（连接 Internet）。无线路由器的天线连接笔记本电脑及支持 WiFi 的手机，如图 5.2 所示。用户上网时，在 AP 设置 ISP（Internet 服务提供者）账号，AP 通过 PPPoE（Point to Point Protocol over Ethernet）协议连接互联网宽带接入服务器，多台电脑可共享一个账号连接 Internet。AP 路由器还可以用于无线子网互连，将不同网络地址的局域网通过 IP 静态路由连接在一起。

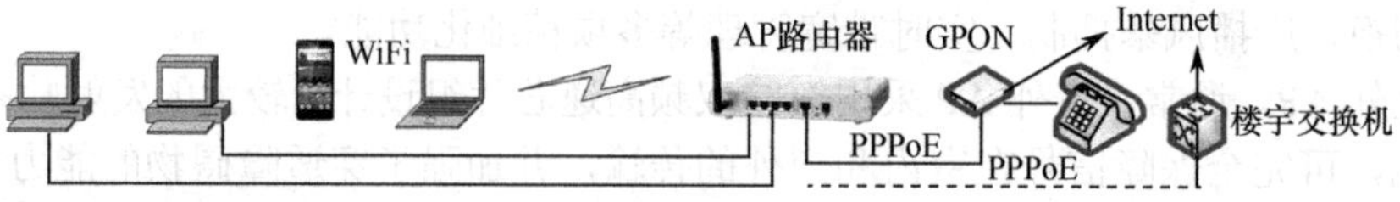

图 5.2　基于 AP 路由的家庭网络

5.2.2　无线局域网结构

1．无中心网络

无中心网络也称对等网络或 Ad-hoc（点对点）网络。数据通信不需要 AP，所有的移动终端（如笔记本电脑、智能手机等）都能点对点通信。该网络覆盖的区域称为独立基本服务集（Independent Basic Service Set，IBSS），IBSS 符合 IEEE 802.11 标准。

对等网络是最简单的无线局域网结构，如图 5.3 所示。在无线对等模式的局域网中，一个终端会自动设置为初始节点，对网络进行初始化，使所有同域（SSID 相同）的终端成为一个局域网，并且设定终端的协作功能，允许有多个终端同时发送信息。这样在 MAC 帧中，就同时有源地址、目的地址和初始节点地址。

图 5.3　无线对等局域网

一个对等无线局域网是由一组有 802.11b/g 的无线接口的计算机组成，这些计算机要有相同的工作组名、ESSID 和密码。对等无线局域网组建灵活，任何时间，只要两个或更多的无线接口都在彼此通信范围内，它们就可以建立一个独立的无线网络。对等网络中的一个节点（计算机、笔记本电脑、智能手机、平板电脑等）必须能同时检测到网络中的其他节点，否则就认为网络中断。因此，对等无线局域网只能用于少数用户的组网环境，如 2～4 个用户，并且他们离得足够近。

2. 有中心网络

有中心网络也称无线接入局域网，它以接入点 AP 为中心，所有移动终端（如笔记本电脑、智能手机等）通信要通过 AP 接转，如图 5.4 所示。相应地在 MAC 帧中，同时有源地址、目的地址和接入点地址。通过各终端的响应信号，接入点 AP 能在内部建立一个像路由表那样的“桥连接表”，将各个终端和端口一一联系起来。AP 通过查询“桥连接表”进行数据接收与转发。

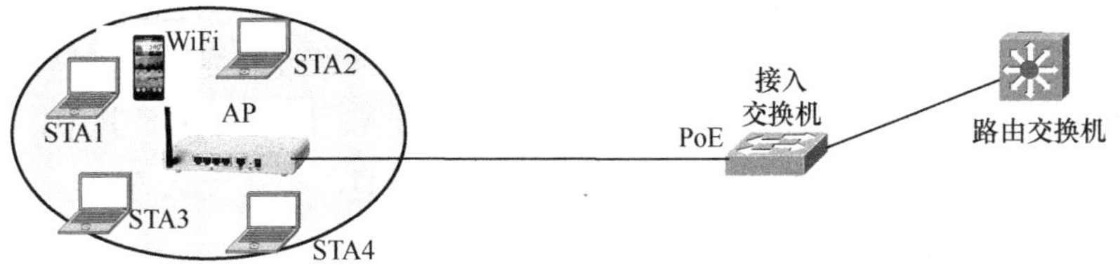

图 5.4　以 AP 为中心的无线网结构

无线接入局域网是目前流行的一种宽带接入方式。例如采用 802.11n/2.4GHz 频段的 AP（108～300Mbps 接入速率），可满足 30～50 个移动用户连网，共享出口带宽访问 Internet。无线宽带接入，非常适合公共场所的无线覆盖，如候车大厅、办事大厅、图书馆、会议室、报告厅、教室、休闲广场、酒店大堂等区域。

3. 无线网中继

无线网中继是以两个无线网桥建立的点对点（Point to Point）连接，如图 5.5 所示。例如企业或学校有多个分子机构均有局域网，但地理位置相距数公里，不具备敷设光缆的条件或租用光缆费用较高，可采用无线网中继将多个局域网连接在一起。这种远距离无线中继，需要架设高增益定向天线，天线增益可达 24dB。

无线中继连接模式多种多样，如采用双频（5GHz/2.4GHz）三模（802.11a/b/g/n）高增益天线的 AP，可以组建住宅小区无线网络。用 802.11a/5GHz 实现 AP 之间中继连接，用 2.4GHz/802.11g/n 覆盖用户住所。

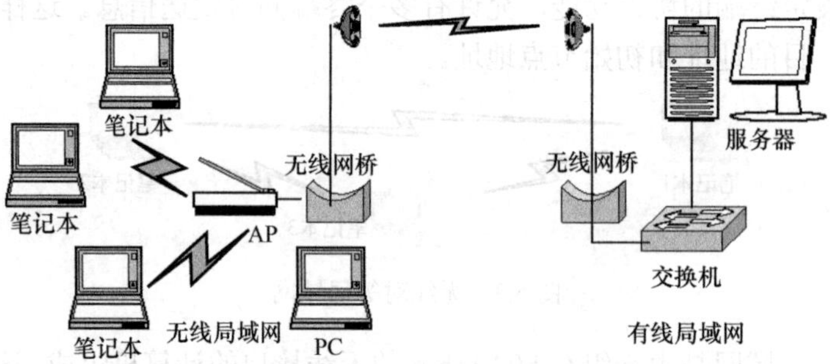

图 5.5　无线网中继连接示意图

5.2.3　CSMA/CA 通信机制

从理论上讲，MAC 层的 CSMA/CD 协议完全能够满足局域网的多用户信道竞争问题。但是，无线局域网不像有线局域网的广播帧容易控制，来自其他 LAN 中的用户传输会干扰 CSMA/CD 的操作。在无线环境中，因为发送设备的功率通常要比接收设备的功率强得多，检测冲突是困难的。因此，不可能中止互相冲突的传输，在这种情况下，需要一个能够避免冲突的通信机制。

由于 WLAN 存在着隐藏站点，并且大多数无线通信都是半双工的，它们不能在同一频率上发送的同时监听突发噪声，因此 IEEE 802.11 采用了 CSMA/CA 技术。CA 表示冲突避免，这种协议实际上是在发送数据帧前需对信道进行预约。

在无线通信中，简单使用 CSMA 协议侦听到没有其他发送者，自己即可发送时，很容易给接收方造成干扰。由于无线终端彼此不相邻，通信竞争时导致的终端不能监测到的情况称为隐藏终端问题，如图 5.6 所示。该图中有 4 个无线终端 A、B、C、D，其中，A 和 B 的无线电波范围互相重合并且可能互相干扰，C 可能干扰 B 和 D，不会干扰 A。

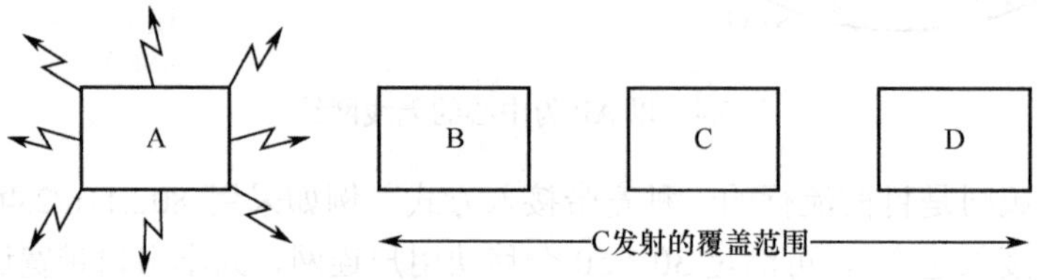

图 5.6　隐藏终端示意图

现假定 A 向 B 发送，C 在侦听。因为 A 在 C 的范围之外，所以 C 听不到 A，会错误地认为它也可以发送。如果 C 在此时开始发送，它就会干扰 B，从而破坏了从 A 传来的数据帧。问题的关键是，在开始传送之前终端想知道在接收方周围是否还有其他数据传输活动。而 CSMA 只告诉在要发送的终端周围是否有数据传送活动的进行。

有线以太网中，发送数据的终端会将数据传播到所有的终端。为了避免冲突，在同一时刻只能有一个终端发送。但在小范围无线通信系统中，如果多个发送者的目标均不相同，并且传送范围互不影响，那么就可同时进行。

利用 CSMA/CA 通信机制可消解隐藏终端问题。其基本思想是：发送方激发接收方，使其发送一短帧，在接收方的周围的终端就会监测到这个短帧，从而使它们在接收方有数据帧到来期间不会发送自己的数据帧。

5.2.4　无线局域网服务区

无线局域网服务区包括基本服务设置（Basic Service Set，BSS）和扩展服务设置（Extended Service Set，ESS），如图 5.7 所示。BSS 由一个无线访问点 AP 及与其关联的无线终端（STA）构成，在任何时候，任何无线终端都与该无线访问点 AP 关联。换句话说，一个无线访问点 AP 所覆盖的微蜂窝区域就是基本服务区。无线终端与无线访问点关联采用 AP 的 BSSID，在 802.11 中，BSSID 是 AP 的 MAC 地址。

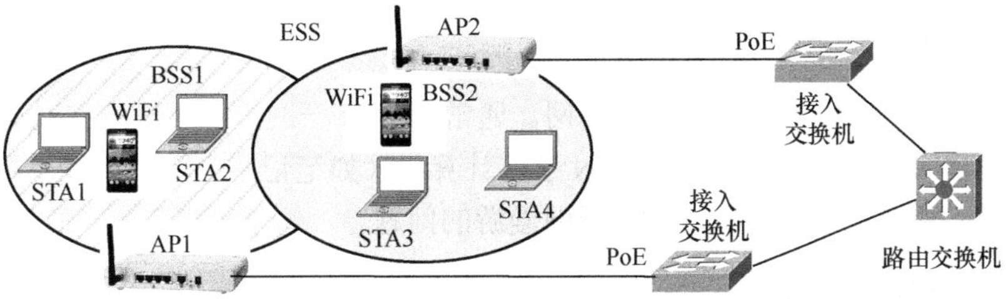

图 5.7　BSS 与 ESS 网络结构

扩展服务区 ESS 是由多个 AP 及连接无线终端（笔记本电脑、智能手机等）组成的无线网络，所有 AP 必须共享同一个 ESSID，也可以说，扩展服务区 ESS 中包含多个 BSS，如图 5.7 所示。扩展服务区只包含物理层和数据链路层，网络结构不包含网络层及其以上各层。因此，对网络层 IP 协议来说，一个 ESS 就是一个 IP 子网。

无线局域网通信时，终端加入一个 BSS，终端从一个 BSS 移动到另一个 BSS，实现区间的漫游。一个终端访问现存的 BSS 需要几个阶段。首先，终端加电开机运行，过后进入睡眠模式或者进入 BSS 小区。终端始终需要获得同步信号，该信号一般来自 AP 接入点。终端则通过主动和被动扫频来获得同步。主动扫频是指终端启动或关联成功后扫描所有频道。一次扫描中，终端采用一组频道作为扫描范围；如果发现某个频道空闲，就广播带有 ESSID 的探测信号，AP 根据该信号做响应。被动扫频是指 AP 每 100ms 向外传送灯塔信号，包括用于终端同步的时间戳，支持速率以及其他信息，终端接收到灯塔信号后启动关联过程。

无线局域网为防止非法用户接入，在终端定位了接入点，并取得了同步信息之后，就开始交换验证信息。验证业务提供了控制局域网接入的能力，这一过程被用来建立合法接入的身份标志。终端经过验证后，关联就开始了。关联用于建立无线访问点和无线终端之间的映射关系，实际上是把无线变成有线网的连线。WLAN 将该映射关系分发给扩展服务区中的所有 AP。一个无线终端同时只能与一个 AP 关联。在关联过程中，无线终端与 AP 之间要根据信号的强弱协商速率。例如，采用 802.11g 的 AP 和无线网卡，数据传输速率可降为 48、36、24、18、12、9 或者 6Mbps 等。

终端从一个小区移动到另一个小区需要重新关联。如图 5.7 中的 STA1 从 BSS1 移动到

BSS2，需要将 BSSID1 变成 BSSID2。重关联是指无线终端从一个扩展服务区中的一个基本服务区移动到另外一个基本服务区时，与新的 AP 关联的过程。重关联总是由移动终端发起。

IEEE 802.11 无线局域网的每个终端都与一个特定的接入点相关。如果终端从一个小区切换到另一个小区，即处在漫游过程中。漫游是指无线终端在一组无线访问点之间移动，并提供对于用户透明的无缝连接，包括基本漫游和扩展漫游。基本漫游是指无线终端的移动仅局限在一个扩展服务区内部。扩展漫游是指无线终端从一个扩展服务区中的一个 BSS 移动到另一个扩展服务区的一个 BSS，802.11 并不保证这种漫游的上层连接。

5.3 无线局域网性能改善

近年来，无线局域网技术发展迅速，但无线局域网的性能与有线以太网相比还有一定距离。因此，如何提高和优化网络性能显得十分重要。

5.3.1 基于移动 IP 的漫游通信

WLAN 组建与 LAN 一样需要划分子网。通常，LAN 子网计算机没有移动问题，子网 IP 地址与一个物理网络位置相对应。WLAN 子网计算机（如笔记本电脑、智能手机等）具有移动通信的需求，需要解决 WLAN 跨 IP 子网漫游的问题。

1. 移动 IP 的功能实体

移动终端跨 IP 子网漫游，也称移动 IP 通信。也就是说，终端可通过一个 IP 地址进行不间断跨子网漫游，即移动 IP（RFC2002）。802.11 无线局域网只规定了 MAC 层和物理层，为了保证移动计算机在扩展服务区之间的漫游，需要在其 MAC 层之上引入 Mobile IP 技术。

移动 IP 实现的主要目标是移动终端在改变网络接入点时，不必改变其 IP 地址，能够在移动过程中保持通信的连续性，对上层协议保持透明性，与其他移动终端或不具有移动 IP 功能的终端能够进行正常的通信。移动 IP 定义了三种必须实现的功能实体，如图 5.8 所示。

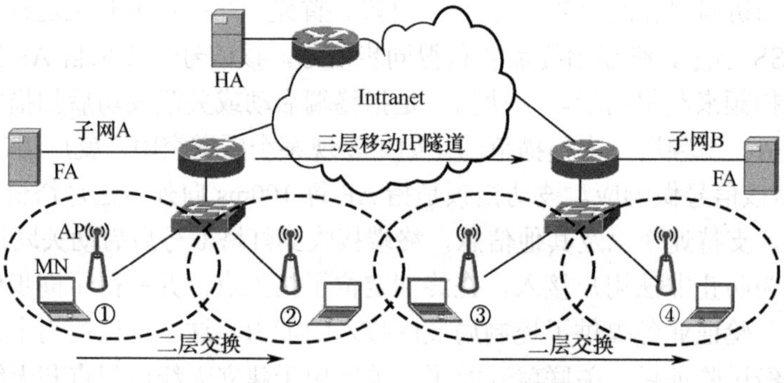

图 5.8 无线局域网移动 IP 的网络结构

（1）移动节点（Mobile Node，MN）。是指从一个网络或子网切换到另一个网络或子网的主机或者路由器。移动节点（终端）可以改变它的网络接入点，但不需要改变 IP 地址，并且可以使用原有的 IP 地址继续与其他终端的通信。

（2）本地代理（Home Agent，HA）。是指有一个端口在本地链路上的路由器。当移动节点离开本地网络时，本地代理负责把发往移动节点的数据包通过隧道转发给移动节点，并且维护移动节点当前位置的信息。

（3）外地代理（Foreign Agent，FA）。是指位于移动节点所访问的外地链路上的路由器，为注册的移动节点提供路由服务。它接收移动节点的通信对端通过隧道发来的报文，进行拆封发给移动节点；对于移动节点发来的报文，外地代理作为连接在外地链路上移动节点的默认路由器。本地代理和外地代理可以通称为“移动代理”。

2. 移动 IP 通信原理

移动 IP 通信原理如图 5.8 所示。假设有一终端（MN）要从子网 A 移动到子网 B，这时子网 A 中的移动终端要在子网 B 的外地（子网 A）通过外地代理（子网 B 的 FA）向目的地的本地代理（子网 B 的 HA）注册，从而使子网 B 的 HA 得知 MN 当前的位置，从而实现了移动性。

有了移动 IP，无线终端可跨越 IP 子网实现漫游。如图 5.8 所示，IP 子网的网关路由器连接一个 FA，FA 负责无线子网用户注册认证。FA 不断地向本地子网发送代理通告，当移动终端由子网 A 进入子网 B 时，接收到 FA 的代理广播，获得当地 FA 的信息。通过当地 FA 向 HA 注册，经过认证后可以被授权接入，访问 Intranet（内部网）。终端在本子网内部移动时，不断监测 AP 和 FA 的信号质量，通过路径算法得出当前所有 FA 的优先级，再根据指定的切换策略适时发起切换。如果是在同一网段的 AP 间切换，因所处 IP 子网未变，不需要重新注册，AP 的功能可支持这种二层的漫游。当终端在跨网段的 AP 间切换时，所处 IP 子网发生改变，此时必须通过新的 FA 向 HA 重新注册，告知当前位置，以后的数据就会被 HA 转发至新的位置。移动 IP 技术大大扩展了 WLAN 的覆盖范围，提供大范围的移动能力，使用户在移动中时刻保持与 Intranet 的连接。

3. 移动 IP 的关键技术

（1）IP 地址分配。移动 IP 通信协议栈如图 5.9 所示。无线终端从一个子网到另一个子网移动时，将获得唯一的 IP 地址（如同移动电话号码）。终端在移动中，感觉不到移动的影响，这要求无缝移动在 IP 层实现。

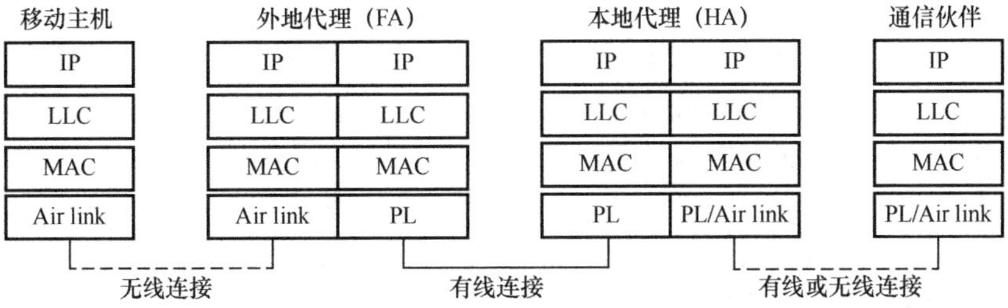

图 5.9　移动 IP 通信协议栈

（2）代理发现。为了随时随地与其他终端进行通信，移动终端必须首先找到一个移动代理。移动 IP 定义了两种发现移动代理的方法：一是被动发现，即移动终端等待移动代理周期性广播代理通告报文；二是主动发现，即移动终端广播一条请求代理的报文。移动 IP 使用“ICMP Router Discovery”机制作为代理发现的主要机制，它可使移动节点获得转交地址，移动代理可提供的任何服务，并确定其连至归属网络还是某一外地网络。使用代理发现还可使移动节点检测到它何时从一个IP子网漫游（或切换）到另一个IP子网。

（3）注册。移动节点使用认证注册程序将它的转交地址告知它的本地代理。即在本地代理处登记当前的转移地址，产生本地代理IP地址和转移地址目录，在移动IP中允许一个本地代理对应于多个转交地址。移动终端必须将其位置信息向其本地代理进行登记，以便被找到。在移动IP技术中，按照不同的网络连接方式，有两种不同的登记规程。一种是通过外地代理进行登记，即移动终端向外地代理发送登记请求报文，外地代理接收并处理该报文，然后将报文中继到移动终端的本地代理。本地代理处理完登记请求报文后再向外地代理发送登记答复报文（接收或拒绝登记请求），外地代理处理该报文，并将其转发到移动终端。

另一种是直接向本地代理进行登记，即移动终端向其本地代理发送登记请求报文，本地代理处理后向移动终端发送登记答复报文（接受或拒绝登记请求）。登记请求和登记答复报文使用UDP协议进行传送。当移动终端收到来自其本地代理的代理通告报文时，可判断其已返回本地网络。此时移动终端向本地代理撤销登记。在撤销登记之前，移动节点应配置适用于本地网络的路由表。

（4）隧道技术。隧道被用于将IP数据包由本地IP地址发送至转交地址。隧道技术是本地代理向移动终端转交报文的一种方式，它是采用报文封装技术来实现的。将原始IP数据包（作为净负荷）封装在转发的IP数据包中，从而使原始IP数据包原封不动地转发到处于隧道终点的转交地址处。当移动终端使用外地代理转交地址时，隧道的出口是外地代理，当使用本机转交地址时，隧道出口是移动终端。如通过动态主机分配协议（DHCP）在被访问的网络上获得的一个本机临时IP地址，该地址属于被访问的外地网络。

5.3.2 基于IEEE 802.11e的MAC层优化

随着WLAN的带宽增大，多媒体业务，如视频、语音等在WLAN中也能流畅传输。这些多媒体业务要求WLAN的MAC层能够提供可靠的分组传输，传输时延短且抖动小。为此，IEEE[①] 802.11工作组的媒体访问控制（Medium Access Control，MAC）改进任务组（即E任务组）对目前802.11 MAC协议进行了改进，提出了IEEE 802.11e的EDCF机制，使其可支持具有通信服务质量（Quality of Service，QoS）要求的应用。

普通的802.11无线局域网MAC层有两种通信方式：一种是分布式协同式（DCF），另一种是点协同式（PCF）。分布式协同采用冲突避免的载波侦听多路存取方法（CSMA/CA），在无线设备发送数据前，先探测线路的忙闲状态。如果空闲，则立即发送数据，并同时检测有无数据碰撞发生。这一方法能协调多个用户对共享链路的访问，避免出现因争抢线路而谁也无法通信的情况。分布式协同在共享通信介质时没有任何优先级的规定。

点协同方式是指无线接入点设备周期性地发出信号测试帧，通过该测试帧与各无线设备的网络识别、网络管理参数等进行交互。测试帧之间的时间段被分成竞争时间段和无竞争时间段，无线设备可以在无竞争时间段发送数据。由于这种通信方式无法预先估计传输时间，因此，与分布式协同相比，目前用得还比较少。

基于802.11e的分布式协同标准称为增强型分布式协同（EDCF）。EDCF将不同流量按设

① 注：为表达简洁和节省篇幅，有时省略“IEEE”。

备分成 8 类，即 8 个优先级。当线路空闲时，无线设备在发送数据前必须等待一个约定的时间。这个时间称为“给定帧间时隙（AIFS）”，其长短由流量的优先级决定。优先级越高，这个时间就越短。不难看出，优先级高的流量的传输延迟比优先级低的流量小得多。为了避免冲突，在 8 个优先级之外还有一个额外的控制参数，称为竞争窗口。该窗口实际上也是一个时间段，其长短由一个不断递减的随机数决定。哪个设备的竞争窗口第一个减到零，哪个设备就可以发送数据，其他设备只好等待下一个线路空闲时段，决定竞争窗口大小的随机数接着从上次的剩余值减起。例如锐捷 RG-P-780 支持 802.11e 标准，采用 EDCA 技术，可支持基于不同的 BSS 提供相应的优先级标记，同时还可以支持在 802.1Q VLAN 中的标准 802.1P 优先级队列，最多可达 8 个优先级队列，更好地保证了语音、视频等关键数据的优先传输。

对点协同的改良称为混合协同（HCF），混合查询控制器在竞争时段探测线路情况，确定发送数据的起始时刻，并争取最大的数据传输时间。

5.3.3　基于双频多模的物理层优化

IEEE 802.11 工作组先后推出了 802.11a、802.11b、802.11g 和 802.11n 物理层标准。丰富多样的标准提升了无线局域网的性能，同时也带来了网络兼容性问题。例如 802.11a 和 802.11b/g/n 分别工作在不同频段（802.11a 工作在 5GHz，802.11b/g/n 工作在 2.4GHz），采用不同调制方式（802.11a 采用 OFDM，802.11b 采用 CCK 方式，802.11g 采用 OFDM，802.11n 采用 MIMO-OFDM 方式）。一个采用 802.11b 标准设备终端进入一个 802.11a 标准的小区（其 AP 节点采用 802.11a 的标准设备）中，无法与 AP 节点进行联系。因此，必须更换为同标准的网络设备，才能正常工作。

为了解决 WLAN 兼容性问题，使不同标准的网络设备可以自由地移动，出现了一种无线局域网物理层优化方式，即“双频多模”的工作方式。所谓双频多模无线设备，是指可工作在 2.4GHz 和 5GHz 的自适应产品。也就是说，可支持 802.11a 与 802.11b/g/n 多个标准的产品。由于 802.11b/g/n 和 802.11a 标准的设备互不兼容，用户在接入支持 802.11a 和 802.11b/g/n 的公共无线接入网络时，必须随着地点而更换无线网卡，这给用户带来很大的不便。

采用支持 802.11b/g/n 和 802.11a/n（同时工作）双频自适应的无线局域网产品就可以很好地解决这一问题。双频产品可以自动辨认 802.11a/n 和 802.11b/g/n 信号并支持漫游连接，使用户在任何一种网络环境下都能保持连接状态。如锐捷、H3C 和华为的均有同时工作在 2.4GHz 和 5.8Hz 频段，支持 802.11b/g/n 和 802.11a/n 同时工作的无线产品。该产品支持各种无线终端（笔记本电脑、智能手机等）多种不同速率接入。

5.3.4　WLAN 的问题与智能化改进

1. 蜂窝式 WLAN 存在的问题

传统的 WLAN 架构采用自治型 AP，每个 AP 形成一个“蜂窝”，分配一个信道。每个 AP 都是一个独立的管理与工作单元，可以自主完成无线接入、安全加密、设备配置等多项任务。自治型 AP 安装后即可工作，不需要其他设备协助。对中小型 WLAN 快速部署确实有效，并且节省投资。这种由多个自治型 AP 组成的 WLAN，也称为蜂窝式架构。基于蜂窝的 WLAN 系统在性能和稳定性方面遇到的问题如下。

（1）信道间干扰。在蜂窝式架构的WLAN中，当两个无线接入点AP工作在同一个信道，并同时尝试传输数据的时候，会发生数据传输冲突，AP必须等待一段时间之后再次尝试进行数据传输。这将会影响整个WLAN系统数据传输性能。

（2）数据传输速率不稳定。距离AP的远近，直接影响数据终端的连接速率。在无线覆盖范围内，随着终端逐渐向AP靠近，信号强度增强，终端传输速率逐步增加。这就造成无线终端在移动状况，特别是漫游时，连接速率一直在不断变化，影响网络传输。

（3）AP间漫游造成额外的网络延时。在蜂窝式WLAN中，用户从一个AP移动到另一个AP，必须经历重新检索AP、鉴权、身份验证、重新连接等步骤。这将需要150～400ms完成整个移动连接过程，不可避免地将会造成网络延时、抖动，降低语音、视频的通信质量。

（4）扩展性差。基于蜂窝的WLAN设计，为降低相互间的无线干扰，在部署前先进行实地射频（Radio Frequency，RF）详细分析，找到闲置或者干扰最小的无线信道。一旦网络扩容或者调整，所有之前的工作必须全部重做，即重新进行RF分析，寻找合适的AP部署位置。

为了解决传统蜂窝式WLAN在性能和稳定性方面存在的问题，台湾合勤科技提出了“信道覆盖”技术。锐捷、H3C和华为等数据通信提出了“无线控制器+AP”智能无线网络。如今，“无线控制器+AP”的智能无线网络已成为无线园区网部署的主流产品。

2．WLAN的信道覆盖技术

信道覆盖技术遵循IEEE 802.11a/b/g/n标准。信道覆盖架构消除了信道间干扰问题，不需要进行复杂烦琐的RF蜂窝规划。每个AP使用相同的MAC地址，工作在同一信道，中心无线交换机集中处理所有的数据请求、数据传输，即无线交换机将每个AP的覆盖范围整合，统一规划成层状结构。系统中的AP称为“瘦AP”，只是作为信号接发设备，也可以简单认为是无线终端和无线交换机沟通的管道，即用户直接与无线交换机进行通信。

3．无线局域网的智能技术

WLAN采用无线交换机集中转发AP数据流，虽说有利于无线通信集中管理，但也带来新的问题。例如AP数量较多时，会使转发AP数据流的效率降低，通信延迟增加。这种集中式架构的WLAN，无法适应WLAN的扩展。

智能无线网络由无线控制器（如RG-WS5708）和AP（如RG-AP220-SI）组成。无线控制器部署在任何2层或3层网络结构中，不需改动任何网络架构和硬件设备，可提供无缝的安全无线网络控制。无线控制器支持几百个到上千个移动终端上网管理，可完成终端漫游、数据转发、设备控制、射频监控、流量管理、安全认证、入侵防护、语音传输等高级控制功能。无线控制器可以管理802.11g、802.11n、802.11ac等不同类型的终端。智能无线网络不仅能实现基于用户、流量的智能负载均衡，而且还能实现基于频段的负载均衡。

无线控制器通过虚拟无线接入点（Virtual AP）技术，可在全网划分多个SSID，网管人员可以对使用相同SSID的子网或VLAN单独实施加密和隔离，并可针对每个SSID配置单独的认证方式、加密机制等。无线控制器与无线接入点之间采用国际标准协议CAPWAP进行加密隧道通信，既有效实现了与有线网络的隔离，又保证了无线控制器与无线接入点的实时通信的保密性。采用CAPWAP协议可以支持对任意第三方厂商无线接入点产品的控制，便于用户网络扩容，最大化保护用户投资。

5.4　职业院校无线网组建案例

某高职院校有线网经过多年的发展，已建成从 1Gbps 光缆敷设全校所有楼宇、100Mbps 到桌面的中型校园网。虽说校园有线网能方便、快捷地为用户提供信息服务，但美中不足，缺少移动终端随时、随地连接网络的环境。因此，校园移动互连及有线无线一体化已成为校园网建设的重点。

5.4.1　校园无线网需求分析

校园网建设一直是高质量、高效率教学、科研和办公的保障。某高职院校有线网建设虽已具备相当规模。但随着师生笔记本电脑、智能手机和平板电脑数量增多，移动学习、移动工作等事务急需无线连接校园网的场景，以满足教育信息化可持续化发展。

1．校园移动互连需求

（1）有线网的局限性。一般来说，有线园区网中，如教室、图书馆、会议室等地方不可能布设太多信息点。随着学生笔记本电脑、智能手机的增多和信息化化教学的需求，这些地方在同一时刻有大量的移动电脑。采用无线方式，在有线交换机端口上连接无线接入点 AP，不需布线就可以轻松地从一个端口扩展到数十个端口，方便移动电脑上网。

（2）移动学习。学校大量开展信息化教学活动，很多课程或课件都要通过访问网络来获取。学生希望在任意时间在学校的任何地点访问课程主页和课件资源，并进行提交作业等活动。同时，师生希望能够使用移动终端方便、快捷地访问校园网及互联网的资源。

（3）移动办公。随着教职工的移动办公电脑增多，移动互联正变成一种新的工作、学习和生活方式，如使用智能手机查看课表、教学日志，查看研究项目有关事宜，通过微信、QQ 等工具和同伴交流，以及和学生讨论学习中的相关问题等。

（4）移动社交。随着学校的办学层次的提高，学校的学术氛围也日益浓厚。对外交流日趋频繁，各种学术活动越来越多地在学校举行。除此之外，学校每年也都会举办一些其他的活动，如运动会、人才交流活动等。公众社交的特殊性和灵活性，也需要移动互连的支持。

2．校园移动互连区域

校园移动互连是在校园有线网的基础上进行无线网络扩充。校园移动互连区域包括办公楼、科技楼、教学楼、实验楼、图书馆、大礼堂、文化广场、体育场等区域。要求全方位立体式无线覆盖，让师生可以在这些区域随时随地、无障碍地连接校园网。校外来宾在授权后也可以随时、随地访问校园网络资源。

3．校园移动互连技术要求

（1）无线网络管理。某高职院校已具备完善的有线网络结构，校园无线网建设要在网络互连、认证计费、安全防御等方面与有线网络进行整合，形成有线无线一体化网络。校园有线主干网络、汇聚网络及接入网络结构不需改变，只需用原有的网管、认证、计费系统就可以对无线网络进行管理和统一认证。同时，要尽可能优化网络结构，提高网络访问速度与效率。进行移动互连部署，不能对校园的装修和墙壁有任何损害。

（2）AP 覆盖区域及数量。地域较大或障碍物较多区域，有大型会议厅、图书馆阅览室、室外广场等。室外无线网络设备应具备大范围、多角度的覆盖能力；同时还必须具备抗雷击、防雨、防潮、抗高低温、阻燃等多项指标。室内无线网络设备必须具备较强的抗同频干扰能力、高接收灵敏度和很好的障碍物穿透能力，需要配置全向天线。A 大学教学楼、实验楼、办公楼、学生宿舍楼有 50 余栋，经过测算室内 AP 约需 600 个，室外 AP 约需 86 个。

（3）无线信道规划。校园移动终端（如笔记本电脑、平板电脑和智能手机等）采用 802.11b/g/n 协议，支持 WiFi 协议。移动终端工作在 2.4GHz 频段，共设 11 个子信道。由于子信道分布的重叠性，在该频段内最大不会互相重叠的信道只有 3 个，即在校园的某一个区域，同时接收到的无线信号所占用的子信道将不能超过 3 个；否则就会产生干扰。干扰会使信道带宽共享杂波增加，以及传输效率降低，该问题在室外环境尤为突出。为了避免信道干扰，应采用两路无线 AP 产品，在一个覆盖方向上同时规划信道。不必在多台 AP 设备上反复调制信道，以节省信道规划及设备管理点和维护点数量，提高整个网络的可管理性。

校园无线接入点的信道规划时，一定要预先测定在该接入点所覆盖的区域是否已经有无线信号并使用了哪些子信道，以便通过手动设定该无线接入点的子信道序号，规避与其他无线发射设备所产生的干扰。同时，无线接入点产品均要支持 DCA（动态信道选择）功能，支持在手动划分信道的同时，可自动协调寻找最佳的信道工作，以避免干扰。

（4）移动互连漫游。校园网无线接入点设备均支持无缝漫游 802.11f 协议（数据链路层），移动终端在不同的 AP 之间移动时，支持无中断漫游，保障移动互连中数据传输稳定。

（5）移动互连维护。校园无线网络部署，要符合高效、稳定、安全的总目标。易于安装和维护，用户界面统一，易于使用，网络开放性好，便于扩展。有较好的性能价格比，在几年内保持解决方案与技术先进，为用户提供一个灵活、泛在的移动互连环境。

5.4.2 无线局域网产品选型

校园有线无线一体化是一个系统工程，需要统一规划，分步实施。无线局域网产品选型既要满足当前需要，又要适应校园无线网扩展的需求。华为、H3C 和锐捷均有满足需要的产品。这里以锐捷的 WLAN 产品为例，说明 WLAN 产品选型的方法。

（1）无线控制器。RG-WS5708 万兆无线控制器一体机采用了业界最新的 MIP64 多核处理器架构，可同时管理的 AP 数达 1024 个。可对整个无线网络进行集中管理和控制，实现 AP 的零配置接入。在大中型网络环境中，RG-WS5708 无线控制器通常部署于数据中心机房，旁路于核心交换机位置，可以跨三层与所有的 AP 建立加密通信隧道，并对其实现集中配置与管理。还可配合网络网管平台 RG-SNC 轻松实现有线无线一体化运维管理。

（2）室内 AP。RG-AP220-SI 采用单路单频设计，工作在 802.11b/g/n 模式，其频率范围为 2.4～2.4835GHz，40MHz 频宽射频卡提供 300Mbps 接入速率。支持静态 IP 地址，支持 DHCP 获取 IP 地址。提供一个 10/100/1000Base-T 以太网端口上连。支持 Web 认证、PSK 认证和 802.1X 认证。支持本地供电和远程以太网 PoE 供电模式，适合在大型校园、企业楼宇内部署。

（3）室外 AP。RG-AP620-H(C)采用双路双频设计，支持 802.11b/g/n（频率范围为 2.4～2.4835GHz）和 802.11a/n（频率范围为 5.150～5.850GHz）同时工作。每路射频单元提供 300Mbsp 的接入速率，单个 AP 可以提供 600Mbps 的接入速率。支持静态 IP 地址，支持 DHCP 获取 IP 地址，提供一个千兆光电复用端口上连。支持 Web 认证、PSK 认证和 802.1X 认证。采用全密闭防水、防尘、阻燃外壳设计，适合在极端的室外环境中使用，可有效避免室外恶劣天气和环境影响，该产品提供 4 个 N 型外置天线接口，可选择多种外置天线以保证无线覆盖区域的用户接入效果。具备 500mW 双向功率放大能力，支持远程以太网 PoE 供电模式，特别适合在大型校园、企业等园区的室外环境部署。

5.4.3　有线与无线网络整体架构与安装

1．有线与无线网组成结构

校园无线网是校园有线网覆盖区域的延伸。无线覆盖区域包括校园室内外公共环境和不宜敷设 UTP 线缆的建筑物，如校礼堂、校会议厅、楼层办公室、阶梯教室、校广场、休闲绿地、体育场看台等区域。这些区域的室外部署 AP620-H(C)，在室内部署采用 AP220-SI。AP 与支持 PoE 远程供电交换机（RG-S2710G-P，1 个 SFP/GT 千兆光纤上连端口，8 个千兆下连端口，均支持 PoE 和 PoE+的方式远程供电）连接。校园网核心交换机连接 RG-WS5708，实现对整个无线网络的集中管理和控制，如图 5.10 所示。

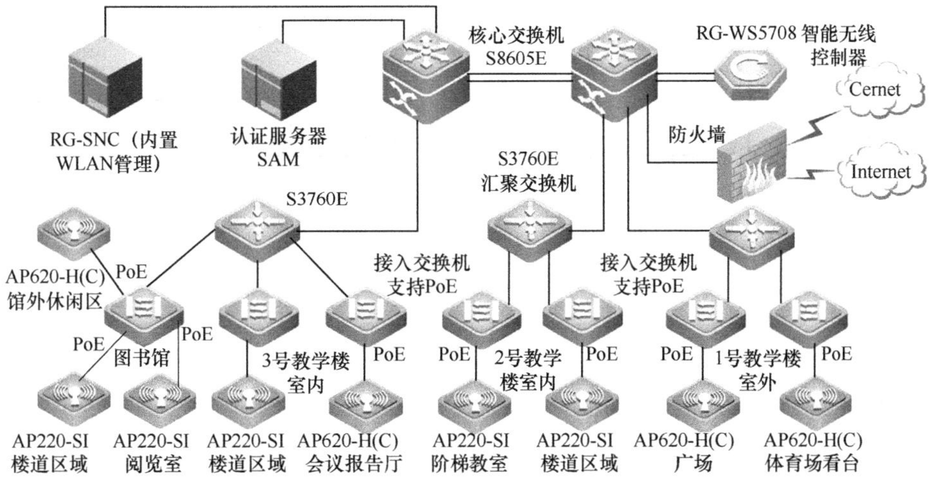

图 5.10　校园有线与无线网络组成结构

在校园有线网和无线网互连的过程中，有线网络提供 AP620-H(C)、AP220-SI 与 WS5708 的连接隧道。WS5708 可以跨三层与所有的 AP 建立加密通信隧道，并对其实现集中配置与管理。可采用网络网管平台 RG-SNC 实现有线无线一体化运维管理。

2．无线信道规划

校园内多个 AP 部署时要严格划分独立且互不干扰的信道，以保证无线网络带宽稳定性。采用无线网管理器（RG-SNC-WLAN），可在无线局域网部署前，简便进行规划和配置。可对无线网络中的无线控制器和无线接入点等设备与有线网络设备进行一体化集中管理，网管人员对全网设备信息和状态可随时全盘掌握。

校园无线信道以 2.4GHz 频点为基点，为保证信道之间不相互干扰，要求两个信道间隔不低于 25MHz。按照 IEEE 802.11b/g/n 标准，2.4GHz 带宽设定为 2.402～2.483 5GHz，划分为 13 个可用信道，每个信道 22MHz。在一个覆盖区内，互不干扰的频点有 3 个，可以选为 1.6.11、2.7.12、3.8.13。一般选频道 1、6 和 11 这 3 个互不干扰的频点。频道 1 的中心频率是 2.412GHz，频道 6 的中心频率是 2.437GHz，频道 11 的中心频率是 2.462GHz，频率间隔均为 25MHz。三个频点分别用圆圈表示“频道 1、频道 6 和频道 11”，圆心点为 AP 部署位置。如图 5.11 所示。WLAN 频率规划需综合考虑建筑结构、穿透损耗以及布线系统等具体情况进行。

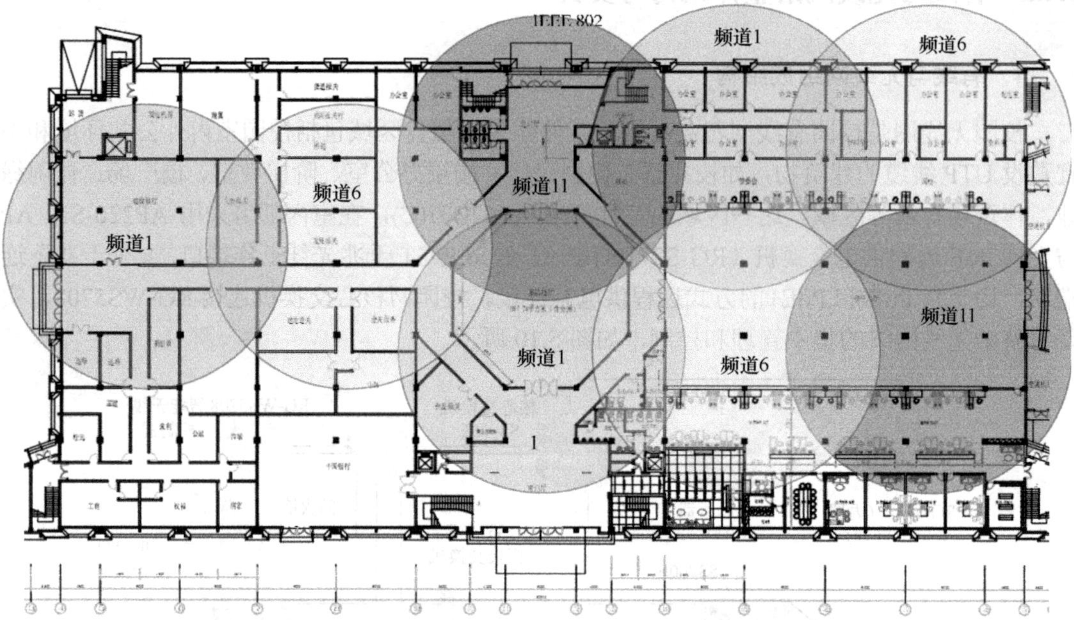

图 5.11　AP 覆盖区域无线信道规划示例

3．校园无线网安全配置

校园室外公共环境可能存在大量的外来用户。为了保障学校内部信息和外部用户完全隔离，在无线设备安装中，启用单独的 SSID、相应的地址分配、WEP 加密、802.1X 认证和 VLAN 隔离等安全措施。认证服务器 SAM 支持 IEEE 802.1x、Radius、EAP、CHAP 等多种协议标准，提供无线可信接入管理。实现用户账号、用户 IP、用户 MAC、NAS IP、NAS Port 的静态绑定、动态绑定以及自动绑定，最大限度地保证用户入网身份唯一。可控制用户接入区域，实现安全绑定状态下的多区域漫游。

4．无线接入设备安装

校园室外公共环境面积较大，无线网络要满足对公共环境的完全无盲区覆盖，能够接入较多的笔记本电脑和智能手机等。对于校园广场、体育场等，AP 需要在露天环境中安装。露天区域存在阴雨、打雷、严寒和酷暑等恶劣环境，AP620-H(C)安装必须同时满足防水、避雷、耐高低温、防火等各种苛刻的物理环境要求，并能够正常工作。

AP620-H(C)安装采用防水胶带，防雷采用 2.4GHz 的避雷器 CA23RP，接地电阻≤4Ω。AP620-H(C)天线采用 N 型接口的 2.4GHz 室外 12dB 全向天线，安装在直立杆上或建筑楼的外墙上。采用超 5 类 UTP 线缆（长度≤90m）将 AP620-H(C)的以太网端口与接入交换机 UTP 端口（支持 PoE）连接。UTP 线缆穿入 PVC 管中，在地沟中敷设。

校园室内环境有大礼堂、图书馆阅览室、阶梯教室、会议室、报告厅、教学楼道和办公楼楼道等场所。安装室内 AP220-SI，天线采用 2.4GHz 室内 3dB 吸顶天线，天花板采用吊顶安装。AP220-SI 自带 2.4GHz 柱状天线，对没有天花板的室内场所，如阶梯教室、楼道等，直接将 AP220-SI 固定在教室、楼道墙壁上。AP220-SI 安装位置按照图 5.11 规划的信道部署。

5.4.4　校园无线网运维管理

校园无线网运维管理是校园网运维管理的一个重要组成部分。校园无线网运维管理是通过“无线控制器”实现的，主要包括终端智能识别、智能负载均衡、智能射频管理、全网无缝漫游、灵活完备的安全，以及有线无线统一管理等。

（1）终端智能识别。无线控制器（如 RG-WS5708）内置 Portal（单点登录门户站点的入口）服务器，能根据终端特点，智能识别终端类型，自适应弹出不同大小、页面格局的 Portal 认证页面。终端智能识别技术免去了用户多次拖动、调整屏幕的操作，为用户提供智能化的无线体验，支持苹果 iOS、安卓和 Windows 等主流智能终端操作系统。

（2）智能负载均衡。在高密度无线用户的情况下，无线控制器能够实时根据每个关联的 AP 上的用户数及数据流量，调整分配不同 AP 的接入服务，平衡接入负载压力，提高用户的平均带宽、服务质量及高可用性。除此外，无线控制器还能实现基于频段的负载均衡。大多数 WiFi 设备使用 2.4GHz 频段，而 5GHz 频段上（802.11a/n）却能获得更大的吞吐性能。基于频段的负载均衡，使支持双频的用户终端优先接入 5GHz 频段，在不增加成本的前提下，能够增加 30%～40%的带宽利用率，保证了用户流畅上网。

（3）智能射频管理。无线控制器可控制 AP 对无线网络进行按需射频扫描，可扫描无线频段与信道，识别非法 AP 和非法无线网络，并向管理员发出警报。同时，无线控制器可实时控制 AP 的射频扫描功能，进行信号强度和干扰的测量，并根据软件工具动态调整流量负载、功率、射频覆盖区域和信道分配，以使覆盖范围和容量最大化。

（4）全网无缝漫游。为了避免网络层漫游时的 IP 地址改变，无线控制器部署在三层网络中，与无线 AP 组成整体交换架构。这样，用户漫游需经过五个步骤：① 动态获取 IP 地址；② 跨网段移动；③ 重新请求 IP 地址；④ 定位原服务器；⑤ IP 地址远程还原，如图 5.12 所示。网络层漫游可在毫秒级时间内完成。

图 5.12　网络层漫游原理

无线控制器支持无线控制器集群技术，在多台无线控制器之间可实时同步所有用户在线连接信息和漫游记录。当无线用户漫游时，通过集群内对用户的信息和授权信息的共享，使得用户可以跨越整个无线网络，并保持良好的移动性和安全性，保持 IP 地址与认证状态不变，从而实现快速漫游和语音的支持。

（5）全网统一认证。无线控制器内置本地用户数据库和 Portal 服务器，通过 Web 认证的方式，轻松实现无线用户的本地认证。也可采用有线无线统一认证服务器，用户账号具有唯一性，用户客户端透明，账号可全网漫游。也就是说，用户只需一次注册，可通过固定网络终端登录网络，也可通过移动终端登录网络。

（6）有线无线统一管理。无线控制器可对全网 AP 实施集中、有效、低成本的计划、部署、监视和管理，并且可与有线无线统一管理平台（如 RG-SNC）进行统一管理，完成包括拓扑生成、AP 工作状态、在线用户状态、全网射频规划、用户定位、安全报警、链路负载、设备利用率、漫游记录、报表输出等丰富的无线网络管理功能，使得管理员可以在数据中心对整个网络运行状态进行监控和管理。

习题与思考五

5.1 列表说明常用的无线局域网标准。举例说明无线局域网中，用户笔记本电脑采用的通信标准有哪些，其有效距离是多少。

5.2 无线网常用的调制技术有哪些？这些调制技术各有什么特点？

5.3 常用的无线局域网设施有哪些？这些设施的主要用途有哪些？

5.4 无线局域网拓扑结构有哪些？如何进行无线网络覆盖？

5.5 画图描述无线局域网移动 IP 的网络结构，说明无线漫游原理。

5.6 什么是无线局域网的双频多模技术？有何作用？

5.7 为什么提出智能无线技术？该技术解决了无线网构建中的什么问题？

5.8 A、B 两个学校相距 6 000m，均在一年前建构了校园网。两个学校的均有相互共享对方教学资源的意愿。面对此问题，可以租用运营商的通信线路，但费用较高（10Mbps 年费用为 2 万元）。是否还有其他解决办法？请设计技术方案。

实　训　五

无线组网模式（无中心、有中心、网桥）

（1）实训目的。理解无线局域网原理与工作模式，会运用 AP 和笔记本电脑、智能手机等移动终端组建无线局域网。

（2）实训资源、工具和准备工作。安装与配置好的 Windows 7 笔记本 2～3 台（配置无线网卡，支持 802.11b/g），以及支持 WiFi 的手机 2～3 部；支持 802.11b/g/n 的 AP 2 个，AP 有 2～4 个 10/100Mbps 以太网接口。UTP 网线（两端有 RJ-45 头）2～4 条。

（3）实训内容。安装与配置笔记本无线（Windows 7）网卡，或采用内置 802.11b/g 的笔记本。设置笔记本无线网卡，用 2～3 台笔记本（有条件可增加 2～3 部智能手机）组成 Ad-Hoc 模式。设置 AP 与笔记本无线网卡，用 1 个 AP 和 2～3 台笔记本组成有中心模式。设置 AP 与笔记本无线网卡，用 2 个 AP 组成无线网桥，2～3 台笔记本分别连接组成无线网桥的 2 个 AP。

（4）实训步骤。

① 笔记本电脑无线网卡配置同一网段的 IP 地址，子网掩码和网关地址。

② 激活笔记本无线网卡，用 2～3 台笔记本组成 Ad-Hoc 模式。选择其中 1 台笔记本，用 Ping 命令，测试到同组中笔记本的连通性，能 Ping 通即可。

③ 任选 1 个 AP，配置与笔记本有相同网络号的 IP 地址、子网掩码和网关地址。设置笔记本的网关 IP 为 AP 的 IP 地址。

④ 激活笔记本无线网卡和 AP，用 2～3 台笔记本和 1 个 AP 组成有中心模式。选择其中 1 台笔记本，用 Ping 命令，测试到同组中笔记本的连通性，能 Ping 通即可。

⑤ 对 2 个 AP，配置与笔记本有相同网络号的 IP 地址、子网掩码和网关地址。设置 1 台笔记本的网关 IP 为 AP1 的 IP 地址，另一台笔记本的网关为 AP2 的 IP 地址。AP1 的网关是 AP2 的 IP 地址，AP2 的网关是 AP1 的 IP 地址，即 AP1 与 AP2 互相指向对方。

⑥ 激活笔记本无线网卡和 AP，用 2 个 AP 组成有网桥模式。将 2 台笔记本用 UTP 线分别连接 AP1 和 AP2，用 Ping 命令，测试到另一笔记本的连通性，能 Ping 通即可。

⑦ 写出实训报告。

第 6 章　服务器安装与配置管理

在日常生活中，人们购物有两种途径：一是超市，二是网络。超市以仓储模式为大众提供购物服务，网络以虚拟模式承担超市的功能。我们可以将超市看成一个大的购物服务器，按照此观点，网络的虚拟超市也由服务器承担。后一种服务器就是高配置的计算机，该机器具有更高的计算速度、更大的内存空间和磁盘空间，同时需要有适配的操作系统和数据库系统。网络工程技术人员应具备服务器安装、配置管理的知识和能力。

本章简要介绍服务器功能与分类、服务器结构与技术。按照服务器基本配置与管理的技术要求，重点叙述 Windows Server 2008 的安装、基本配置与管理，DNS 安装与配置和 Web 服务器安装与配置，Windows Server 2008 的数据备份与恢复设置方法。通过本章学习，从知识、情感及技能方面，达到以下目标。

（1）熟悉解服务器的概念、功能与分类（知识重点）。理解基于 CISC 和 RISC 处理器的服务器，对称多路处理器技术（知识重点），ECC 内存技术，磁盘 RAID 技术（知识重点）。

（2）掌握 Windows Server 2008 安装与配置（知识与技能重点），DNS 服务器安装与配置，Web 站点安装与配置（知识与技能重点）。基本能够按照用户信息资源系统需求，选择与配置 PC 服务器及操作系统。

（3）基本掌握 Windows Server 2008 的数据备份与恢复设置方法（知识与技能重点、难点），基本能够设计 Web 服务器数据备份与恢复方案。

6.1　服务器技术概述

一个完整的局域网主要由数据通信设备和信息资源系统组成。数据通信设备主要有交换机、路由器等，信息资源系统主要有服务器与存储设备、操作系统和应用程序等。本章重点介绍为局域网客户机提供各种信息资源的 PC 服务器安装与配置管理。

6.1.1　服务器功能与分类

服务器是一种高性能计算系统，用于运行特定的程序或不间断运行的程序，极少有人为干扰。服务器采用高性能的硬件（如 CPU、内存器、主板及磁盘机等）组成，以实现最佳可靠性。服务器在网络操作系统的管理与控制下，可以将磁盘文件系统及外设（如打印机）提供给局域网上的客户机共享，更多的用途是为用户提供信息处理、数据库管理和 Web 应用等服务。服务器与 PC 相比，在性能与功能方面均具有明显的优势。

1. 服务器的功能与性能

（1）服务器为多个用户提供服务时更可靠。服务器能够可靠地处理多个用户的多项任务请求。服务器在设计上适合同时执行多项任务、易于性能升级、利于保证业务的正常运作。与一般的 PC 相比，服务器不但具有更快的数据传输速度和更强大的硬盘驱动器，还可配备多个处理器和大的内存，可同时为多个用户提供资源服务。

（2）服务器的可伸缩性和高可用性。服务器比 PC 具有较高的可伸缩性，可以通过升级来获得更大的内存和硬盘容量，以及更高的计算能力。服务器具有可靠的冗余功能，如 RAID 控制器、冗余磁盘阵列、冗余电源、冗余网卡等。服务器的冗余配置，可以保障服务器的可用性达到 99.9%～99.999%，即服务器一年非正常宕机时间为 8.76h～5.26min。

网络工程方案设计时，要认真分析用户需求，综合考虑用户在性能、可伸缩性和高可用性方面的要求，帮助用户确定性价比合适的服务器配置。

2. 服务器的分类

作为最重要的信息资源共享设备，服务器先后经历了文件服务器、数据库服务器、Internet/Intranet 通用服务器、专用功能服务器等多种角色的演进与并存。

（1）文件服务器。资源共享服务是计算机网络的一种基本应用模式，其功能集中体现在利用服务器的大容量外存和快速的 I/O 吞吐能力，为网络中的客户机提供文件资源共享服务，包括文档库、程序库、图形库，以及文件型数据库（如 DBase、FoxPro）服务等。文件服务器有完备的磁盘设备管理和用户安全管理体系。常用的操作系统有 Novell NetWare（20 世纪 90 年代流行）、UNIX、Windows Server、Redhat Linux、Centos Linux（开源软件）等。

（2）数据库服务器。分布式协同计算是计算机网络的一种核心应用模式，其功能集中体现在数据库分布式操作与集中管理控制上。数据库既可采用客户机/服务器模式（Client/Server），将事务逻辑处理分布在服务器端和客户端协同进行；也可采用浏览器/服务器模式（Browser/Server），将事务逻辑处理集中在服务器端进行。数据库软件需要大中型数据库系统，如 Oracle、SyBase、SQL Server、MySQL 等。

（3）Internet 服务器。异构网络环境下统一简化的客户端和互连互通网络基础上的信息采集、发布、利用和资源共享，是 Internet 的信息服务模式。该模式采用 Web 技术建构信息资源服务器，称为浏览器/服务器模式，主要包括 WWW、E-mail、FTP、DNS 等 Internet 服务系统。常用的操作系统有 UNIX、Linux 和 Windows Server。

（4）功能服务器。按照服务器提供的特定服务，可分为 CAD 服务器、视频点播（VOD）服务器、流式音频（RM）点播服务器、NetMeeting 电视会议服务器、Voice-over-IP（如 IP 电话）服务器、打印服务器、游戏对战服务器等。这些服务器由 UNIX 或 Linux 或 Windows Server 操作系统和特定功能的应用程序组成。

6.1.2 服务器的 CPU 结构

中央微处理器（Central Processing Unit，CPU）是服务器的核心部件，该部件由运算器和控制器组成。服务器 CPU 结构主要有 CISC 和 RISC。

1. CISC 处理器

从 1964 年 IBM360 系统开始，包括随后的 Intel X86 系列处理器和 IA-32 架构的 Pentium（Pro）、Pentium II、Pentium III（Xeon）等 CPU，均采用 CISC（Complex Instruction Set Computer，复杂指令集计算机）结构。其特点是指令系统复杂，通常有 100 条以上的指令（有的达到 500 条）和多种寻址方式，多数指令是多周期指令。CISC 系统追求目标是机器指令设计，尽力接近高级语言语句，使程序编写简单化。复杂指令结构和大量的寻址方式使得编译程序每运行一步都面临大量需要选择的指令和寻址方式，编译过程非常复杂。同时，大量的指令使指令控制器的设计复杂化，占用芯片的面积增大，不利于大规模集成电路的设计，系统的性能提高受到限制。

支持 Intel 架构的 PC 服务器厂商及产品有：HP 公司的 NetServer 系列、IBM 公司的 eServer（Netfinity）系列、DELL 公司的 PowerEdge 系列、联想万全系列和浪潮英信系列等。PC 服务器的主要优点是通用性好、配置灵活、性价比高及第三方支持的应用软件丰富。缺点是 CPU 运算处理能力稍差，I/O 吞吐能力稍差，承担密集数据库应用和高并发应用时显得有些吃力。

PC 服务器运行的主流操作系统有：Windows Server、Linux、UNIX 和 Novell NetWare，其中 Windows Server 占的市场份额较大，Red hat Linux 和 Centos Linux 也占有一定的比例。

2. RISC 处理器

RISC（Reduced Instruction Set Computer，精简指令集计算机）概念是 IBM 在 20 世纪 70 年代提出的。RISC 技术采用简单和统一的指令格式、固定的指令长度及优化的寻址方式，使整个计算机体系更加合理。指令系统的简化使得系统指令译码器的设计复杂程度也大大简化了，并使硬件逻辑实现的指令译码成为可能。RISC 处理器比同等的 CISC 处理器性能提高了 50%～75%，因此，各种大、中、小型计算机和超级服务器都采用 RISC 结构的处理器，RISC 处理器已逐渐成为高性能计算机的代名词。

RISC 服务器均采用 UNIX 操作系统，RISC 服务器被统称为 UNIX 服务器。目前，RISC 服务器的核心技术仍然掌握在少数几家公司手中，如 IBM、SUN、FUJITSU、HP、SGI 和 Compaq（DEC）等，如表 6.1 所示。

表 6.1　主流 RISC 架构服务器一览表

公司	CPU	服务器产品	操作系统
IBM	PowerPC	IBM RS/6000 系列	IBM AIX
SUN FUJITSU	SPARC	SUN Enterprise Server 系列	SUN Solaris
HP	PA-RISC	HP 9000 系列	HP-UX
SGI	R10000	SGI Origin 系列	SGI IRIX
Compaq（DEC）	ALPHA	Alpha Server 系列	Tru64 UNIX 或 OpenVMS

随着处理器技术的进步，Pentium 处理器不断采用了一些 RISC 技术来提高处理器的性能。已经发布的 IA-64（64 位处理器）架构的 Itanium（安腾）、EM64T（Extended Memory 64 Technology，扩展 64 位内存技术）至强 CPU 就属于这类处理器。IA-64 和 EM64T 开创了 PC 服务器的新纪元。

3. 多核处理器

多核是指在一枚处理器中集成两个或多个完整的计算引擎（内核），多核处理器是单枚芯片（硅核），能够直接插入单一的处理器插槽中。操作系统会利用所有相关资源，将它的每个执行内核作为分立的逻辑处理器。通过在两个或多个执行内核之间划分任务，多核处理器可在特定的时钟周期内执行更多任务。

在处理器频率竞争时代放缓步伐之后，单枚芯片支持多计算引擎的能力随多核时代的到来成为最关键的效能因素。新的多核是处理器架构发展的必然趋势，以频率竞争的 Moore 定律遭遇能量瓶颈，即 CPU 温度和功耗不可以无限升高，提高效能的最主要因素显然是提高芯片级并行计算能力。

操作系统及应用软件对多核处理器的进一步支持及优化，芯片制造工艺的成熟，以 Intel 及 AMD 为代表的低功耗技术的发展，芯片级虚拟化技术的成熟等诸多因素，将推动服务器处理器多核化的进一步发展。多核技术将成为服务器技术的重要技术支点，如 Intel Xeon 的 8 核和 12 核、AMD 的 8 核、SUN 的 UltraSPARC 和 Negara 的 8 核 T1 芯片、IBM 的 Cell BE 芯片和 Power5 的多核、HP 的 PA-RISC 多核，使得整个市场充斥着各种多核技术。此外，国内的龙芯 3 也是专门面向服务器系统的 CPU，目前已有多核 CPU 的推广使用。

6.1.3　对称多路处理

对称多路处理（Symmetric Multi-Processing，SMP）是指在一个计算机上汇集了一组处理器（多 CPU），各 CPU 之间共享内存子系统及总线结构。虽然同时使用多个 CPU，但是从管理的角度来看，它们的表现就像一台单机一样。系统将任务队列对称地分布于多个 CPU 之上，从而极大地提高了整个系统的数据处理能力。

PC 服务器中常用的对称多处理系统通常采用 2 路、4 路、8 路及 16 路处理器。与此对应，操作系统也要支持多路处理。例如 Windows Server 2008 R2 标准版支持 4 路 SMP，Windows Server 2008 R2 企业版支持 8 路 SMP，Windows Server 2008 R2 数据中心版支持 32 路 SMP。又如 UNIX 服务器可支持最多 64/128 个 SMP 的系统，如 SUN 公司的 Enterprise10000 和 Solaris 10 最多支持 64 个 SMP。

SMP 关键技术是提高多个处理器协同工作效率。目前，企业级 PC 服务器均为多处理器结构，采用多处理器通信和协调技术后，PC 服务器将超过 4 个以上的处理器群分为多个组，每个处理器组都配有一个高速缓存系统。为保证系统间的高速通信，服务器主板采取了高速模块技术，使系统中每组处理器都能够独占一个 2 333MHz 及以上的系统总线。有的主板还采用了多个独立的内存板，每个内存板占据一个单独的 1 333MHz 及以上系统总线。在这些内存板、多组处理器模块和 I/O 总线之间采用一个高速的交换式总线系统，以保证其中任一组设备之间均可在高速系统总线上通信传输，从而使整个系统的传输带宽达到较高水平。

这些技术措施不仅有效地解决了传统的多处理器系统中的传输带宽瓶颈的问题，而且极大地提高了系统的整体性能，并且为系统集群提供了平稳的升级方案，为企业的关键性计算提供了高性能、高可用性的硬件平台。

6.1.4　内存储器

内存储器是 CPU 与外围设备沟通、存储数据与程序的部件，是程序运行的基础。在主机中，内存所存储的数据或程序有些是永久的，有些是暂时的，内存的结构、容量，以及数据读/写速度具有差异性。

1. DRAM 内存

FPM DRAM（Fast Page Mode Dynamic Random Access Memory，快速页面模式动态随机存取存储器）是一种改良过的 DRAM，一般是 168 线（SIMM，单列直插）的内存。DRAM

工作时，如果系统中想要存取的数据刚好是在同一列地址或是同一页（Page）内，则内存控制器就不会重复地送出列地址，而只要指定下一个行地址即可。

EDO DRAM（Extended Data Out DRAM，扩展数据输出 DRAM）存储器与 FPM DRAM 的结构和运作方式相同，速度比 FPM DRAM 快 15%～30%。不同点是缩短了两个数据传送周期之间等待的时间，使在本周期的数据还未完成时，即可进行下一周期的传送，以加快 CPU 数据的处理。EDO DRAM 目前广泛应用于计算机主板上，几乎完全取代了 FPM DRAM，工作电压一般为 5V，接口方式为 168 线（DIMM，双列直插）。

BEDO DRAM（Burst EDO DRAM，突发式 EDO DRAM）是一种改良式 EDO DRAM。它和 EDO DRAM 不同之处是 EDO DRAM 一次只传输一组数据，而 BEDO DRAM 则采用了突发方式运作，一次可以传输一批数据。一般 BEDO DRAM 能够将 EDO DRAM 的性能提高 40%左右。由于 SDRAM 的出现和流行，使 BEDO DRAM 的需求量降低。

SDRAM（Synchronous DRAM，同步 DRAM）是目前十分流行的一种内存。工作电压一般为 3.3V，其接口多为 168 线的 DIMM 类型。它最大的特色就是可以与 CPU 的外部工作时钟同步，和 CPU、主板使用相同的工作时钟。如果 CPU 的外部工作时钟是 1 333MHz，则送至内存上的频率也是 1 333MHz。这样，将消除时间上的延迟，可提高内存存取的效率。

2. ECC 内存

ECC（Error Check Correct，错误检查与校正内存）提供了一个强有力的数据纠正系统。ECC 内存不仅能检测某一位错，而且它能定位错误和在传输到 CPU 之前纠正错误，将正确的数据传输给 CPU，允许系统进行不间断正常的工作。ECC 内存能检测到多位错（奇偶校验内存不能达到这一点），并能在检测到多位错时产生报警信息，但它不能同时更正多位错。

ECC 的工作过程是：当数据写到内存时，ECC 给数据的一个附加位加上识别码；当数据被回写时，存储的代码和原始代码相比较，如果代码不一致，数据就被标记为“坏码”，然后纠正坏码，并传输到 CPU 中。如果检测到多位错，系统就会发出报警信息。

3. Chipkill 技术

Chipkill 技术是 IBM 公司为了解决目前服务器内存中 ECC 技术的不足而开发的，是一种新的 ECC 内存保护标准。ECC 内存只能同时检测和纠正单一比特错误，但如果同时检测出两个以上比特的数据有错误，则一般无能为力。

IBM 的 Chipkill 技术利用内存的子结构方法来解决这一难题。内存子系统的设计原理是，单一芯片，无论数据宽度是多少，只对一个给定的 ECC 识别码，它的影响最多为一比特。如若使用 4 比特宽的 DRAM，4 比特中的每一位的奇偶性将分别组成不同的 ECC 识别码，这个 ECC 识别码是用单独一个数据位来保存的，也就是说保存在不同的内存空间地址。因此，即使整个内存芯片出了故障，每个 ECC 识别码将最多出现一比特坏数据，这种情况完全可以通过 ECC 逻辑修复，从而保证内存子系统的容错性，保证服务器发生故障时有自愈能力。这种内存可以同时检查并修复 4 个错误数据位，保障了服务器的可靠性和稳定性。

4. Register 内存

服务器 24h 不停机地工作，首要考虑的问题是稳定性。内存读/写（数据）信号的质量和时序是影响机器稳定性的主要因数之一。Register 芯片能够改善输入信号的波形，还能增强信号的驱动能力，从根本上改善了信号的质量。Registered 工作模式能更好地同步信号，改善信号的时序。服务器随时处理大量数据，对内存容量会有较大的需求，Registered 内存能实现较大的容量。Registered 内存上的控制信号，通过 Register 芯片增强了驱动能力，最大能驱动 36 颗 SDRAM 芯片。这样，用相同容量的 SDRAM 芯片，可以实现更大的内存容量。Registered 内存以其优异的稳定性和较大的容量，在服务器、工作站和高端 PC 市场获得了大量的应用。

6.1.5　磁盘接口与 RAID

服务器作为信息资源管理设备，通常配置大容量存储（磁盘）系统。磁盘采用高性能 SCSI 接口或 SAS 接口，多块磁盘连接采用 RAID 技术，以提高数据的 I/O 效率和可靠性。

1. SCSI 接口

硬盘制造技术高速发展，已经制造出平均寻道时间小于 5ms、盘片转速达 15 000r/min 的硬盘。硬盘性能大幅度提升，改善了服务器的数据存储性能。服务器存储容量大幅度提高，其 I/O 性能成为评价服务器总体性能的重要指标。支持 2 路 SMP 及以上的服务器，在近 10 年前基本上采用 SCSI（Small Computer Systems Interface，小型计算机系统接口）总线存储设备，SCSI 技术曾经是服务器 I/O 系统主要标准之一。

SCSI 适配器使用主机 DMA（直接内存取）通道将数据传送到内存，可以降低系统 I/O 操作时的 CPU 占用率。SCSI 接口可以连接硬盘、光驱、磁带机、扫描仪等外设。外设通过专用线缆和终端电阻与 SCSI 适配卡相连，SCSI 线缆把 SCSI 设备串联成菊花链。SCSI 技术缺点是对连接设备有物理距离和设备数目的限制，同时总线式结构也带来了一些问题，如难以实现在多主机情况下的数据交换和共享。

SCSI 总线支持数据的快速传输。前些年主要采用的是 80Mbps 和 160Mbps 传输率的 Ultra2 和 Ultra3 标准。由于采用了低压差分信号传输技术，使传输线长度从 3m 增加到 10m 以上。近年来，SCSI 总线传输率达到 320Mbps（Ultra4）和 640Mbps（Ultra5），如表 6.2 所示。支持 2/4 路 SMP 以上的服务器多采用 320Mbps 的 SCSI 总线。

表 6.2　SCSI 接口类型与传输速率

类型	Narrow（窄）		Wide（宽）	
	接口	传输速率	接口	传输速率
Fast	Fast SCSI	10Mbps	Fast Wide SCSI	20Mbps
Ultra	Ultra SCSI	20Mbps	Ultra Wide SCSI	40Mbps
Ultra2	Ultra2 SCSI	40Mbps	Ultra2 Wide SCSI	80Mbps
			Ultra3	160Mbps
			Ultra4	320Mbps
			Ultra5	640Mbps

2. SAS 接口

SAS（Serial Attached SCSI，串行 SCSI）是一种新型的磁盘接口，是取代 SCSI 的下一代企业级存储技术。与并行 SCSI 相比，SAS 能为服务器和企业级存储提供更高的 I/O 性能、扩展性和可靠性。SAS 是在 SATA 1.0（Serial Advanced Technology Attachment，串行高级技术附件）标准的基础上发展的。SATA 是一种完全不同于并行 ATA 的新型硬盘接口类型，SATA 总线使用嵌入式时钟信号，具备了更强的纠错能力。SATA 优点是能对传输指令和数据进行检查，若发现错误会自动校正，这在很大程度上提高了数据传输的可靠性。串行接口还具有结构简单、支持热插拔等优点。

SAS 的数据吞吐能力达到 3Gbps～12Gbps。SAS 利用扩展器简化了存储的系统配置。这种硬件扩展器实现了灵活的存储拓扑，最大可混接 16 256 块 SAS/SATA 硬盘。SAS 硬件扩展器的功能就像一台用来简化系统配置的交换机。SAS 优异的性能不仅取代了 SCSI，还以其数据高速吞吐能力和极具竞争力的性价比，占领高端光纤存储产品的市场，成为下一代硬盘市场的主流。

3. RAID 技术

RAID（Redundant Array of Independent Disks，独立磁盘冗余阵列）技术是将若干硬盘驱动器按照数据存储要求组成一个整体，整个磁盘阵列由阵列控制器管理。磁盘阵列提高了存储容量。多台磁盘驱动器可并行工作，提高了数据传输率。采用校验技术，提高了可靠性。如果阵列中有一台硬磁盘损坏，利用其他盘可以重新恢复损坏盘上的数据，数据恢复过程不影响存储系统正常工作，并可以在运行状态下更换已损坏的硬盘（即热插拔功能）。阵列控制器会自动将恢复数据写入新盘，或写入热备份盘，并将新插入阵列的盘作为热备份盘。另外，磁盘阵列通常配有冗余设备，如电源和风扇，以保证磁盘阵列的散热和系统的可靠性。常用的 RAID 技术系列如表 6.3 所示。

表 6.3　常用的 RAID 技术系列

级别	技术	描述	速度	容错能力
RAID 0	磁盘分段	没有校验数据	磁盘并行 I/O，存取速度提高最大	数据无备份
RAID 1	磁盘镜像	没有校验数据	读数据速度有提高	数据 100%备份
RAID 2	磁盘分段+汉明码数据纠错		没有提高	允许单个磁盘错
RAID 3	磁盘分段+奇偶校验	专用校验数据盘	磁盘并行 I/O，速度提高较大	允许单个磁盘错，校验盘除外
RAID 4	磁盘分段+奇偶校验	异步专用校验数据盘	磁盘并行 I/O，速度提高较大	允许单个磁盘错，校验盘除外
RAID 5	磁盘分段+奇偶校验	校验数据分布存放于多盘	磁盘并行 I/O，速度提高较大，比 RAID 0 稍慢	允许单个磁盘错，无论哪个盘
RAID 6	磁盘分段+分层校验+总体校验	扩展 RAID 5 等级，数据冗余性能好	写入效率较 RAID 5 差	允许两个磁盘错，无论哪个盘

通常情况下，为了提高磁盘的存储性能，均采用 RAID 5 技术。磁盘系统设置 RAID 5 后，任意一块磁盘出现故障后，系统仍可运行，故障盘上的数据可通过其他盘上的校验数据恢复出来（此时速度要慢一些）。如果磁盘系统中有备份盘，则数据自动恢复到备份盘中。如果服务器具备热插拔硬盘，则在开机状态下即可换下故障硬盘（在同一时间内，只允许一块硬盘故障；若有两块硬盘同时出现故障，系统数据将无法恢复），数据将自动恢复到新硬盘上。

RAID 6 是在 RAID 5 基础上把校验信息由 1 位增加到 2 位的 RAID 级别。RAID 6 和 RAID 5 一样对逻辑盘进行条带化后存储数据和校验位，只是对每 1 位数据又增加了 1 位校验位。

这样在使用 RAID 6 时会有 2 块硬盘用来存储校验位，增强了容错功能，同时会减少硬盘的实际使用容量。RAID 5 至少需要 3 块硬盘构成阵列，且只允许 1 块硬盘故障。RAID 6 可以允许 2 块硬盘故障，RAID 6 至少需要 4 块硬盘构成阵列。

6.1.6 网络存储与虚拟存储

1. 网络存储技术

网络存储技术是基于网络的磁盘存储技术。网络存储技术有三种：直连存储（Direct Attached Storage，DAS）、网络附加存储（Network Attached Storage，NAS）和区域存储网络（Storage Area Network，SAN）。在三种存储技术中，DAS 是直接与主机系统相连接的磁盘存储设备，也是计算机系统中最常用的数据存储方式。

NAS 是一种采用直接与网络磁盘相连的存储服务器。存储服务器要配置 IP 地址，客户机经过 NAS 授权后，通过网络可以访问 NAS，对 NAS 进行数据存取操作。

SAN 是一种采用服务器管理的大容量存储系统。SAN 中的磁盘系统采用光纤接口与支持磁盘块处理的光纤接口交换机连接，组成存储网络。服务器配置 HBA 卡（光纤存储卡），HBA 卡连接网络存储交换机，对大容量的磁盘存储阵列设备进行集中管理与分布式存取操作。SAN 为海量存储系统的构成提供了技术条件。

网络存储通信中使用到的技术和协议包括 SCSI、RAID、iSCSI 以及光纤信道等。光纤信道是一种提供存储设备相互连接的技术，支持高速通信（可达到 10Gbps）。与传统存储技术（如 SCSI）相比，光纤信道也支持较远距离的存储设备相互连接。iSCSI 技术支持通过 IP 网络实现存储设备间双向的数据传输，其实质是使 SCSI 连接中的数据连续化。通过 iSCSI，网络存储器可应用 IP 网络的任何位置。

2. 虚拟存储技术

虚拟存储是把多个存储介质模块（如硬盘、RAID）通过虚拟化技术成为一个整体，所有的存储模块在一个存储池（Storage Pool）中进行统一管理。从服务器和客户机的角度看到的不是多个硬盘，而是一个分区或者卷，就好像是一个超大容量（如 n 个 TB 以上）的硬盘。这种可以将多种、多个存储设备统一管理，为使用者提供大容量、高数据传输性能的存储系统，就称为虚拟存储。

目前，从虚拟化存储的拓扑结构来看，主要有对称式和非对称式两种。对称式虚拟存储技术是指虚拟存储控制设备与存储软件系统、交换设备集成为一个整体，内嵌在网络数据传输路径中。非对称式虚拟存储技术是指虚拟存储控制设备独立于数据传输路径之外。从虚拟化存储的实现原理来看，也有两种方式，即数据块虚拟与虚拟文件系统。

6.2 服务器软硬件配置与选型

6.2.1 服务器性能与硬件配置

通常，服务器的多处理器特性、内存容量、磁盘性能及可扩展性是选择服务器要考虑的主要因素。下面以PC服务器为例来说明服务器的性能要求及配置要点。

1．运算处理能力

配置服务器时，习惯上感知CPU主频越高，服务器的性能就越好。然而，事实并非如此简单。通过性能测试结果分析，发现CPU运算速度只是影响服务器性能的主要因素之一。除了提升CPU的主频之外，还要优化多CPU协同处理的逻辑组合。

（1）处理器配置。多个处理器（CPU）组合使用，可以增强服务器整体计算能力。一般来说，服务器计算负载加大时，理论上多个处理器可以分担计算任务，实现负载均衡，从而提高服务器的计算性能。服务器性能受处理器芯片本身架构的影响，还受到数据总线速度、芯片组和控制器的影响。处理器通过CPU的组合逻辑与计算机的其他组件或外部附件（如硬盘和光驱）进行数据通信。数据总线、芯片组及架构可以加快数据传输的速率，从而提高服务器整体计算性能。

处理器性能还受到缓存（Cache）的影响。处理器本身只有少量的存储单元，处理器是高速运算装置，处理器与内存单元或外设接口交换数据时，处理器的缓存单元可适配数据的高速I/O操作，加快重复性任务的执行速度，从而提高服务器的性能。

（2）CPU主频及数量对服务器性能的影响。Xeon（至强）系列CPU支持大于2路的SMP系统。通常，扩展Xeon CPU（如Tanner）带来的性能增长为：1 CPU=100%，2 CPU=174%，4 CPU=300%，8 CPU=500%。例如，有一款可支持8路SMP Xeon CPU的高端服务器，假定内存足够大，网络速度足够快，硬盘速度足够快，也就是增加CPU时服务器性能不存在瓶颈。从一颗Xeon CPU扩展到2颗Xeon CPU时性能提升70%；增加到4颗Xeon CPU时性能提升200%；当CPU扩展到8颗时，服务器性能提升400%。

（3）IA64体系结构。提高处理器的性能主要有两种途径：一是不断提高CPU的时钟频率和内部并行工作的流水线数量，使CPU在单位时间内进行更多的操作；二是开发处理器指令级的并行性，采用支持流水线高效地工作的分支预测、顺序执行等技术。但是，这些技术均存在一些缺点。为此，Intel公司和HP公司联合开发了一种称为“清晰并行指令计算（EPIC）”的全新系统架构技术IA64。

EPIC技术能在原有的条件下最大限度地获得并行能力，并以明显的方式传达给硬件。同时，在EPIC技术的基础上定义了一种新的64位指令架构（ISA）。Intel将此技术融入其IA64架构之中。新的64位ISA采用全新的方式，把清晰并行性能与推理和判断技术结合起来，从而大大跨越了传统架构的局限性。EPIC技术支持的IA64架构，打破了传统架构的顺序执行限制，使并行能力达到了新的水平。预测、判断功能与并行功能的创新应用，使EPIC技术打破了传统架构的局限性（如错误预测分支、存储等待等）。

（4）内存/最大内存扩展能力。当内存充满数据时，处理器就需要到硬盘（或虚拟内存）读取或写入新的数据。而内存的速度要比硬盘快约10 000倍，所以处理器对硬盘的写入或读取要比内存慢很多。因此，计算机拥有的内存越大，处理器就越少地到硬盘中寻找更新的数据，从而使处理器的速度提高，服务器的计算性能也就越高。升级内存是提高系统性能的一个非常好的方式，成本不高，效果很好。服务器内存一般都采用的是ECC EDO内存或ECC SDRAM内存。

2．磁盘驱动器的性能指标

目前，PC服务器硬盘均采用SAS接口。硬盘驱动器的性能主要由硬盘主轴转速、单碟容量、内部传输率及缓存等因素决定。

（1）主轴转速。主轴转速是一个在硬盘的所有指标中除了容量之外，最应该引人注目的性能参数，也是决定硬盘内部传输速度和持续传输速度的第一决定因素。硬盘转速主要有 7 200r/min、10 000r/min 和 15 000r/min。从目前情况看，15 000r/min（传输速率 6Gbps）及以上的 SAS 硬盘具有性价比高的优势，是目前服务器硬盘的主流。

（2）内部传输率。内部传输率的高低是评价一个硬盘整体性能的决定性因素。硬盘数据传输率分为内、外部传输率，通常称外部传输率为突发数据传输率或接口传输率（如 SAS 的 6Gbps），指从硬盘的缓存中向外输出数据的速度。内部传输率也称最大或最小持续传输率，是指硬盘在盘片上读/写数据的速度。由于硬盘内部传输率要小于外部传输率，所以只有内部传输率才可以作为衡量硬盘性能的标准。

（3）单碟容量。单碟容量具有提高硬盘总容量的作用，还有提升硬盘数据传输速度的作用。单碟容量的提高得益于磁道数的增加和磁道内线性磁密度的增加。磁道数的增加对于减少磁头的寻道时间大有好处。因为磁片的半径是固定的，磁道数的增加意味着磁道间距离的缩短，这样磁头从一个磁道转移到另一个磁道所需要的就位时间就会缩短。这将有助于随机数据传输速度的提高。磁道内线性密度的增加使得每个磁道内可以存储更多的数据，从而在碟片的每个圆周运动中有更多的数据被磁头读至硬盘的缓冲区里，提升硬盘的 I/O 效能。

（4）平均寻道时间。平均寻道时间是指磁头移动到数据所在磁道需要的时间，这是衡量硬盘机械性能的重要指标，一般为 3～13ms。

（5）高速缓存。提高硬盘高速缓存的容量，也是提高硬盘整体性能的措施。因为硬盘内部数据传输速度和外部传输速度不同，因此需要缓存空间承担 I/O 速度适配器。缓存的大小对于硬盘的持续数据传输速度有着极大的影响，它的容量有 512KB、2MB、4MB，甚至 8MB 或 16MB。服务器进行视频处理、影像编辑等要求大量磁盘输入/输出的工作，大的硬盘缓存是非常理想的选择。

3. 系统可用性

系统的可用性指标可用两个参数进行简单地描述：一个是平均无故障工作时间（MTBF），另一个是平均修复时间（MTBR）。系统可用性＝MTBF/(MTBF+MTBR)。也就是说，如果系统的可用性达到 99.9%，则每年的停止服务时间将达 8.8h；当系统的可用性达到 99.99%时，年停止服务时间是 53min；当可用性达到 99.999%时，每年的停止服务时间只有 5min。

互联网时代的企业，信息服务停止带来的损失无疑是巨大的。据国外权威机构对 400 家企业的调查，普通企业一次关键应用的停机平均损失达 1 万美元每小时，金融企业每小时的停机损失高达 100 万美元。通过调查发现，造成系统停止服务的主要原因有 3 个：一是硬件故障，在整个停机原因中占 30%；二是操作系统和应用软件故障，占整个停机原因的 35%；三是操作失误、程序错误和环境故障，占整个停机原因的 35%。

提高系统的可用性必须从硬件和软件两个方面入手。硬件产品的故障发生概率与其投入运行的时间成正比，运行的时间越长，则出现故障的概率越大。提高硬件系统的可用性，必须在故障出现时能够保证系统继续服务。硬件冗余技术可以很好地解决这一问题，通过对关键部件的冗余设计，可以做到当系统中出现硬件故障时由冗余部件自动接替服务，以不造成系统停机。难以有效预测软件系统故障产生，如何减少软件恢复的时间，是提高系统可用性的一个重要课题。快速恢复软件系统、降低平均修复时间，可达到提高可用性的目的。同时，还要强化用户操作培训和机房供电及制冷管理，使人为造成的故障因数降到最低。

4．服务器硬件的冗余

系统硬件可用性在很大程度上取决于组成部件的品质。对系统正常运行造成重大影响的部件有硬盘、风扇、电源等。对服务器的关键部件进行冗余设计，可以大大提高服务器的可用性。硬件冗余的基础是合理有效地对系统运行状态进行监控，在及时发现故障的前提下启动冗余部件代替故障部件工作。

（1）磁盘冗余。通过配置热插拔硬盘，并使用 RAID 2 或 RAID 5/6 技术，可以避免磁盘阵列中某块硬盘损坏造成的服务器故障。

（2）电源冗余。支持热插拔的冗余电源正常工作时，两个电源各输出一半功率，即每个电源自动分担服务器 50%的负载，利于电源长时间稳定地工作。当其中一个电源发生故障时，可短时由另一个电源承担服务器 100%负载。系统管理员可以在不关闭服务器情况下更换损坏电源。采用热插拔冗余电源可以避免服务器因电源损坏而造成的停机。

（3）网卡冗余。采用自动控制的冗余网卡，当系统正常工作时，多网卡自动分摊网络流量，使系统的网络通信带宽提高。当有网卡损坏或出现线路故障时，其工作自动切换到其他网卡，不会因网络通道故障或网卡故障影响正常服务。

（4）冷却冗余。采用冗余风扇，服务器工作正常时，主风扇工作，备用风扇不工作，同时对风扇转速或主机芯片温度进行实时监测。发现机箱内温度过高时自动报警并启动备用风扇，当主风扇出现故障或转速低于规定转速时自动启动备用风扇。这样，可以避免主风扇损坏或者机房温度过高时，导致服务器内部温度升高产生的工作不稳定或停机现象。

（5）双机冗余。双机集群（热备）正常工作时，通过以太网和 RS-232 口互相进行监测，并不断完成同步操作，数据保存在共享磁盘阵列中。当任何一台服务器出现故障时，另一台服务器将快速接管服务，其切换时间仅需 1～2min。双机冗余可以有效提升服务器硬件系统的高可用性。

5．数据吞吐能力

服务器对 I/O 的要求表现在总线带宽、I/O 插槽数量等几个方面。总线带宽是指系统事务处理的快慢，I/O 插槽数量表现在其扩展能力上。前一段时间，PC 服务器的 I/O 标准主要有两种：一种是 Future I/O 技术，另一种是 NGIO 技术。现在，两者已统一成 SYSTEM I/O。这种 I/O 技术的宗旨是提高服务器 CPU 向网卡或存储磁盘阵列传输数据的速度和可靠性，一般采用交换结构（Switched Fabric，SF）方法，就像局域网一样交换信息，其最大优点是系统内单一部件失效不会导致整台计算机瘫痪。

6．可管理性

作为一个关键指标，可管理性直接影响到企业使用 PC 服务器的方便程度。良好的可管理性主要包括人性化的管理界面，硬盘、内存、电源、处理器等主要部件便于拆装、维护和升级；具有方便的远程管理和监控功能，具有较强的安全保护措施等。PC 服务器的故障主要来自硬盘、电源、风扇等部件，若这些部件出现故障而造成停机或是数据丢失，那么这样的 PC 服务器的可管理性是非常差的。在正常的情况下，系统必须支持这几类部件有可能出现故障时的隐患提示信号，如硬盘故障隐患指示灯、电源故障隐患指示灯等。

7. 可扩展性/可伸缩性

选择 PC 服务器时，首先应考虑服务器的可扩展能力，即服务器应该留有足够的扩展空间，以便随业务应用增加对服务器进行扩充和升级。这种可扩展性主要包括处理器和内存的扩展能力。例如，支持几颗 CPU，支持最大内存的数量，支持内存频率从 1 333MHz 提升到 2 333MHz；SCSI（SAS）卡可支持多少硬盘，这些硬盘接口数量是否满足需求等，以及外部设备的可扩展能力和应用软件的升级能力。

6.2.2 服务器操作系统与数据库

目前，服务器操作系统与数据可产品较多，为网络应用提供了良好的可选择性。操作系统对网络建设的成败至关重要，要依据具体的应用选择操作系统。一般情况下，网络工程技术人员应具有网络通信平台和资源平台的建构能力。选择操作系统，要根据网络工程技术人员的能力水平和网络操作系统使用经验而定。如果在工程实施中选一些大家都比较生疏的服务器操作系统和数据库，有可能使工期延长，不可预见的费用加大，可能还要请外援，系统培训、维护的难度和费用也要增加。

1. 操作系统

网络操作系统分为两大类：一类是采用英特尔处理器（Intel Architecture，IA）架构的 PC 服务器的操作系统家族（如 Windows Server，Linux）；另一类是采用 SUN、IBM、HP 等公司的标准 64 位处理器架构的 UNIX 主机操作系统家族。UNIX 主机品质较高，价格昂贵，装机量少且可选择性也不高。一般根据应用系统平台的实际需求，估计好费用，瞄准某一两家产品去准备即可。与 UNIX 服务器相比，Windows Server 服务器品牌和产品型号可谓“应有尽有”，一般在中小型网络中普遍采用。

在同一个网络系统中，可采用不同的操作系统。选择时可结合 Windows Server、Linux 和 UNIX 的特点，在网络中混合使用。通常 WWW、FTP、OA 及管理信息系统服务器上可采用 Windows Server 平台。E-mail、DNS、Proxy 等 Internet 应用可使用 Linux/UNIX。这样，既可以享受到 Windows Server 应用丰富、界面直观、使用方便的优点，又可以享受到 Linux/UNIX 稳定、高效的好处。

除了以上问题外，还要考虑操作系统和应用软件的备份和自动恢复功能。当操作系统或应用软件工作正常且性能良好时，系统管理员只需进入备份程序并在程序验证用户身份后即可进行备份操作。当系统发生软件故障时，通过类似的方法可在短时间内使系统恢复到备份时的状态（包括系统配置，用户信息，应用软件），免去了重装系统的烦恼，降低了系统停止服务的时间和费用。

2. 数据库

多年来，数据库系统一直是支撑网络信息资源系统的核心。小到企事业内部的人事工资档案管理、财务系统；中到铁路、民航区域性的联机售票系统；大到跨国集团公司的数据仓库、全国人口普查、气象数据分析等，数据库都担当着重要角色。可以这么说：哪里有网络，哪里就有数据库。

目前，比较流行的网络数据库有：Oracle 11g、Microsoft SQL Server 2008/2012、MySQL 5.5、

IBM DB 2 V7.1 等服务器产品。一般情况下，Oracle 11g 在 UNIX 系统下使用，MySQL 在 Linux 系统下使用，Microsoft SQL Server 在 Windows Server 系统下使用。

6.2.3 服务器产品选型

选择服务器时，要重视服务器的高可用性、高稳定性和高 I/O 吞吐能力，以及易操作和易维护等方面的性能。服务器的易故障部件，如磁盘、电源的结构冗余和性能尤为重要。除此外，还应关注系统软、硬件的网络监控技术，远程管理技术，系统灾难恢复功能等。

1. 文件服务器和通信服务器

快速的 I/O 是这类应用的关键，硬盘 I/O 吞吐能力是主要瓶颈。因为文件服务器主要用来进行读/写操作。RAM 数量对其性能的影响没有其他因素大，文件不可能长时间待在内存中，也存在着可以驻留在缓存中的文件大小的限制。如果访问服务器的客户机数量较多，且存取文件比较频繁，则增加内存并扩大缓存将可提升系统性能。

2. 数据库服务器

数据库应用包括各种基于关系数据的信息管理、联机事务处理、数据挖掘分析、商业信息管理、科技目录索引、智能计算与决策支持等应用。用户在 PC 上通过数据库管理客户端程序，访问服务器端的事务逻辑处理进程。服务器所起的作用就像一个中心管理者，它通过高速处理器计算和快速的磁盘响应，完成一系列数据操作的请求。

通常，数据库服务器的配置要比文件/打印服务器增加更多的硬件投资，特别是在处理器、内存储器和磁盘等方面。例如，客户机发送订货单数据查询，服务器要及时响应与处理，并将结果返回给客户机，该过程一般不超过 3s。当多台客户机并发访问数据库服务器时，势必加重服务器处理器、内存和磁盘子系统的负担。

因此，数据库服务器需要采用对称多路处理器（如 2 路或 4 路 SMP）技术、大容量（如 16～64GB）内存和快速 I/O 吞吐能力（如 15 000rpm 的 SAS 接口）的磁盘。

3. Web 服务器

Web 服务器的典型功能有两个。第一，响应客户机 HTTP 请求的静态 HTML 文件。如果访问 Web 站点的用户量很大，增大服务器内存可以改善服务器响应用户请求的性能。当服务器内存增大后仍不能有效改善响应性能时，可采用双机负载均衡技术。第二，用 JSP 或 ASP 脚本程序、Java 等服务端应用和 ISAPI 库，动态地生成 HTML 代码，或作为数据库中间服务器。该功能要求服务器既要有较大的内存，还要有较高的 CPU 处理能力。如果访问 Web 站点的用户量很大，可采用双路对称处理器的服务器（部门级）。当双 CPU 配置的服务器仍不能有效改善响应性能时，可考虑采用四路对称处理器的服务器（企业级），或者采用双路对称处理器结构的双机或多机负载均衡技术。Web 应用集中在数据交互操作和事务逻辑处理流程中，需要频繁读/写硬盘，这时硬盘的 I/O 性能也将直接影响服务器整体的性能。可采用 15 000rpm 的 SAS 接口（6Gbps 及以上）磁盘系统。

4. 部门办公服务器

部门办公服务器的主要作用是完成文件共享和打印服务。这类应用对硬件的要求较低，一般采用单 CPU 即可。为了给打印机提供足够的打印缓冲区需要较大的内存，为了应付频繁和大量的文件存取要求有快速的硬盘子系统，好的性能可以提高服务器的使用效率。部门频繁运行各种网络应用程序，服务器可采用双 CPU 结构。双 CPU 的服务器可以提高应用程序运行的速度，大的内存可以保证在用户数量较多时保持较高的服务性能，快速大容量硬盘子系统同样有利于提高系统整体性能。

5. 按照用户数量选型

中小企业选择服务器考虑的问题有多个方面。中小企业正处在创业和发展的关键时期，有限的资源必须被充分和高效地利用，应该从实际出发选择满足目前信息化建设的需要，又不投入太多资源的解决方案。通常一个少于 500 个客户端的中小企业局域网采用高性能部门级服务器就可以满足要求。由于中小企业发展速度较快，快速增长的业务不断对服务器的性能提出新的要求，为了减少更新服务器带来的额外开销和对业务的影响，服务器应当具有较高的可扩展性，可以及时调整配置来适应企业的发展。另外，由于人员紧张，无法保证专业的网络维护人员，这就要求服务器产品具有非常好的易操作性和可管理性，当出现故障时无须专业人员也能将故障排除。

综上所述，中小企业可以选择一些国内品牌的产品。经过多年的努力，国产服务器的质量水平已经非常接近国外著名产品，特别是 PC 服务器产品，国产品牌的性价比具有较大的优势，如浪潮、曙光服务器等。

6.3 操作系统安装与配置

Windows Server 2008 是目前先进的 Windows Server 操作系统，用于推动下一代网络、应用程序和 Web 服务的发展。使用 Windows Server 2008，可以开发、发布和管理丰富的应用程序，提供安全的网络体系结构，并可以提高组织内部的技术效率和价值。

6.3.1 Windows Server 2008 的功能概述

Windows Server 2008 继承了 Windows Server 以往版本的优点，提供了有价值的新功能，并对基础操作系统提供了强大的功能改进。新的 Web 工具、虚拟化技术、安全增强和管理实用程序可降低成本，为信息技术基础结构提供了坚实的基础。

1. 版本与硬件配置需求

Windows Server 2008 简体中文版分 Web、Standard（标准）、Enterprise（企业）和 Datacenter（数据中心）四个版本。各版本均提供了 32 位和 64 位（处理器）系统版。

Web 版最大支持 2 个 CPU，只支持 Web 服务，主要用于托管 Web 站点，或者托管面向 Internet 或 Intranet 的 Web 应用。和其他三个版本支持的 Web 功能类似，支持 Internet 信息服务（Internet Information Services，IIS）7.0、ASP.NET、和 Windows.NET Framework，通过组合使用这些技术，可以在 Web 环境中共享应用服务。

Standard 版支持双路或四路对称处理器（SMP）系统，在 32 位版本中最大支持 4GB 内容，在 64 位系统上可支持 32GB 内存。主要可用于中小型网络的域名服务，如使用 DNS 进行的域名解析，使用动态主机分配协议（DHCP）实现 IP 地址自动分配，基于 TCP/IP 的文件管理服务、打印和传真服务。

Enterprise 版的 32 位系统支持 32GB 内存，Enterprise 版的 64 位系统支持 2TB 内存。主要用于大中型网络环境，支持集群功能，最多 8 个节点集群。Enterprise 版可作为 Web 服务、数据库应用、流媒体服务、视频会议等服务器的操作系统平台。

Datacenter 版支持最小 8 个 CPU，最大 64 个 CPU 的服务器系统。该版本不仅包含了 Enterprise 版的所有功能，而且支持大于 8 个节点的集群。通过使用超大规模内存技术，32 位系统支持 64GB 内存，64 位系统支持 2TB 内存。

2．技术优势与特色

（1）优化的 Web 平台。支持 Web 服务器的 IIS 7.0 是一个优秀的 Web 服务平台，集成了 IIS 7.0、ASP.NET、Windows 通信、Windows Workflow Foundation 和 Windows SharePoint Services 5.0，简化了 Web 服务器管理。IIS 7.0 提供了简化的、基于任务的管理界面，更好的跨站点控制，增强的安全功能，以及集成的 Web 服务运行状态管理。

（2）支持虚拟化。Windows Server 2008 的虚拟化技术，可在一个服务器上虚拟化多种操作系统，如 Windows、Linux 等。服务器操作系统内置的虚拟化技术和更加简单灵活的授权策略，具有良好的易用性优势及降低网站组建成本。

（3）增强的安全性。Windows Server 2008 加强了操作系统安全性，并进行了安全创新，包括 Network Access Protection（网络访问保护）、Federated Rights Management Services（联邦版权管理服务）、Read-Only Domain Controller（“只读”域控制器）。这些用于安全的组件，可为网络、数据和业务提供最高水平的安全保护。

网络访问保护能够隔离不符合组织安全策略的计算机，并提供网络限制、更正和实时符合性检查功能。联邦版权管理服务提供了一个综合性信息保护平台，可对敏感数据提供持续性保护，降低风险及保证符合性。“只读”域控制器可支持部署 Active Directory Domain Services（活动目录域服务），同时限制整个 Active Directory（活动目录）数据库的复制，以便更好地防止服务器的信息泄露或被窃取。

6.3.2 安装 Windows Server 2008 中文版

在安装 Windows Server 2008 之前做好检查日志错误、备份文件、断开网络、断开非必要的硬件连接等准备工作，是确保系统能够顺利安装的重要条件，不可以忽视。此外，由于 Windows Server 2008 对硬盘的空间要求比较大，所以，系统分区大小设置也是非常重要的，一般至少需要 10GB。为了保证系统更好运行，以及为安装更新或为安装其他软件做准备，建议设置为 40GB 或者更大。

Windows Server 2008 可以采用全新安装、升级安装、通过 Windows 部署服务远程安装以及 Server Core 安装等多种安装方式，用户可根据适用环境的不同选择最佳的安装方式。系统安装主要有以下几个步骤。

（1）设置一般硬件（SCSI、RAID 等），选择安装、修复或快速安装。

（2）选择语言、时区和键盘。

（3）输入产品密钥。

（4）选择安装的版本。

（5）接受许可协议。

（6）选择安装的类型。

（7）对磁盘进行操作，创建分区或格式化磁盘。

（8）开始复制文件、展开文件、安装文件。

（9）第一次运行前的配置、更改 Administrator 的密码。

（10）为用户设置加载配置文件。

（11）安装完毕后进入 Windows Server 2008 登录界面。

安装 Windows Server 2008 的文件至少需要 2GB 的可用磁盘空间，建议要创建或指定的分区大小应大于最小需求，分区的大小为 10～30GB 即可。

在“管理员密码”对话框中，输入最多不超过 127 个英文字符的密码。为了具有最高的系统安全性，密码长度至少为 9 个字符，建议采用大写字母、小写字母、数字及其他字符（如*、？、$等）的混合形式。由于管理员账户（Administrator）在 Windows Server 2008 中的特殊性，考虑到系统的安全性，用户要格外重视这个账户。

6.3.3　配置 Windows Server 2008 服务器

Windows Server 2008 是一个多任务操作系统，它能够按照需要、以集中或分布的方式处理各种服务。这些“服务”包括文件服务器、打印服务器、应用程序服务器、终端服务器、远程访问/VPN 服务器、DNS 服务器、域控制器、WINS 服务器、多媒体服务及 DHCP 服务器等。Windows Server 2008 可以提供一种服务，也可以提供多种服务。

系统重新启动以后，以管理员（Administrator）身份登录，屏幕上将出现服务器管理器程序。利用它可以轻松地进行服务器配置。用户也可以通过“开始”→“管理工具”→“服务器管理器”来配置服务器。从“初始配置任务”窗口中或“服务器管理器”中打开添加角色向导之后，可看到下列可用于安装的角色（主要功能）。

（1）Active Directory 证书服务。Active Directory 证书服务提供可自定义的服务，用于创建并管理在采用公钥技术的软件安全系统中使用的公钥证书。可使用 Active Directory 证书服务，将个人、设备或服务的标识与相应的私钥进行绑定来增强安全性。Active Directory 证书服务还包括允许在各种可伸缩环境中管理证书注册及吊销的功能。

（2）Active Directory 域服务。Active Directory 域服务（ADDS）存储有关网络上的用户、计算机和其他设备的信息。ADDS 帮助管理员安全地管理此信息，并促使在用户之间实现资源共享和协作。此外，为了安装启用目录的应用程序（如 Microsoft Exchange Server）并应用其他 Windows Server 技术（如“组策略”），还需要在网络上安装 ADDS。

（3）Active Directory 联合身份验证服务。Active Directory 联合身份验证服务（ADFS）提供了单点登录（SSO）技术，可使用单一用户账户在多个 Web 应用程序上，对用户进行身份验证。ADFS 通过在伙伴组织之间，以数字声明的形式、安全联合或共享用户标识和访问权限等形式完成单点登录操作。

（4）应用程序服务器。应用程序服务器提供了完整的解决方案，用于托管和管理高性能分布式业务应用程序。例如.NET Framework、Web 服务器支持、消息队列、COM+、Windows Communication Foundation 和故障转移群集之类的集成服务，有助于在整个应用程序生命周期（从设计与开发直到部署与操作）中提高工作效率。

（5）动态主机配置协议（DHCP）服务器。动态主机配置协议允许服务器将 IP 地址分配给作为 DHCP 客户端启用的计算机和其他设备，也允许服务器租用 IP 地址。通过在网络上部署 DHCP 服务器，可为计算机及其他 TCP/IP 网络设备自动提供有效的 IP 地址及这些设备所需的其他配置参数（称为 DHCP 选项）。这些参数允许它们连接到其他网络资源，如 DNS 服务器、WINS 服务器及路由器。

（6）DNS 服务器。域名系统（DNS）提供了一种将名称与 Internet 数字地址相关联的标准方法。这样，用户可使用容易记住的名称代替一长串数字来访问网络计算机。在 Windows 上，可以将 Windows DNS 服务和动态主机配置协议（DHCP）服务集成在一起。这样，在将计算机添加到网络时，就不需添加 DNS 记录。

（7）文件服务。文件服务提供了实现存储管理、文件复制、分布式命名空间管理、快速文件搜索和简化的客户端文件访问等技术。

（8）网络策略和访问服务。网络策略和访问服务提供了多种方法，可向用户提供本地和远程网络连接及连接网络段，并允许网络管理员集中管理网络访问和客户端健康策略。使用网络访问服务，可以部署 VPN 服务器、路由器和受 802.11 保护的无线访问。还可以部署 RADIUS 服务器和代理，并使用连接管理器管理工具包来创建允许客户端计算机连接到网络的远程访问配置文件。

（9）打印服务。可以使用打印服务管理打印服务器和打印机。打印服务器可通过集中打印机管理任务来减少管理工作负荷。

（10）通用描述、发现和集成（UDDI）服务。UDDI 服务提供了通用描述、发现和集成功能，用于在组织的 Intranet 内、Intranet 或 Internet 上的业务伙伴之间共享有关 Web 服务的信息。UDDI 服务通过更可靠和可管理的应用程序提高开发人员和 IT 专业人员的工作效率。使用 UDDI 服务，可以促进现有开发成果的重复使用，从而避免重复劳动。

（11）Web 服务器（IIS）。使用 Web 服务器可以共享 Internet、Intranet 或 Extranet 上的信息。它是统一的 Web 平台，集成了 IIS 7.0、ASP.NET。IIS 7.0 还具有安全性增强、诊断简化和委派管理等特点。

（12）Hyper-V 虚拟服务器。Hyper-V 虚拟服务器可创建和管理虚拟机及其资源。每个虚拟机都是一个在独立执行环境中运行的虚拟化计算机系统。这允许一台服务器可以同时运行多个操作系统。

6.4 DNS 服务器安装

域名系统（Domain Name System，DNS）是进行域名解析的服务器。在 Internet 或 Intranet 等 TCP/IP 网络中，DNS 可进行正向解析（域名→IP 地址），也可进行反向解析（IP 地址→域名）。

6.4.1 DNS 服务器安装与配置

在安装了 Windows Server 2008 的计算机上配置 DNS 服务，要确认其已安装了 TCP/IP 协议。先将服务器的 IP 地址设为静态，并设置 TCP/IP 协议的 DNS 配置。如果系统还没有安装 DNS 服务，则需要手工安装 DNS 服务。操作步骤如下。

（1）安装 DNS。在“服务器管理器”控制台中运行“添加角色向导”，当显示“选择服务器角色”对话框时，选中“DNS 服务器”，如图 6.1 所示。然后选择“网络服务”，打开详细信息。选中“域名系统（DNS）。单击“下一步”按钮，根据提示完成 DNS 服务安装。

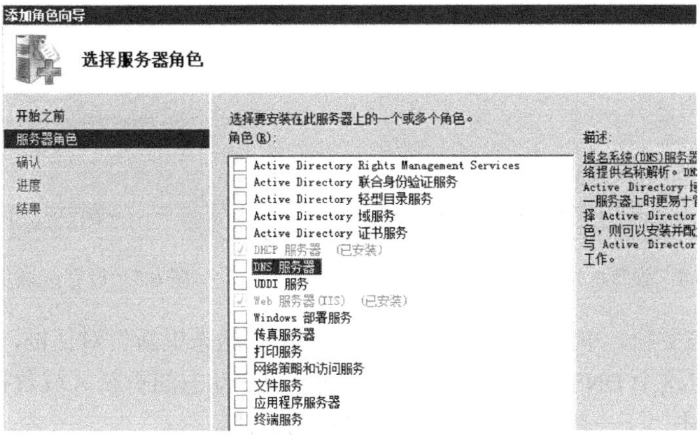

图 6.1　安装 DNS 服务器

（2）启动 DNS 管理器，配置域名服务器。安装好 DNS 服务器后，单击“开始”，指向“管理工具”，单击“DNS”。在弹出的域名服务管理器的主窗口中，鼠标右击“正向查找区域”，如图 6.2 所示。然后单击“新建区域”，启动“新建区域向导”。

（3）区域类型选择。“新建区域向导”启动后，单击“下一步”按钮。进入选择区域类型操作，如图 6.3 所示。可选择的区域类型如下。

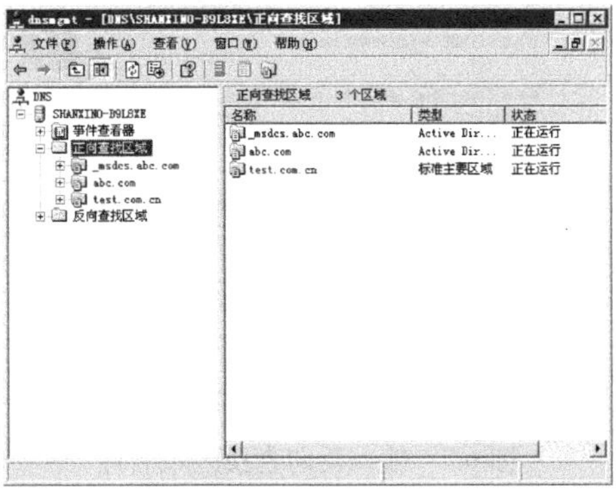

图 6.2　DNS 管理器操作

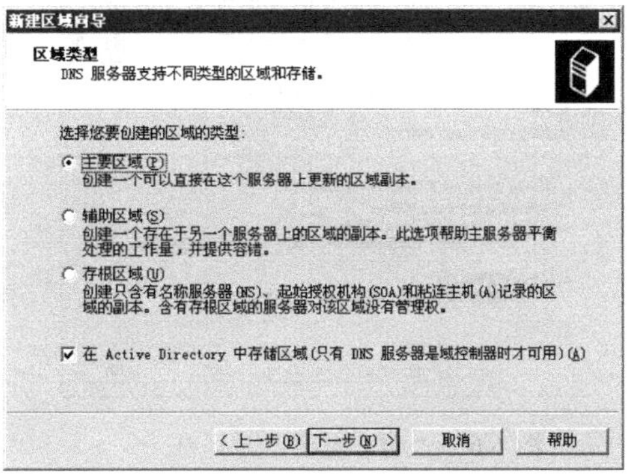

图 6.3　区域类型选择

①主要区域：创建可以直接在此服务器上更新的区域的副本。

②辅助区域：标准辅助区域从它的主 DNS 服务器复制所有信息。主 DNS 服务器可以是为区域复制而配置的 Active Directory 区域、主要区域或辅助区域。

③存根区域：存根区域只包含标识该区域的权威 DNS 服务器所需的资源记录。

（4）设置区域名称。在“区域名称”对话框中输入需要解析的域名。如果这个域名能够在 Internet 网上解析，则需要向域名注册机构申请，并在此框中写入此域名，如图 6.4 所示。

（5）设置区域文件。单击“下一步”按钮，弹出“区域文件”对话框，如图 6.5 所示。

系统默认在域名之后加上一个“DNS”作为文件名。

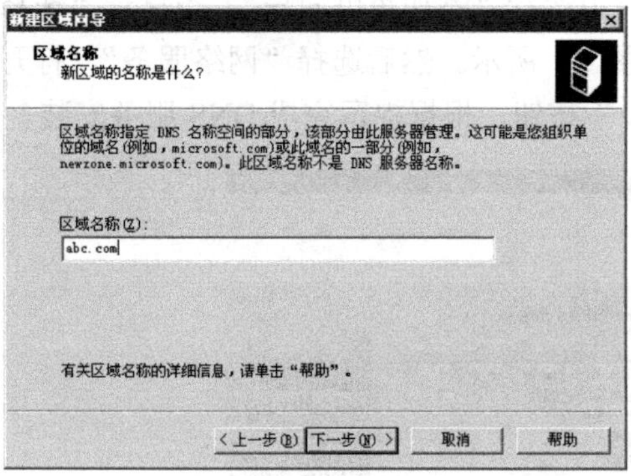

图 6.4　设置区域名称

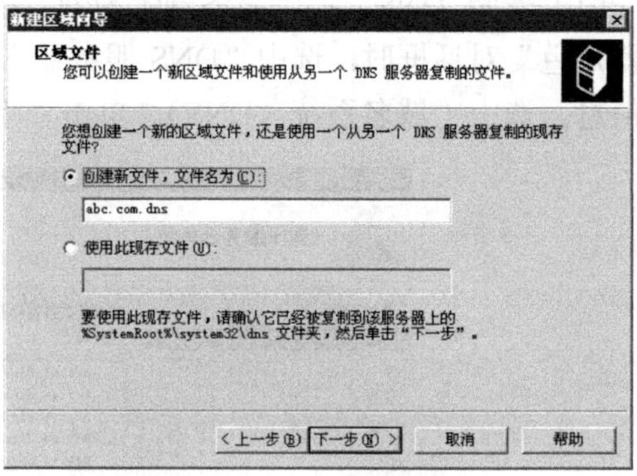

图 6.5　设置区域文件

（6）设置动态更新。单击“下一步”按钮，弹出“动态更新”对话框，如图 6.6 所示。动态更新用于指定这个 DNS 区域接受安全、不安全或非动态的更新区域数据。可选择“不允许动态更新”，单击“下一步”按钮完成区域名称的创建。

需要注意的是，如果该计算机是域控制器，新的正向搜索区域选择 Active Directory 集成的区域，则区域名称必须与基于 Active Directory 的域的名称相同。例如，如果基于 Active Directory 的域的名称为“abc.com”，那么有效的区域名称就是“abc.com”。

（7）设置反向查找区域。鼠标右击“反向查找区域”对话框，在弹出的“新建区域向导”对话框中单击“下一步”按钮，打开“反向查找区域名称”对话框，在对话框中输入反向域名名称，如图 6.7 所示。单击“下一步”按钮，按照向导完成反向查找区域的配置。

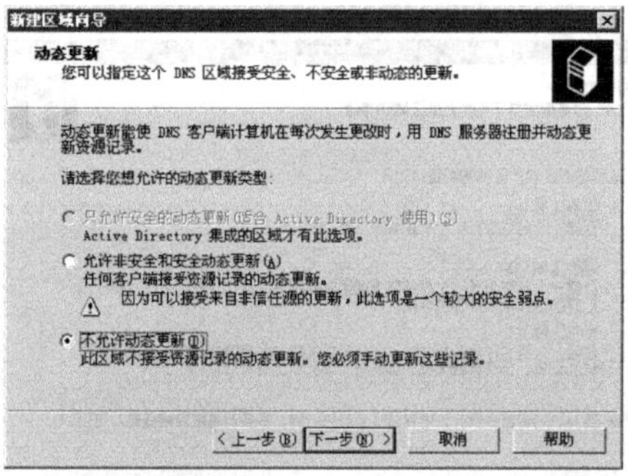

图 6.6　“动态更新”对话框

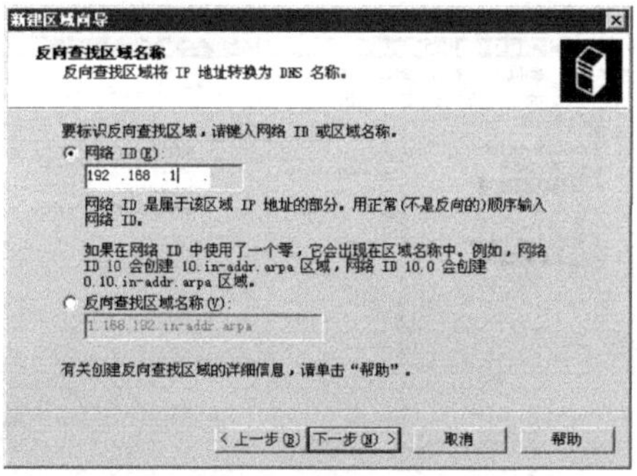

图 6.7　输入反向查找区域名称

（8）添加记录。在 DNS 管理控制窗口中选中“abc.com”，鼠标右键单击。在菜单中选择“新建主机”，填入主机名称及对应的 IP 地址，如图 6.8 所示。www.abc.com 对应的 IP 地址就是 192.168.0.2。同样的操作，可以添加多台主机名称与 IP 地址对应的记录。

6.4.2　客户机 DNS 配置与测试

（1）客户机的 DNS 设置。安装 DNS 服务器后，即可在客户机启用 DNS 服务。例如，客户机为 Windows XP，其 IP 地址为：192.168.0.3，默认网关为：192.165.0.1（该网关为子网路由地址）。需在“Internet 协议（TCP/IP）”属性中，输入该域名服务器的 IP 地址：192.168.0.2，如图 6.9 所示。如果在 DHCP 服务中设置了 DNS 的信息，则在对话框中选择“自动获得 DNS 服务器地址”选项即可。

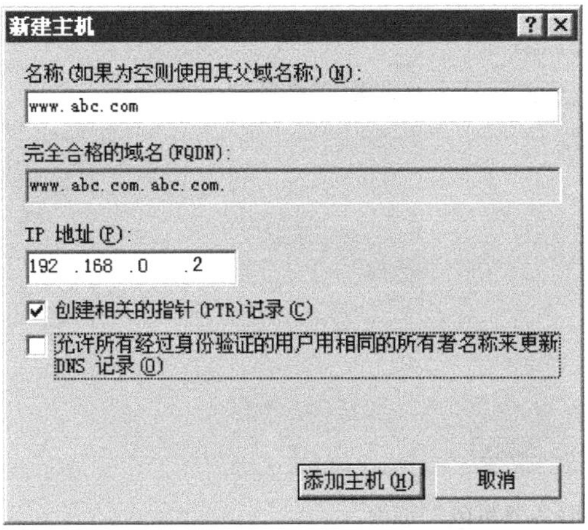

图 6.8　填入主机名称及对应的 IP 地址

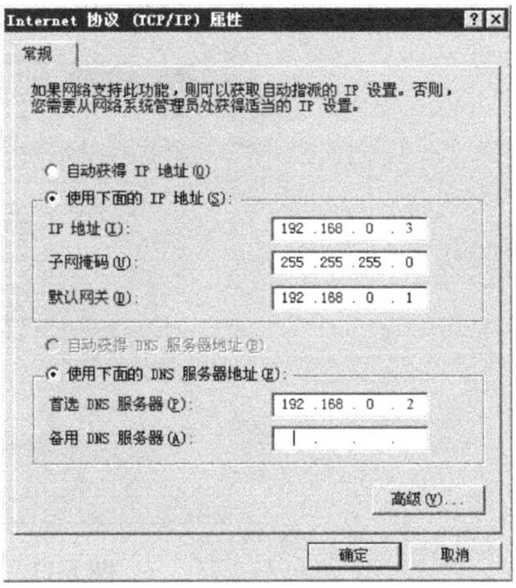

图 6.9　TCP/IP 属性设置

（2）域名解析验证。为了测试所进行的设置是否成功，通常采用“ping”命令来测试。格式为：“ping www.abc.com”。域名解析测试，如图 6.10 所示。

6.5　Web 服务器安装与配置

Windows Server 2008 通过 IIS 7.0 实现 Web 服务器。IIS 7.0 采用完全模块化的安装和管理方式，增强了安全性和自定义服务器，减少了攻击的可能，简化了诊断和排错功能。

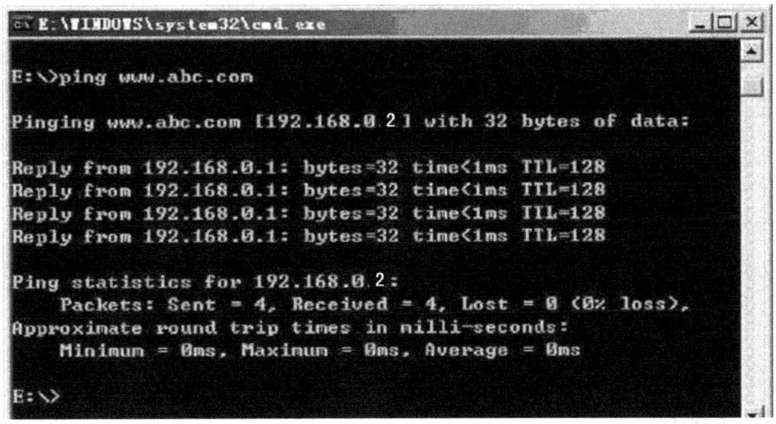

图 6.10　域名解析测试

6.5.1　安装 IIS 7.0

要实现 Web 服务器，必须先安装 IIS。具体操作步骤如下。

（1）打开“服务器管理”窗口，运行“添加角色向导”，显示“选择服务器角色”页面，选中“Web 服务器（IIS）”复选框，如图 6.11 所示。

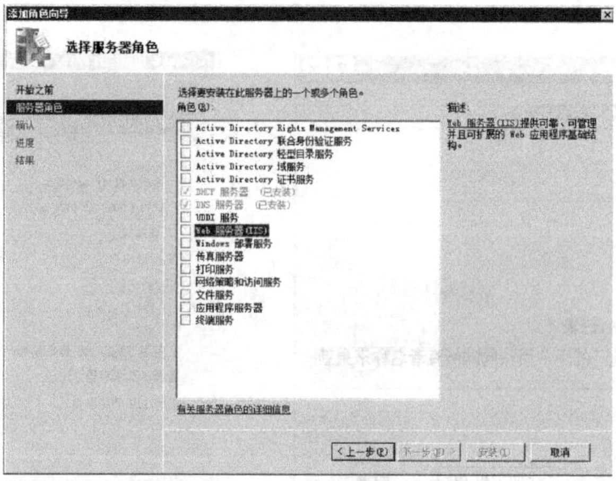

图 6.11 “选择服务器角色”页面

（2）单击“下一步”按钮，显示如图 6.12 所示的“选择角色服务”页面，可以根据实际需要选择欲安装的组件，只需选中相应的复选框即可。连续单击“下一步”按钮，即可完成 Web 服务器的安装。

（3）为了检测 Web 服务器安装是否正常，在局域网中的一台计算机上，通过 IE 浏览器来连接测试该服务器网址。如果测试结果如图 6.13 所示，则证明 Web 服务器安装正常，否则就需要检查服务器或网络以排除故障。

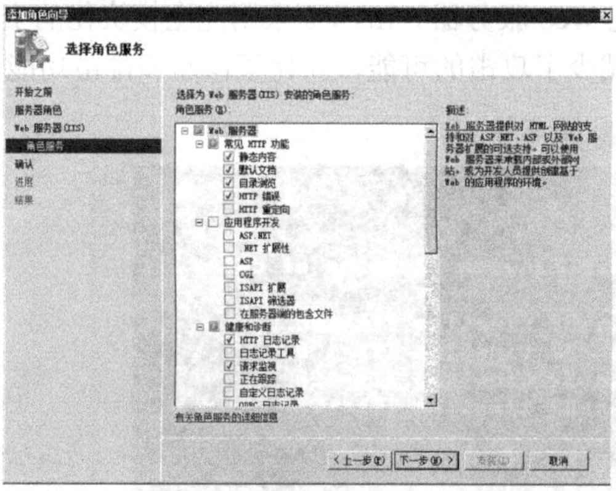

图 6.12 “选择角色服务”页面

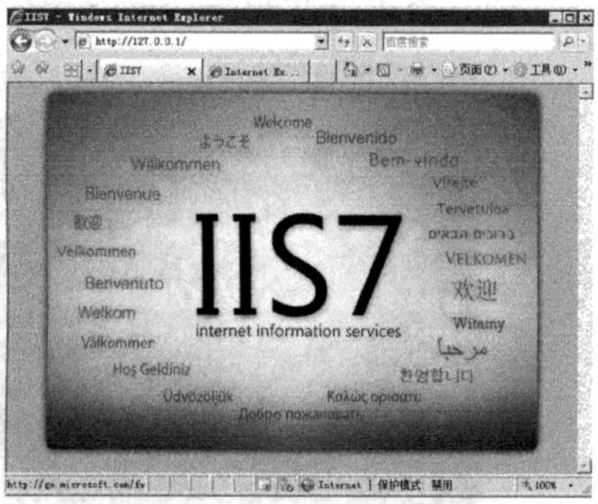

图 6.13 测试结果

6.5.2 Web 服务器的配置

安装完成 IIS 7.0，并对 Web 站点的相关知识了解之后，就可建立 Web 站点。Web 站点的设置步骤如下。

（1）为 Web 站点创建主页。

（2）将主页文件命名为 Default.htm 或 Default. asp。

（3）将主页复制到 IIS 默认或指定的 Web 发布目录中。默认 Web 发布目录也称为主目录，安装程序提供的位置是\Inetpub\wwwroot。

（4）单击“开始”→“管理工具”→“Internet 信息服务（IIS）管理器”命令，打开如图 6.14 所示的窗口。

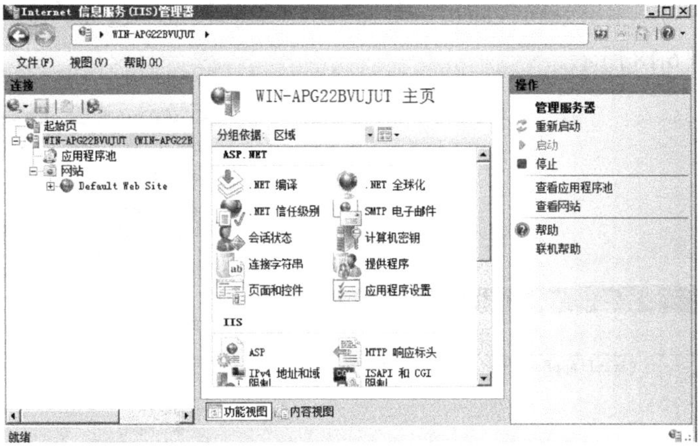

图 6.14　“Internet 信息服务（IIS）管理器”窗口

（5）在“Internet 信息服务（IIS）管理器”窗口中，选择默认站点“Default Web Site”，可设置默认 Web 站点各种配置，对 Web 站点进行操作。鼠标右击“Default Web Site”选项，在快捷菜单中选择“编辑绑定”命令，显示如图 6.15 所示的“网站绑定”对话框。默认端口为 80，IP 地址为“*”，表示绑定所有 IP 地址。

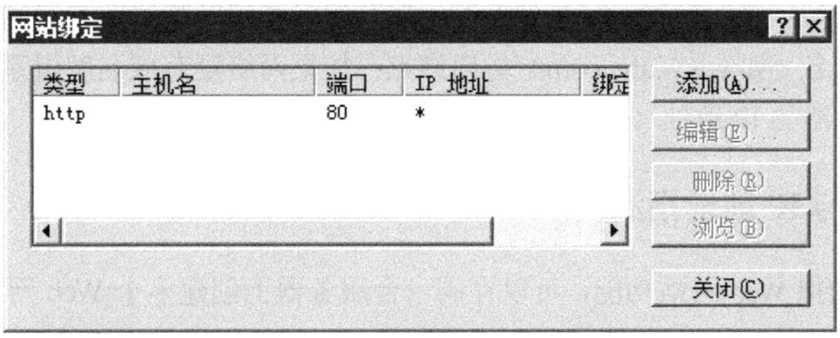

图 6.15　“网络绑定”对话框

（6）选择该网站，单击“编辑”按钮，显示“编辑网站绑定”对话框。在“IP 地址”下拉列表中，选择指定的 IP 地址（如 192.168.0.2）。在“端口”文本框中，设置 Web 站点的端口号（默认 80）。在“主机名”文本框中输入 IP 地址对应的域名（www.abc.com），如图 6.16 所示。

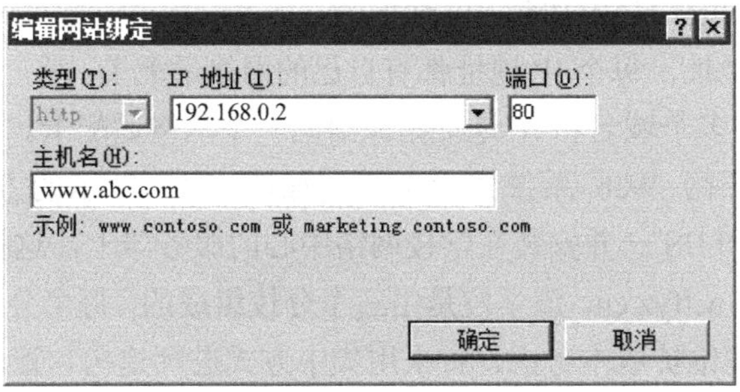

图 6.16　“编辑网络绑定”对话框

（7）在“Internet 信息服务（IIS）管理器”窗口中选择 Web 站点，在右侧的“操作”栏中单击“基本设置”超级链接，显示如图 6.17 所示的“编辑网站”对话框，在“物理路径”文本框中输入网站的新主目录路径即可。鼠标单击“编辑权限”超级链接，可编辑 Web 站点的访问权限，如图 6.18 所示。

图 6.17　输入站点主目录的路径

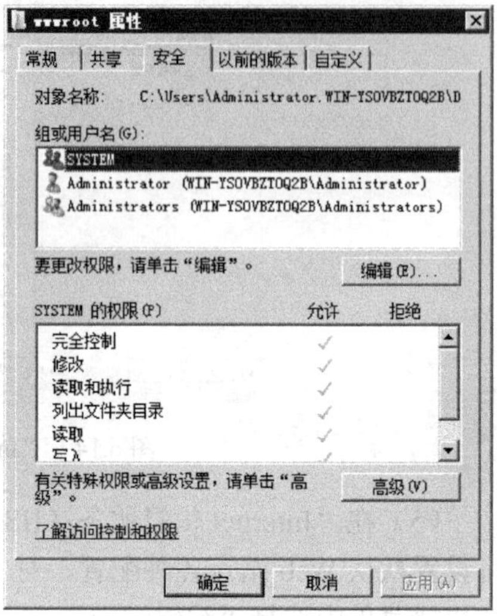

图 6.18　编辑 Web 站点的访问权限

（8）如果网络具有域名解析系统（DNS），那么访问者可以简单地在其浏览器地址栏中输入 Web 服务器域名（如 www.abc.com）访问站点；如果网络没有域名解析系统，则访问者必须输入 Web 服务器的 IP 地址（如 192.168.0.2）。

6.5.3　多域名与 IP 地址指派

IIS 提供了虚拟 Web 网站功能，可以在同一台服务器上创建多个 Web 网站。各个 Web 网站可分别拥有各自独立的 IP 地址、端口或者域名。当需要在网络中部署多个 Web 网站时，虚拟网站功能非常有用。用户在访问这些网站时，就如同访问不同的 Web 服务器一样，不会影响网站的功能。

无论是 Intranet 还是 Internet，都可以按以下三种方式在运行 Windows Server 2008 的单台服务器上创建多个 Web 站点。

（1）将 Web 站点的端口号附加到 IP 地址上。

（2）使用多个 IP 地址，每个 IP 地址都有自己的网络适配卡。

（3）使用主机名将多个域名和 IP 地址指派给同一个网络适配卡。

例如，某中学校园网 Web 系统建设可采用如图 6.19 所示的方案。网络管理员可将 Windows Server 2008 和 IIS 一并安装在学校网络中心的服务器上，这样便产生了一个默认的 Web 站点，如 http://www.lfyz.cn。该学校是由三个分校组成的，每个分校也要有自己“主页”，从 Web 系统建设与管理维护成本考虑，宜采用集中方式进行建构、管理与维护。所以，网管员又创建两个“额外的”Web 站点，分别对应于另外两个分校。

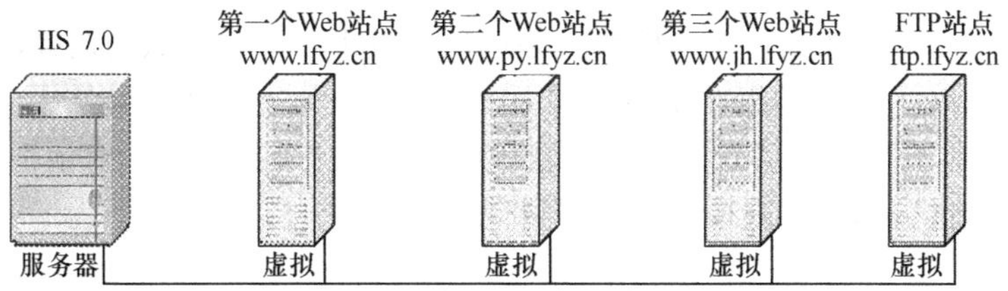

图 6.19　多个域名和 IP 地址指派给同一个网络适配卡

虽然这些 Web 站点位于同一服务器上，但 www.lfyz.cn，www.py.lfyz.cn 和 www.jh.lfyz.cn 及 ftp.lfyz.cn 看起来都像是唯一的 Web 站点。这些分校站点具有相同的安全选项，就好像它们存在于独立的服务器上一样。这是因为每个站点均有自己的访问和管理权限设置。此外，管理任务可以分配给每个分校的成员。在一台服务器上创建多个虚拟站点，使用主机名将多个域名和 IP 地址指派给同一个网络适配卡。当创建大量的虚拟站点时，要考虑服务器的性能，包括 CPU、内存、磁盘 I/O 操作、网卡性能等的限制，并根据需要进行升级。

6.6　服务器备份安装与配置

Windows Server 2008 的备份与恢复工具包括 Windows Server Backup、命令行工具、Windows PowerShell，可以使用 Windows Server Backup 备份整个服务器（所有卷）、选定卷或系统状态，可以恢复卷、文件夹、文件、某些应用程序和系统状态。另外，在出现类似硬盘故障时，可以使用整个服务器备份和 Windows 恢复环境执行系统恢复，这样可将整个系统还原到新的硬盘中。

6.6.1　安装 Windows Server Backup

Windows Server 2008 的 Windows Server Backup 功能由 Microsoft 管理控制台（MMC）管理单元和命令行工具组成。Windows Server Backup 管理单元不能用于 Windows Server 2008 的“服务器核心”安装选项。若要对装有“服务器核心（特定服务正常运行的最小环境）”的计算机运行备份，需要使用命令行或从另一台计算机远程管理备份。

Windows Server Backup 的安装步骤如下。

（1）单击“开始”→“服务器管理器”，打开服务器管理器。在左窗格中单击“功能”项，然后在右窗格中单击“添加功能”项，此时会打开添加功能向导。在添加功能向导的“选择功能”页中，展开“Windows Server Backup 功能”项，如图 6.20 所示。然后选中“Windows Server Backup”和“命令行工具”及“Windows PowerShell”对应的复选框。

图 6.20　选择功能

（2）单击“下一步”按钮，在“确认安装选项”页中，查看所做的选择，然后单击“安装”按钮，如图 6.21 所示。如果在安装过程中出现错误，则会在“安装结果”页面上提示。单击“安装”按钮，开始安装所选功能。安装完成，出现“安装结果”对话框。单击“关闭”按钮，即可完成 Windows Server Backup 功能的安装。

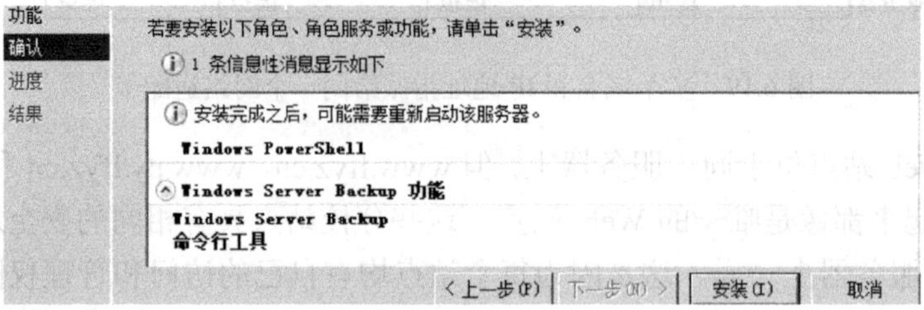

图 6.21　确认安装选项

（3）要使用 Windows Server Backup 管理单元，单击“开始”→“管理工具”→“Windows Server Backup”。要使用和查看 Wbadmin 的语法，单击“开始”→“命令提示符”，或者在“开始搜索”对话框中，输入“cmd”后回车，然后在 DOS 提示符下，输入：wbadmin /?（图略）。

6.6.2　使用 Windows Server Backup 备份数据

可以使用 Windows Server Backup 保护操作系统、卷、文件和应用程序数据，可以将备份保存到单个或多个磁盘、DVD、可移动介质或远程共享文件夹中，可以设置定时备份和一次性备份，可以将这些备份计划设置为自动或手动运行。

1．准备工作

标识可专用于存储备份的硬盘，并确保磁盘已连接并处于联机状态。备份目标磁盘可使用服务器直连的磁盘，也可使用 USB 2.0 或 IEEE 1394 外部硬盘。磁盘的大小应该至少是要备份的项目组的存储容量的 2.5 倍。此磁盘应该为空或包含不需要保留的数据。因为 Windows Server Backup 将对此磁盘进行格式化，这是准备磁盘进行备份工作的一部分。

Windows Server Backup 仅支持“完全备份”和“增量备份”。Web 服务器数据包括“静态”、“动态”两类。静态是用标记语言描述的数据，动态是由数据库提供的数据。在一般情况下，服务器数据每日更新量不是很大，考虑到灾难恢复的便捷性，可采用完全备份方式。

在 Windows Server Backup 控制台中，单击“操作”→“配置性能设置”，打开“优化磁盘性能”对话框。选中“自定义”项，设置 C 盘为“完全备份”（假设 C 盘中存储了全部服务器数据），如图 6.22 所示。

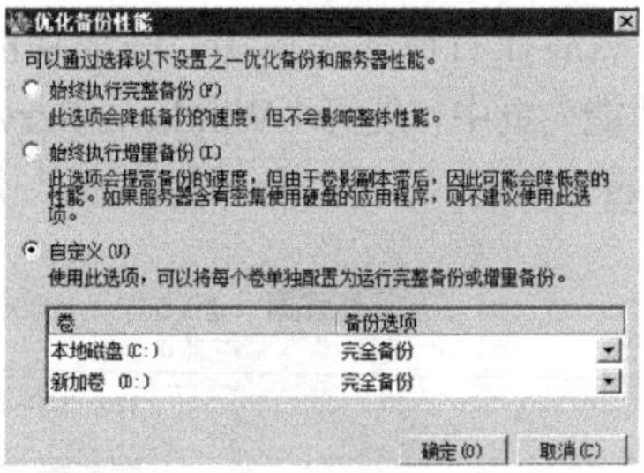

图 6.22　设置完全备份模式

选用两个同容量的 USB 2.0 接口磁盘，交替完全备份服务器数据。一旦其中一块磁盘故障，还有另一块磁盘保存有完整数据，确保容灾性恢复数据的可靠性。

以下备份操作假设服务器数据存储在 C 盘中。服务器构建时，数据应存储在除了 C 盘以外的其他逻辑盘（D 盘，E 盘等）中 ，将操作系统与应用系统数据分离。一旦服务器磁盘故障，可更换故障盘，重新安装操作系统，将备份盘与服务器连接，即可恢复数据。

2. 自动备份

（1）启动备份计划。单击“开始”→“管理工具”→“Windows Server Backup”，打开 Windows Server Backup 管理单元。在默认页的“操作”窗格中，单击“备份计划”项，打开备份计划向导。在“入门”页中，单击“下一步”按钮，选择备份配置。

（2）选择备份配置。在“选择备份配置”页中，若选中“自定义”项，则仅备份某些卷，如图 6.23 所示。然后单击“下一步”按钮，选择备份项目。

（3）选择备份项目。在“选择备份项目”页中，选中要备份的卷对应的复选框，并清除要排除的卷对应的复选框，如图 6.24 所示，然后单击“下一步”按钮。在默认情况下，备份中将包括包含操作系统组件的卷，并且无法将其排除。

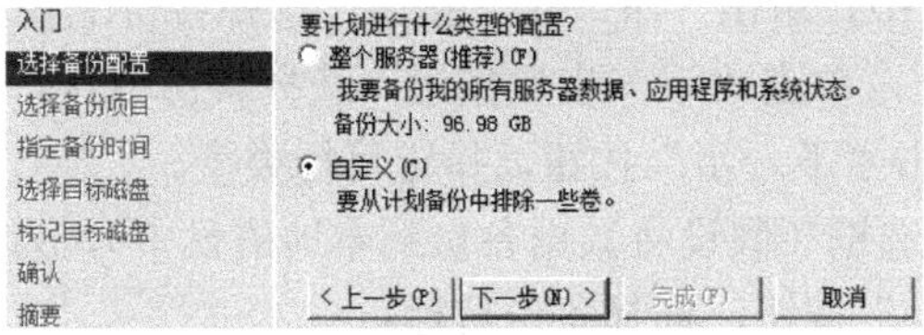

图 6.23　选择备份配置

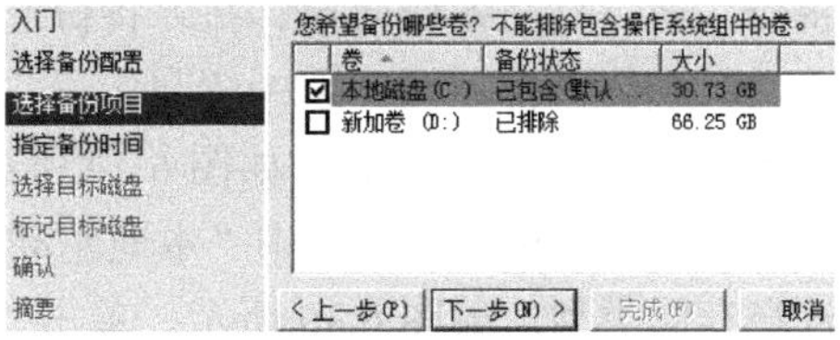

图 6.24　选择备份项目

（4）指定备份时间。在“指定备份时间”页中，选中“每日一次”或“每日多次”项，然后输入开始运行每日备份的时间。数据备份要消耗 CPU 和内存资源，会降低服务器的性能，可安排在凌晨 2 点开始备份，如图 6.25 所示，然后单击“下一步”按钮。

（5）选择目标磁盘。在“选择目标磁盘”页中，单击可用磁盘对应的复选框，选择备份目标磁盘。目标磁盘可用空间应是备份项目大小的 1.5 倍以上，如图 6.26 所示。然后单击“下一步”按钮。

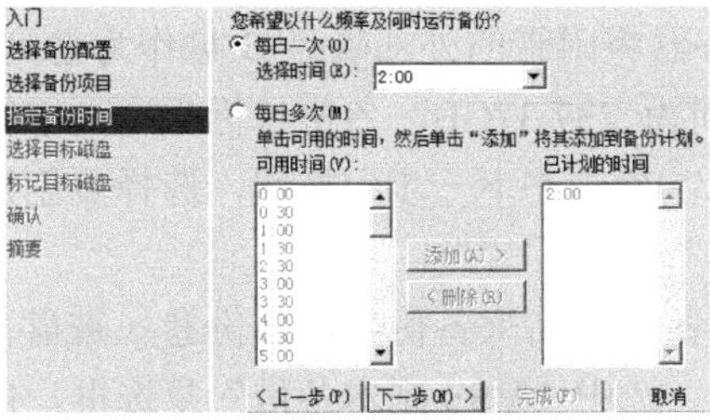

图 6.25　指定备份时间

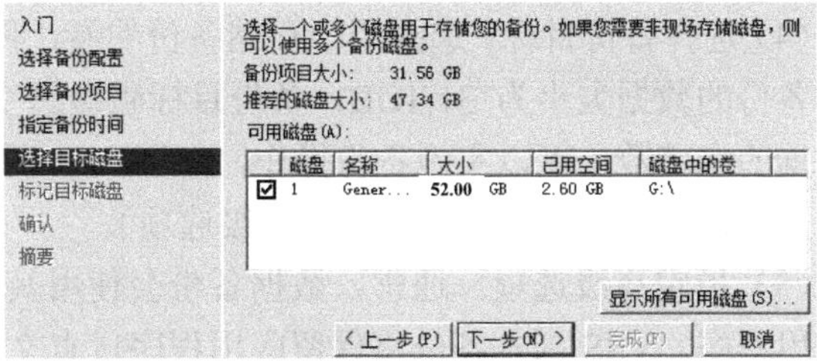

图 6.26　选择目标磁盘

（6）标记目标磁盘。系统对“目标磁盘”进行标记。标记完成后，备份使用“标签”列显示的信息“WIN-YS0 2010_09_13 11:26 DISK_01”标记磁盘。需要将此“标签”记录在标签纸上，并将此标签贴在磁盘上，以便系统能识别该目标，进行数据恢复，如图 6.27 所示。然后单击“下一步”按钮。

（7）确认备份计划。在“确认”页中，可看到以上创建的“备份计划”。单击“完成”按钮，系统将按照“备份计划”实施数据备份作业。该计划是：每天凌晨 2 点开始备份，备份项目（本地磁盘 C）按照“完全备份”模式进行数据备份，如图 6.28 所示。

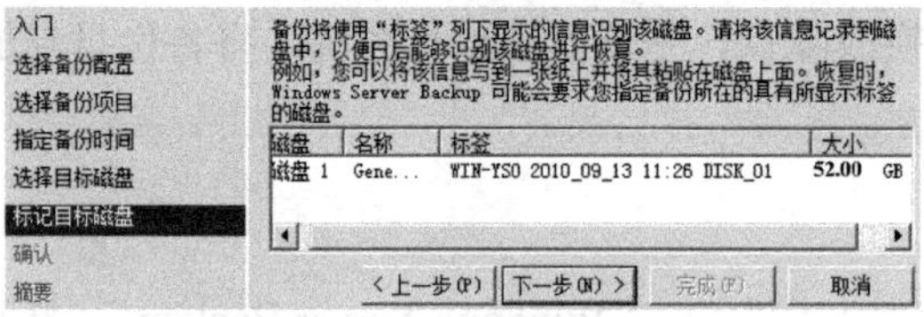

图 6.27　标记目标磁盘

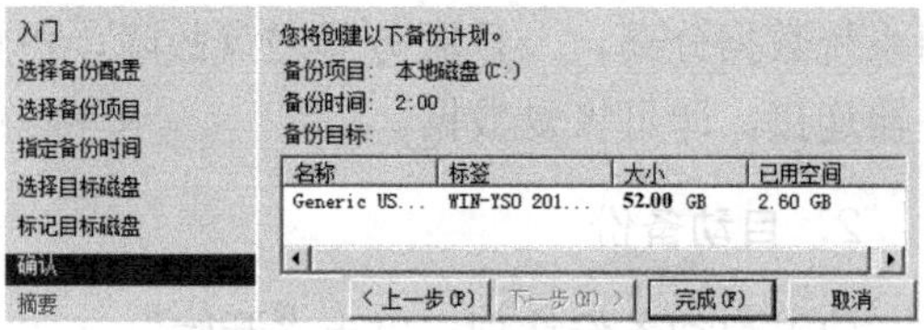

图 6.28　确认备份计划

3．手动备份

服务器每日数据更新量不大时，也可采用每周“一次性备份”，这样，就减少了备份磁盘格式化、写数据的频度。“一次性备份”只能手动设置，需要养成习惯。

（1）启动一次性备份，选择备份配置。单击“开始”→“管理工具”→“Windows Server Backup”，打开 Windows Server Backup 管理单元。在默认页的“操作”窗格中，单击“一次性备份”项，打开备份向导。在“备份选项”页中，单击“下一步”按钮，选择备份配置。

（2）选择备份项目。选中“自定义”复选框，单击“下一步”按钮，选择备份项目，排除（不选中）新加卷（D），如图 6.29 所示。单击“下一步”按钮，指定目标类型。

（3）指定目标类型。选中“本地驱动器”复选框（假设将数据备份到本地磁盘中），为备份选择存储类型，如图 6.30 所示。单击“下一步”按钮，选择备份目标。

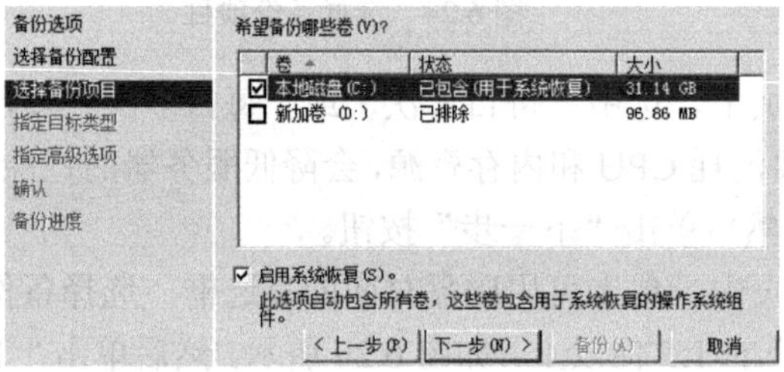

图 6.29　选择备份项目

图 6.30　指定目标类型

（4）选择备份目标。选择用于存储备份的卷，服务器将附带的外部磁盘 D 盘作为卷列出。计划备份的数据大小为 31.4GB，备份目标磁盘总空间为 237.37GB，备份目标盘远大于待备份数据的字节数，可以实施备份操作，如图 6.31 所示。单击“下一步”按钮，选择要创建的 VSS（卷影复制服务）备份类型（高级选项）。

（5）指定高级选项。通常，数据备份会使用其他备份产品来备份当前备份卷（磁盘）中的应用程序。VSS 副本备份将保留应用程序日志文件。选中“VSS 副本备份”复选框，创建一个 VSS 副本备份，如图 6.32 所示。单击“下一步”按钮，确认备份。

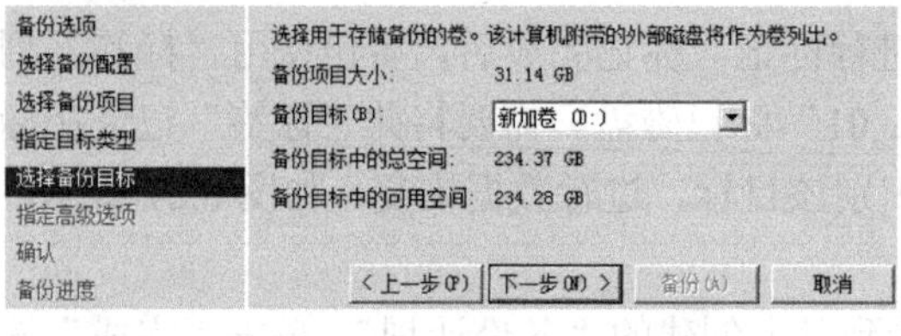

图 6.31　选择备份目标

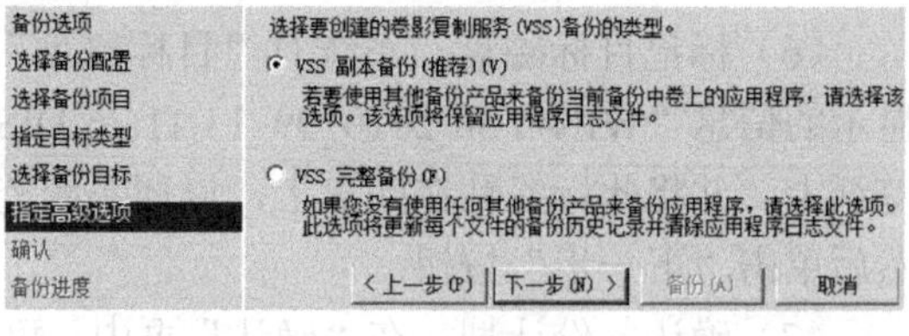

图 6.32　选择卷影复制服务备份类型

（6）确认与进行备份。在“确认”页中，显示将在指定的目标中创建和保存的项目备份。

单击“备份”按钮，即开始进行数据备份操作，如图 6.33 所示。单击“关闭”按钮，备份继续在后台进行。

（7）检查备份结果。备份结束后，在 Windows Server Backup 管理单元中可看到数据备份完成的信息，如图 6.34 所示。至此，一次手动备份完成。系统一旦数据损坏或丢失，即可使用最近一次的备份恢复服务器数据。

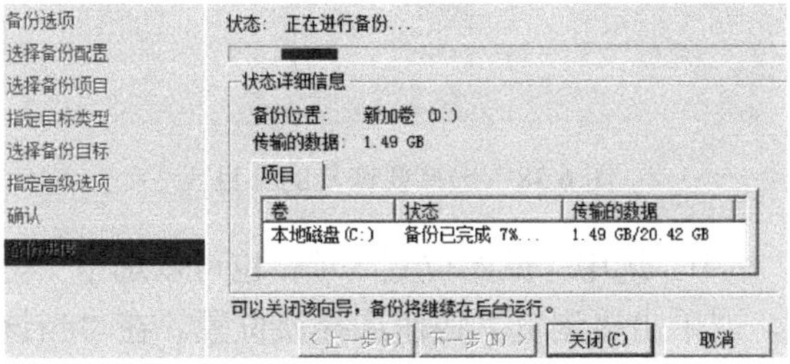

图 6.33　数据备份操作

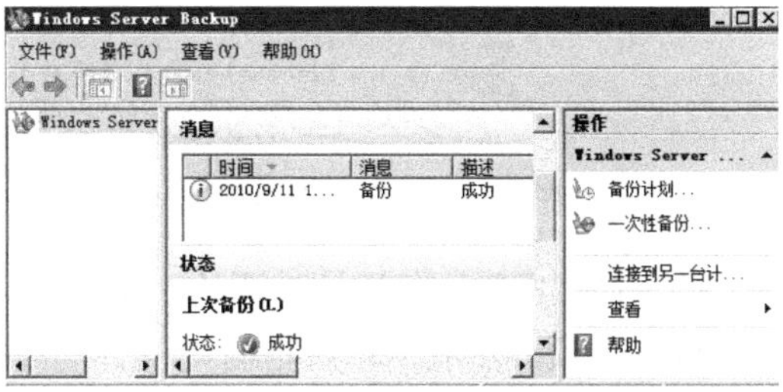

图 6.34　数据备份完成

6.6.3　使用 Windows Server Backup 恢复数据

可以使用 Windows Server Backup 中的恢复向导从备份中恢复文件、文件夹、应用程序和卷。开始恢复之前，应确保正在恢复文件的计算机运行的是 Windows Server 2008，确保外部磁盘或远程共享文件夹中至少存在一个备份（无法从保存到 DVD 或可移动介质的备份中恢复文件和文件夹），确保备份不是系统状态备份（不可能从系统状态备份中恢复文件和文件夹），确保作为备份宿主的外部磁盘或共享文件夹处于联机状态，并且可用于服务器。

下面以“恢复文件或文件夹”为例，说明使用 Windows Server Backup 恢复数据的方法。

（1）打开恢复向导。单击“开始”→“管理工具”→“Windows Server Backup”，打开 Windows Server Backup 管理单元。在默认页的“操作”窗格中，单击“恢复”项。此时将打开恢复向导，如图 6.35 所示。在“入门”页中，指定从此服务器还是从另一个服务器运行备份恢复文件，然后单击“下一步”按钮。

（2）在“选择备份日期”页中，从日历中选择日期，并从要用来还原的备份下拉列表中选择时间。如果从该服务器恢复，并且选择的备份存储在 DVD 或可移动介质驱动器中，则系统会提示插入介质。然后，单击“下一步”按钮，如图 6.36 所示。

（3）在“选择恢复类型”页中，选中“文件和文件夹”项，然后单击“下一步”按钮，如图 6.37 所示。

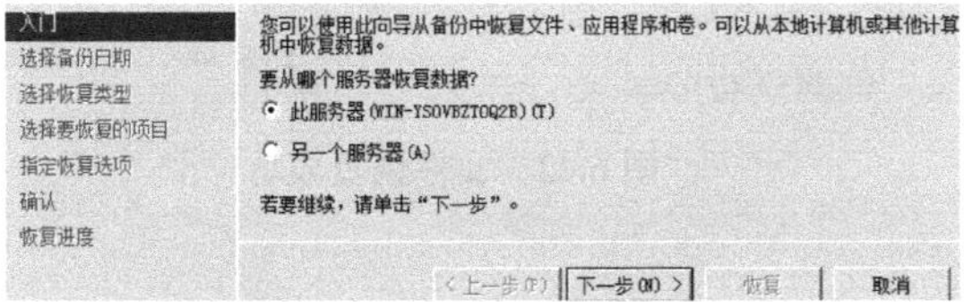

图 6.35　确定恢复数据的服务器

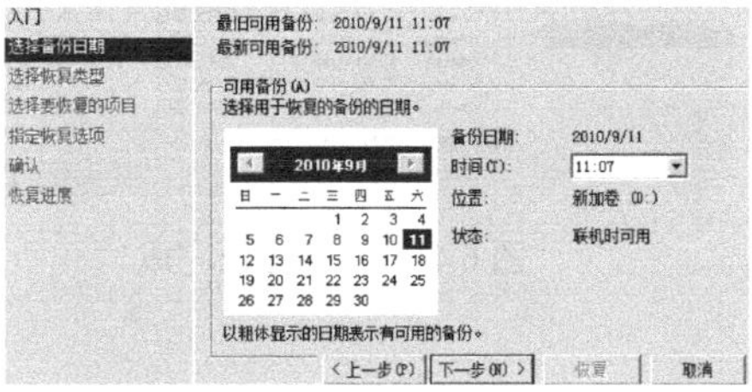

图 6.36　选择备份日期

（4）在“选择要恢复的项目”页的“可用项目”列表框中，展开列表，直到显示所需文件夹。单击文件夹以在右侧窗格中显示其内容，选中要还原的每个项目，然后单击“下一步”按钮，如图 6.38 所示。

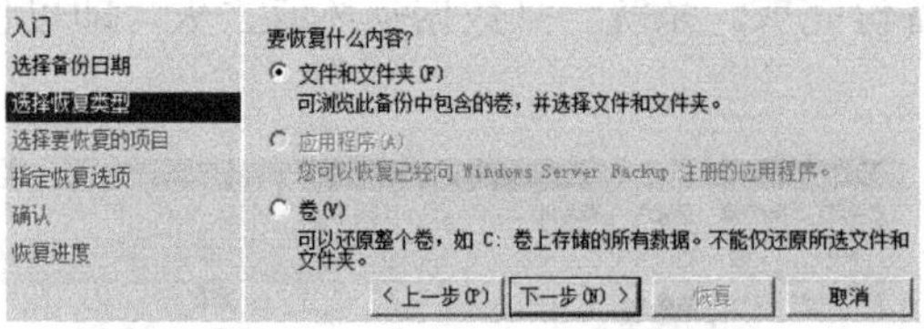

图 6.37　选择备份类型

图 6.38　选择要恢复的项目

（5）在“指定恢复选项”页的“恢复目标”栏中，选中“原始位置”项，也可以选中“另一个位置”项，然后，输入指向此位置的路径，或单击“浏览”按钮选择该位置。在“当该向导在恢复目标中查找文件和文件夹时”栏中，可以选择“创建副本，以使我具有两个版本的文件或文件夹”项，或“使用已恢复的文件覆盖现有文件”项，或“不恢复这些文件和文件夹”项，然后单击“下一步”按钮，如图 6.39 所示。

（6）在“确认”页中查看详细信息，然后单击“恢复”按钮，还原指定的项目，如图 6.40 所示。

（7）在“恢复进度”页中，可以查看恢复操作状态及恢复是否成功完成，如图 6.41 所示。文件还原完成，单击“关闭”按钮，本次恢复任务结束，文件恢复成功，如图 6.42 所示。

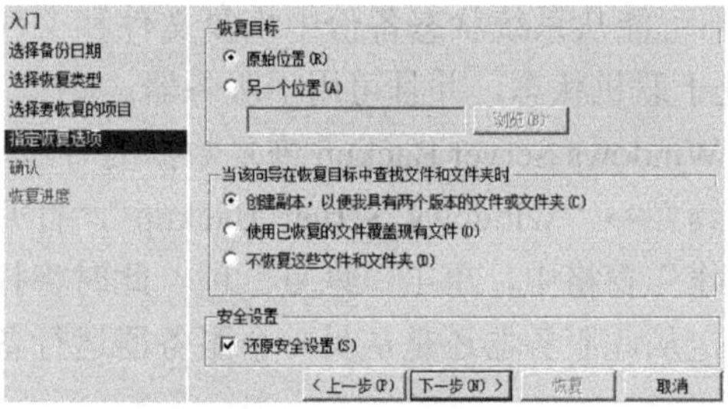

图 6.39　指定恢复选项

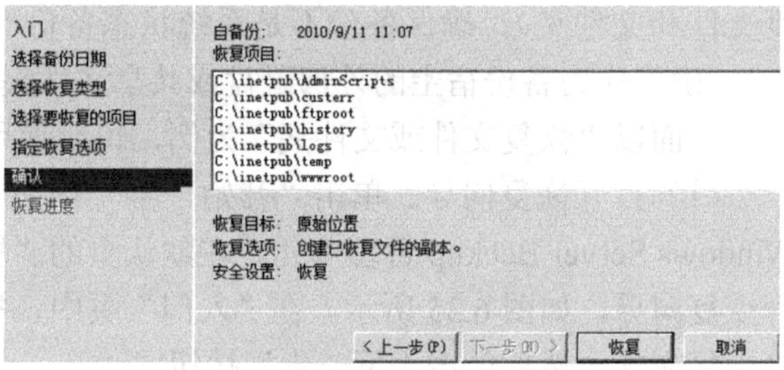

图 6.40　确认恢复项目

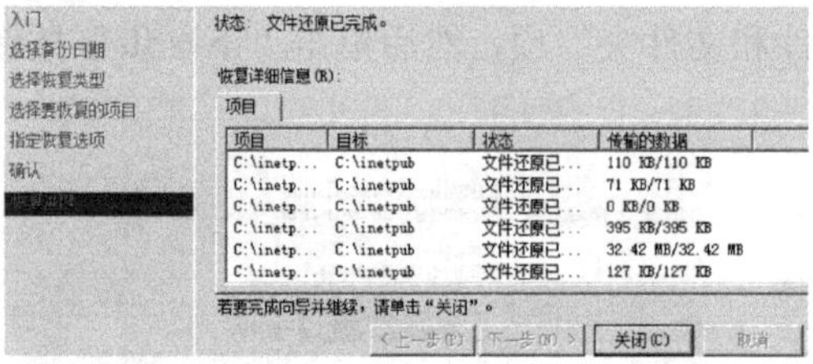

图 6.41　文件还原完成

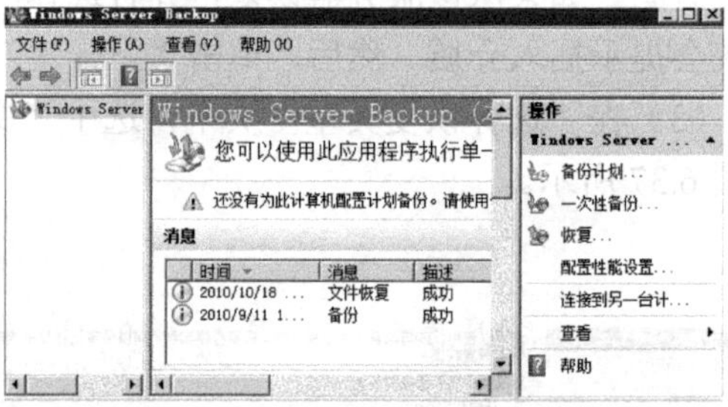

图 6.42　文件恢复成功

习题与思考六

6.1　网络资源系统为什么要用服务器？服务器典型用途可分为哪几类？

6.2　试比较 CISC 和 RISC 处理器的特点，说明服务器 CPU 的发展趋势。

6.3　简要叙述对称多处理器技术、ECC 内存技术，以及 SCSI 宽带高性能存储技术。

6.4　简要说明 Windows Server Backup 的功能与使用范围。

6.5　某学校校园网需要建立门户网站、教学管理信息系统、身份认证系统、网络教学资源及视频点播（VOD）等服务器系统。请按照实用、好用、够用的原则，设计服务器系统解决方案。方案具体要求如下。

（1）配备高性能部门级服务器，在资金有限的情况下，说明教学管理系统、身份认证系统、门户 Web 网站，教学资源 Web 网站，教学视频课程点播（VOD），以及 DNS 服务器硬件配置，包括 CPU 的个数，RAM 的大小，磁盘容量的大小，以及是否要采用 RAID 技术。

（2）服务器操作系统选型，各类信息服务采用什么组件。

（3）画出数据中心（服务器、核心交换机等）架构拓扑图。

实　训　六

1. Windows Server 2008 的安装与配置

（1）实训目的。了解安装与配置 Windows Server 2008 服务器的过程，掌握 Windows Server 2008 的正确安装与配置方法。

（2）实训资源、工具和准备工作。建议实训用计算机具有 2.4GHz 及以上的 CPU；至少 4GB 的内存；至少 20GB 的硬盘，并有 5GB 空闲空间。

（3）实训内容。直接用启动软盘或 Windows Server 2008 光盘启动，进行 Windows Server 2008 的安装与基本配置，包括：为 Windows Server 2008 选择或创建一个分区，安装与设置活动目录域控制器，创建与管理用户账号，创建与管理用户组。

（4）实训步骤。

① 安装 Windows Server 2008 服务器。

② 设置计算机名称（NS1）、IP 地址（192.168.10.2）、子网掩码（255.255.255.0）、网关（192.168.10.1）等参数，测试网卡是否正常。

③ 安装与设置活动目录域控制器，创建与管理用户账号，创建与管理用户组。

④ 写出实训总结报告。

2. DNS 服务器配置管理

（1）实训目的。了解 DNS 的定义和功能，学习在 Windows Server 2008 下安装 DNS 服务器，在网络上使用 DNS 域名解析。

（2）实训内容。安装 Windows Server 2008 下的 DNS 服务，配置 DNS 服务，测试 DNS 服务，管理 DNS 服务。安装 Windows XP 客户机，配置客户机的 IP 地址、子网掩码、DNS 服务器的地址；在客户端测试 DNS 功能。

（3）实训案例。假设某公司需建立一台域名服务器，该公司使用 C 类私有网络地址 192.168.0.0。公司域名注册为 abc.com；要解析的服务器有：www.abc.com（192.168.0.2）Web 服务器，ftp.abc.com（192.168.0.2）FTP 服务器。

（4）实训环境。安装并配置好的网络通信环境（交换机 1 台、UTP 线若干条）。安装了 Windows Server 2008 的 PC1（服务器），安装了 Windows XP 的 PC2。

（5）实训步骤。

① 配置客户机的 IP 地址（192.168.0.10）、子网掩码（255.255.255.0）、DNS 服务器的地址（192.168.0.2）。

② 客户端命令行方式下，用 ping 命令测试 DNS 工作是否正常。

（6）写出实训报告。

3. Web 站点配置管理

（1）实训目的：了解 Web 站点的设置过程，掌握 Web 站点的基本属性配置。

（2）实训资源、工具和准备工作：

① 安装并配置好的 Windows Server 2008。

② 该服务器安装并配置好了 DNS 服务。

③ 安装并配置好的 Windows XP 或 Windows 7 客户机。

④ 服务器与客户机均与网络连接（用 ping 命令测试客户机与服务器均为连通状态）。

（3）实训内容：

① 安装 IIS 7.0 服务器，启动 Internet 服务。

② 在 Web 站点上发布信息，允许匿名登录。

③ Web 站点目录安全属性配置，允许身份认证登录。

（4）实训步骤：

① 安装 IIS 服务器，启动 Internet 服务。

② 激活 Web 站点，在客户端浏览器地址栏输入 Web 站点的域名（http://www.abc.com）或地址（http://192.168.0.2），测试 Web 站点是否正常。

③ 写出实训报告。

4. 使用 Windows Server Backup 备份与恢复数据（选做）

（1）实验目的。理解 Windows Server Backup 工作原理，会运用 Windows Server Backup 的数据备份与恢复功能，按照设置对话框，配置数据备份与恢复功能。

（2）实验资源、工具和准备工作。安装与配置好的 Windows Server 2008 服务器 1～2 台，制作好的 UTP 网络连接线（双端均有 RJ-45 头）2 条，交换机 1 台。

（3）实验内容。安装 Windows Server 2008 的 Windows Server Backup 组件，进行数据备份，数据恢复配置操作。

（4）实验步骤（有条件时，可考虑自动备份数据实验）。

① 安装 Windows Server Backup。

② 使用 Windows Server Backup，手动备份数据。

③ 使用 Windows Server Backup，手动恢复数据。

④ 写出实验报告。

第7章　网络安全与配置管理

在信息社会中生存，每一个人既有身份证、工作证或学生证等，也有上网账号、邮件账号、社区（QQ、微信等）账号、购票账号等。这些证件与账号具有个人身份属性，一旦泄露则会造成无法弥补的损失。因此，身份确认、账号保密是信息社会安全的头等大事之一。网络安全是信息社会的安全基石，安全接入、身份认证、服务器安全、网络连接安全等均是网络安全配置管理的基本工作。一个合格的网管员，应具备安全接入、身份认证、服务器安全，以及网络连接安全的知识和能力。

本章简要介绍了网络安全威胁与安全技术措施，重点介绍了网络安全接入与网络准出控制技术，Windows Server 2008的安全配置，以及Web服务器的安全配置。通过案例，讨论了网络边界安全技术、路由器的标准/扩展访问列表设置，以及路由器作为防火墙的应用。通过本章学习，从知识、情感及技能方面达到以下目标。

（1）描述网络安全面临的问题、解决问题的技术与方法。识别网络安全接入与网络准出控制技术的差异（知识重点），掌握防止IP地址盗用方法（知识重点）。能够按照网络准入/准出控制需求，设计网络准入/准出控制技术方案（知识与技能重点）。

（2）熟悉Windows Server 2008 的安全功能，会安装与配置Windows Server 2008 的安全机制（知识与技能重点）。熟悉Web服务器安全设置方法，能够运用Windows Server 2008的安全机制，保护Web服务器的安全（知识与技能重点）。

（3）识别防火墙、路由器在网络边界安全中的作用，理解建立网络 DMZ 的方法（知识重点）。会使用路由器的标准、扩展访问控制列表，建立网络边界安全规则及保护内网服务器的安全（知识与技能重点、难点）。

7.1　网络安全概述

网络安全历来是人们关注的主要问题。网络安全面临病毒破坏、黑客入侵、信息窃取、账号盗用、地址篡改、网络瘫痪、缺少安全应急机制等问题。因此，网络安全不仅仅是技术问题，同时也是一个安全管理问题。

7.1.1　网络安全威胁

网络安全是指网络系统的硬件、软件及其系统中的数据受到保护，不因偶然的或恶意的原因而遭到破坏、更改、泄露，系统连续、可靠、正常地运行，网络服务不中断。

计算机网络是基于协议的各种网络元素的组合，网络应用（软件）与协议本身都有可能存在问题。网络安全问题包括协议与软件设计及实现问题，以及人为因素和网络管理失误等问题。随着网络技术与应用的不断演进，网络安全威胁也接踵而来，时常使人们感到无法招架。目前面临的网络安全威胁主要体现在以下几个方面。

（1）网络应用（如邮件收发、网上银行、网上购物等）系统需要确认用户真实身份。用户账号盗用、身份数据篡改（身份欺骗）及信息泄露等行为，严重威胁着虚拟社会的诚信。

（2）网络设备和操作系统均存在漏洞。计算机操作系统与网络设备厂商在不断地发布漏洞补丁，濒于应对病毒、黑客的攻击。从漏洞补丁发布更新到漏洞被利用的时间越来越短，这样应对病毒、黑客的攻击，单靠发布更新漏洞补丁是不够的。

（3）黑客与病毒攻击网络。病毒制造者和黑客已不再单纯，而是有一个黑色产业链鼓动与吸引着他们，严重威胁着网络安全，如个人隐私泄露、匿名攻击、账号盗用、地址篡改、散播谣言、泄露机密等，使个人利益、组织利益和国家利益受到损害。

（4）网络局部与整体安全。网络攻击变得越来越复杂，传统防范手段心有余而力不足，单一的安全产品已无法解决安全问题，而是需要一个整体的安全解决方案。

（5）链路带宽非法消耗。广域网连接带宽，常常被 P2P 软件、游戏软件（滥用）、蠕虫病毒和垃圾邮件等严重消耗，影响正常业务的应用，甚至严重地威胁到信息系统的安全。

（6）影响网络安全的管理问题。信息化建设考虑不足，许多设备、主机和应用口令缺乏安全（如弱口令、非加密传输等）。缺少对网络设备、安全设备、服务器、数据库的远程访问管理，缺少网络边界安全管理和可信接入管理。

7.1.2　网络安全技术与措施

以上概要地梳理了常见的网络安全威胁，化解这些威胁的主要对策是全面应用网络安全技术措施，建立网络安全保障技术体系（如图 7.1 所示）。网络安全保障技术主要包括基础设施安全保障技术和应用安全保障技术。

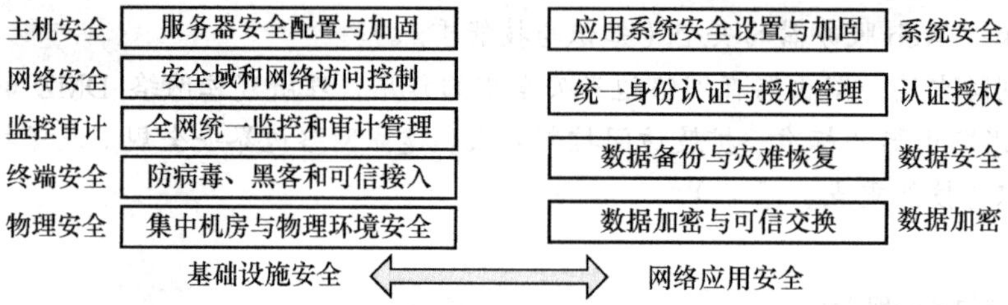

图 7.1　网络安全保障技术体系

（1）身份验证。身份是对网络用户、主机、应用、服务及资源准确而肯定的识别。可用来进行识别的标准技术包括 RADIUS、TACACS+和 Kerberos 之类的认证协议及一次性密码工具。数字证书、智能卡以及目录服务等新的技术也逐渐在身份解决方案中扮演着越来越重要的角色。

（2）边界安全。边界是指网络连接广域网的位置，网络边界主要有路由器、防火墙等设备。网络边界提供了对重要网络数据、应用和服务的访问控制，以便只允许合法用户和信息通过网络。具有访问控制列表（ACL）功能的路由器、三层交换机，以及防火墙等设备都提供了这样的控制策略。通过 ACL 禁用不使用的协议和不必要的端口，可以阻止非法入侵和病毒传播。病毒扫描工具和内容过滤器等辅助性工具也可以对网络边界安全进行控制。

（3）数据私密性。当信息必须被保护以防止被窃听时，能够按照需要提供可靠的机密通信是至关重要的。使用路由选择封装（GRE）、第二层隧道协议（L2TP）和第三层隧道协议（MPLS VPN）之类的技术和数据分离可以保护一般数据的私密性。重要数据私密性要使用数字加密技术、SSL（Security Socket Layer，加密套接字协议层）和 IPSec（Internet 协议安全性）协议。在实现 VPN 时，这种附加的保护特别重要。

（4）安全监控。为了确保网络是安全的，定期测试和监控安全措施的状态是非常重要的。网络漏洞扫描工具能够有效地识别出易受攻击的区域，而入侵检测系统（IDS）能够在安全事件发生时对其进行监控和响应。通过使用这些安全监控技术，企业或组织能够获得对网络数据流和网络安全情况从未有过的深入了解。

（5）安全配置管理。随着网络在规模和复杂程度上的增长，网络安全配置及工具需求也日益增长。一些用来分析、解释、配置以及监控安全状态的、基于浏览器用户界面的复杂工具增强了网络安全解决方案的可用性和有效性。

（6）防止 DOS 攻击。安装最新的系统软件服务包，通过应用适当的注册表设置强化 TCP/IP 堆栈，以增大 TCP 连接队列的大小，缩短建立连接的周期，并利用动态储备机制来确保连接队列永远不会耗尽。使用网络入侵检测系统（IDS），可以自动检测与回应联机请求溢满攻击（SYN Floods）。

（7）病毒及木马防御。保持当前采用最新的操作系统服务包和软件补丁，是用来对付病毒、特洛伊木马和蠕虫的最佳措施。封锁路由器、防火墙和服务器的所有多余端口。禁用不使用的功能，包括协议和服务。强化脆弱的默认配置。

（8）计算机安防工具。Windows Server 2008/2012 服务器和 Windows 7/10 客户机防御病毒、木马等，可采用 360 安全卫士或 QQ 计算机管家。这些安全工具拥有木马查杀、恶意软件清理、漏洞补丁修复、计算机全面体检、垃圾和痕迹清理，以及防盗号、保护网银游戏等各种安全功能。此外，安全工具还可以优化系统，加快计算机运行速度，以及下载、升级和管理各种应用软件的独特功能。

（9）账号保护。所有的账户类型都使用强密码，密码为 9 位以上，不易猜测与大小写字母混用。对最终用户账户采用锁定策略，限制猜测密码而重试的次数。不要使用默认的账户名称，重新命名标准账户。例如，管理员的账户和许多 Web 应用程序使用的匿名 Internet 用户账户。审核失败的登录，获取密码劫持尝试的模式。

（10）禁止未授权操作。配置 IIS 的安全，拒绝带有“.. / ”的 URL，防止遍历路径的发生。利用严格的 ACL，锁定系统命令和实用工具。保持使用最新的补丁和更新，确保对新近发现的缓冲区溢出尽快打上补丁。利用受限制的 NTFS 权限锁定文件和文件夹。使用 ASP.NET 应用程序中的.NET Framework 访问控制机制，包括 URL 授权和主要权限声明。

（11）建立安全事件响应小组。该小组一般由事件响应经理或主任、网络安全维护人员、首席安全官（信息安全专家），以及网络工程师组成。安全事件响应小组成员应具备足够的技术、应用、组织和商业知识，以能够适应安全环境，提供有效的安全建议。

（12）安全事件响应。建立完善的网络安全机制，设置安全策略和评估方法，监控网络环境，捕获和解释安全事件的相关信息，评估安全事件的影响。区分意外事件和恶意事件，分析安全事件的原因和相关行动，防止安全事件重复发生。

安全事件响应小组必须具有管理网络安全的工具。包括基于主机和网络的入侵检测工具、恶意代码过滤器，防火墙部署，VPN 建构，操作系统加固，日志合并和分析工具软件，以及事件整合和侦测工具软件。

7.2 网络安全接入与身份认证

通常，终端（客户机）通过身份认证进入内网（如校园网、企业网等），称为网络安全接入控制。合法用户接入内网后，又通过身份认证连接外网（Internet），称为网络准出控制。

7.2.1 基于 802.1x 的安全接入

20 世纪 90 年代后期，IEEE 802 委员会为解决无线网络安全问题，提出了 802.1x 协议。随后，802.1x 协议作为网络端口的一种接入控制机制用在以太网中，主要解决以太网安全接入和认证方面的问题。

1．802.1x 协议

802.1x 协议是基于端口的访问控制协议（Port Based Network Access Control Protocol），该协议的核心内容如图 7.2 所示。靠近用户一侧的以太网交换机上放置一个 EAP（Extensible Authentication Protocol，可扩展的认证协议）代理，终端（客户机）运行 EAPoE（EAP over Ethernet）终端软件与交换机通信。

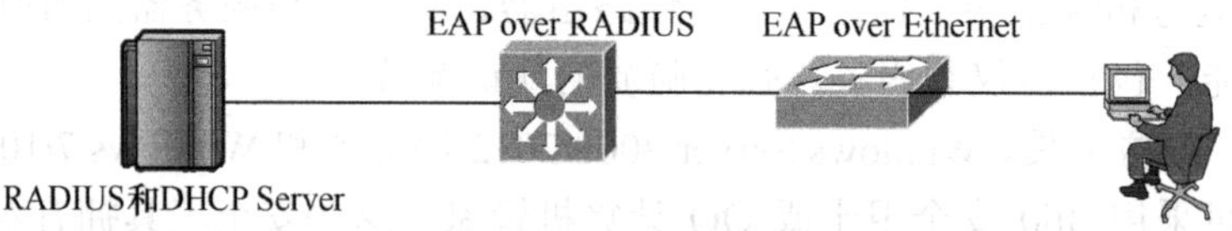

图 7.2 802.1x 协议的核心内容

2．802.1x 协议的工作机制

初始状态下，交换机上的所有端口处于关闭状态，只有 802.1x 数据流才能通过。另外一些类型的数据流，如动态主机配置协议（DHCP）、超文本传输协议（HTTP）、文件传输协议（FTP）、简单邮件传输协议（SMTP）和邮局协议（POP3）等都被禁止传输。当用户通过 EAPoE 登录交换机时，交换机将用户提供的"用户名、口令"传送到后台的 RADIUS 认证服务器上。如果用户名及口令通过了验证，则相应的以太网端口打开，允许用户访问。

802.1x 协议包括三个重要部分：终端请求系统（Supplicant System）、认证系统（Authenticator System）和认证服务器（Authentication Server）。图 7.3 描述了三者之间的关系及互相之间的通信。计算机安装一个 EAPoE 终端软件，该软件支持交换机端口的接入控制，用户通过启动终端软件发起 802.1x 协议的认证过程。

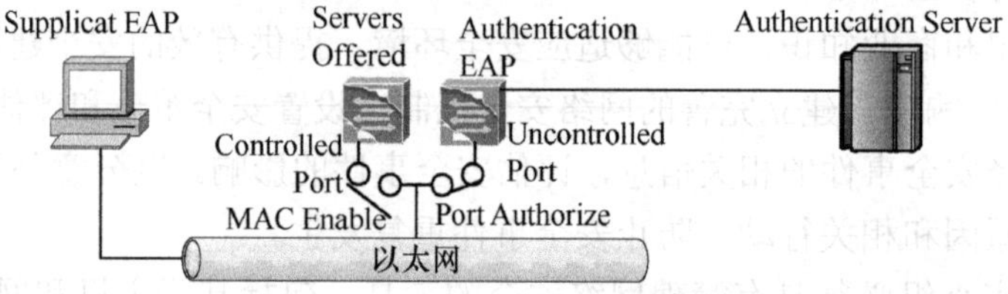

图 7.3 802.1x 协议的工作机制

认证系统通常为支持 802.1x 协议的交换机。该交换机有两个逻辑端口：受控端口和非受

控端口。非受控端口始终处于双向连通状态，主要用来传递 EAPoE 协议帧，保证终端始终可以发出或接受认证。受控端口只有在认证通过之后才导通，用于传递网络信息。如果用户未通过认证，受控端口处于非导通状态，则用户无法访问网络信息。受控端口可配置为双向受控和仅输入受控两种方式，以适应不同的应用环境。

认证系统的端口访问实体与认证服务器之间运行 EAP 协议。EAP 协议并不是认证系统和认证服务器通信的唯一方式，其他的通信通道也可以使用。例如，如果认证系统和认证服务器集成在一起，两个实体之间的通信就可以不采用 EAP 协议。

3．802.1x+RADIUS 认证与计费步骤

802.1x 认证需要 RADIUS 服务器配合。RADIUS 服务器存储用户认证信息，包括用户账号、密码、用户所属 VLAN、用户网卡 MAC 地址、IP 地址，以及用户的访问控制列表等。当用户通过认证后，认证服务器会把用户的相关信息传递给认证系统，由认证系统构建动态的访问控制列表，用户的后续流量将接受上述参数的监管。认证服务器和 RADIUS 服务器之间通过 EAP 协议进行通信。802.1x 与 RADIUS 协同认证，可实现认证流和业务流分离，如图 7.4 所示。802.1x 协议认证过程是用户与 RADIUS 服务器交互的过程，其步骤如下。

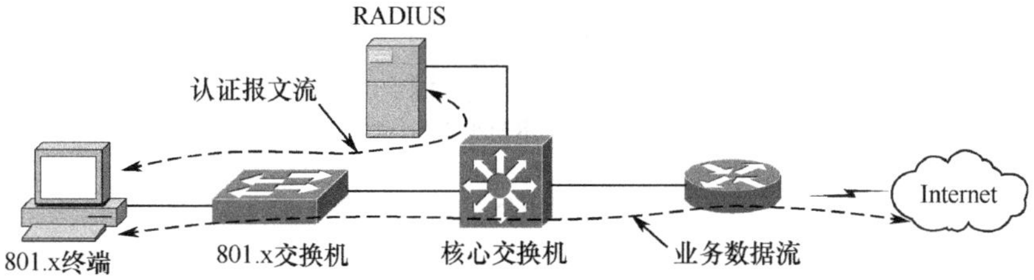

图 7.4　802.1x+RADIUS 认证网络结构

（1）用户开始上网时，启动 802.1x 终端软件。该软件查询网络上能处理 EAPoE 数据包的交换机。当支持 802.1x 协议的交换机接收到 EAPoE 数据包时，就会向请求者发送响应的包，要求用户输入登录用户名及口令。

（2）终端收到交换机的响应后，提供身份标识给认证服务器。由于此时终端还未经过验证，因此认证流只能从交换机非受控逻辑端口经过。交换机通过 EAP 协议将认证流转发到 AAA（Authentication，Authorization，Accounting）服务器，进行认证。

（3）如果认证通过，则认证系统将交换机的受控逻辑端口打开。

（4）终端软件发起 DHCP 请求，经认证交换机转发到 DHCP Server。

（5）DHCP Server 为用户分配 IP 地址。

（6）DHCP Server 分配的地址信息返回给认证系统的服务器，该服务器记录用户的相关信息，如用户 ID、MAC、IP 地址等，并建立动态的 ACL 访问列表，以限制用户的权限。

（7）当认证交换机检测到用户的上网流量，就会向认证服务器发送计费信息，开始对用户计费。

（8）当用户退出网络时，可以单击终端软件（在用户上网期间，该软件处于运行状态）的“退出”按钮。认证系统检测到该数据包后，会通知 AAA 服务器停止计费，并删除用户的相关信息（如 MAC 和 IP 地址），受控逻辑端口关闭。用户进入再认证状态。

（9）如果终端发生异常死机，使验证设备检测不到终端在线状态，则认为用户已经下线，

即向认证服务器发送终止计费的信息。

7.2.2 RADIUS 认证组成与机制

RADIUS（Remote Authentication Dial-In User Service）最初目的是为电话线拨号终端设计的协议。后来经过多次改进，形成了一项通用的认证计费协议。目前，在企业网中，RADIUS 更多地用于有线局域网接入、无线局域网接入和宽带网接入等领域。

1. RADIUS 认证系统的组成

RADIUS 是一种 C/S 结构的协议。RADIUS Client 一般是指与 NAS 通信的、处理用户上网验证的软件；RADIUS Server 一般是指认证服务器上的计费和用户验证软件。Server 与 Client 通信进行认证处理，这两个软件都是遵循 RFC 相关的 RADIUS 协议设计的。RADIUS 的终端最初就是 NAS，现在任何运行 RADIUS 终端软件的计算机都可以成为 RADIUS 的终端。RADIUS 的结构组成如图 7.5 所示。读者可以访问 http：//www.freeradius.org/ getting.html，下载免费软件 freeradius，构建 RADIUS 服务器。

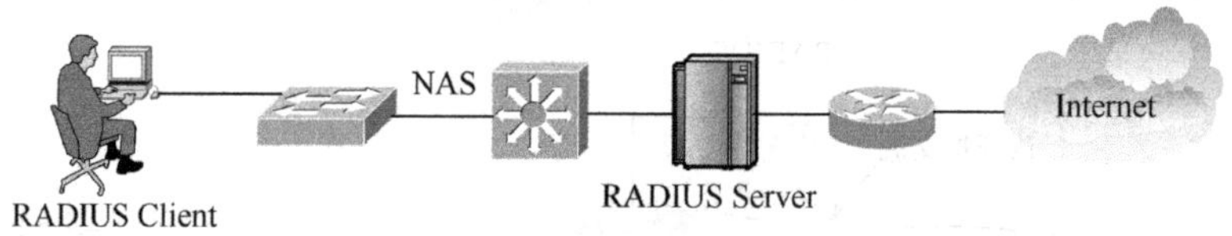

图 7.5　RADIUS 的结构组成

2. RADIUS 的工作原理

用户接入 NAS，NAS 向 RADIUS 服务器使用 Access-Require 数据包提交用户信息，包括用户名、口令等相关信息。其中，用户口令是经过 MD5 加密的，双方使用共享密钥，这个密钥不经过网络传播。RADIUS 服务器对用户名和密码的合法性进行检验，必要时可以提出一个 Challenge，要求进一步对用户认证，也可以对 NAS 进行类似的认证。如果合法，给 NAS 返回 Access-Accept 数据包，允许用户进行下一步工作；否则，返回 Access-Reject 数据包，拒绝用户访问。如果允许访问，NAS 向 RADIUS 服务器提出计费请求 Account-Require，RADIUS 服务器响应 Account-Accept，对用户的计费开始，同时用户可以进行自己的相关操作。

RADIUS 支持代理和漫游功能。简单地说，代理就是一台服务器，可以作为其他 RADIUS 服务器的代理，负责转发 RADIUS 认证和计费数据包。所谓漫游功能，就是代理的一个具体实现，这样可以让用户通过本来和其无关的 RADIUS 服务器进行认证。

RADIUS 服务器和 NAS 通过 UDP 协议进行通信，RADIUS 服务器的 1812 端口负责认证工作，1813 端口负责计费工作。采用 UDP 的基本考虑是因为 NAS 和 RADIUS 服务器大多在同一个局域网中，使用 UDP 更加快捷、方便。

RADIUS 协议规定了重传机制。如果 NAS 向某个 RADIUS 服务器提交请求没有收到返回信息，那么可以要求备份 RADIUS 服务器重传。由于有多个备份 RADIUS 服务器，因此 NAS 进行重传时，可以采用轮询的方法。如果备份 RADIUS 服务器的密钥和以前 RADIUS 服务器的密钥不同，则需要重新进行认证。

7.2.3　网络准出认证技术

目前，用于网络准出的认证技术有 PPPoE+RADIUS、Web＋RADIUS 等。下面简要说明两种认证技术的特点。

1. 基于 PPPoE+RADIUS 的准出认证

PPPoE 的本质是在以太网上运行 PPP 协议。由于 PPP 协议认证过程的第一阶段是通过广播数据帧发现宽带认证接入服务器，而广播只能在数据链路层发生，因此采用 PPPoE 的终端机和认证服务器之间不能设置路由协议。另外，由于 PPPoE 点对点的本质，在终端机和认证服务器之间，限制了组播协议存在。这样，将会在一定程度上影响视频业务的开展。除此之外，PPP 协议需要再次封装到以太网中，所以有一定的时延。

2. 基于 Web+RADIUS 的准出认证

基于 Web+RADIUS 的认证是一种通过终端的浏览器访问认证服务器的认证方式，认证服务器串接在内网与外网连接的链路中（终端与认证服务器既有认证数据流，也有业务数据流）。该认证方式无须在终端加载认证程序，简化了认证管理，是一种流行的身份认证机制。新一代的基于 Web 的身份认证，如城市热点公司的统一身份认证系统，支持准入准出一体化认证。也就是说，用户在终端机输入用户名和口令，即可进入内网和外网。当然，在认证登录界面可选择只进入内网，此时用户只能访问内网资源，不能访问 Internet 外网。

7.2.4　防止 IP 地址盗用

由于 IP 地址是逻辑地址，是一个需要用户设置的值，因此无法限制用户对于 IP 地址的静态修改，除非使用 DHCP 服务器分配 IP 地址，但又会带来其他管理问题。对于一个庞大用户群的网络（如高校），可采用以下方法防止 IP 地址的盗用。

1. 使用 ARP 防止 IP 地址盗用

（1）使用操作系统的 ARP 命令。进入“MS-DOS 方式”或“命令提示符”，在命令提示符下输入命令 ARP-s 202.207.176.3 00-10-5C-AD-72-E3，即可把 MAC 地址 00-10-5C-AD-72-E3 和 IP 地址 202.207.176.3 捆绑在一起。这样，就不会出现终端机 IP 地址被盗而不能正常使用网络的情况发生。

ARP 命令仅对局域网的上网服务器、终端机的静态 IP 地址有效。当被绑定 IP 地址的计算机关机后，地址绑定关系解除。如果采用 Modem 拨号上网或动态 IP 地址，ARP 命令就不起作用。

ARP 命令（ARP-s-d-a）的各参数功能如下：

-s——将相应的 IP 地址与物理地址捆绑，如上面所举的例子。

-d——删除相应的 IP 地址与物理地址的捆绑。

-a——通过查询 ARP 协议表显示 IP 地址和对应物理地址的情况。

（2）使用交换机的 ARP 命令。例如，Cisco 的第二层和第三层交换机。第二层交换机只能绑定与该交换机 IP 地址具有相同网络地址的 IP 地址；第三层交换机可以绑定该设备所有 VLAN 的 IP 地址。交换机支持静态绑定和动态绑定，一般采用静态绑定。其绑定操作过程是：

采用 Telnet 命令或 Console 口连接交换机，进入特权模式；输入 config，进入全局配置模式；输入绑定命令 arp 202.207.176.3 0010.5CAD.72E3 arpa 即可完成绑定。要解除绑定，在全局配置模式下输入 no arp 202.207.176.3 即可。

2. 使用 802.1x 防止 IP 地址盗用

（1）采用 IP 和账号绑定，防止静态 IP 冲突。用户在进行 802.1x 认证时，还没有通过认证，该用户与网络是隔离的，其指定的 IP 不会与别的用户 IP 冲突。当用户使用账号密码试图通过认证时，因为认证服务器端该用户账号和其 IP 进行了绑定，认证服务器对其不予通过认证，从而同样不会造成 IP 冲突。当用户使用正确的账号 IP 通过认证后，则再更改 IP 时，RADIUS 终端软件能够检测到 IP 的更改，即刻剔除用户下线，从而不会造成 IP 冲突。

（2）采用终端 IP 属性校验，防止动态 IP 冲突。用户在进行 802.1x 认证前不用动态获得 IP，而是静态指定。认证前，用户还没有通过认证，该用户与网络是隔离的，其指定的 IP 不会与别的用户 IP 冲突。当用户使用账号密码试图通过认证时，因为认证服务器端该用户账号的 IP 属性是动态 IP，认证报文中该用户的 IP 属性却是静态 IP，则认证服务器对其不予通过认证，从而同样不会造成 IP 冲突。

当用户使用正确的账号和动态 IP 设置通过认证后再更改 IP 时，RADIUS 同样能够检测到 IP 的更改，剔除用户下线，从而不会造成 IP 冲突。

7.3 加固操作系统的安全

操作系统是 Web 服务器的基础，虽然操作系统本身在不断完善，对攻击的抵抗能力日益提高，但是要提供完整的系统安全保证，仍然有许多安全配置和管理工作要做。下面以 Windows Server 2008 为例，结合 Web 服务器的具体需要，介绍操作系统的安全措施。

7.3.1 系统服务包和安全补丁

操作系统的漏洞和缺陷往往给攻击者大开方便之门。解决这个问题很简单：管理员应及时查询、下载和安装安全补丁，堵住漏洞。微软提供的安全补丁有两类：服务包（Service Pack）和热补丁（Hot fixes）。

服务包已经通过回归测试，能够保证安全安装。每一个 Windows 的服务包都包含在此之前所有的安全补丁。微软建议用户及时安装服务包的最新版。安装服务包时，应仔细阅读其自带的 Readme 文件并查找已经发现的问题，最好先安装一个测试系统，进行试验性安装。

安全补丁的发布更及时，只是没有经过回归测试。微软通过其安全公告服务来发布安全公告，访问站点是 http：//www.microsoft.com/china/security/bulletins/notify.asp，从中可以获得关于修补安全漏洞的最新信息，及时下载并安装安全补丁。在安装之前，应仔细评价每一个补丁，以确定是否应立即安装还是等待更完整的测试之后再使用。在 Web 服务器上正式使用热补丁之前，最好在测试系统上对其进行测试。

微软提供的 MBSA 2.1（Microsoft Baseline Security Analyzer，微软基准安全分析器）支持 Windows Server2008 R2、Windows 7、Windows Server 2008、Windows Server2003、Windows Vista、Windows XP 操作系统和组件的漏洞评估检查，改进了对 SQL Server 2005 漏洞评估检查的支持。

这些服务包和补丁的确可以消除系统中的一些弱点。但是，不应当假定使用这些补丁就足以让自己的系统处于安全状态。这些更新是对已经发现的漏洞的反应性修复。网络世界具有动态性，随时都有大量的网络高手在钻研已经打上补丁的系统，以便找到新的弱点和漏洞。因此，在维护服务器时，应当采取附加的措施来尽量避免成为攻击者的牺牲品。

在 Web 网站发布环境中进行配置之前，对所有的系统都应当进行安全加固。加固过程除了运用服务包和安全补丁来修复已知的弱点外，还要遵循最优的安全规程，以确保 Web 网站的操作系统配置尽可能安全。

7.3.2　系统账户安全配置

Windows Server 2008 系统中的账户策略包括密码策略和账户锁定策略两个部分。本地策略包括审核策略、用户权限分配、安全选项三个部分。选择“开始”→“管理工具”→“本地安全策略”控制台。在该控制台中展开“账户策略”和“本地策略”，即可设置系统账户的安全。

1. 设置增强的密码策略

系统账户密码是黑客攻击的重点，账户密码一旦被攻破，系统也就没有了安全性。据测试，仅字母加数字的 5 位密码在几分钟之内就会被攻破。最好使用本地安全策略（或域安全策略）管理器来增强系统账户的密码安全。微软建议用户进行如下修改。

- 密码长度至少为 9 个字符。采用英文大小写字母、数字和非字母字符混合编码。
- 设置一个与系统或网络相适应的最短密码存留期（典型的为 1～7 天）。
- 设置一个与系统或网络相适应的最长密码存留期（典型的不超过 42 天）。
- 设置密码历史至少 6 个。这样可强制系统记录最近使用过的几个密码。

按照以上策略设置密码可以使账号安全得多，如图 7.6 所示。如果再启用“密码必须符合复杂性要求”，系统会强制用户配置密码属性，避免使用过于简单的密码。

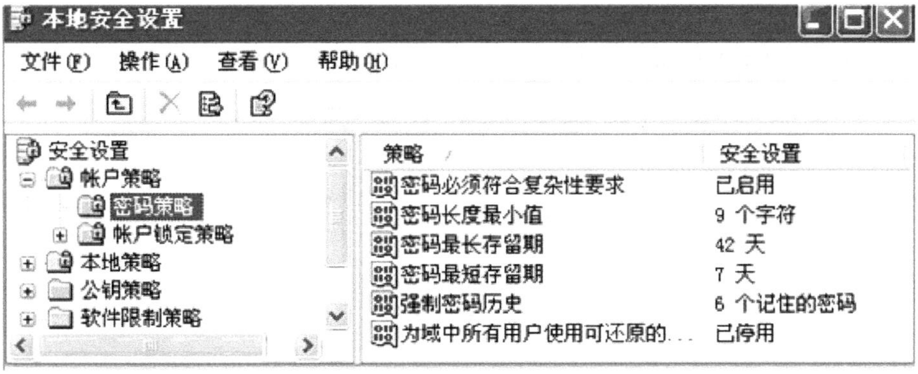

图 7.6　设置账号密码策略

2. 设置账户锁定策略

Windows Server 2008 具有账户锁定的特性。通过设置账户锁定策略，当用户账户若干次登录尝试失败后将被锁定，以防止攻击者使用暴力法破解用户账户和密码。如图 7.7 所示，可使用本地安全策略（或域安全策略）管理器来设置账户锁定策略。

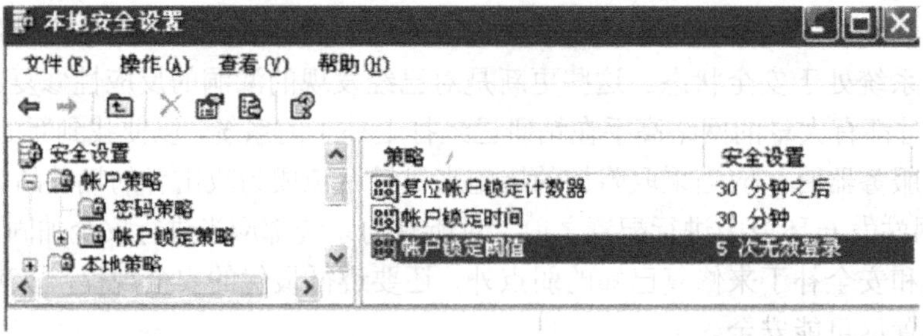

图 7.7　设置账号锁定策略

（1）复位账户锁定计数器。用来设置连续尝试的时限。例如，该值设置为 30min，则在 30min 内尝试登录的操作都被作为连续尝试登录的记录。

（2）账户锁定时间。用于定义账户被锁定之后，保持锁定状态的时间。如果将账户锁定时间设为 0，账户将一直被锁定直到管理员明确解除对它的锁定。

（3）账户锁定阈值。用于设置允许用户连续尝试登录的次数。例如，一般设置为 5 次，当使用某账户连续尝试登录失败达到 5 次之后，该账户就被锁定。如果该值设为 0 次，则表示没有启动账户锁定功能。

3．设置审核策略

审核策略包括“审核策略更改”、“审核登录事件”、“审核对象访问”、“审核过程跟踪”、“审核目录服务访问”、“审核特权使用”、“审核系统事件”、“审核账户登录事件”和“审核账户管理”等内容。操作系统默认各项审核策略的安全设置均为“无审核”状态。使用“本地安全策略”控制台设置服务器审核策略，对各项“审核策略”的“成功”或“失败”事件进行审核，具体步骤如下。

（1）打开“本地安全策略”控制台，在控制台中展开“本地策略”节点，单击“审核策略”，在控制台详细信息窗格中双击“审核登录事件”，打开“审核登录事件”对话框。

（2）选择“本地安全设置”选项卡，对该事件的“成功”和“失败”情况进行审核（复选框打√），单击“确定”按钮后，即将该项的“无审核”更改为“成功”，如图 7.8 所示。

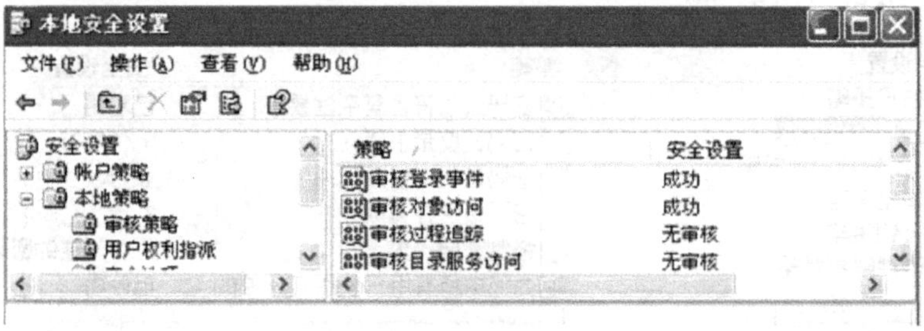

图 7.8　设置审核策略项目

4．严格控制账户特权

遵循最少特权原则，赋予系统中每个用户账户尽可能少的权力。对所有账号权限需严格控制，不要轻易给账号赋予特殊权限，不要授予一般用户本机登录权限。可根据用户的使用权限和职责，删除该用户的某些特权。如图 7.9 所示，可使用本地安全策略（或域安全策略）

管理器来设置用户权限指派，检查、授予或删除用户账户特权、组成员以及组特权。

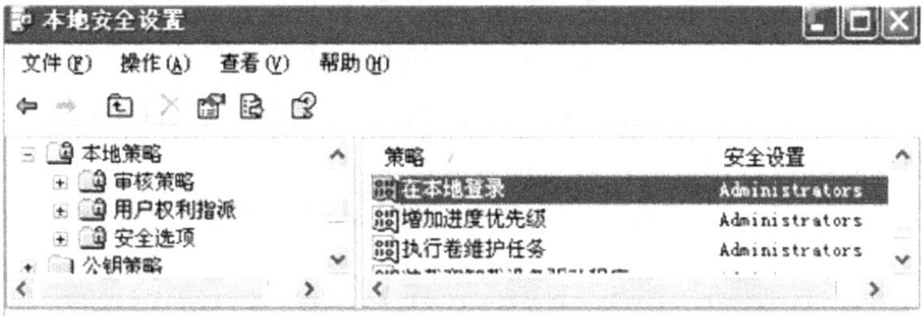

图 7.9　设置用户权限指派

5．禁止或删除不必要的账户

应该禁止或删除不必要的用户账户。在默认情况下，Guest 账户是被禁止的，如果该账户被启用了，应该禁止它。可将 Guest 账户重命名为一个复杂的名字，增加密码，再将它从 Guest 组删除。有的黑客工具正是利用了 Guest 的弱点，将账号从一般用户提升到管理员组。

6．加强管理员账户的安全性

Administrator 账户是 Windows Server 2008 系统中内置的。对于攻击者来说，它是一个众所周知的目标，应该对域管理员账户（Domain Administrator）和本地管理员账户做如下设置。

（1）将 Administrator 重命名，改为一个不易猜测的名字，不要使用 admin、root 之类的名字。

（2）为 Administrator 账户设置一个复杂密码，由多种字符类型（字母、数字和标点符号等）构成，密码长度不能少于 9 个字符。此外，应对不同的服务器设置不同的管理员账户密码。

（3）建立一个伪账户，其名字虽然是 Administrator，但是没有任何权限。定期审查事件日志，查找对该账户的攻击企图。

（4）除管理员账户外，有必要再增加一个属于管理员组（Administrators）的账户，作为备用账户。这样，既可防止管理员忘记某个管理员账户密码，又可在遭到攻击者破解之后，能够重新在短期内取得控制权。

7．Web 服务器的用户账户尽可能少

Web 服务器的用户账户应尽可能少，且尽可能少地登录。因为多一个账户就会多一份危险，所以，除了用于系统维护的账户外，多余的账户一个也不要。

7.3.3　文件系统安全设置

1．确保使用 NTFS 文件系统

与传统的 FAT32 或 FAT32X 文件系统相比，NTFS 文件系统具有更多的安全控制功能，可以对不同的文件夹设置不同的访问权限，提供访问控制及文件保护。

安装 Windows Server 2008 服务器时，最好将硬盘的所有分区设置为 NTFS 分区，而不要先使用 FAT32 分区，再转换为 NTFS 分区。Web 服务器软件应该安装在 NTFS 分区上。

如果服务器已经安装运行，应确保服务器上所有的硬盘分区均为 NTFS 格式。可以用内

置的实用工具CONVERT将非NTFS格式的分区无损地转换成NTFS格式。

命令行方式下的命令：CONVERT volume /FS：NTFS（volume表示驱动器新加卷）。

也可用磁盘管理工具来转换文件系统格式，这种方式是通过格式化来实现转换的，将导致数据丢失。将非NTFS格式转换为NTFS，所有的访问控制列表都将设置成为Everyone→完成控制，管理员还应该根据需要修改权限设置。

只有在格式化为NTFS文件系统的磁盘驱动器上，才能设置安全权限、压缩、加密及磁盘配额。

2．设置NTFS权限保护文件和目录

在默认情况下，NTFS分区的所有文件对所有人授予完全控制权限，这使攻击者有可能使用一般用户身份对目录和文件进行增加、删除和执行等操作。

（1）NTFS权限的基本级别。

① 完全控制：可以修改、添加、移动和删除文件和目录，以及与文件相关的属性，还可更改对其所有文件和子目录的权限设置。

② 修改：对于文件，可查看并修改文件和文件属性；对于目录，可在其中增删文件或修改文件属性。

③ 读取及运行：可运行可执行文件，包括脚本。

④ 列出文件夹目录：仅对目录而言，可查看文件夹内容的列表。

⑤ 读取：可以查看文件和文件属性。

⑥ 写入：可以将内容写入文件。

⑦ 无法访问：无法访问任何资源，即使用户拥有对更高级别目录的权限。

（2）要使用NTFS权限来保护目录或文件，必须具备以下两个条件。

① 要设置权限的目录或文件必须位于NTFS分区中。

② 对于要授予权限的用户或用户组，应设立有效的Windows账户。

这种权限也称为访问控制列表（ACL）。组权限和用户权限的关系是：用户获得所在组的全部权限，如果用户又定义了其他权限，则累计用户和组的权限；对于一个属于多个组的用户，其权限就是各组权限与该用户权限的累加。

（3）无论Web服务器本身的权限多大，都要受制于NTFS权限。这里针对Web服务器文件系统的安全给出如下几条具体建议，供网络管理员参考。

① 对一般用户给予读取权限，只有管理员和System账户才能被授予完全控制权限。这样有可能使某些正常的脚本程序不能执行，或者某些需要写的操作不能完成，这就需要对这些文件所在的文件夹权限进行更改。建议在做更改前先在测试机器上做测试，然后慎重更改。

② 对操作系统文件和文件夹、Web服务器文件和文件夹分别设置访问权限。

③ 对于Web服务器来说，可以对“IIS_计算机名”（IIS_计算机名表示Internet来宾账号，其中计算机名表示Web服务器的机器名）账户赋予读取权限。

④ 不能允许Everyone组对任一目录具有写入和执行权限。

⑤ 限制浏览目录，即一般不要授予“列出文件夹目录”的权限。

⑥ 在默认情况下，IIS FTP 和 SMTP 两个默认的目录 c：\inetpub\ftproot 和 c：\inetpub\mailroot对Everyone组授予完全控制权限，应当加以更改。只给管理员和System账户授予完全控制权限，对Everyone组授予执行权限。

7.3.4　安全模板创建与使用

Windows Server 2008 的安全模板是一种用文件形式定义安全策略的方法。安全模板能够配置账户策略、本地策略、事件日志、受限制的组、文件系统、注册表和系统服务等项目的安全设置。安全模板采用.inf 格式的文件，将操作系统安全属性集合成文档。管理员可以方便地复制、粘贴、导入和导出安全模板，以及快速批量修改安全选项。

1. 添加安全配置管理单元

单击“开始”→“运行”→“打开”→“MMC”，进入操作系统管理控制台（MMC）窗口。单击 MMC 菜单栏中的“文件”→“添加/删除管理单元”，打开“添加/删除管理单元”对话框。选择“可用的管理单元”列表中的“安全配置”，单击“添加”按钮，将“安全配置”添加到“所选管理单元”列表中，接着单击“确定”按钮。返回控制台窗口，可看到在 MMC 中已经添加了“安全配置”管理单元，如图 7.10 所示。

图 7.10　“安全配置”管理单元控制台

2. 创建与保存安全模板

在 MMC 中展开“安全模板”节点，鼠标右键单击准备创建安全模板的路径“C：\Users\Administrator\Documents\Security\Templates”，在弹出的菜单中选择“新添模板”，打开创建模板对话框，在对话框内输入模板名称（如 anquan_1）和描述，单击“确定”按钮，完成安全模板创建，如图 7.11 所示。

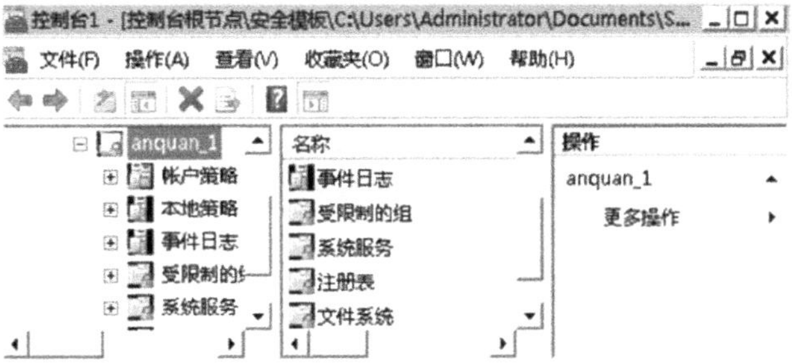

图 7.11　安全模板创建完成

关闭具有“安全模板”管理单元的控制台时，操作进入“保存安全模板”对话框。选择相应的安全模板后，单击“是”按钮，可保存该安全模板。

7.3.5　使用安全配置和分析

“安全配置和分析”是配置与分析本地计算机系统安全性的一个工具。该工具可以将“安全模板”应用效果与本地计算机定义的安全设置进行比较。该工具允许管理员进行快速的安全分析。在安全分析过程中，在其窗口中显示当前配置与建议，包括不安全区域。也可以使用该工具配置本地计算机系统的安全。

1. 添加安全配置和分析管理单元

单击“开始”→“运行”→“打开”→“MMC”，进入操作系统管理控制台（MMC）窗口。单击 MMC 菜单栏中的“文件”→“添加/删除管理单元”，打开“添加/删除管理单元”对话框。选择“可用的管理单元”列表中的“安全配置和分析”，单击“添加”按钮，将“安全配置”添加到“所选管理单元”列表中，接着单击“确定”按钮。返回控制台窗口，可看到在 MMC 中已经添加了“安全配置和分析”管理单元，如图 7.12 所示。

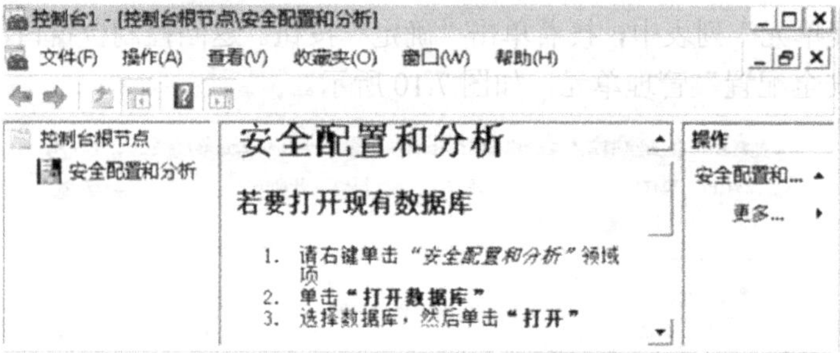

图 7.12 “安全配置和分析”管理单元控制台

2. 安全分析与配置计算机

（1）打开数据库后，导入安全模板。在 MMC 中，鼠标右键单击“安全配置和分析”节点，在弹出的菜单中选择“打开数据库”后，出现“打开数据库”对话框。在默认路径“C:\Users\Administrator\Documents\Security\Database”下创建数据库“aqsjk_1”。单击“打开”按钮，出现“导入模板”对话框。再次选择安全模板文件“anquan_1”，单击“打开”按钮，导入模板，如图 7.13 所示。

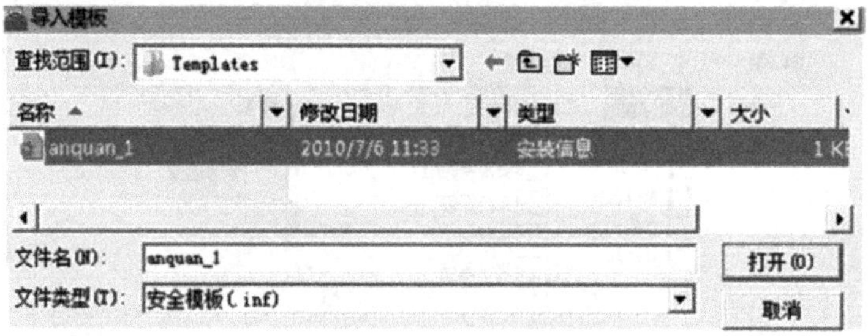

图 7.13 导入安全模板

（2）安全分析，查看结果。在 MMC 中，鼠标右键单击“安全配置和分析”节点，在弹出的菜单中选择“立即分析计算机”。打开“进行分析”对话框，指定错误文件保存位置。单击“确定”按钮，开始分析计算机系统的安全配置。分析内容包括用户权限配置、受限的组、注册表、文件系统、系统服务及安全策略等。

分析完毕返回控制台，展开“安全配置和分析”节点，在控制台的中部窗口中可查看“数据库设置”栏和“计算机设置”栏的差异，如图 7.14 所示。

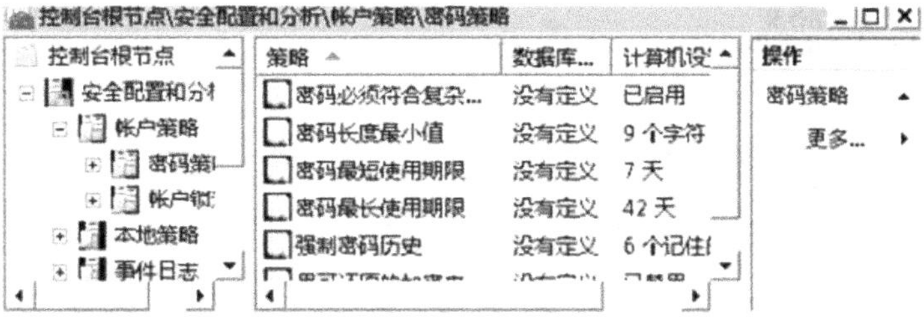

图 7.14　计算机系统安全分析结果

（3）配置计算机。鼠标右键单击“安全配置和分析”，在弹出的菜单中选择“立即配置计算机”。打开“配置系统”对话框，指定错误日志文件保存位置。单击“确定”按钮，开始配置计算机系统的安全。该配置内容包括用户权限配置、受限制的组、文件系统、系统服务及安全策略等。

7.3.6　使用安全配置向导

安全配置向导（SCW）可以创建、编辑、应用安全策略。安全策略是一个.xml 文件，该文件内容包括配置服务器、网络安全、特定注册表值和审核策略等。

1．使用安全配置向导注意问题

使用 SCW 可禁用不需要的服务，支持高安全性的 Windows 防火墙。SCW 创建的安全策略与安全模板不同，SCW 不会安装或卸载服务器执行角色需要的组件。运行 SCW 时，所有使用 IP 协议和端口的应用程序必须在服务器上运行。使用安全配置向导（SCW）可以创建、编辑、应用安全策略，如果安全策略无法正常工作，可以回到上一次应用的安全策略。

2．启动安全配置向导

（1）配置操作。单击“开始”→“管理工具”→“安全配置向导”，出现“欢迎使用安全配置向导”界面，单击“下一步”按钮，进入“配置操作”对话框。在对话框中选择“新建安全策略”单选按钮，在计算机上创建新的安全策略，如图 7.15 所示。

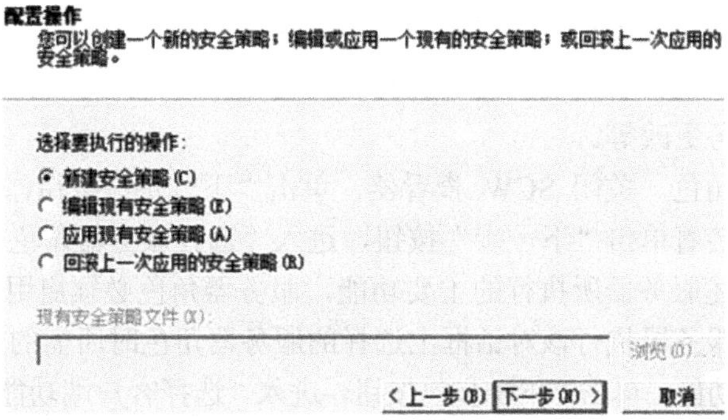

图 7.15　新建安全策略

（2）选择服务器。单击“下一步”按钮，出现“选择服务器”对话框，在该对话框中指定一台服务器作为安全策略的基准。在“服务器”文本框中输入服务器主机名，如图 7.16 所示。

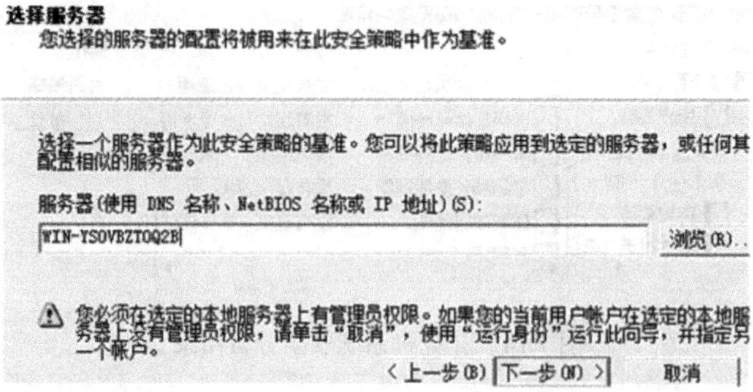

图 7.16　选择服务器

（3）处理安全配置数据库。单击“下一步”按钮，开始处理安全配置数据库。对服务器进行扫描，确定服务器上已经安装的角色、服务器正在执行的角色，以及服务器配置的 IP 地址和子网掩码等内容，如图 7.17 所示。

处理安全配置数据库完成后，单击“查看配置数据库”按钮，打开 SCW 查看器，查看安全配置数据库，可以查看服务器角色、客户端功能、管理选型、服务及 Windows 防火墙设置信息等内容，如图 7.18 所示。

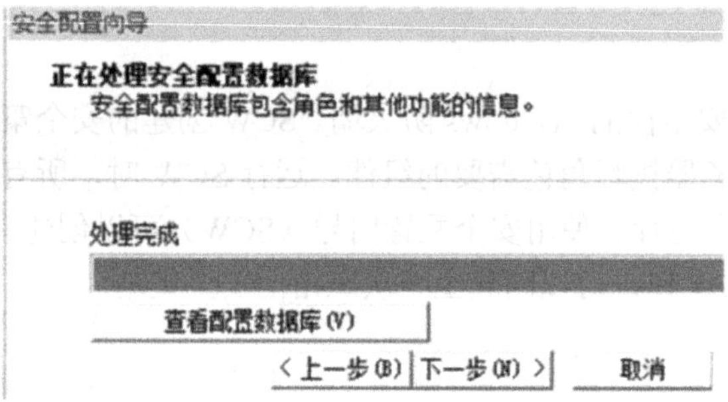

图 7.17　处理安全配置数据库

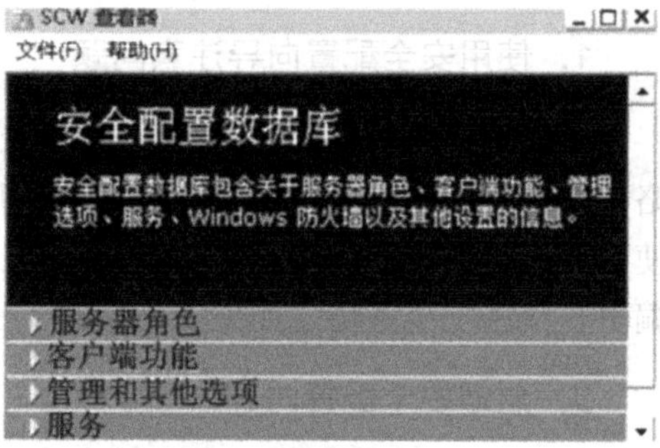

图 7.18　查看安全配置数据库

3．基于角色的服务配置

基于角色的服务配置功能项，可以依据所选服务器的角色和功能配置服务器。配置内容包括选择服务器角色、选择客户端功能、选择管理选项和其他选项、选择其他服务，处理未指定的服务及确认服务更改等。

（1）选择服务器角色。关闭 SCW 查看器，单击“下一步”按钮，进入“基于角色的服务器配置”对话框。接着单击“下一步”按钮，进入“选择服务器角色”对话框，如图 7.19 所示。服务器角色描述服务器所执行的主要功能，服务器角色必须启用角色特定的服务。安全配置向导启用所选服务器执行该对话框上选择的服务器角色时所需的服务。

（2）选择客户端功能。单击“下一步”按钮，进入“选择客户端功能”对话框，如图 7.20 所示。该服务器可以是其他服务器的客户端，客户端功能必须启用角色特定服务。安全配置向导启用所选服务器，执行在此页上选择的客户端功能时所需的服务，禁用不需要的服务。在默认情况下，只显示所选服务器，不必安装其他组件即可执行客户端功能。可以在“选择客户端功能”对话框中更改为“所有功能”，查看安全配置数据库中的所有客户端功能。若要查看特定角色所需的服务和端口，单击客户端功能旁边的三角形。安全配置向导列出该角色、所需服务以及防火墙规则的说明。

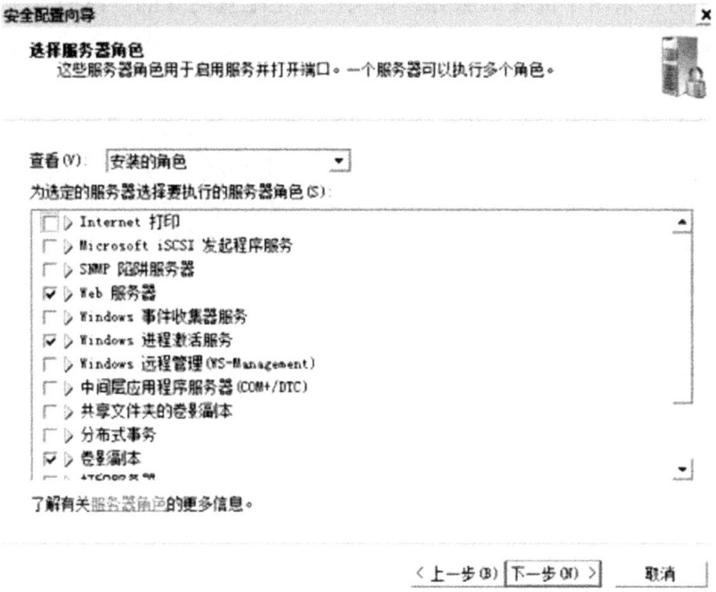

图 7.19　选择服务器角色

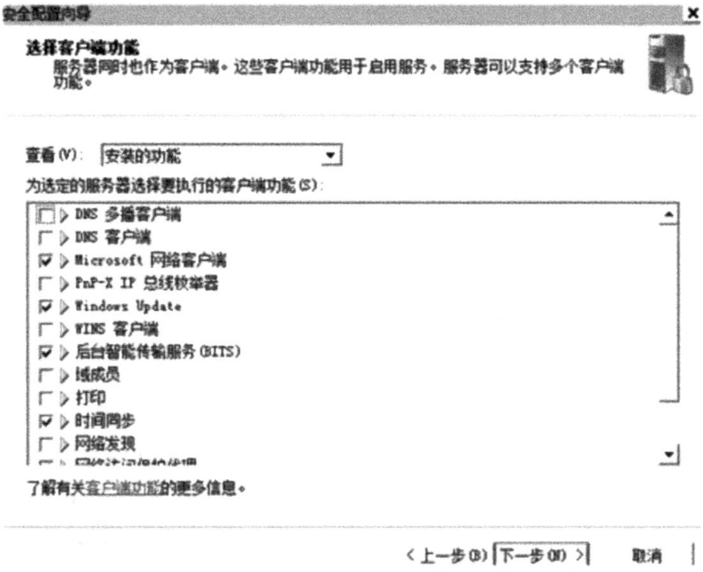

图 7.20　选择客户端功能

若要启用所选服务器执行其已安装的客户端功能时所需的服务，在列表中选择相应的客户端功能。如果计划在所选服务器上安装其他客户端功能，或将此安全策略应用于角色配置略有不同的其他计算机，在“查看”列表中，单击“所有功能”，然后选择相应的客户端功能。

（3）选择管理项和其他选项。单击“下一步”按钮，进入“选择管理项和其他选项”对话框。在此对话框中，可以选择管理选项（如远程管理和备份）及使用服务和端口的其他应用程序选项和 Windows 功能。安全配置向导根据管理员在“选择服务器角色”页中选择的角色，启用服务器所需的服务，禁用不需要的服务。如果在安全配置向导的“网络安全”部分配置了设置，将删除不需要的防火墙规则。任何依赖于以前未选择的角色的选项将自动从列表中排除，并且不会出现。

（4）选择其他服务。单击“下一步”按钮，进入“选择其他服务”对话框，如图 7.21 所示。所选服务器执行的角色可能在安全配置数据库中找不到已安装服务。如果出现这种情况，安全配置向导将在“选择其他服务”对话框中提供已安装服务的列表。

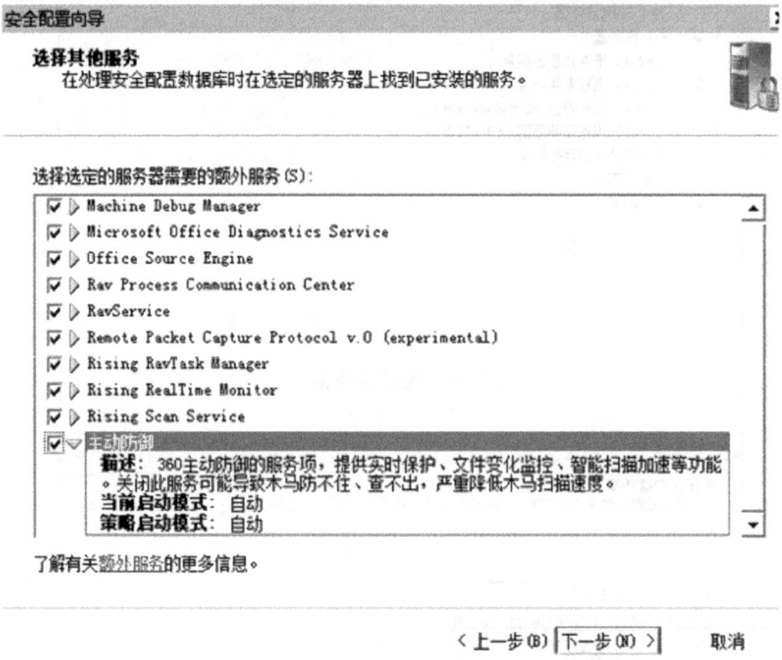

图 7.21　选择其他服务

单击复选框与服务名称之间的三角形，可以了解该服务的详细信息（图 7.21 中的“主动防御”）。可以检查每项其他服务，决定是否需要运行该服务，所选服务器才能执行所需功能。如果不需要该服务，则确认已清除相应的复选框。

（5）处理未指定的服务。单击“下一步”按钮，进入“处理未指定的服务”对话框。如果希望执行“将安全策略应用于所选服务器以外的其他服务器”或“在更改了所选服务器的配置（如安装了新软件）之后，将安全策略应用于所选服务器”，则使用此页。

未指定的服务是指未出现在安全配置数据库中的服务，这些服务当前未安装在所选服务器上，但是可能已安装在要应用安全策略的其他服务器上。这些服务也可能在以后安装在所选服务器上。任何未知服务均将出现在安全配置向导的“处理未指定的服务”页上。在继续操作之前，必须决定如何处理这些服务，可用选项如下。

① 不更改此服务的启动模式。如果选择此选项，要应用此安全策略的服务器上已启用的未指定服务仍会启用，已禁用的未指定服务仍会禁用。

② 禁用此服务。如果选择此选项，未在安全配置数据库中或未安装在所选服务器上的所有服务均将禁用。

（6）确认服务更改。单击“下一步”按钮，进入“确认服务更改”对话框，如图 7.22 所示。在“确认服务更改”页上，可以看到此安全策略将对所选服务器上的服务进行的所有更改的列表。该列表将所选服务器上的服务的当前启动模式与策略中定义的启动模式进行比较。启动模式可以是“禁用”、“手动”或“自动”。在应用安全策略之前，不会对所选服务器进行任何更改。

如果一个或多个服务更改不正确，可以通过在前面几页更改管理员的选择来修改这些设置。若要确定必须修改哪个选择以获得所需的结果，查看“使用者”列，该列指示需要该服务的角色。返回配置该角色的页并进行相应的更改。还可以通过单击要排序的列标题，对服务列表进行排序。

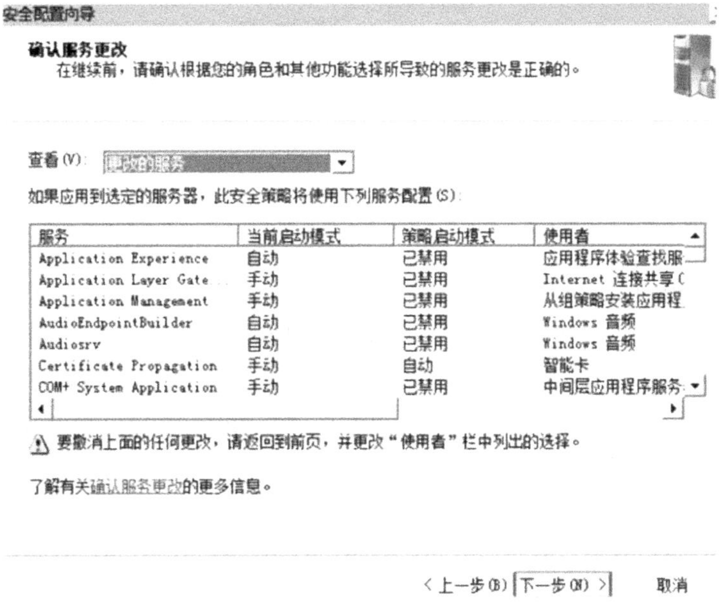

图 7.22　确认服务更改

4．设置网络安全

在安全配置向导的“网络安全”部分，可以添加、删除或编辑与具有高级安全性的 Windows 防火墙有关的规则。具有高级安全性的 Windows 防火墙将主机防火墙和 Internet 协议安全性（IPSec）组合在一起，运行于 Windows Server 2008 服务器上，并对可能穿越外围网络或源于组织内部的网络攻击提供本地保护。它还可要求对通信进行身份验证和数据保护，从而帮助保护从计算机到计算机的连接。

（1）网络安全。单击图 7.22 中的“下一步”按钮，进入“网络安全”对话框。如图 7.23 所示。具有高级安全性的 Windows 防火墙是一种有状态的防火墙，检查并筛选 IPv4 和 IPv6 通信的所有数据包。默认情况下阻止传入通信，除非是对主机请求通信的响应，或者得到特别允许（即创建了允许该通信的防火墙规则）。通过配置具有高级安全性的 Windows 防火墙设置（指定端口号、应用程序名称、服务名称或其他条件），可以显示允许通信。安全配置向导不能配置 IPSec。如果 Windows 防火墙配置不当，可能会阻止服务器的入站通信，从而影响服务的功能。

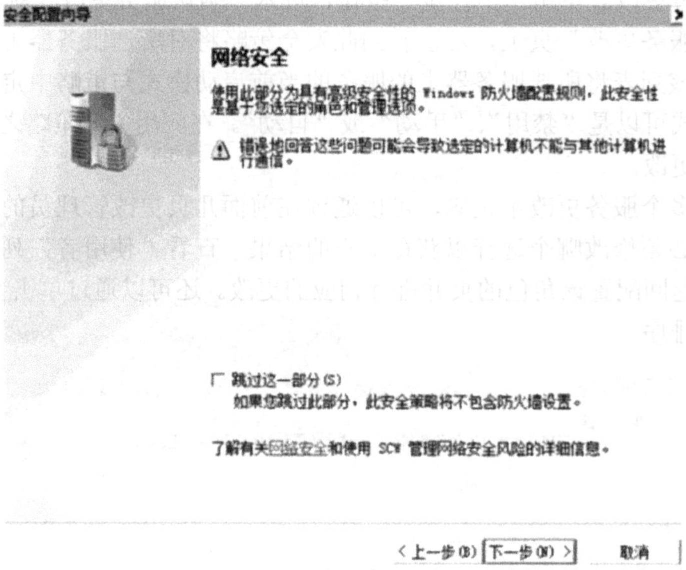

图 7.23　网络安全设置

（2）网络安全规则。单击图 7.23 中的“下一步”按钮，进入“网络安全规则”对话框，如图 7.24 所示。使用安全配置向导，可以创建防火墙规则，以允许此服务器向程序、系统服务、服务器或用户发送通信；或者从程序、系统服务、服务器或用户接收通信。可以创建防火墙规则，匹配规则条件的执行允许连接、只允许使用 Internet 协议安全（IPSec）保护的连接或者明确阻止连接三种情况之一。

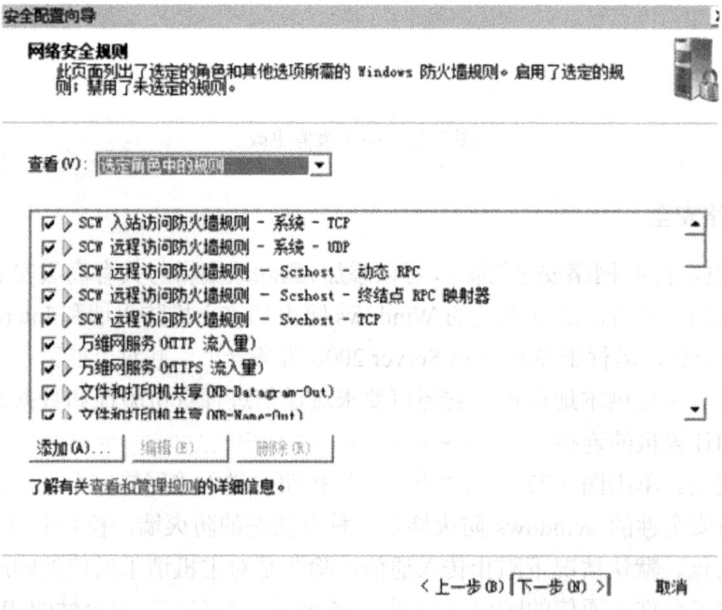

图 7.24　网络安全规则设置

5. 注册表设置

单击图 7.24 中的“下一步”按钮，进入“注册表设置”对话框。在安全配置向导的“注册表设置”部分，可以配置用于与其他计算机进行通信的协议。按照“注册表设置”对话框（限于篇幅，图略），即可依次进行下列操作。

（1）要求 SMB 安全签名。在此页提供有关所选服务器，以及与其进行通信的客户端的信息。SMB 协议为 Microsoft 文件和打印共享以及许多其他网络操作（如远程 Windows 管理）提供基础。为了避免受到修改传输中的 SMB 数据包的攻击，SMB 协议支持 SMB 数据包的数字签名。此策略设置确定在允许与 SMB 客户端进行进一步通信之前，是否必须协商 SMB 数据包签名。

（2）要求 LDAP 签名。LDAP 是轻量目录访问协议。在“选择服务器角色”页上选择“域控制器（Active Directory）”角色时，将出现此页。在“要求 LDAP 签名”页上，收集域控制器的域中其他计算机的有关信息。

（3）出站/入站身份验证方法。在此页上，收集有关用户可能尝试从其所选服务器进行身份验证的计算机的信息。这些安全设置将确定用于网络登录的质询/响应身份验证协议。此选择将影响客户端使用的身份验证协议级别、协商的会话安全级别，以及服务器接受的身份验证级别。

（4）注册表设置摘要。通过“注册表设置摘要”页可以查看此安全策略应用于所选服务器时，对特定注册表设置进行的所有更改。SCW 显示每个注册表值的当前设置及策略定义的设置值。在应用安全策略之前，不会对所选服务器进行任何更改。如果一个或多个注册表设置更改不正确，可以通过在此部分的前面几页更改选择，修改这些设置。若要确定需要修改哪个选择以获得所需的结果，可查看“注册表值”列，通过选择修改的注册表值将列在此部分的各页中，返回配置该设置的页并进行相应的更改。

6. 设置审核策略

单击“注册表设置”对话框中的“下一步”按钮，进入“设置审核策略”对话框。在安全配置向导的“审核策略”部分，可以为所选服务器配置审核策略。按照“设置审核策略”对话框（限于篇幅，图略），即可依次进行下列操作。

（1）系统审核策略。可以使用此页为组织中的服务器创建审核策略。审核是跟踪用户活动并在安全日志中记录所选类型的事件的过程。审核策略定义要收集的事件类型。

（2）审核策略摘要。此页提供在应用策略后，对所选服务器上的审核策略进行的所有更改的列表。其中显示每个审核策略的当前设置及策略定义的设置。在应用安全策略之前，不会对所选服务器进行任何更改。

7. 保存并应用安全策略

单击“审核策略摘要”对话框中的“下一步”按钮，进入“保存并应用安全策略”对话框。在安全配置向导的“保存安全策略”部分，可以保存并应用其创建或编辑的安全策略。按照“保存并应用安全策略”对话框（限于篇幅，图略），即可依次进行下列操作。

（1）安全策略文件名。为保存安全策略选择位置以及扩展名为.xml 的文件名。应将安全策略保存在通过运行安全配置向导，应用该策略的管理员可以访问的位置。

（2）查看安全策略。可以单击“查看安全策略”打开 SCW 查看器。通过 SCW 查看器可以在保存之前浏览策略的详细信息。

（3）包括安全模板。除了使用安全配置向导创建的策略设置之外，还可以在安全策略中（包括其他策略）设置。单击“包括安全模板”可以包含其他策略设置的安全模板。如果任何模板设置与安全配置向导中创建的策略设置发生冲突，则安全配置向导优先。

（4）应用安全策略。可以在创建或编辑策略之后，通过单击此页上的“现在应用”立即应用安全策略。如果希望更改策略，或不希望将安全策略应用于所选服务器，则单击“稍后应用”按钮。如果选择稍后应用策略，不会对所选服务器进行任何更改。如果希望应用安全策略，运行安全配置向导，并在“配置操作”页上单击“应用现有安全策略”。

7.4 设置 Web 服务器的安全

Web 网站为 Internet 信息共享提供了极大的方便，但也存在着很大的安全隐患，容易被未授权用户非法截获信息或被黑客攻击。为了使 Web 网站在某些应用中具有安全性（如电子商务），可以采用 IIS 的安全机制，保护 Web 网站的安全。

7.4.1 IIS 的安全机制

IIS 7.0 是一种应用级的安全机制，它以 Windows Server 2008 和 NTFS 文件系统安全性为基础，通过与 Windows Server 系统安全性的紧密集成，提供了强大的安全管理和控制功能。访问控制可以说是 IIS 安全机制中最主要的内容，从用户和资源（站点、目录、文件）两个方面来限制访问。当用户访问 Web 服务器时，IIS 利用其本身和 Windows 操作系统的多层安全检查和控制，来实现有效的访问控制。Web 服务器访问控制过程如图 7.25 所示。

（1）客户端 Web 服务器提出请求。

（2）如果服务器需要进行身份验证，则向客户端提出身份验证请求信息。浏览器既可以提示用户输入用户名和密码，也可以自动提供这些信息。

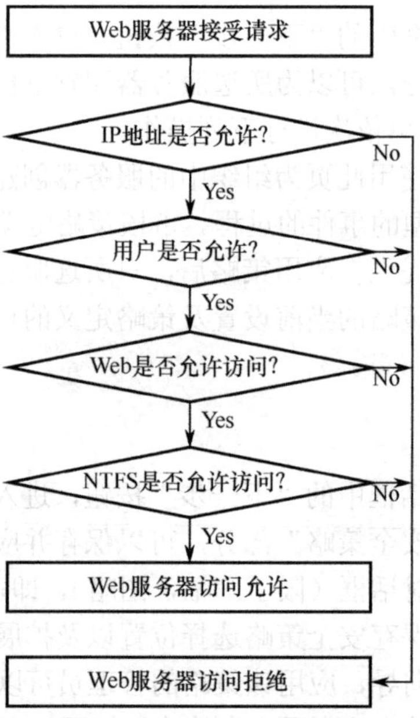

图 7.25　Web 服务器访问控制过程

（3）服务器将接收的终端 IP 地址同限制访问的 IP 地址进行比较，如果 IP 地址是禁止访问的，则请求失败；同时用户收到“403 禁止访问”消息，否则继续下面的审查。

（4）IIS 检查用户是否拥有有效的 Windows 用户账户。如果用户没有，则表示请求失败；同时用户收到“403 访问禁止”消息，否则继续下面的审查。

（5）IIS 检查用户是否具有请求资源的 Web 权限。如果用户没有，则表示请求失败；同时用户将得到“403 访问禁止”消息，否则继续下面的审查。

（6）IIS 检查资源的 NTFS 权限。如果用户不具备资源的 NTFS 权限，则表示请求失败，同时用户将得到“401 访问被拒绝”消息。

（7）如果用户具有 NTFS 权限，则可完成该请求。

从上述步骤可看出，IIS 逐级审查用户和资源的权限。前 4 步主要是确认用户身份或 IP 地址，以决定能否连接到服务器。第（5）步则涉及资源的一般性访问权限，最后两步决定特定用户对资源的访问权限。

除了完整的访问控制功能之外，还可结合 Windows 审核功能和 IIS 本身的日志记录功能，来跟踪安全记录，排除潜在的安全隐患。

7.4.2　设置 IP 地址限制

通常，Web 网站允许匿名访问时，IIS 7.0 设置为允许所有 IP 地址、计算机和域均可访问该网站。为了增强网站的安全性，有些 Web 网站不允许匿名，如基于 Web 的身份认证、工作流计划系统等。这时，使用“IPv4 地址和域限制”功能页，可以为特定 IP 地址、IP 地址范围或域名设置允许或拒绝访问内容的规则。

以域管理员身份登录 Web 服务器，单击“管理工具”→“Internet 信息服务（IIS）管理器”。从“Internet 信息服务（IIS）管理器”中选择要设置访问限制的 Web 站点，在“功能视图”中选择“IPv4 地址和域限制”。切换到“操作”窗格，单击“添加允许条目”，可设置允许访问的“特定 IPv4 地址”或“IPv4 地址范围”。单击“添加拒绝条目”，可设置拒绝访问的“特定 IPv4 地址”或“IPv4 地址范围”，如图 7.26 所示。

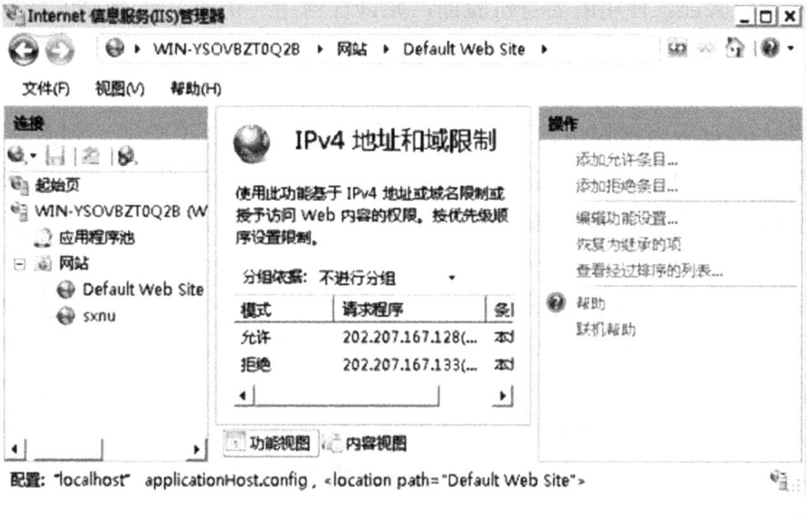

图 7.26　IPv4 地址及域限制

单击“编辑功能设置”后，打开“编辑 IP 和域限制设置”对话框，从该对话框中，可以配置未指定客户端的访问权为“允许”或“拒绝”。“恢复为继承的项”是从父配置中继承设置，此操作将为此功能删除本地配置（包括列表中的项目）。“查看经过排序的列表”可以选择经过排序的列表格式，可将“功能视图”中的规则在列表中上移或下移，改变规则执行优先级。

7.4.3　设置用户身份验证

用户身份验证是通过判断用户的身份，确认是否允许用户访问 Web 网站。通常，用户访问 Internet 的 Web 网站时，不需要身份验证，即匿名账号访问。Web 网站为可信访问时，则要对用户进行身份验证，根据验明的用户身份来决定是否允许访问。

IIS 7.0 支持匿名访问、基本验证、摘要式验证，以及 Windows 验证等多种身份验证方法。除此之外，还支持证书验证。单击“管理工具”→“Internet 信息服务（IIS）管理器”。从“Internet 信息服务（IIS）管理器”中选择要设置访问限制的 Web 站点，在“功能视图”中选择“身份验证”，如图 7.27 所示。选择“基本身份验证”，单击“启用”后，可设置为基本身份验证方式。

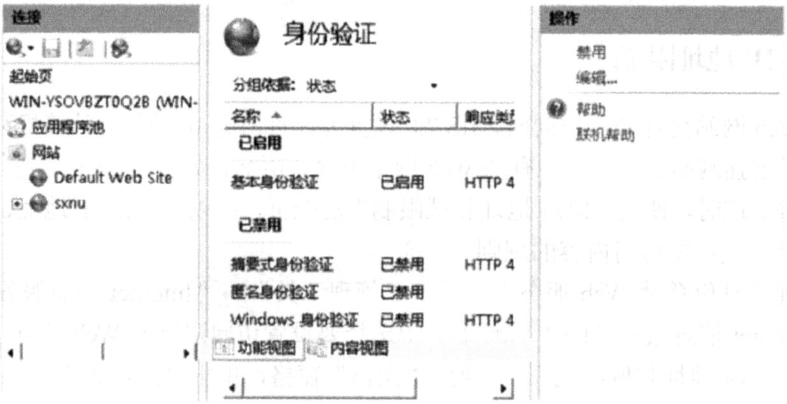

图 7.27　设置身份验证

（1）匿名身份验证。使用匿名身份验证，允许任何用户访问 Web 网站的任何公共内容，无须向客户端浏览器提供用户名和密码质询。在默认情况下，匿名身份验证在 IIS 7.0 中处于启用状态。一般在禁止匿名访问时，才使用其他验证方法。

如果某些内容只应由选定用户查看，而且准备使用匿名身份验证，则必须配置相应的 NTFS 文件系统权限来防止匿名用户访问这些内容。如果希望只允许注册用户查看选定的内容，可为这些内容配置一种要求提供用户名和密码的身份验证方法，如基本身份验证或摘要式身份验证。

（2）基本身份验证。使用基本身份验证可要求用户在访问内容时提供有效的用户名和密码。浏览器支持该身份验证方法，它可以跨防火墙和代理服务器工作。该验证的缺点是用了弱加密方式在网络中传输密码。只有客户端与服务器之间的连接是安全连接时，才能使用基本身份验证。如果使用基本身份验证，请禁用匿名身份验证。所有浏览器向服务器发送的第一个请求都是要匿名访问服务器的内容。如果不禁用匿名身份验证，则用户可以匿名方式访问服务器上的所有内容，包括受限制的内容。

（3）Windows 身份验证。仅在 Intranet 环境中使用 Windows 身份验证。此身份验证使用户能够在 Windows 域上使用身份验证来对客户端连接进行身份验证。打开“高级设置”对话框，可以在其中启用或禁用内核模式身份验证。只有在从功能页上的列表中启用了“Windows 身份验证”时，才能执行此操作。

在默认情况下，IIS 启用内核模式身份验证，这可以提高身份验证性能，并防止配置为使用自定义标识的应用程序池所产生的身份验证问题。如果在环境中使用 Kerberos 身份验证，并且应用程序池配置为使用自定义标识，最佳做法是不禁用此设置。

（4）摘要式身份验证。摘要式身份验证要求 Web 网站加入某个域方可使用。使用摘要式身份验证比使用基本身份验证安全得多。所有浏览器都支持摘要式身份验证，摘要式身份验证通过代理服务器和防火墙服务器来工作。要成功使用摘要式身份验证，必须先禁用匿名身份验证。

7.4.4　设置授权规则

使用 Web 网站“授权规则”页，可以管理“允许”或“拒绝”规则列表，这些规则用于控制对内容的访问。通过单击某个功能页列标题，可对该列表进行排序，如图 7.28 所示。功能页元素说明如下。

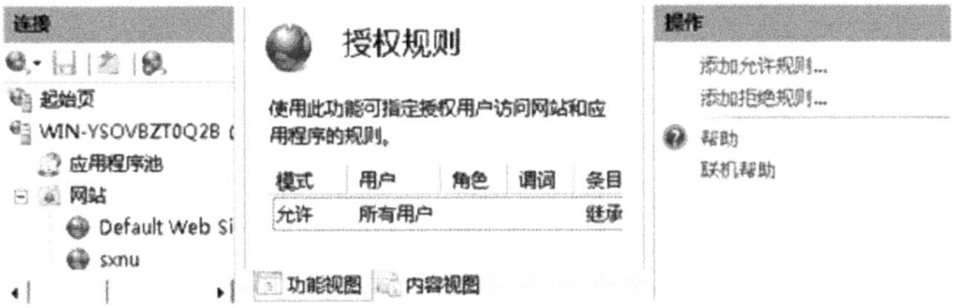

图 7.28　设置授权规则

（1）模式。表示规则的类型。值可以是“允许”和“拒绝”，“模式”值表明该规则是允许对内容的访问，还是拒绝对它的访问。如果某个角色、用户或组已经被某条规则明确拒绝了访问权限，则它不能由另一条规则授予访问权限。

（2）用户。表示规则应用于的用户类型（可选择所有用户、所有匿名用户、指定用户或角色三种类型其中之一）、用户名或用户组。

（3）角色。表示规则应用于的 Microsoft Windows 角色，如管理员角色、用户角色。

（4）谓词。表示该规则应用于的 HTTP 谓词，如 GET 或 POST。

（5）条目类型。表示项目是本地项目还是继承的项目。本地项目是从当前配置文件中读取的，继承的项目是从父配置文件中读取的。

7.4.5　设置 SSL 证书验证

证书验证是一种基于安全加密套接字协议层（Security Socket Layer，SSL）的应用，可以使用“终端证书”来验证 Web 站点上的用户请求信息。使用“SSL 设置”页可以管理服务器与客户端之间的传输数据加密。

使用 Web 网站“SSL 设置”页，先设置“要求 SSL”，通过选择“忽略”、“接受”或“必需”证书，可以要求在获得内容访问权限之前先识别客户端，如图 7.29 所示。

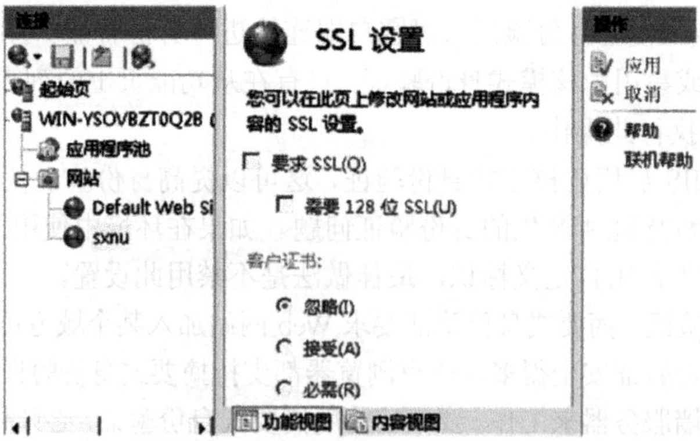

(a)

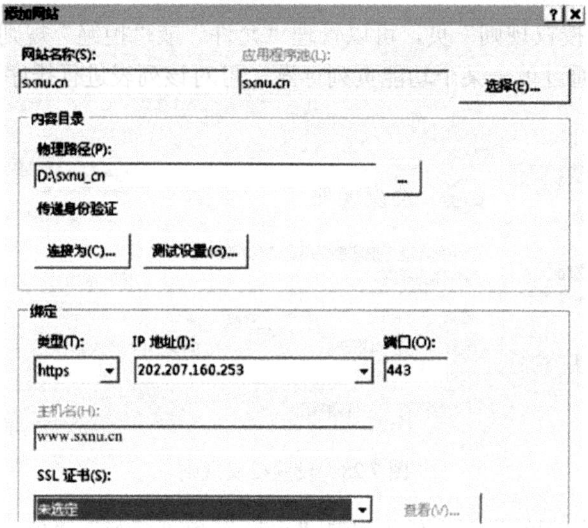

(b)

图 7.29　设置 SSL 证书验证

选择“要求 SSL”，以启用 40 位数据加密法，可以保护服务器与客户端之间传输的安全性。与 40 位数据加密法相比，选择“要求 128 位 SSL”数据加密法，可提高数据加密级别。使用 128 位 SSL，能够确保 Intranet 或 Internet 环境下服务器与客户端之间传输的安全性。

SSL 设置的前提条件是执行“添加网站”，将安全网站协议类型设置为“https”、端口设置为“443”，以确定 SSL 证书。鼠标右键单击“网站”，在弹出的菜单上单击“添加网站”，进入添加网站设置页。在该属性框中，输入安全网站名称，设置物理路径，绑定 https、IP 地址和端口，设置主机名和选择 SSL 证书，即可完成使用 SSL 协议的 Web 网站。

7.4.6　设置文件的 NTFS 权限

IIS 利用 NTFS 文件系统的安全特性来为特定用户设置 Web 服务器目录和文件的访问权限，以确保特定的目录或文件不被未经授权的用户访问。NTFS 权限与 Web 服务器权限的比较见表 7.1。如果两种权限之间出现冲突，则使用最严格的设置。也可以说，明确拒绝访问的权限，其优先级总是高于允许访问的权限。

表 7.1 NTFS 权限与 Web 服务器权限的比较

NTFS 权限	Web 服务器权限
用于拥有 Windows 账户的特定用户或用户组	面向所有用户，用于所有访问 Web 站点的用户
控制对服务器物理目录的访问	控制对 Web 站点虚拟目录的访问
由 Windows 操作系统设置	由 Internet 服务管理器设置

按照最小特权原则设置 Web 站点目录和文件的 NTFS 访问权限，可进一步隔离和保护文件。例如，将某目录的访问权限限制为“读取”和“写入”、拒绝“执行”，就可防止病毒或特洛伊木马文件的执行。下面针对 Web 安全给出 NTFS 文件访问权限设置的建议。

（1）根目录应拒绝匿名用户账户的访问，并选中“允许将来自父系的可继承权限传播给该对象”选项，将此访问权限覆盖子目录中的设置。然后再根据不同子目录中数据的类型为其设置访问权限，这样可进一步保障 Web 站点的安全。

（2）最好将不同类型的文件存放在不同的目录中，授予不同的 NTFS 权限。例如，将可执行程序和脚本文件分离。

（3）包含可执行程序（如 ASP 或 ASP.NET 程序）的目录，只授予“运行”权限，不要授予“读取”权限，并拒绝匿名用户访问。

（4）包含脚本文件（如 ASP 或 ASP.NET 页面）的目录，只授予“运行”权限，不要授予“读取”权限，并拒绝匿名用户访问。

（5）服务器端包含指令文件（如 INC、SHTM 和 SHTML 等）的目录，只授予“运行”权限，并拒绝匿名用户访问。

SHTML 是一种用于 SSI（Server Side Include，服务端包含）技术的文件。一些 Web Server 若有 SSI 功能，则会对 SHTML 文件特殊处理。先扫描一次 SHTML 文件，检查是否有特殊的 SSI 指令存在，若有就按 Web Server 设定规则解释 SSI 指令，解释完后与一般 HTML 一起调到客户端。

（6）包含静态页面文件（如 HTML、JPG 和 GIF 等）的目录，只允许匿名用户有“读取”权限。

（7）最好为每个文件类型创建一个新目录，在每个目录上设置 NTFS 权限，并允许权限传递给各个文件。例如，静态页面单独一个目录，图形、图像单独一个目录，脚本文件单独一个目录。

Web 服务器的 NTFS 权限设置不当，可能会拒绝有效用户访问需要的文件和目录。如果对某一资源的“IUSR_计算机名”账户设置“无法访问”权限，将拒绝匿名用户对该资源的访问。在设置目录或文件权限时，如果简单地删除“Everyone”组，而不做进一步的修改，即使非匿名访问也将失败。要确保非匿名访问能正常工作，必须确保管理员、创建者/所有者和 SYSTEM 这三类用户或组拥有完全控制权限。

7.4.7 审核 IIS 日志记录

IIS 日志可以记录 IIS 所特有的事件，包括 WWW、SMTP 和 FTP 等日志。使用“日志”功能页，可以配置 IIS 记录向 Web 服务器发出请求的方式，以及创建新日志文件的时间。定期检查日志文件，可以检测 Web 服务器可能受到攻击或存在的其他安全问题。

1. 日志设置

打开 Internet 服务管理器，单击选中的站点，在“功能视图”中选择“日志”，进入日志设置页。日志格式默认为“W3C”，单击“选择字段”，打开“W3C 日志记录字段”选项，如图 7.30 所示。图中打钩复选框为默认选项，添加记录字段时，可在该字段复选框打钩。

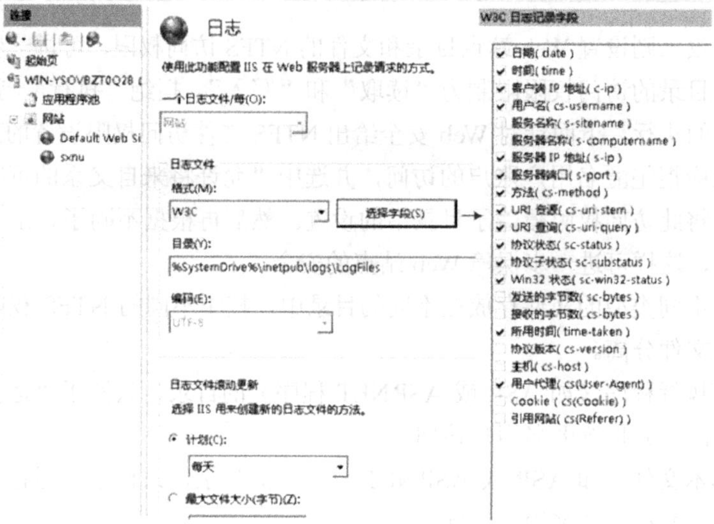

图 7.30　日志格式和字段设置

在“目录”框中设置日志的文件路径。为安全起见，最好不要使用默认的目录。应更换默认的日志路径，并设置日志文件目录的访问权限。只允许管理员和 System 账号具有完全控制权限，只允许对 Everyone 组账户授予读、写权限。

2. 日志审核

日志文件摘录，如图 7.31 所示。#Software 开始的一行是 IIS 版本，#Version 表示日志使用的是 W3C 日志文件格式，#Date 是日志创建日期。s-ip 表示服务器 IP 地址，cs-method 表示客户端要求通过 HTTP 协议连接到服务器上，cs-uri-stem 表示访问的资源，其他字段内容参见图 7.30 中的“W3C 日志记录字段”。

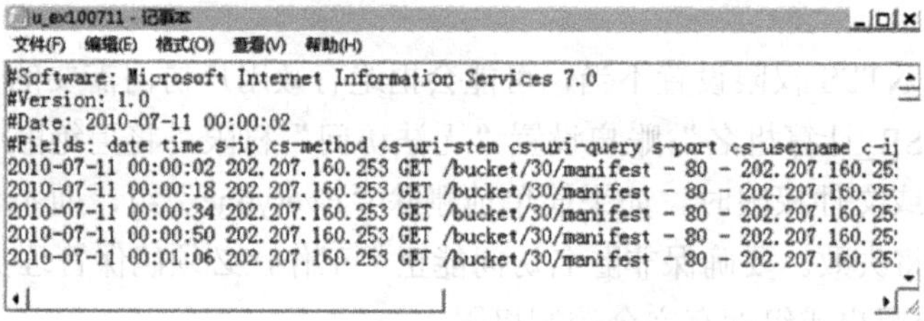

图 7.31　IIS 日志示例

Web 网站管理员一定会很关心谁在访问网站，从哪里来，如何来，来干什么，不同地区、不同时间段、不同内容访问情况，服务器发生过什么错误，为什么发生错误，在什么情况下发生错误，不同 Page（ASP、ASP.NET、PHP、JSP 等动态 Page）服务器的处理时间等。对如此太多的问题需要了解，可以采用 Web 日志分析工具，也可自己编程分析。

7.5　使用 ACL 保护网络安全

在企业网（校园网、政务网等）外围建立的安全防护屏障，称为网络边界安全。网络边界是企业网安全屏障的起点，需要部署安全设备（如防火墙、路由器设置 ACL）保障企业网的数据通信基本安全。

7.5.1　防火墙和路由器

网络边界防御需要添加一些安全设备来保护进入网络的每个访问。这些安全设备通过阻塞、筛选网络流量来限制网络活动，或者仅仅允许一些固定的网络地址在固定的端口上越过网管员的网络边界。

这些边界安全设备称为防火墙。防火墙阻止试图对组织内部网络进行扫描、企图闯入网络的活动，防止外部进行拒绝服务（Denial of Service，DoS）攻击，禁止一定范围内黑客利用 Internet 来探测用户内部网络的行为。阻塞和筛选规则由网管员所在机构的安全策略来决定。防火墙也可以用来保护 Intranet 中的资源不会受到攻击。不管网络中每一段用的是什么类型的网络（公共的或私有的）或系统，防火墙都能把网络中的各个段隔离开并进行保护。双防火墙体系结构如图 7.32 所示。

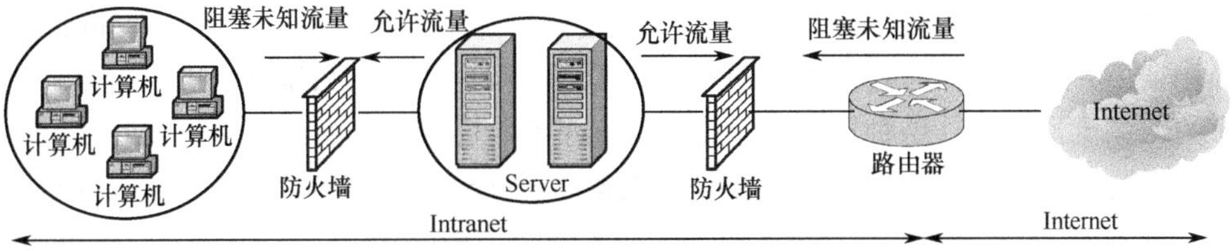

图 7.32　双防火墙体系结构

最好的防火墙提供的安全服务范围包括报文筛选、NAT 及状态报文检查。防火墙的报文筛选能够阻止 Internet 消息控制协议（ICMP）的 ping 报文，网络地址转换将会隐藏 Web 服务器的真实 IP 地址，状态检查会对流过网络的数据报文中的内容进行检查。对那些试图进入网络的报文，如果它们来自不属于当前网络对其开放的 Internet 系统，那么就会被拒于网络之外。当这些安全策略同时使用后，就能够为企业或组织的网络提供可靠的系统安全保护了。

防火墙通常与连接两个围绕着防火墙网络中的边界路由器一起协同工作，如图 7.33 所示，边界路由器是安全的第一道屏障。很多时候，防火墙提供的服务要取决于路由器的功能。通常的做法是，将路由器设置为报文筛选和 NAT，让防火墙来完成特定的端口阻塞和报文检查，这样的配置将从整体上提高网络的性能。

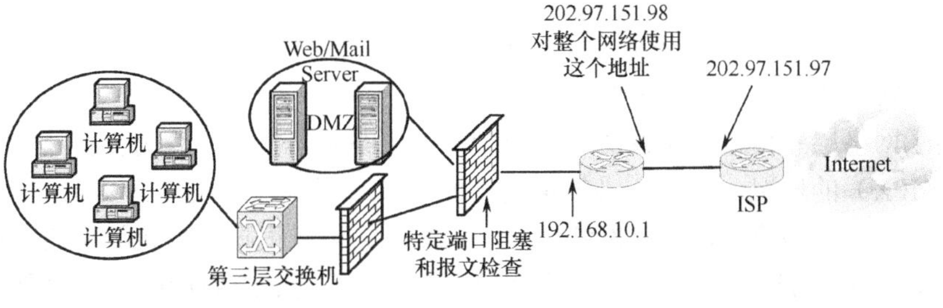

图 7.33　防火墙和路由器协同工作图示

根据这个网络结构设置防火墙，最安全、最简单的方法是：首先阻塞所有的端口号并且检查所有的报文，然后对需要提供的服务有选择地开放其端口号。通常，要让一台 Web 服务器在 Internet 上仅能够被匿名访问，只开放 80 端口（HTTP 协议）或 443 端口（HTTPS-SSL 协议）即可。

7.5.2 使用网络 DMZ

不幸的是，如果网络边界只安装了一个防火墙，开放一些端口就会不可避免地降低边界的安全。虽然说这种做法比没有安装防火墙的系统安全一些，但并不是最理想的办法。如果网络管理员安装了边界防火墙，就应该采用 DMZ（Demilitarized Zone，非军事管制区）网络配置方案来建立一种实际的安全保障体系。DMZ 的做法就是允许用防火墙从 Intranet 网络隔离出一个网段，然后把对外网的 Web/Mail 服务器置于这个网段中，如图 7.33 所示。

如果网络中的流量没有经过路由，是不可能将攻击数据报文传送到两个子网的。把服务器放在 DMZ 中，必须保证服务器与企业或组织的 Intranet 处于不同的子网。这样，当网络流量进入路由器时，连接到 Internet 上的路由器和防火墙就能对网络流量进行筛选和检查了。

在这种设计中，安放在 DMZ 和 Intranet 之间的防火墙和放置于 DMZ 前的防火墙需要设置不同的规则。第一个防火墙应该只允许通过内部指定的应用服务调用才能到达指定的系统；同时对于使用 80 端口的 Web 网络流量，防火墙要阻止那些主动产生的想要进入 Intranet 的通信。换句话说，防火墙应当只让从 DMZ 中（需要与用户的内部系统之一进行通信）的服务器过来的入站流量通过，这种通信是通过来自该服务所连接的桌面或应用程序的浏览器会话来实现的。例如，如果 Web 服务器需要收集或者显示某一个用户的数据，Web 服务器可能需要通过 SQL 去访问数据库。这种情况下，需要开放防火墙的 TCP 端口才能通过 SQL 的查询和响应。通过一台 SQL Server 2008 服务器，进入数据库的端口号是 1433，而出去的端口号是 1024～65 535 之间的一个端口号（每一个的网络应用程序会分配不同的端口号）。

在 DMZ 的两端建立不同的防火墙将会更好地提高网络的安全性。每一种类型的防火墙都会有自己的优点和缺点，所以应使用两种不同类型的防火墙，至少不会让黑客利用同一种方法就能攻破两个防火墙。而且，一个防火墙中的 bug 也许不会存在于另一个防火墙中。利用两种不同的防火墙建立起来的安全屏障足以使得企业或组织的网络更难被黑客攻击，使防护更加有力。

7.5.3 路由器的访问控制表

1．访问控制列表的功能

访问控制列表（Access Control List，ACL）是路由器接口的指令列表，用来控制端口进出的数据包。ACL 适用于所有的被路由协议，如 IP、IPX、AppleTalk 等。

ACL 用于网络层和传输层协议的通信控制。如果路由器接口配置为支持三种协议（IP、AppleTalk 及 IPX）的情况，那么，必须定义三种 ACL 来分别控制这三种协议的数据包。

ACL 可以限制网络流量，提高网络性能。例如，它可以根据数据包的协议，指定数据包的优先级。ACL 提供对通信流量的控制手段，例如，它可以限定或简化路由更新信息的长度，从而限制通过路由器的某一网段的通信流量。ACL 也是提供网络安全访问的基本手段。例如，它允许主机 A 访问人力资源网络，而拒绝主机 B 访问。ACL 还可以在路由器端口处决定哪种类型的通信流量被转发或被阻塞，例如，用户可以允许 E-mail 通信流量被路由，拒绝所有的 Telnet 通信流量。

2. 访问控制表的分类

路由器的 ACL 有标准和扩展两类。标准 ACL（表号取值范围为 1～99）和扩展 ACL（表号取值范围为 100～199）。这两种 ACL 的区别是，标准 ACL 只检查数据包的源地址；扩展 ACL 既检查数据包的源地址，也检查数据包的目的地址，同时还可以检查数据包的特定协议类型、端口号等。在路由器配置中，标准 ACL 和扩展 ACL 的区别是由 ACL 的表号来体现。可以使用标准 ACL 阻止来自某一网络的所有通信流量，或者允许来自某一特定网络的所有通信流量，或者拒绝某一协议族（如 IP）的所有通信流量。

扩展 ACL 比标准 ACL 提供了更广泛的控制范围。例如，如果希望做到"允许外来的 Web 通信流量通过，拒绝外来的 FTP 和 Telnet 等通信流量"，那么可以使用扩展 ACL 来达到目的，标准 ACL 则不能控制得这么精确。

7.5.4　路由器 ACL 配置方法

1. ACL 的配置步骤

ACL 的配置分为以下两个步骤。

（1）在全局配置模式下，使用下列命令创建 ACL：

Router (config)# access-list access-list-number {permit | deny } {test-conditions}

其中，access-list-number 为 ACL 的表号。

在路由器中，如果使用 ACL 的表号进行配置，则列表不能插入或删除行。如果列表要插入或删除一行，必须先去掉所有 ACL，然后重新配置。当 ACL 中条数很多时，这种改变非常烦琐。一个比较有效的办法是在全局配置模式下，先将路由器配置文件"复制"到文本编辑器中，利用文本编辑器修改 ACL 表，然后将修改好的配置文件"粘贴"回路由器中。

这里需要特别注意的是，在 ACL 的配置中，如果删掉一条表项，其结果是删掉全部 ACL，所以在配置时一定要小心。在 Cisco IOS11.2 以后的版本中，网络可以使用文字命名的 ACL 表。这种方式可以删除某一行 ACL，但是仍不能插入一行或重新排序。所以，可以使用 TFTP 服务器进行配置、修改，或采用文本编辑器修改。

（2）在接口配置模式下，使用 access-group 命令将 ACL 应用到某一接口上：

Router (config-if)# {protocol} access-group access-list-number {in | out }

其中，in 和 out 参数可以控制接口中不同方向的数据包，如果不配置该参数，则默认为 out。

ACL 在一个接口可以进行双向控制，即配置两条命令：一条为 in，另一条为 out。两条命令执行的 ACL 表号可以相同，也可以不同。但是，在一个接口的一个方向上，只能有一个 ACL 控制。

值得注意的是，在进行 ACL 配置时，一定要先在全局状态配置 ACL 表，然后在具体接口上进行应用（配置），否则会造成网络的安全隐患。

2. ACL 配置示例

下面是标准 ACL 的全局配置语句的示例：

access-list 10 deny 10.20.30.40 0.0.0.0

access-list 10 permit 10.20.30.0 0.0.0.255

access-list 10 deny any

应用于接口 s0/0：

ip access-group 10 in

其中，“0.0.0.255”是反掩码（dest_mask），即子网掩码的取反。反掩码的逻辑与子网掩码的逻辑正好相反。在尝试匹配地址时，反掩码中的 0 表示“匹配此位”，而 1 则表示“忽略此位”。对于 257.257.257.0 按位取反即得反掩码 0.0.0.255。

7.5.5 使用 ACL 控制数据通信

1. ACL 的执行过程

一个端口执行哪条 ACL，这需要按照列表中的条件语句执行顺序来判断。如果一个数据包的报头与表中某个条件判断语句相匹配，那么后面的语句就被忽略，不再进行检查。数据包只有在与第一个判断条件不匹配时，它才被交给 ACL 中的下一个条件判断语句进行比较。如果匹配（假设为允许发送），则不管是第一条还是最后一条，数据都会立即发送到目的接口。如果所有的 ACL 判断语句都检测完毕，仍没有匹配的语句出口，则该数据包将视为被拒绝而被丢弃。这里要注意，ACL 不能对本路由器产生的数据包进行控制。

2. 设置 ACL 的位置

ACL 通过过滤数据包并丢弃不希望抵达目的地的数据包来控制通信流量。然而，网络能否有效地减少不必要的通信流量，还要取决于 ACL 设置的位置。例如，在如图 7.34 所示的网络环境中，网络只想拒绝从 RouterA 的 s0/0 接口连接的网络到 RouterD 的 f0/0 接口连接的网络的访问，即禁止从网络 1 到网络 4 的访问。

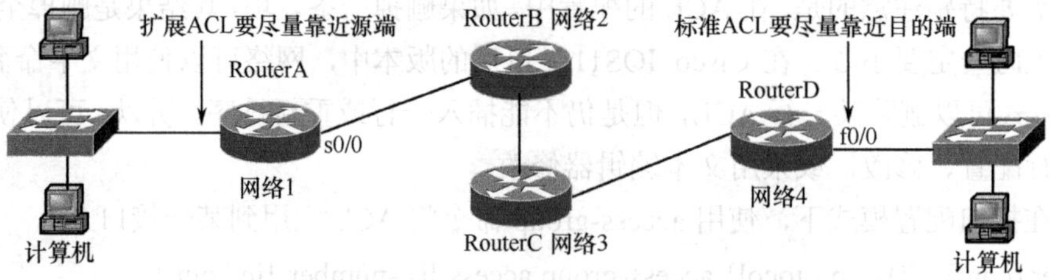

图 7.34 设置 ACL 位置的示意图

根据减少不必要的通信流量的通行准则，应尽可能地把 ACL 放置在靠近被拒绝的通信流量的来源处，即 RouterA 上。如果使用标准 ACL 来进行网络流量限制（标准 ACL 只能检查源 IP 地址），则实际执行情况是：凡是检查到源 IP 地址和网络 1 匹配的数据包将会被丢掉，即网络 1 到网络 2、网络 3 和网络 4 的访问都将被禁止。由此可见，这个 ACL 控制方法不能达到访问控制的目的。同理，将 ACL 放在 RouterB 和 RouterC 上也存在同样的问题。只有将 ACL 放在连接目标网络的 RouterD（f0/0 接口）上，网络才能准确地实现网管员的目标。由此可以得出一个结论：标准 ACL 要尽量靠近目的端。

如果使用扩展 ACL 来进行上述控制，则完全可以把 ACL 放在 RouterA 上，因为扩展 ACL 能控制源地址（网络 1），也能控制目的地址（网络 2），这样从网络 1 到网络 4 访问的数据包在 RouterA 上就被丢弃，不会传到 RouterB、RouterC 和 RouterD 上，从而减少不必要的网络流量。因此，我们可以得出另一个结论：扩展 ACL 要尽量靠近源端。

7.5.6 扩展 ACL 的配置案例

某企业数据中心拓扑结构如图 7.35 所示。非军事区（DMZ）包括交换机、企业 WWW 服务器、E-mail 服务器、防火墙、路由器（RSR20-14）和 Internet 专线连接设施。企业内网包括认证和计费系统（RADIUS）、网络 OA 系统、ERP 系统、核心交换机（RG-S8606）和汇聚交换机（RG-S2628G）等设施。

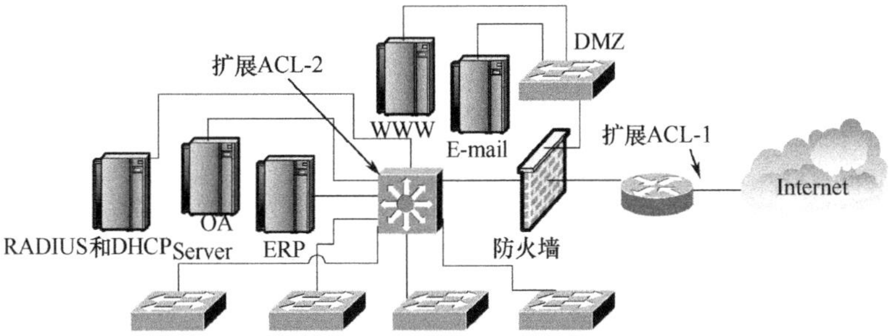

图 7.35　某企业数据中心拓扑结构

1. 外网扩展访问控制列表

为了防止黑客或网络病毒攻击位于 DMZ 的服务器和内网主机的敏感端口，在边界路由器设置第一道安全屏障。假设：外网 WWW 服务器的 IP 地址为 218.207.160.3，E-mail 服务器的 IP 地址为 218.207.160.2。

边界路由器连接外网接口的扩展访问控制列表配置如下：

```
/ *仅允许 DMZ 区服务器的匿名端口开放* /
access-list 101 permit tcp any host 218.207.160.2 eq pop3
access-list 101 permit tcp any host 218.207.160.2 eq smtp
access-list 101 permit tcp any host 218.207.160.2 eq www
access-list 101 permit tcp any host 218.207.160.3 eq www
access-list 101 deny    ip any host 218.207.160.2
access-list 101 deny    ip any host 218.207.160.3
/ *禁止外网病毒、特洛伊木马和蠕虫等对内网主机敏感端口的攻击* /
access-list 101 deny    icmp any any echo
access-list 101 deny    tcp any any eq 4444
access-list 101 deny    udp any any eq tftp
access-list 101 deny    udp any any eq 1434
access-list 101 deny    tcp any any eq 445
```

```
access-list 101 deny    tcp any any eq 139
access-list 101 deny    udp any any eq netbios-ss
access-list 101 deny    tcp any any eq 135
access-list 101 deny    udp any any eq 135
access-list 101 deny    udp any any eq netbios-ns
access-list 101 deny    udp any any eq netbios-dgm
access-list 101 deny    udp any any eq 445
access-list 101 deny    tcp any any eq 593
access-list 101 deny    udp any any eq 593
access-list 101 deny    tcp any any eq 5800
access-list 101 deny    tcp any any eq 5900
access-list 101 deny    udp any any eq 6667
access-list 101 deny    255 any any
access-list 101 deny    0 any any
access-list 101 permit ip any any
/*将此访问控制列表应用于边界路由器的外网接口*/
interface s0/0
ip access-group 110 in
```

2. 内网扩展访问控制列表

为了防止内网用户或网络病毒攻击内网服务器和主机的敏感端口，在第三层交换机设置第二道安全屏障。假设：内网 OA 服务器（Web 服务）的 IP 地址为 192.168.1.4，ERP 服务器（Web 服务）的 IP 地址为 192.168.1.5；VLAN10 的 IP 地址为 192.168.1.0～192.168.1.127，掩码的 IP 地址为 257.257.257.128，网关的 IP 地址为 192.168.1.1；VLAN20 的 IP 地址为 192.168.2.0～192.168.2.127，掩码的 IP 地址为 257.257.257.128，网关的 IP 地址为 192.168.2.1……

内网三层交换机路由模块的扩展访问控制列表配置如下：

```
/*仅允许内网服务器的匿名端口开放*/
access-list 102 permit tcp any host 192.168.1.4 eq www
access-list 102 permit tcp any host 192.168.1.5 eq www
access-list 102 deny    ip any host 192.168.1.4
access-list 102 deny    ip any host 192.168.1.5
/*禁止内网病毒、特洛伊木马和蠕虫等对服务器、主机敏感端口的攻击*/
access-list 102 deny    icmp any any echo
access-list 102 deny    tcp any any eq 4444
access-list 102 deny    udp any any eq tftp
access-list 102 deny    udp any any eq 1434
access-list 102 deny    tcp any any eq 445
access-list 102 deny    tcp any any eq 139
access-list 102 deny    udp any any eq netbios-ss
access-list 102 deny    tcp any any eq 135
access-list 102 deny    udp any any eq 135
```

```
access-list 102 deny    udp any any eq netbios-ns
access-list 102 deny    udp any any eq netbios-dgm
access-list 102 deny    udp any any eq 445
access-list 102 deny    tcp any any eq 593
access-list 102 deny    udp any any eq 593
access-list 102 deny    tcp any any eq 5800
access-list 102 deny    tcp any any eq 5900
access-list 102 deny    udp any any eq 6667
access-list 102 deny    255 any any
access-list 102 deny    0 any any
access-list 102 permit ip any any
/ *将此访问控制列表应用于第三层交换机的各个 VLAN 接口* /
interface vlan10
description vlan10
ip address 192.168.1.1 257.257.257.128
ip access-group 102 in
interface vlan20
description vlan20
ip address 192.168.2.1 257.257.257.128
ip access-group 102 in
……
```

习题与思考七

7.1　画图描述 802.1x 协议及工作机制。

7.2　画图描述基于 RADIUS 的认证计费。

7.3　某学校最近一段时间常发生 IP 地址盗用事件，用户非常抱怨。为此，网管员小军十分头疼。假如你是网管员，应如何防止 IP 地址盗用？

7.4　某企业新建了企业网，大部分用户的预防网络病毒意识不强，导致许多新投入使用的 Windows 7/10 计算机连接外网后，发生病毒感染事件。为了处理这些“中毒”的计算机，网管员小王和小张忙得不可开交。请设计企业网络防御病毒技术方案，将事后被动处理变为事前主动预防。

7.5　某企业网门户网站 WWW 服务器首页被别人篡改，网管员检查日志文件也没有找出黑客的痕迹。为此，网管员决定使用路由器保护网络边界的安全。假如你就是该网管员，请设计网络边界安全技术方案，并说明如何保护 WWW 服务器的安全。

实　训　七

1. 加固操作系统的安全

（1）实验目的：了解 Windows Server 系统的弱点和漏洞，掌握加固操作系统安全技术。

（2）实验资源、工具和准备工作：安装与配置好的 Windows Server 2008 服务器。

（3）实验内容：系统账户安全配置，文件系统安全设置，安全模板创建与使用，使用安全配置和分析系统安全性，使用安全配置向导。

（4）实验步骤：参照7.3节进行，实验结束后写出实验总结报告。

2. 设置Web服务器的安全

（1）实验目的。了解IIS系统漏洞及IIS安全机制，掌握Web服务器的安全配置方法。

（2）实验资源、工具和准备工作。安装与配置好的Windows Server 2008服务器，该服务器安装与配置好了IIS服务。

（3）实验内容：设置IP地址限制，设置用户身份验证，设置授权规则，设置文件的NTFS权限，审核IIS日志记录，设置入站规则保护Web站点。

（4）实训步骤：参照7.4节内容进行，实训结束后写出实训总结报告。

3. 使用访问控制列表建立防火墙

（1）实训目的：了解路由器的访问控制列表配置与使用过程，会运用标准、扩展访问控制列表建立基于路由器的防火墙，保护网络边界。

（2）实训资源、工具和准备工作：路由器2台，Windows XP客户机2台，Windows Server IIS服务器2台，集线器或交换机2台。制作好的UTP网络连接（双端均有RJ-45头）平行线若干条，交叉线（一端为568A，另一端为568B）1条。网络连接参考和子网地址分配可参考图7.36。

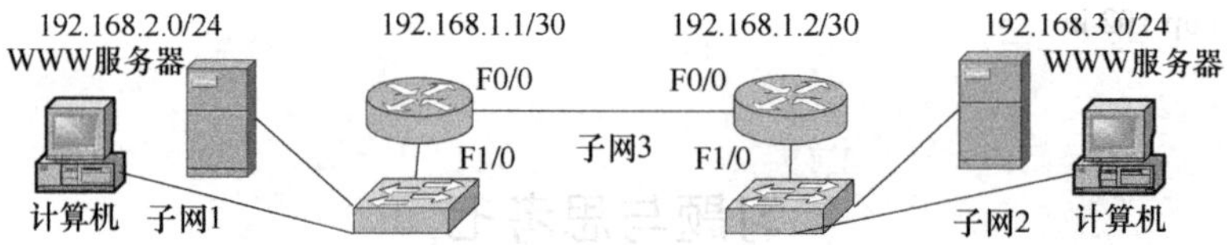

图7.36　实训七拓扑图

（3）实训内容：设置图7.36中每台路由器名称、IP地址、一般用户口令、特权用户口令、静态路由，保存配置文件。安装与配置IIS服务器，设置WWW服务器的IP地址。安装和配置客户机，设置客户机的IP地址。分别对两台路由器设置扩展访问控制列表，调试网络，使子网1的客户机只能访问子网2的Web服务80端口，使子网2的客户机只能访问子网1的Web服务80端口。

（4）实训步骤：

- 配置路由器名称、IP地址、一般用户口令、特权用户口令、静态路由，保存配置文件。
- 安装与配置IIS服务器，设置WWW服务器的IP地址。安装与配置客户机，设置客户机的IP地址。
- 路由器设置扩展访问控制列表，调试网络。使子网1的客户机只能访问子网2的Web服务80端口。
- 使子网2的客户机只能访问子网1的Web服务80端口。
- 写出实训报告。

第 8 章　网络项目管理与运行维护

通常，在网络工程投标方案编写中，除了前面章节讨论的网络工程设计与安装的原理、技术和方法外，还要提供网络项目管理方案和网络运行维护方案。项目管理与学业管理大同小异，一个大学生从入学到毕业是有着明确目标（期望成绩优秀、具备社会认可的职业能力）的一次性活动。要达到期望目标，应制订翔实的学业管理（课程学习、学习绩效、时间安排、风险控制等）计划。学业管理计划实施中，一般通过评价（形成性、诊断性、总结性等）发现或找到问题，及时调整计划，以便顺利地达到目标。同样，网络运行维护也是通过网络性能测试、故障诊断等过程发现或找到问题，及时改善性能及排除故障，一方面使网络能够健康、稳定地运行，另一方面使网络具有较长的生命周期。

本章简要介绍了网络项目质量管理、成本、效益分析及项目评估的理论与方法。重点介绍了网络性能测试与改善的技术方法，Windows Server 2008 的可靠性与性能监视器的使用方法，常见网络故障诊断与排除方法，以及使用 Sniffer Pro 监测网络的方法。通过案例，讨论了使用日志和经验维护网络可靠、稳定运行的方法。通过本章学习，从知识、情感及技能方面，达到以下目标。

（1）了解网络项目质量管理、成本及效益分析的理论与方法。理解网络性能测试与改善的途径及技术路线（知识重点）。理解网络工程评估流程及网络健壮与安全性评估方法。

（2）熟悉 Windows Server 2008 的网络诊断功能，会使用 Windows Server 2008 的可靠性监视器与性能监视器诊断网络的可靠性与性能（知识与技能重点）。识别各种网络诊断工具的作用，会使用常用工具诊断网络故障，分析故障原因并解决问题（知识与技能重点）。

（3）理解网络嗅探技术原理，会使用 Sniffer 监测网络性能（知识与技能重点）。走访网络管理部门，调查与研究网络项目管理问题、网络性能管理问题，以及网络故障管理问题（情感与技能重点）。根据用户网络运行维护（重点考虑网络性能与故障管理）的需求，设计网络运行维护技术方案（技能难点）。

8.1　网络项目质量管理

局域网建设是一项投资较大、周期较长的工程项目。局域网建设必须具有严格的项目管理规约，以保障项目的进度、工程质量，以及用户和网络系统集成商的利益。

8.1.1　项目相关概念

项目是一种有着明确目标（期望的结果或产品）的一次性活动。这里的目标包括任务的内容，也包含应达到的质量。当然，这里的目标是在一定的进度和成本等约束之下所应达到的。项目有具体的时间计划，有一个开始时间表和目标必须实现的到期日。

网络项目是在一定的进度和费用约束下，为实现既定的网络建设任务并达到一定质量要求所进行的一次性工程任务。网络工程是从整体出发，合理规划、设计、实施网络项目的技术。它根据网络建设需求，综合应用软件工程和管理科学有关思想、理论和方法，对网络系统结构、要素、功能和应用等进行分析，以达到最优规划、最优设计、最优实施和最优管理的目的。

网络项目管理是保障网络工程项目实施的重要环节。网络项目管理不是一件简单的事，事实上，参与人员必须具备项目管理的基本知识，熟悉网络项目管理理论与方法。

8.1.2 项目质量控制环节

在网络项目实施过程中，应组织有效的机构层次，明确职责和任务，编制详细可行的质量管理手册，科学有效地进行质量、成本、进度等工程管理活动。认真实施网络工程系统规定的各种必要的质量保证措施，保证整个网络工程高效、优质、按期完成。确保整个网络工程能满足用户单位的需求，确保网络集成商可获得自己应有的利润。

网络项目的质量管理不仅仅是项目实施完成后的最终评价，还应该是建设过程中的全面质量控制。也就是说，不仅包括系统实现时的质量控制，也包括系统分析、方案设计时的质量控制；不仅包括对系统实施过程的质量控制，而且还包括对文档、开发人员和用户培训的质量控制。

网络项目建设各阶段之间的关系，以及每个阶段所需的人员和相关的技术文档，如图 8.1 所示。项目的实施从某种意义上讲是一个反馈控制系统，如果项目的验收不能达到方案设计的要求，则项目实施要重新回到起始阶段与用户一起分析问题，查找原因，改进设计，完善系统的性能指标，直至最终通过项目评审验收。

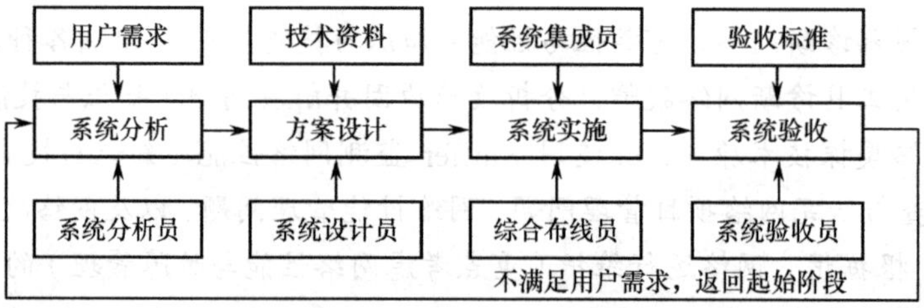

图 8.1　网络项目建设各阶段之间的关系

网络系统集成商要系统地学习与培训有关网络工程管理的知识（包括 ISO 9001 质量管理标准），不断总结网络工程建设的经验，逐步形成一整套适合于公司发展的工程项目管理规范及实施方法。

8.1.3 项目质量指标体系

网络项目的质量是比较难管理的。难管理的重要原因之一是网络项目的质量标准定义与度量较难。网络项目的质量指标主要是运行网络的性能指标和网络运行的应用软件的功能指标。网络系统集成质量指标和软件质量的指标及其度量有较多的研究成果可以借鉴。在这里介绍一种从管理角度对网络项目质量的度量，表 8.1 列出了网络系统质量因素的简明定义。

表 8.1 网络系统质量因素的简明定义

质量因素	定义
正确性	网络系统满足规格说明和用户目标的程度，即在预定环境下能正确地完成预期功能的程度
健壮性（冗余性）	在硬件（如磁盘）发生故障、输入数据无效或操作系统错误等意外情况下，系统能做出适当响应（热插拔更换故障盘）的程度
效率	为了完成预定的功能，系统需要的计算机网络资源的多少
完整性（安全性）	对未经授权的人使用有权限的网络系统或数据的企图，系统能够控制（禁止）的程度
可用性	网络系统在完成预定应该完成的功能时令人满意的程度
风险性	按预定的成本和进度完成系统的实施且为用户所满意的概率
可理解性	理解和使用该系统的容易程度
可维修性	运行现场出现错误的诊断和改正所需工作量的多少
灵活性（适应性）	修改或改进正在运行的系统所需工作量的多少
可测试性	系统容易测试的程度
可移植性	把程序从一种硬件配置和（或）软件系统环境转移到另一种配置环境时需要的工作量
可重用性	在其他应用中该程度可以被再次使用的程度（或范围）
互运行性	把该系统与另一个系统结合起来所需工作量的多少

8.1.4 项目质量控制方法

1. 工程化方法

工程化方法的广义理解是“探索复杂系统开发过程的程序”，狭义理解是“项目设计与施工的规程”。按这些规程工作，可以较合理地达到目标。规程由一系列的活动组成，这些规程形成了方法体系。局域网建设，特别是大中型园区网建设是一项系统工程，必须建立严格的工程控制方法，要求项目团队的每一个人都要遵守工程规范。

2. 阶段性冻结与改动控制

园区网项目建设具有阶段性。一个大中型园区网项目可分为若干阶段，每个阶段均有自己的任务和成果。这样，一方面便于管理和控制工程进度，另一方面可以增强项目团队人员和用户的信心。

在每个阶段末要“冻结”部分成果，作为下个阶段实施的基础。冻结之后不是不能修改，而是其修改要经过一定的审批程序，并且涉及项目计划的调整。例如，综合布线阶段结束，其成果是下一个阶段（即网络通信设备安装与调试）的基础。当然，在数据通信设备（如交换机的多层级联）调试时发现某一路传输介质不能满足带宽性能要求时，经过项目经理的审核批准，有问题的传输线路即可重新敷设。

3. 里程碑式审查与版本控制

里程碑式审查就是在网络建设的每个阶段结束之前，都正式使用结束标准对该阶段的冻结成果进行严格的技术审查。这样，如果发现问题，可以在每个阶段内解决。如综合布线结束后，就要进行验收，若不合格马上返工，绝不可以将不合格的布线结果传递到下一个阶段。因为当交换机等设备安装调试时出现通信故障后，无法分清是交换机故障还是通信线路故障。

版本控制（如交换机、路由器的运行脚本，操作系统配置版本、开发软件的版本）是保证项目团队顺利工作的重要技术。版本控制的含义是通过给文档和程序文件编上版本号，记录每次的修改信息，使项目组的所有成员都了解文档和程序的修改过程。广义的版本控制技术称为软件配制管理（Software Configuration Management），并已有功能完善的软件工具支持，如 Microsoft Visual Source Safe 6.0c。

4．面向用户参与的原型演化

在每个阶段的后期，快速建立反映该阶段成果的原型系统，利用原型系统与用户进行交互，及时得到反馈信息，验证该阶段的成果并及时纠正错误，这一技术称为“原型演化”。原型演化技术要有先进的 CASE（计算机辅助软件工程）工具的支持。

5．项目监理与审计

重视网络项目管理，特别是项目人力资源的管理。因为项目团队成员的素质和能力以及积极性是项目成败、好坏的关键。同时，还要重视第三方的监理和审计的引入，通过第三方的审查和监督来确保项目质量。

6．全面测试

采用适当的手段，对系统调查、系统分析、系统设计、实现和文档进行全面测试。

8.2 网络项目成本及效益

按照企业网（含校园网、政府网等）的类型、范围及功能等方面的差异性，企业网工程项目成本及效益测算也不同。通常，可从企业网建设生命周期阶段，将其划分为网络基础设施建设成本、网络应用系统开发成本两大类。各类成本又可根据费用的目的进行逐级细分。

8.2.1 项目成本测算

网络项目成本测算是根据待建的网络基础设施和网络信息系统的成本特征，以及当前能够获得的有关数据和情况，运用定量和定性分析方法，对网络项目生命周期各阶段的成本水平和变动趋势做出尽可能科学的预测，对网络项目的时间进度做出尽可能准确的估计。

1．网络软硬件成本测算

在网络项目成本测算中，硬件成本和通用软件成本容易估算出来，难确定的是系统集成中的软件开发成本。至于运行维护成本，则可以根据网络系统集成成本与运行维护成本比值的经验数据确定。

首先，网络软硬件成本测算应建立在对以往项目成本情况进行数据分析的基础上，并考虑历史的经验和教训对于成本测算各个阶段的参考价值；其次，考虑市场因素和网络组建环境因素对成本的影响。分别进行硬件和材料、软件与开发、工程人力与时间等方面的各项成本的测算。

这样做是因为以往的经验数据和市场因素、环境因素对网络建设成本的分析有一定的影响。比如，网络系统集成人员对所采用的网络硬件设备类型、性能或操作系统的使用经验，将明显影响网络系统集成的效率，从而影响工程、人力与时间成本，对此先做测算可以减少网络组建成本测算中的不确定因素。企业网络项目成本测算的一般过程如图 8.2 所示。

（1）网络硬件和材料。这部分成本测算包括：

- 机房安装——防静电地板，机房装修材料，供电系统传输导线和配电柜，防雷、防静电接地和设备用电安全接地等。
- 综合布线——光缆（多模、单模）、光缆接续盒及承载架空光缆的钢丝和挂钩，超五类 UTP 电缆、RJ-45 头和保护 UTP 电缆敷设用的 PVC 线槽或管，UTP 配线架和模块，信息面板和模块，配线机柜等。
- 通信设备——核心交换机、汇聚交换机和接入交换机，路由器，防火墙，入侵检测，无线网 AP，光纤收发器等。
- 资源设备——服务器，磁盘阵列，网络附加存储（NAS）和区域存储网络（SAN）等。
- 供电设备——长延时 UPS、净化电源等。

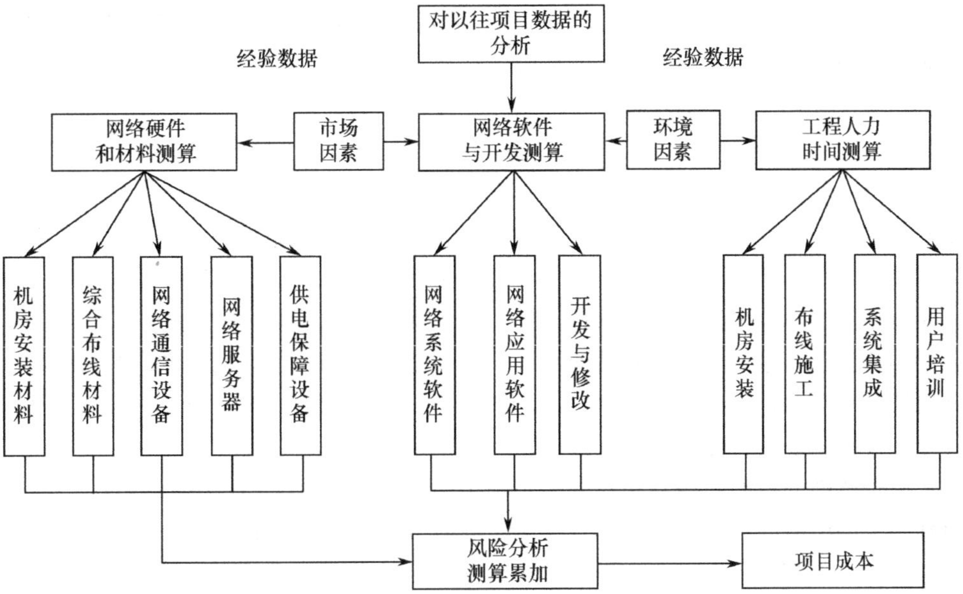

图 8.2 企业网络项目成本测算的一般过程

（2）网络软件与开发。这部分成本的测算包括：

- 网络操作系统——Windows Server 2008（企业版）、RedHat Linux AS 5.x 等。
- 邮件系统——腾讯邮件系统、网易邮件系统等。
- 身份认证与计费系统——城市热点网络准入准出一体化身份认证系统。
- 网络防病毒系统（免费）——360 卫士、QQ 电脑管家等。
- 网络数据库——Windows SQL Server 2008 或 Oracle 11i。
- 办公自动化（工作流计划系统）。
- 业务处理系统——人力资源管理系统、企业 ERP 系统等。
- 软件开发，按用户的需求，设计开发的各类软件。

（3）工程人力与时间。这部分成本的测算包括：

- 机房安装——防静电地板安装，机房装修，供配电系统安装，防雷、防静电接地安装，安装与装修工具损耗、工人劳动保障用品。

- 布线施工——楼宇光缆敷设、光缆熔接，楼内垂直、水平布线，配线间、设备间安装，安装与装修工具损耗，工人劳动保障用品。
- 网络集成——通信设备安装调试，操作系统安装调试，网络应用系统安装调试。
- 用户培训——网络应用系统使用培训，网络管理培训。

上述成本的测算，除了软件开发外，对其他各项只要做好细致的市场调查分析和外界环境影响分析，成本测算基本上就可以得到准确的数据。

在测算网络组建成本、软件开发成本和其他成本的同时，对各种任务所需的人力、时间等资源也做出安排，也就是人力计划和进度计划。

2. 应用软件开发成本的估算

在网络项目管理中，项目经理和客户都十分重视软件开发成本的估算。然而，由于软件是逻辑产品，成本估算涉及人员、技术、环境、政策等多种因素，因此在项目完成之前很难精确地估算出项目的开销。一般常用的估算方法有以下四种。

（1）参照已经完成的类似项目，估算软件开发成本和工作量。

（2）将大的项目分解成若干小的子系统，在估算出每个子系统软件开发成本和工作量之后，再估算整个项目的软件开发成本。

（3）将软件按网络建设的生命周期分解，分别估算出软件开发在各个阶段的工作量与成本，然后再把这些工作量与成本汇总，估算出整个软件开发的工作量与成本。

（4）根据实训或历史数据给出软件开发工作量或成本的经验估算公式。

上述四种方法可以同时、单独或组合使用，以便取长补短、互相参考，提高软件开发成本估算的精度和可靠性。要注意的是，采用分解技术自下向上估算时应考虑系统集成时需要的工作量，否则会低估软件开发成本。

随着用于软件开发的新产品和新技术不断更新，进行精确的开发费用预算是十分困难的。最好的办法是列出所需的硬件、软件、人员和服务清单，然后咨询相关的专业人士。

软件开发成本测算出来以后，与网络硬件成本、软件成本和其他成本累加则构成网络系统集成项目的成本。在此基础上，根据支持维护成本与组建成本之间比值的经验系数导出网络信息系统的运行维护成本。网络系统组建成本和网络运行管理、维护成本之和即网络建设项目的总成本。

8.2.2 项目效益与风险

1. 成本效益分析

任何一个企业都是一个追求赢利的经济实体，企业的投资如果不带来利润或效益，企业决策阶层就会放弃这项投资。企业网络建设是需要投入的，决策者必然要求网络设计人员提供网络建设的成本估计。

如果网络建设投入的资金大于企业网络最终带来的收益，企业当然就不愿意做这种赔本生意。反过来，网络设计人员对成本估计过低就得赔钱。因此，成本/效益（cost/effective）分析也是企业网络需求分析中的一个重要组成部分。

企业网络成本/效益分析的目的是帮助网络设计和实施人员、企业决策者从经济角度分析建立一个企业网络是否合算。着手进行成本/效益分析常从以下三个方面来考虑。

（1）成本估计。一般指估算企业安装网络所需的直接费用，包括购买网络软、硬件产品的费用，以及网络设计和开发的费用。

（2）估计网络运行费用。这类费用的估计比较困难，它包括网络运行、技术支持、维护和管理等费用。

（3）估计网络将来带来的经济效益。网络应用的经济效益包括两个方面：一是增加的营业收入，二是可以节省的业务处理费。估计网络系统将来带来的效益不能简单地比较成本和效益，通常有四种方法：考虑货币的时间价值、投资回收期、纯收入和投资回收。企业内部管理计划的财务人员对这些方法很熟悉，网络设计者可向他们咨询。

2. 网络风险分析

设计任何一个网络系统都不可能达到完美无缺，这里有人为主观的因素，也有客观的因素。如果企业的大部分业务都是在网络上完成的，那么进行网络的风险分析（Risk Analysis）就变得非常必要。

可以从两个角度来进行风险分析：一个是技术风险分析，另一个是商业风险分析。技术风险分析就是分析网络系统外在的危险，估计这些危险的严重性，然后计算网络服务失效带来的损失，以便网络设计者在网络设计阶段考虑预防和补救措施。

在分析网络系统外在的危险时，首先要调查网络安装的环境。例如，网络布线环境是否安全；如果一段网络线路中断了，会引起什么后果等。其次是考虑网络的安全性。例如，如何防止网络数据被窃听，网络上传输的数据是否需要加密。若数据已经加密，加密方案是否可靠。还要分析网络系统的稳定性和容错能力。例如，数据丢失了，网络系统是否可以恢复这些数据；连网设备失效了，是否有后备设备实现容错功能；如果网络断电了，是否有 UPS（不间断电源）作为后备电源等。

商业风险分析比技术风险分析复杂得多。如果一个企业使用网络反而降低了企业的生产力或生产效率，那么这个企业网络就是不成功的。虽然精确地定义了用户需求，网络设计也达到了商业需求，而且选用了最合适和最好的网络设备，但是由于组网是一个复杂的工程项目，目标系统还是可能和企业的经营需求存在偏差。和技术风险分析类似，商业风险分析得是否深入、细致，与公司的体系及企业网络功能有关。

8.2.3　项目时间估算

当对一个网络系统集成项目所需的时间进行估算时，需要分别估计项目包含的每一种活动所需的时间，然后根据活动的先后顺序来估计整个项目所需的时间。

1. 制定网络项目进度时间表

一般来说，网络项目进度时间表应包括以下几项内容。

（1）网络系统集成各项工作内容及其时间安排。

（2）月度和年度工作内容及其时间安排。

（3）网络系统集成工作人员的工作内容及其时间安排。

（4）网络系统集成工作人员讨论交流会时间安排。

时间表制订好以后，就可以按照它正式开始建设网络系统了。在计划的具体实施中，还应该保持一定的灵活性。因为网络技术和产品是飞速变化的，所以要主动调整自己的策略以适应这种变化，否则就很难避免失败的命运了。

网络系统集成和其他项目一样，通常也会出现一些意料之外的费用和时间拖延。因此，在进行费用和时间预算时应该留有余量。网络系统集成的经验越少，所留余量应该越大。

2. 活动时间的影响因素

项目活动时间是一个随环境、条件变化的量，无法在事前确知活动实际进行需要的时间，只能进行近似的估算。时间估算也就是尽可能地使项目进度安排接近现实，以便于项目的正常实施。同时，在项目计划和实施阶段也要随着时间的推移和经验的增多，不断对活动时间估算更新，以便随时掌握项目的进度和以后工作需要的时间，避免项目失去控制，造成延期和迟滞。值得注意的是，无论采用何种估算方法，实际所花费的时间和事前估算的结果总是会有所不同的。多种因素会对项目实际完成时间产生影响，其中主要有下列几种。

（1）参与人员的熟练程度。一般活动时间估算均是以典型的工作或者工作人员熟练程度为基础进行的。在实际工作中，事情不会正好如此，网络工程技术人员完成工序的时间既可能比计划时间长，也可能比计划时间短。

（2）突发事件。在项目实际进行中，总是会遇到一些意料不到的突发事件，对项目工期较长的更是如此。大到地震、数日连雨，小到工程人员生病，这些突发事件均会对活动的实际需要时间产生影响。在计划和估算阶段考虑所有可能的突发事件是不可能的，也是不必要的。但是在项目实际进行时，需要对此有心理准备，并进行相对调整。

（3）工作效率。参与项目工作的人员不可能永远保持同样的工作效率。一般可以看到，如果一个人的工作被打断，继续进行时就需要一定时间才能达到原来的工作速度。而干扰无时不在，无法预知，也无法完全消除。它的影响也因人而异，事前无法确定。

（4）误解和错误。尽管准备计划时尽可能详尽，但总是无法避免实施过程中的误解和失误，需要随时加以控制。出现错误时予以纠正，而这又会使得实际工作所需的时间和预期计划的不尽相同，从而造成一定程度的延误。

由于上述因素的影响，任何估算都不太可能完全符合实际。另外，由于这些因素的存在，在对时间估算时也要对这些因素适当地加以考虑。

3. 有效工作时间

由于上述因素的影响，在进行时间估算（或者计划）时需要考虑真正有效的工作时间和自然流逝的时间之间的差异。例如，某楼宇一个设备间的安装需要一个人 10h 不间断地有效工作，那么完成这一任务实际上会需要多少时间：如果被指派的人能够完全有效地连续工作，当然 10h 就可以完成；但客观上一个人不可能长时间地保持高效率，所以进行估算时需要加以宽限。

一般而言，时间短的工作平均效率更高一些，而时间长的工作平均效率则要低一些，进行时间估算时需要考虑到这一点。同时，这是在没有打断工作的情况下所做的估算，而工作中断的情况在现实中很常见，所以在此基础上要修正估算。

另外，很少有工作人员被完全赋予一项工作而不管其他任何事，更常见的是连续工作常常被一些特殊事件打断。例如，给予其他客户技术支持和咨询、工作电话、工具故障等，这些未计划的活动常常耗费比预想的多得多的时间。这种时间耗费因工作性质的不同差异很大，有的工作岗位任务比较单纯，耗费的时间少；而有的岗位则处于众多的干扰之中，很难保持连续有效的工作时间。对这种情况的估计可以通过对经验的回顾，或者直接通过统计调查而获得。在此例中，假设从经验中得知，工程人员往往要花费 1/3 的时间在未计划的活动上，结合 75%工作效率的经验可知，10h 工作量的工作正常情况下往往需要 20h 才能完成。

4．活动时间估算方法

正如以上所述的各种原因，对活动所需的时间进行精确估算是不容易的。对于比较熟悉的业务可获得相对比较准确的估计，而在缺乏经验时估算带有相当大的不确定性。在项目进行中，可以获得新的经验和认识，从而给出比事前更准确的估算，这样就需要进行重新计划与安排剩余的工作。进行时间估算的方法主要有以下几种，需要根据具体情况决定采用其中的哪一种。

（1）经验类比。对于一个有经验的工作人员来说，当前进行时间估算的活动可能和以往所参加过项目中的某些活动较为相似，借助这些经验可以得到一种具有现实根据的估计。当然，经历过完全相同的活动在现实中比较少见，往往还需要附加一些推测，但无论如何经验类比提供了一种可以接受的估算。

（2）历史数据。很多文献资料中存在相关行业的大量信息，这些信息可以作为估算的基础，其中不仅包括杂志、报纸、学术刊物等正式出版物，也包括各种各样非正式的印刷品。更为重要的是，正规成熟的企业一般均有关于以往所完成的项目的资料记载，从中也可以获得真实有效的信息。

（3）专家意见。当项目涉及新技术的采用或者某种不熟悉的业务时，工作人员往往缺少做出较好估算所需的专业技能和知识，这时就需要借助专家的意见和判断。最好是得到多个专家的意见，在此基础上采用一定方法来获得更为可信的估计结果。

5．时间估算的作用

网络系统集成项目的时间估算在项目管理中起着很重要的作用。在此基础上可以进行工作计划的制订与控制，并给各种活动分配相应的资源（人力和物力）；还要考虑到项目成本与完成项目所需的时间紧密相关。只有比较准确地估算出项目的时间结构，才能够对项目各方面的工作有比较全面的了解，实现有效的项目管理。

6．工程进度图表

对网络系统集成各阶段的实施时间有了一个大致精确的估算后，即可绘制工程进度图表。例如，某企业网系统集成项目从签订合同之日起，要求在 75～80 天内完成。经过认真、细致的时间估算，其工程实施阶段的时间估算：综合布线及测试为 20 天，网络通信设备安装、调试为 12 天，服务器系统和存储系统安装、调试为 15 天，网络应用系统及二次开发、安装与调试为 32 天，系统整体测试为 7 天，系统验收为 2 天，用户培训为 6 天。这些工序有其自然的先后顺序，也有同步操作的要求。绘制的网络项目施工进度图（甘特图）如图 8.3 所示。

ID	任务名称	开始时间	完成	持续时间	2016年		
					07月	08月	09月
1	综合布线及测试	2016/7/12	2016/8/8	20d			
2	网络通信设备安装与调试	2016/8/5	2016/8/22	12d			
3	服务器与网络存储设备安装与调试	2016/8/19	2016/9/8	15d			
4	网络应用系统及二次开发、安装与调试	2016/8/9	2016/9/21	32d			
5	系统整体测试	2016/9/15	2016/9/23	7d			
6	系统验收	2016/9/26	2016/9/27	2d			
7	用户培训	2016/9/20	2016/9/27	6d			

图 8.3　网络项目施工进度图

8.3　网络性能测试

网络工程项目完结后，网络系统进入运行维护期。网络运维期间，要进行网络性能测试与改善的技术支持工作。这些工作包括监视网络运行，基本应用测试，可靠性测试，系统冗余性能测试，系统安全性能测试，网络负载能力测试，以及应用系统功能测试等。

8.3.1　网络性能及指标

网络性能可以从两个方面描述。对于最终用户来说，响应时间是用于判断网络性能质量高低的一个基本手段。对于网络管理员来说，他们所关心的就不只是响应时间，还有网络的资源利用率，以及网络的可用性。

1．什么是网络性能

通常，响应时间随着用户数量的增加而增加，这主要是由于服务器资源和网络利用的程度较高造成的。影响响应时间的因素不仅仅与用户负载（数据库的规模和拙劣的应用系统等）有关。一方面，Web 系统的最终用户所认为的响应时间是从鼠标左键单击的那一刻开始，到新的网页在屏幕上完全显示为止所花费的全部时间。根据这个感觉到的时间，用户可以判断 Web 系统性能的好坏。

另一方面，Web 网络性能与在网络中增加计算机资源的能力密切相关。增加了计算机资源后，在待定的负载条件下，就可以获得可接受的或改进的响应时间、稳定性和数据吞吐量。在这里，网络负载指的是同一时间内访问站点的用户数目。

随着访问网络的用户数目的增多，站点服务器将使用更多的 CPU、输入/输出（I/O）和内存来处理这些负载。最终，这些资源中的一部分将会达到使用极限。这就意味着系统将不能有效地处理所有请求，迫使其中的一些请求暂缓处理。在多数情况下，计算机的 CPU 将是第一个使用极限的组件。当服务器资源达到使用极限后，最终的后果就是增加了响应时间。

2. 网络性能指标

网络性能指标反映了被测评的网络系统内的某一物理和逻辑组件的特定属性。网络系统中所有指标的集合称为指标体系。指标反映了网络性能属性，如表 8.2 所示。按照网络性能属性划分指标是基础性能指标体系，它反映了网络系统的基本测试内容。

表 8.2　网络性能指标内容描述

指标项	指标描述
连通性	网络与客户机之间的连通性
吞吐量	单位时间内网络传输的数据量
带宽	单位时间内网络服务器所能传送的比特数
信道容量	服务器信道的极限带宽
带宽利用率	实际使用的带宽与信道容量的比率
包损失	在一段时间内网络传输及处理中丢失或出错的数据包的数量
包损失率	包损失与总包数的比率
传输延时	数据在网络传输中的延迟时间
延时抖动	连续的数据传输延时的变化

3. 网络性能标准

网络性能需求可用来判断在不同的负载条件下，网络运行是否正常。这些需求通常作为确定网络是否有能力满足用户期望的标准。这些需求还用于网络设备升级和成本分析。下面是用来定义网络性能的常用标准。

（1）响应时间。响应时间是判定网络性能的重要标准。有许多因素都会影响网络响应时间，其中有些因素是网络所不能控制的，如用户连接 Internet 的速度。因为许多 Internet 用户使用共享信道连接网络，所以响应时间需要根据信道可容纳用户的数量和用户所需带宽进行调整。例如，住宅用户采用 GPON 线路，访问 Internet 响应时间大约是 2s。用户通过 GPON，采用虚拟拨号连接 Internet，一般采取限制带宽（10～20Mbps）的策略。

（2）并行用户数量。网络支持大量并行用户访问，不增加或者只略微增加响应时间的能力。确定适当的用户数量是非常困难的，可以通过比较相似的网络系统、进行市场调查得到有关数据等活动，估算网络系统支持的最大并发用户数。一个网络系统运行一个周期（一个月或一个季度）后，可以通过查看服务器的 Web 日志获得有关的统计数据，采用数理统计算法确定网络系统承载的最佳用户数量。

（3）成本。成本与服务器配置（服务器集群、热备与负载均衡）和所需的管理时间有关。当这些成本非常高时，就应当考虑改变体系结构或者优化组件。

（4）标准与峰值。这两个特性对前面介绍的三个因素产生影响。例如，一个网络系统的标准用户量是 500 个并行用户，但有时，这个用户量可能会达到 1 000 个。在这种负载情况下，网络系统出现少量的响应时间降级也是可以接受的。

（5）压力造成的降级。当网络系统超出了系统的负载极限时，就会出现降级。例如，当出现降级时，一些用户只能得到部分或者零碎的页面。例如，当有 500 个并发用户时，大约 5%的用户看不到完整的页面；当并发用户增加到 750 个时，大约有 10%的用户看不到完整的页面。此外，还需要评估网络系统的稳定性，以确保在不同的压力情况下，交换机、路由器和服务器的运行不会发生崩溃或者造成数据的毁坏。

（6）可靠性。通常，可靠性要求在约定的时间期限内，网络系统必须在某一特定的响应时间级别上正常运行，用户才能认为它在实际使用中是可靠的。网络工程中，可将这个期限定义为一个星期，在这个期限内，性能和稳定性测试应当相对稳定。对稳定性要求的定义应当考虑到这样一些因素，如造成网络设备重新启动的常规维护周期等。

8.3.2 性能测试类型与方法

网络性能测试是在不同的负载条件下监视和报告网络系统的行为。这些数据将用来分析网络的运行状态，并根据对额外负载的期望值安排设备更新。根据所需要的容量和网络目前的性能，还可以用这些数据计算“网络升级改造”的成本。

1. 测试类型

为了确保测试精确，方便结果收集，需要使用自动测试工具来完成性能测试。测试工具可以帮助创建测试脚本，监视最终用户的响应时间。负载测试工具一般有很多选项，包括响应时间、连接速度，以便更精确地模拟最终用户与系统之间的交互。与性能有关的不同测试类型如图 8.4 所示。

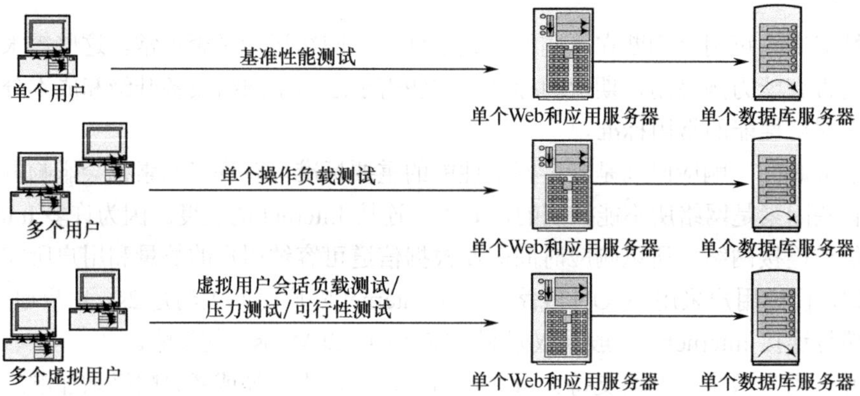

图 8.4　网络性能测试类型

（1）基准性能测试。基准性能测试用于确定网络在最优系统条件下的响应时间，以及网络每个交换设备和服务器资源的使用情况。这种类型的测试只对一个用户执行，可以发现被测网络设备与链路有直接关联的性能问题，或服务器中与组件有直接关联的性能问题。如果在基准性能测试过程中记录了被测设备或系统的不良结果，在负载测试中就一定会出现问题。在基准性能测试中发现了问题，网络设备的集成人员和服务器的应用组件开发人员通常都需要研究这些问题，并在使用这些硬件和软件进行负载测试之前解决这些问题。

（2）负载测试。负载测试的目的是模拟实际的使用，以确定网络响应时间和网络设备资源使用率，计算网络中每台设备的最大并发用户数量。为了模拟真实的用户，所创建的程序脚本会将普通用户的操作汇集在一起，成为一个虚拟会话。使用这种类型的测试，一般来说很容易发现系统中的瓶颈。负载测试通常也用于测试单个操作或者网络系统的整体操作，这样有助于在有负载的情况下定位出现性能问题的网络单元或组件。在新加入了一定数量的用户时，负载测试次数也应相应增加。随着用户的加入，响应时间和网络系统资源的使用率也会增加。因为网络系统目前所支持的并发用户最大数量可能无法满足将来的需要，所以有了这些性能测试结果，就便于安排今后的网络建设计划。同时，测试结果也表明，为了适应所定义的性能要求，对网络软、硬系统需要进行升级改造。

（3）压力测试。多用户对网络系统模拟访问是常见的压力测试方法。通过压力测试，使网络系统达到负载极限，可了解网络软、硬系统无法处理负载时的配置状况。当网络系统负载达到极限时，可能拒绝用户，或者返回不完整的页面，甚至可能使网络程序脚本、组件或服务出现故障。在过载的情况下，多数网络管理员都会努力寻找一种适当的方法来降级，只要能使整个网络不瘫痪，即便是拒绝用户访问服务器也可以。压力测试有助于网络系统决定何时应当采取正确的行动。

（4）可靠性测试。可靠性测试用于确认网络系统是否存在任何失败的问题。通常，在网络系统长期运行后会出现硬盘文件访问缓慢、Web 系统访问日志或者数据库访问日志容量超限等问题。

（5）吞吐量测试。验证网络带宽最常用的技术是吞吐量测试。在典型的吞吐量测试中，以选定的速率和持续时间从一个网络设备向另一个网络设备发送数据流。接收设备计算在测试周期内接收到的包数量，然后计算接收率，也就是吞吐率，如图 8.5 所示。

如果没有数据包丢失，则吞吐率=传输速率。如果两点之间存在瓶颈，则数据包将会被丢失，从而使吞吐率小于传输速率。如果希望知道链路的最大吞吐率或带宽，先要从最大的理论传输速率开始，然后逐步降低速率，直到在接收设备端不再发生丢包。

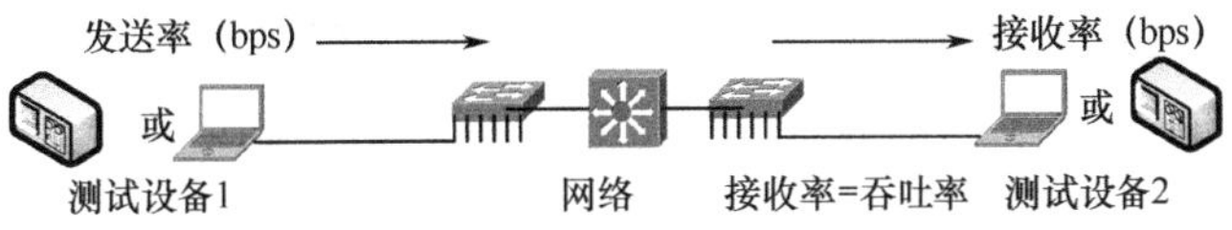

图 8.5　吞吐量测试示意图

2. 测试方法

网络性能测试时，通常要对所有的服务器、客户机和网络进行连接测试。收集这些测试数据对获得正确的结果及分析网络性能是至关重要的。下面列举了一些较为重要的性能测试方法，这些方法只能在进行性能测试的过程中才可使用。

（1）客户机。客户机运行“模拟多个用户访问网络”的程序，通过负载测试工具进行网络性能测试，得到响应时间的测试结果（最少/最多/平均）。负载测试工具可以模拟处于不同层的用户，从而有效地跟踪和报告响应时间。此外，为了确保客户机没有过载，而且服务器上有足够的负载，应当监视客户机 CPU 的使用情况。

（2）服务器。网络应用程序和数据库服务器应使用某个工具来监视网络性能，如 Windows Server 2008 Monitor（性能监视器）。有一些负载测试工具为了完成这个任务还内置了监视程序。对全部服务器平台进行性能测试的重点是了解 CPU 占全部处理器时间的百分比、内存使用率、读/写数据占硬盘时间的百分比、网络每秒吞吐的总字节数等。

（3）Web 服务器。Web 服务器除了进行服务器通用测试外，还应当包含“文件字节/秒”、“最大的同时连接数目”和“误差测量”等性能测试项目。

（4）数据库服务器。数据库服务器都应包含“访问记录/秒”和“缓存命中率”这两种性能测试项目。

（5）网络通信。为了确保网络没有成为数据传输的瓶颈，监视网络通信设备及其中任何子网的带宽是非常重要的。可以使用各种软件包或者硬件设备（如 LAN 分析器）来监视网络。在交换式以太网中，由于每两个连接彼此之间相对独立，所以，必须监视每个单独服务器连接的带宽。

8.3.3 网络可靠性测试

网络可靠性测试要多进行一段时间，这样才能确保网络长时间工作后不出现任何错误，并且能够在可接受的响应时间内继续运行。下面是一些重要的测试项目。

（1）可用的千字节。在测试过程中“网络吞吐率”应保持相对稳定。该数值一旦降低，就表明网络系统正在消耗服务器内存或网络带宽，并将产生故障。

（2）页面故障率。这是评估网络系统性能的另一个标准。当页面故障不断增加，或者保持较高的数目时，则表明网络系统耗费了太多的服务器内存或网络带宽。通过将服务器内存换出到磁盘，可解决内存不足的问题；通过将交换机大量转发广播帧的端口关闭（shut down），可以解决广播风暴问题。

（3）错误。为了诊断网络系统的可靠性问题，应当检查在网络系统测试过程中出现的错误。若错误的数量非常少，则说明可靠性良好。若错误的数量不断增加，则表明网络系统的可靠性出现了问题。

（4）数据库访问日志和表大小。数据库访问日志经过长时间的使用将会增加。要确保访问日志的维护正确，这意味着访问日志的截取时间间隔是有规律的，数据库表的大小将不会超过预期的极限。

8.3.4 网络吞吐率测试

网络吞吐率是网管员关注的重点问题之一。例如，用户网络带宽（如 4Mbps、10Mbps、100 Mbps、1000 Mbps 等）是否达到了约定的带宽？如果用户实际上网速度比约定的带宽慢了许多，如何查找网络传输瓶颈？增加某种网络应用时，应知道现有带宽是否满足要求。

面对这些问题，一些网管员使用 ping 和类似软件进行验证，但经常会发现 ping 报告结果很好，而性能依旧很差。其原因是 ICMP 有很多局限性。ping 是 ICMP 报文，这种单一形式的数据与网络中的真实流量有很大差异。ICMP 工作方式虽然可以定制尺寸，但是报文的逐一发送和确认（每隔 1s 发送一个 ICMP 报文），不能形成易于评估的高速流量。ICMP 会报告可达性和网络环回时间，不易计算反映链路上、下行传输能力的吞吐量。

吞吐量测试常常需跨越局域网、互联网或 VPN 网络。网管员使用吞吐量测试和加压测试来检查链路性能，通过吞吐量测试可以解决下列问题。

（1）测试端与互联网或局域网间的吞吐量。

（2）测试跨越互联网连接的 IP 性能，并用于对照服务等级协议（SLA），将目前使用的互联网链路的能力和承诺的信息速率（CIR）进行比较。

（3）在安装 VPN 时进行基准测试和拥塞测试。

（4）测试网络设备不同配置下的性能，从而优化和评估相关设置。

（5）在网络故障诊断过程中，帮助判断网络的问题是局域网还是互联网的问题，从而快速定位故障。

（6）在日常维护中，定期检测网络带宽。

（7）在增加网络设备及应用时，检测其对网络链路的影响。

吞吐量测试需要在链路两端进行，测试时需要两部仪表：一部充当本地单元，另一部充当远端单元。测试单元可以是运行测试程序的笔记本式计算机，也可以是 FLUCK 的 ES 网络通、OptiView WGA V4.0 或者 OptiView INA V4.0 分析仪，如图 8.6 所示。在测试期间，主端测试设备发送数据流，远端测试设备接收并计算数据量，两部仪表在指定的持续时间内按用户可配置的比特率同时相互传输包。当测试完成后，本地仪表显示本地和远端单元的结果。

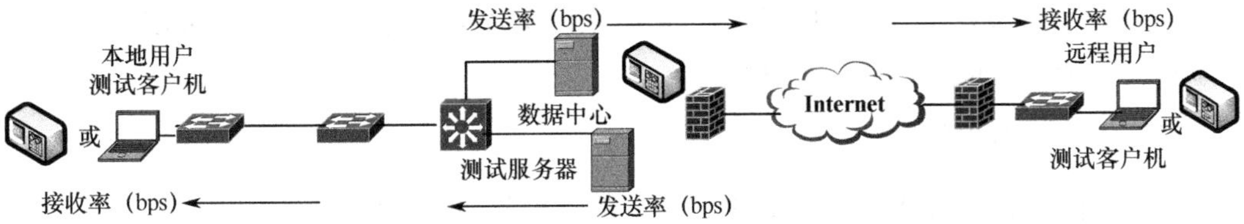

图 8.6　典型的 LAN 和 WAN 测试配置

在测试吞吐量时，测试的是由几种网元组成的网络链路，包括客户机、服务器和它们之间的交换机、路由器和防火墙等。每一网元都由不同的部件组成，如网络接口卡或端口、主板和操作系统。改变任何部件或网元都会影响吞吐率。

8.4　网络性能改善

在上述测试中，收集到了与网络性能有关的测试结果，经过分析发现问题，需要改进网络系统的某些组成部分，以便能够满足用户对响应时间的要求，或者让网络系统能够进行可接受的改进。本节重点说明如何解决常见的网络性能问题。

8.4.1　网络性能改善技术措施

网络性能改善的主要目的是提升网络系统的最大并发用户数量。网络性能改善涉及网络整体架构和关键设备配置及相关技术措施。

1. 服务器负载平衡

在网络系统配置中使用多台服务器时，需要使用负载平衡或者负载分配机制，将客户引到其中一台服务器上。解决这个问题有多种方法，既有简单方法，也有复杂方法。

（1）DNS（Domain Name Server，域名服务器）循环法是平衡负载的最简单方法，也是目前最流行的服务器负载平衡的一项功能。服务器的一个域名（如 www.yoursite.com），可使用多个 IP 地址进行配置。每当用户访问 www.yoursite.com 时，DNS 服务器就用清单中的下一个 IP 地址进行响应。当到达清单的末尾时，DNS 服务器将会从 IP 地址清单开始处重新分配。人们把这种方法叫做“IP 地址轮询”法。这种方法类似数据结构的环形队列。

（2）硬件负载平衡比简单的循环法更有效。这主要是由于负载平衡算法更复杂，能够有效地将负载分配到服务器上。

（3）Windows Server 2008 企业版的“网络负载平衡”可解决 Web 服务器的双机负载平衡问题。还可以从网络中的任何位置监控集群、所有节点及资源的状态。

2．数据库服务器

数据库服务器是否能够及时响应用户的数据处理请求，直接与服务器配置（CPU 主频与核数及对称架构，内存容量，磁盘接口、转数和容量等）相关。同时，也与数据库产品是否支持服务器集群有关。当企业网中的用户数量及访问数据库的并发用户增多，原有的数据库服务器不能及时响应用户请求时，可提升数据库服务器的配置，如将 2U 服务器升级为 4U，即将 CPU 由 2 颗增加到 4 颗，内存由 16GB 增加到 32 或 64GB，磁盘采用 1.5 万转 300GB 或 600GB 的高速盘，多块盘做 RAID5 等。也可以采用支持集群的数据库（如 Oracle 等），通过多台数据库服务器集群来适配最大用户数量。

3．TCP/IP 卸载引擎

TCP/IP 卸载引擎（TOE）技术把网络协议的处理从服务器转到专用的为 TCP/IP 处理优化的网卡，解决了 TCP/IP 处理问题。网络加速卡（Adaptec NAC）把 TOE 技术集成在一片经过性能提升过的专用集成电路（ASIC）上。Adaptec NAC 用于服务器，防止网络数据处理消耗 CPU 资源，可以较好地提升应用程序效率。例如，TOE 可以减少用于封包处理的 CPU 中断，以及通过内存与 PCI 总线的数据传送，这些操作都很耗费 CPU 资源。没有处理网络协议的需求，系统可以比以前更快地处理应用程序。

4．网络通信

网络通信要避免出现带宽瓶颈。出现带宽瓶颈的主要原因是在同一时间内，数量过多的设备同时发送数据，造成通信链路拥塞。使用下面的方法可以改善网络通信性能。

（1）使用交换机。以太网物理层是一个冲突域，可使用交换机隔离冲突域，提高数据链路层的传输性能。中小型、大中型网络，采用核心层+接入层构建；大型网络，采用核心层+汇聚层+接入层构建。如果环境条件允许，网络要尽可能减少交换机级联数量。

（2）划分子网。为服务器、网络业务创建虚拟子网，将客户机与服务器、不同业务彼此分隔开，这样可以减少网络广播风暴，提高数据链路层帧传输效率。

（3）增大 Internet 连接的带宽。当大量 Web 客户访问 Web 系统时，可能会使服务器的 Internet 连接达到饱和，造成更多延时。采用 MPLS VPN（运营成本较低）对 Internet 连接带宽进行升级，提高其速度，是解决该问题的一种方法。

（4）附加的 Internet 连接。可以使用附加的 Internet 连接增加 Web 系统的带宽。在某个连接失效的情况下，附加连接可以提供额外的多重连接，提高了网络的可用性。

（5）RJ-45 头的制作。双绞线是由四对线严格、合理地紧密绞在一起的，减少了串扰和背景噪声的影响。T568A 和 T568B 定义的百兆铜线，使用双绞线中 4 芯线（1-2 和 3-6），其中，1-2 引脚发送，3-6 引脚接收，而且 1-2 必须来自一个绕对，3-6 必须来自一个绕对。只有这样，才能最大限度地避免串扰，保证数据传输。

T568A 和 T568B 定义的千兆铜线也分直通线和交叉线，与百兆不同的是采用 8 芯双绞线（1-2，3-6，4-5，7-8）传输。千兆直通线与百兆直通线没有差别，千兆交叉线与百兆交叉线制作不同，组成的绕对是 1-3，2-6，3-1，4-7，5-8，6-2，7-4，8-5。

（6）防止回路。网络规模较小，网络节点数不多、结构也不复杂，回路现象很少发生。在一些结构较复杂的网络中，由于一些原因经常有多余的备用线路，这就会构成回路。数据包会不断发送和校验数据，从而影响网络传输性能，并且查找比较困难。为避免这种情况发生，要求综合布线施工时，一定要严格、规范操作，如在网线连接处设置明显标签、在配线间设置线缆路由图，有备用线路的地方要做好记载等。

（7）隔离故障点。作为发现未知设备的主要手段，广播在网络中起着非常重要的作用。当广播包的数量达到 30%时，网络传输效率将会明显下降。通常采用 802.1Q 协议的 VLAN，可以有效地防止广播风暴。然而，当网卡或网络设备损坏后，或者公共机房的计算机利用还原技术恢复硬盘数据时，会不停地发送广播包，从而导致广播风暴，使网络通信陷于瘫痪。当怀疑有此类故障时，首先采用 Sniffer Pro 软件查找发广播包的计算机，然后确定广播源所在的交换机，检查交换机的所有端口，找到有故障网卡的计算机或广播“还原数据”的计算机，将广播源所在交换机端口关闭（shut down），即可隔离故障点。

（8）防止端口瓶颈。网络中的路由器端口、交换机端口和服务器网卡等都有可能成为网络瓶颈。网络运行高峰时段，利用网管软件查看路由器、交换机和服务器端口的数据流量（用 netstat 命令也可统计各个端口的数据流量），确认网络数据流瓶颈的位置，设法增加其带宽。采用端口聚合、增加带宽等方法可以有效地缓解网络瓶颈，最大限度地提高数据传输速度。例如，交换机 2 个或 4 个端口聚合，服务器双网卡聚合，可提高数据吞吐量。

5．会话状态

与服务器连接的每个用户都可能要求保存会话状态数据，以保证持续访问。例如，当用户在商务网络的购物车中添加了某一物品时，与这个物品有关的数据，如品名、数量或者其他内容，都必须与用户有关。数据可以通过下面的方法与用户建立联系。

（1）Web 服务器会话。将用户会话数据保存在会话对象中，会话对象将自动与当前用户建立联系。如果用户没有在指定的时间内返回站点，将删除会话数据。

（2）数据库会话。将会话数据保存在数据库表中，需要时使用相应的用户 ID 查询数据。

（3）Cookie。如果会话数据容量很小，并且安全要求不高，即可将这些数据保存在客户机中。当用户访问某个页面时，Cookie 可以自动发送回服务器。购物车通常都作为典型的客户端 Cookie 来实现。Cookie 不会占用与数据库或者 Web 服务器有关的服务器资源，并且可以使用多种方法将其设备设置成到期清除。

根据以上所采用的方法，会话状态数据存储将会对服务器响应性能产生显著的影响。保存 Web 服务器会话状态，可能会在很大程度上将用户绑定到这台服务器上，从而使负载平衡工作更加困难。对于随后的请求，用户将不得不直接返回那台服务器，以便能够使用会话状态数据。有时，硬件负载平衡器可以自动完成这个工作，否则必须进行 HTTP 重定向，从而在客户与服务器最初连接时，客户可以重新返回服务器。

6．使用 SSL 的问题

与会话状态相似的是，SSL 也禁止服务器的负载平衡。SSL 连接有其本身的状态类型，即会话密钥，它们在安全连接开始时进行交换。客户机和服务器必须知道这个密钥的值，以便加入到安全会话中。当用户在 SSL 会话进行中将被定向到另一台服务器时，如果这台新的服务器不知道会话密钥，就不能读取客户机所传输的数据。一般来说，使用硬件负载平衡器，可以将 SSL 客户自动限制在各自的服务器中，或者使用 HTTP 重定向，由人工建立 SSL 客户与其各自的服务器之间的联系。

7．后台处理

在一些情况下，对于 Web 服务器或者应用程序服务器来说，客户正在等待响应时，是不可能执行操作的。一些任务将花费相当长的时间，还会潜在地占用 Web 服务器的资源，为等待任务完成，做毫无必要的空闲浪费。在这种情况下，使用后台处理服务器将有效减少 Web 服务器资源的使用。后台处理服务器从 Web 服务器处接管负载的处理任务，并迅速将响应返回至客户机，告知请求已被提交。一般来说，可以使用排队机制（如 MSMQ、BEA 的 Tuxedo 或者 IBM 的 MQ Series 等）先将请求存放在队列中，然后迅速将控制返回给调用程序。当任务完成后，会通过另一种机制通知客户。

8.4.2　调整和优化服务器内存

服务器内存（RAM）的优化包括两个方面的内容：一方面是使用好物理内存；另一方面是合理地使用虚拟内存。

1．物理内存的调整和优化

（1）减少显示系统的颜色数，这能使系统占用的内存大大减少。如果多个显示颜色数一直使用，则这部分内存将被长期占用。

（2）降低显示系统的分辨率，这与显示颜色数是一样的道理。

（3）不要使用“墙纸”或大型的屏幕保护程序。

（4）关闭服务器没有使用的或者不必要的服务，以便让出更多的内存供应用程序使用，同时也为网络和处理器的工作减少了许多负担。

（5）删除一些不必要的协议。

（6）在硬件方面，内存应当使用完全一致的芯片。混用不同厂家甚至不同速度的芯片是非常危险的，这不仅能使系统性能下降，还会产生一些不可预料的后果，直到系统不能工作。

2．虚拟内存的调整和优化

改善虚拟内存的方法主要是正确设置虚拟内存。当 Windows Server 2008 安装完成时，虚拟内存将自身配置在引导磁盘驱动器上。这时有一个交换文件，这个文件初始大小虽然有增大的可能，但是此初始设置对于不同的系统可能并不是最好的设置。

（1）系统必须有足够的内存来存储所有正在执行的线程。如果内存总量不足，那么 Windows Server 2008 使用硬盘的一部分，通过将当前未使用的内存页面交换到虚拟内存交换文件（Pagefile.sys）来仿真系统内存。当系统需要交换到磁盘上的页面时，Windows Server 2008 将硬盘的页面与 RAM 中的页面进行交换。这个过程对线程而言完全透明，线程并不需要了解内存交换的任何情况。

（2）增加物理内存。Windows Server 2008 可以充分利用系统提供的一切物理内存，系统拥有的物理内存越多，用于页面交换所花费的时间就越少。如果物理内存过小，系统将花费大量的时间进行内存页面与虚拟内存页文件的交换，尤其是同时运行多个应用程序时更是如此。这种交换活动显著地减慢了计算机的速度，因为硬盘与物理 RAM 相比速度很慢。

（3）页面交换得越快，对系统响应性能的影响就越小。要想加速页面的交换过程，Windows Server 2008 支持其虚拟内存页面交换文件的同时写入多块硬盘。因为物理驱动器可同时运转，所以，把虚拟内存页交换文件分配于多块不同的硬盘之间，将提高页面交换的时间。

（4）Windows Server 2008 允许将虚拟内存交换文件，分布于同一硬盘的不同卷之间。事实上，这种配置由于迫使驱动器磁头在交换期间的移动次数大大超过了正常的移动次数，所以增加了交换时间。因此，对每块物理磁盘建议用户仅设置一个交换文件。

8.4.3　服务器资源优化

服务器资源可以按 CPU、I/O（基本磁盘及网络访问）和内存来分类。CPU 和 I/O 的利用率通常对处理时间有最直接的影响，而只有在空闲内存的数量接近零时，内存消耗才会产生显著的影响。当内存无法再使用时，就会换页，也就是与磁盘交换内存，从而进一步加剧了磁盘 I/O 的使用。下面介绍一些组件优化方法，以减少组件对服务器资源的使用。

（1）优化代码算法。导致过度使用 CPU 的原因，通常是算法性能设计比较低效。低效算法（尤其是在循环计算时）通常占用大量的 CPU 资源。重新构建代码，并对其优化，可以减少算法占用的 CPU 资源。

（2）消除内存泄漏。当系统组件分配了内存，但随后没有释放内存时，就会产生内存泄漏。内存泄漏一般不会消耗大量的内存资源。但在一些情况下，由于换页或者为留出足够的空间来完成其他工作，将所浪费的内存页交换到磁盘中时，内存泄漏会显著降低服务器的性能。有许多工具可用于确定在源代码级别上发生内存泄漏的位置。

（3）降低磁盘的使用率。物理磁盘，包括 RAID 盘阵（冗余独立磁盘阵列）的访问速度与物理 RAM 的访问速度相比较，磁盘的速度相当慢。当读磁盘数据时间比较长时，就应当考虑将数据载入到内存中，从内存访问它，而不是访问磁盘。从性能的角度考虑，如果设备有足够多的内存可以保存数据，就不会出现换页现象，那么，最好是从内存中读取数据，而不是从硬盘中读取数据。

日志记录可以作为一个粗略的标准，用来确定系统组件在哪里占用了处理时间。可以使用应用程序日志确定某个组件进行每步操作的运行时间，这样可以大大加快确定性能问题发生位置的速度。例如，由测试得知，某个服务器的响应时间是 3s，对于平均响应时间来说，3s 太长了。在基准性能单个用户测试中发现，某个组件占用了大约 90%的 CPU 资源。为了找出问题的原因，就会启动日志程序，重新进行测试。在测试完成后检查应用程序日志，结果表明，在运行 C++类方法的某个负载算法时，这个组件花费了大部分的时间。对源代码进一步检查，揭示出这个算法存在着严重的设计问题，就应对它进行优化来缩短响应时间。

在实现性能的日志记录机制时，应当确保这种机制能够将至少是毫秒级别的时间戳放在每个条目上。经常进行日志记录，至少在执行代码时记录日志是十分重要的，这样可以保证跟踪所执行的程序。表 8.3 是一个日志文件的节选。

表 8.3　日志文件节选

日期	时间	消息
06/01/2016	20：26：54：721	COM Entrypoint:SearchCatalogByKeyword
06/01/2016	20：26：54：751	Querying database
06/01/2016	20：26：54：891	successfully retrieved book list from database
06/01/2016	20：26：54：910	sorting book list
06/01/2016	20：26：56：10	finished sorting book list
06/01/2016	20：26：56：25	SearchCatalogByKeyword ending

跟踪文件表明，组件从数据库中检索书目清单的速度是足够的，但它需要花费1s以上的时间来排序所得到的结果。在这种情况下，不仅需要优化排序算法，以提高它的运行速度，而且还应使用数据库（而不是使用应用程序代码）排序结果。由于日志记录方法将占用服务器资源，并对响应时间产生影响，因此在进行任何性能测试之前，应当禁用日志。

8.4.4 建立与完善网络配置文档

网络工程建设，需要保留一份网络系统的配置记录，以便网络系统升级时有一个参考依据。有了网络配置文档，网管员可以很方便地确定网络系统升级后发生错误的可能原因。一旦升级后网络无法正常工作，管理员就可以根据配置记录命令，使网络返回到原来的配置。用户所建立的网络配置记录将直接影响恢复网络需要花费的时间和精力。在网络系统建设中，需要建立多种相应的配置文档，以保持网络建设规划。

（1）交换机和路由器的配置。包括处理器、内存、接口模块的类型，安装的板卡、端口及它们的设置，其他硬件情况；系统软件的版本、运行配置文件及更改说明文档。

（2）网络物理拓扑和逻辑拓扑。包括网络整体物理拓扑结构图、逻辑结构图、机房布线施工图表，以及网络施工和验收的技术文档。

（3）服务器配置。硬件包括处理器、内存、软盘和硬盘的类型，安装的板卡及它们的设置，其他硬件情况；软件包括服务器操作系统、一些重要的配置文件和程序等。例如CONFIG.SYS、SHELL.CFG、WIN.INI、SYSTEM.INI、Windows Server 2003/2008系统注册表，目录结构的打印结果，应用程序的清单，包括版本和注册号，以及其他所有的特殊软件，如设备驱动程序。

（4）备份规划。确定备份系统在何种备份介质中，该备份是何时进行的，备份存放在什么位置等。采取备份措施之后，下一个最为重要的工作就是全面建立文档，并脱机地保存好一套文档和备份的拷贝，这样就能够帮助系统从某个灾难中顺利恢复。

8.5 Windows 可靠性与性能监视器

Windows Server 2008可靠性和性能监视器是一个Microsoft管理控制台（MMC）的管理单元，组合了以前独立工具的功能，包括性能日志和警报（PLA）、服务器性能审查程序（SPA）和系统监视器；提供了自定义数据收集器和事件跟踪会话的图表界面，仅从一个单独的控制台即可实时监视应用程序和硬件性能。

8.5.1 可靠性与性能监视器概述

Windows Server 2008可靠性和性能监视器包括三个监视工具：资源视图、性能监视器和可靠性监视器。数据收集和日志记录是使用数据收集器集来执行的。

（1）资源视图。Windows Server 2008可靠性和性能监视器的主页是资源视图屏幕。当以本地Administrators组成员身份运行Windows可靠性和性能监视器时，可以实时监视CPU、磁盘、网络和内存资源的使用情况和性能。可通过展开四个资源获得详细信息（包括哪些进程使用哪些资源），如图8.7所示。

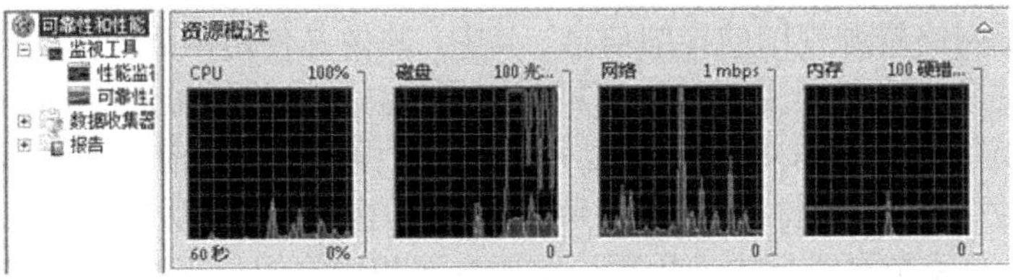

图 8.7　Windows 可靠性与性能资源视图

（2）性能监视器。性能监视器以实时或查看历史数据的方式显示了内置的 Windows 性能计数器。可以通过拖放或创建自定义数据收集器集将性能计数器添加到性能监视器。其特征是可以直观地查看性能日志数据的多个图表视图。可以在性能监视器中创建自定义视图，该视图可以导出数据收集器集，以便与性能和日志记录功能一起使用。

（3）可靠性监视器。可靠性监视器提供系统稳定性的大体情况以及趋势分析，以及可能会影响系统总体稳定性的个别事件的详细信息，如软件安装、操作系统更新和硬件故障等。该监视器在系统安装时开始收集数据。

（4）数据收集器集。Windows 可靠性和性能监视器中重要的新功能是数据收集器集。它将数据收集器组合为可重复使用的元素，以便与其他性能监视方案一起使用。一旦将一组数据收集存储为数据收集器集，则更改一次属性就可以将计划等操作应用于整个集。

（5）用于创建日志的向导和模板。可以通过向导界面将计数器添加到日志文件，并计划其开始时间、停止时间以及持续时间。此外，还可以将此配置保存为模板，以收集后续计算机上的相同日志，而无须重复数据收集器的选择及计划进程。性能日志和警报功能已整合到 Windows 可靠性和性能监视器中，以便与任何数据收集器集一起使用。

（6）数据收集的统一属性配置（包括计划）。无论正在创建的数据收集器集是只使用一次，还是持续记录正在进行的活动，用于创建、计划和修改的界面都完全相同。如果数据收集器集对以后的性能监控有帮助，则不需要重新创建它，可以作为模板对其重新配置或复制。

（7）用户友好诊断报告。改进了报告生成时间，并可以从使用任何数据收集器集收集的数据创建报告。这使系统管理员可以重复报告和评估所做更改对性能或报告建议的影响程度。

8.5.2　监视计算机资源使用状态

（1）启动资源视图。单击“开始”，在“开始搜索”框中单击，输入“perfmon”，然后按 Enter 键。Windows 可靠性和性能监视器将以资源视图显示区域启动。当 Windows 可靠性和性能监视器启动时，如果资源视图未显示实时数据，则单击工具栏中绿色的“开始”按钮。

（2）在资源视图中标识资源使用情况。资源概述窗格中的四个滚动图表显示了本地计算机上的 CPU、磁盘、网络和内存的实时使用情况。这些图表下面的四个可展开区域包含有关每个资源的进程级详细信息。单击资源标签以查看详细信息，或单击图表可以展开其相应的详细信息，如图 8.8 所示。

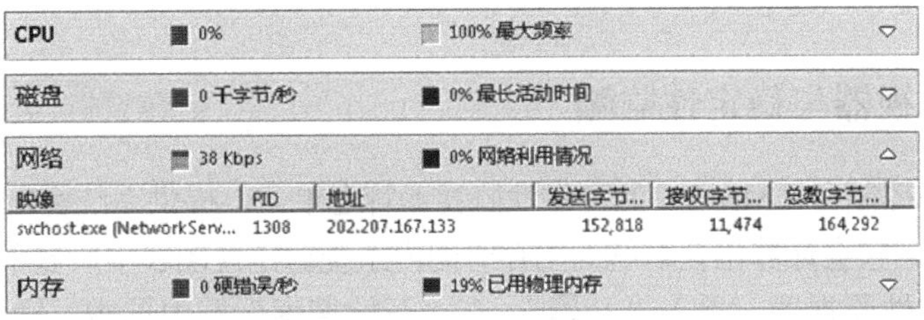

图 8.8　资源视图中标识资源使用情况

图 8.8 展示了网络资源视图的详细信息。其中，映像是使用网络资源的应用程序；PID 是应用程序实例的进程 ID；地址是本地计算机与交换信息的网络地址。地址表示可用计算机名、IP 地址或完全限定的域名（FQDN）；发送字节是应用程序实例当前从本地计算机发送到该地址的数据量（以字节/分为单位）；接收字节是应用程序实例当前从该地址接收的数据量（以字节/分为单位）；总字节是当前由应用程序实例发送和接收的总带宽（以字节/分为单位）。单击图 8.8 中的 CPU、磁盘和内存资源标签，可查看本地计算机的 CPU、磁盘和内存的实时使用情况。

8.5.3　性能监视器与性能监测

性能监视器是一种简单而功能强大的可视化工具，用于实时以及从日志文件中查看性能数据。使用它可以检查图表、直方图或报告中的性能数据。

（1）启动性能监视器。单击“开始”，在“开始搜索”框中单击，输入“perfmon”，然后按 Enter 键。在导航树中，展开“监视工具”，然后单击“性能监视器”，如图 8.9 所示。还可以使用性能监视器来查看远程计算机上的实时性能数据。

（2）使用性能监视器连接到远程计算机。启动性能监视器。在导航树中，右键单击“可靠性和性能”，然后单击“连接到另一台计算机”。在“选择计算机”对话框中，输入要监视的计算机的名称，或单击“浏览”按钮后从列表中选择该计算机，单击“确定”按钮，如图 8.10 所示。

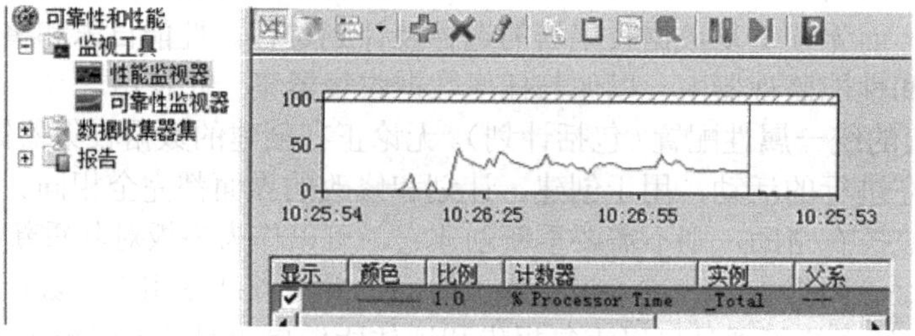

图 8.9　性能监视器

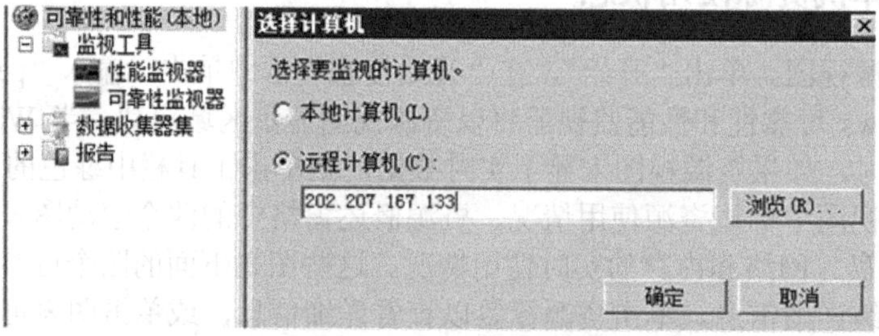

图 8.10　使用性能监视器连接到远程计算机

8.5.4　可靠性监视器与稳定性监测

Microsoft 管理控制台（MMC）的可靠性监视器管理单元，提供系统稳定性概览和影响可靠性事件的详细信息。它会计算出在系统的生存时间内系统稳定性图表中所显示的稳定性指数。

（1）启动可靠性监视器。单击“开始”，在“开始搜索”框中单击，输入“perfmon”，然后按 Enter 键。在导航树中，依次展开“可靠性和性能”、“监视工具”，然后单击“可靠性监视器”，如图 8.11 所示。

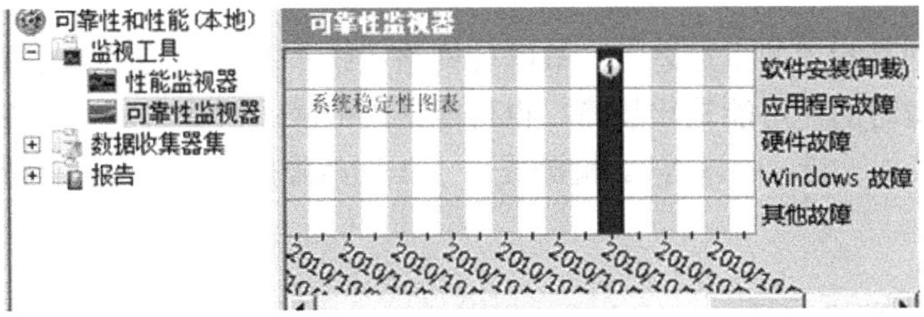

图 8.11　可靠性监视器

（2）了解系统稳定性指数。根据系统生存时间内收集的数据，系统稳定性图表中的每个日期都有一个显示当天系统稳定性指数分级的图形点。系统稳定性指数是一个从 1（最不稳定）到 10（最稳定）的数字，是从滚动的历史时段内所看到的特定故障的数量衍生而来的度量权值。系统稳定性报告中的可靠性事件描述了特定故障。

一旦可靠性问题已解决，最近的故障比过去的故障加权更重，使得一段时间的改善通过上升的系统稳定性指数反映出来。计算系统稳定性指数不会包括系统关闭或处于休眠状态的时期。如果数据不足，则无法计算出可靠的系统稳定性指数，图表线将为虚线。当已记录的数据可以生成可靠的系统稳定性指数时，图表线将为实线。如果对系统时间进行了重要更改，则在对系统时间进行调整的每个日期的图表上出现“信息”图标。

（3）使用可靠性监视器进行故障排除。可靠性监视器快速显示系统稳定性历史记录，并可查看每天影响可靠性的事件的详细信息。

- 系统稳定性图表。可靠性监视器最多可以保留一年的系统稳定性和可靠性事件的历史记录。系统稳定性图表显示了按日期组织的滚动图表。系统稳定性图表的上半部分显示稳定性指数的图表。在该图表的下半部分，有 5 行会跟踪可靠性事件，该事件将有助于系统的稳定性测量，或者提供有关软件安装和删除的相关信息。当检测到每种类型的一个或多个可靠性事件时，在该日期的列中会显示一个图标。对于软件安装和卸载，会出现一个表明该类型成功事件的“信息”图标或表明该类型失败的“警告”图标。对于所有其他可靠性事件类型，会出现表明该类型失败的“错误”图标。如果可以使用超过 30 天的数据，则使用系统稳定性图表底部的滚动栏查找可见范围以外的日期。
- 系统稳定性报告。系统稳定性报告通过识别可靠性事件来确定造成稳定性降低的更改。在每个可靠性事件类别的标题栏中单击“加号”，可以查看事件，如图 8.12 所示。如果已单击系统稳定性图表中的日期列，则系统稳定性报告将显示该日期的事件。若要查看系统稳定性图表中的所有事件或选择可见范围以外的日期，则单击窗口右上角的日期下拉菜单，并使用日历，或选择“所有日期”。

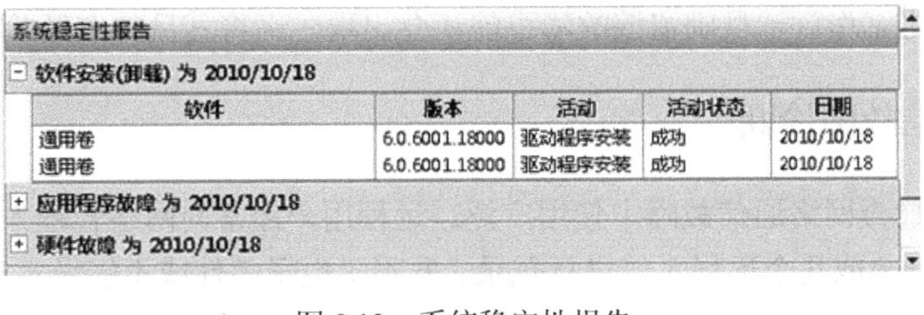
系统稳定性报告
软件安装(卸载) 为 2010/10/18
软件 | 版本 | 活动 | 活动状态 | 日期
通用卷 | 6.0.6001.18000 | 驱动程序安装 | 成功 | 2010/10/18
通用卷 | 6.0.6001.18000 | 驱动程序安装 | 成功 | 2010/10/18
应用程序故障 为 2010/10/18
硬件故障 为 2010/10/18

图 8.12　系统稳定性报告

8.6 网络常见故障诊断与排除

故障管理是网络管理的重点之一。故障使网络系统不能满足其操作目标。故障可能是永久的，也可能是暂时的，可能是软故障，也可能是硬故障。故障将其自身表现为网络系统操作中的特殊事件（如差错、阻塞等）。检测提供了识别故障的能力，故障排除提升了网络性能维护的能力。

8.6.1 网络故障管理方法

网络容易受设备和传输媒介故障的影响。故障包括硬件失效和程序、数据差错。不仅如此，由于网络是一个有机的整体，某些故障会在网络中传染，并在一定程度上引起网络的阻塞及其传染现象。故障管理包括对故障的检测、定位与排除。

网络性能优化的第一步是进行准确的网络分析。网络分析实际上包括两方面的内容：一方面是常规网络运行状况分析，另一方面是非计划宕机时所进行的网络分析。常规网络运行状况分析是指在网络正常运行状态下所进行的拓扑结构与性能方面的分析，也是企事业保留网络日常运营历史数据的重要工作。在这方面，网络系统集成人员可以利用多种技术手段和工具，帮助客户明确网络管理的问题和现有网络运行的拓扑结构，帮助他们了解现有网络中运行的各类机器，测试网络线缆的质量与存在的问题，分析现有网络的流量。

非计划宕机所进行的网络分析是指当网络出现故障时对网络所进行的有效分析，力求迅速、快捷地找出问题的根源，从而快速地排除故障。在这方面，网络系统集成人员可以利用已有的技术资料中心和已掌握的成熟的网络分析技术，为客户提供紧急响应支持与培训。在技术积累的同时，网络系统集成人员可以采用一个切实可行的网络分析排错的流程，即方式上采取从外到内，方法上采取“客户机→网络连接→服务器”的检查顺序，以及先软件后硬件的处理顺序。此类分析的有效性建立在客户平时做好数据的备份及流量统计工作的基础上。具体的实现基于解决问题的调查研究之上，它包括以下 6 个步骤。

（1）发现问题。与用户基于其网络技术水平交谈，通过交谈了解网络故障征兆、网络软件系统的版本、是否及时升级（打补丁）、网络硬件是否存在问题等。

（2）划定界限。了解从网络系统最后一次正常到现在都做了哪些变动；故障发生时还在运行何种服务及软件，故障是否可以重现。

（3）追踪可能的途径。如果平时建立了故障库，则检查故障库和支持厂商的技术服务中心库，使用有效的方法排除故障。

（4）执行一种方法，同时要做这种方法无效的最坏打算。确定是否要备份关键系统或应用文件。

（5）检验成功。如果所采用的方法是成功的，那么这种故障是否会重新出现？如果是，则帮助用户了解该如何处理。

（6）做好收尾工作。一旦确定该故障可能还会出现，则将其反映在经验中。

8.6.2 网络通信故障诊断

ping 命令在检查网络通信故障中使用广泛。远程用户经常向网络管理人员反映其主机有故障，如不能对一个或几个远程系统进行登录、发不了电子邮件或不能做实时业务等。这时，ping 命令就是一个很有用的工具。该命令的包较小，网上传递速度非常快，可快速地检测远端的站点是否可达。

ping 命令的使用格式为：

ping 目的地址 [/参数 1][/参数 2]…

其中，“目的地址”是指被测试目标计算机的 IP 地址或域名，后面带的参数有以下几个选项：

- a——解析目标主机的地址。
- n——发出的测试包的个数，默认值为 4。
- l——所发送的缓冲区的大小。
- t——继续执行 ping 命令，直到用户按 Ctrl＋C 组合键终止。

ping 命令可以在“运行”对话框中执行，也可以在 MS-DOS 或 Windows 2000 中的命令提示符下执行。

例如，在客户机上输入（下画线部分）“C：\>ping -a 202.207.160.32”，回车后，命令窗口中会显示以下内容。

```
Pinging ns.sxtu.edu.cn [202.207.160.32]with 32 bytes of data：
Reply from 202.207.160.32：  bytes=32 time<10ms TTL=255
Reply from 202.207.160.32：  bytes=32 time<10ms TTL=255
Reply from 202.207.160.32：  bytes=32 time<10ms TTL=255
Reply from 202.207.160.32：  bytes=32 time<10ms TTL=255
ping statistics for 202.207.160.32：
Packets：  Sent = 4，  Received = 4，  Lost = 0 (0% loss)，
Approximate round trip times in milli-seconds：
Minimum = 0ms，  Maximum =  0ms，  Average =  0ms
```

表明 ping 成功解析出主机名 ns.sxtu.edu.cn，但这只能保证当前主机与目的主机间存在一条连通的物理路径。如果执行 ping 成功而网络仍无法使用，那么问题很可能出在网络系统的软件配置方面。例如，客户端不能浏览网页、不能收发电子邮件等，可能是 Web 服务器配置故障或者邮件协议（SMTP、POP3）配置故障，也可能是网络病毒造成服务器应用协议故障。若执行 ping 不成功，则故障可能是网线不通、网络适配器配置不正确或 IP 地址不可用等。

8.6.3　网络接口故障诊断

Ipconfig 命令可以检查网络接口配置。如果用户系统不能连接远程主机，而同一系统的其他主机可以连接，那么用该命令对这种故障的判断很有必要。当主机系统能到达远程主机，但不能到达本地子网中的其他主机时，则表示子网掩码设置有问题，进行修改后，故障便不会再出现。输入“Ipconfig/？”可获得 Ipconfig 的使用帮助，输入“Ipconfig/all”可获得 IP 配置的所有属性。

如果已经对网络连接进行了初始化，则 Ipconfig 实用程序将显示 IP 地址和子网掩码。如果已经分配了默认网关，那么默认网关也将被显示。

如果存在重复的 IP 地址，则 Ipconfig 实用程序将指出该 IP 地址已经配置了，且子网掩码为 0.0.0.0。

例如，在客户机上输入（下画线部分）“C：\>Ipconfig /all”，按回车键后，命令窗口中会显示以下内容。

```
Windows 2000 IP Configuration
        Host Name . . . . . . . . . . . . :  sxtu-6a0y5931q2
        Primary DNS Suffix  . . . . . . . :
        Node Type . . . . . . . . . . . . :  Broadcast
        IP Routing Enabled. . . . . . . . :  No
        WINS Proxy Enabled. . . . . . . . :  No
Ethernet adapter 本地连接:
        Connection-specific DNS Suffix  . :
        Description . . . . . . :  Realtek RTL8139(A) PCI Fast Ethernet Adapter
        Physical Address. . . . . . . . . :  00-0C-76-A0-B1-AF
        DHCP Enabled. . . . . . . . . . . :  No
        IP Address. . . . . . . . . . . . :  202.207.160.206
        Subnet Mask . . . . . . . . . . . :  255.255.255.0
        Default Gateway . . . . . . . . . :  202.207.160.1
        DNS Servers . . . . . . . . . . . :  202.207.160.2
```

窗口中显示了主机名、DNS 服务器、节点类型以及主机的相关信息，如网卡类型、MAC 地址、IP 地址、子网掩码以及默认网关等。其中，网络适配器的 MAC 地址在检测网络错误时非常有用。配置不正确的 IP 地址或子网掩码是接口配置的常见故障。其中配置不正确的 IP 地址有以下两种情况。

（1）网络号不正确。此时执行每一条 Ipconfig 命令都会显示“no answer”。这样，执行该命令后，错误的 IP 地址就能被发现，修改即可。

（2）主机号不正确。例如，两台主机配置的地址相同而引起冲突。这种故障是当两台主机同时工作时才会出现的间歇性的通信问题。建议更换 IP 地址中的主机号，即能排除该问题。

8.6.4 网络整体状态统计

Netstat 程序有助于用户了解网络的整体使用情况。它可以显示当前正在活动的网络连接的详细信息，例如显示网络连接、路由表和网络接口信息，得知目前总共有哪些网络连接正在运行。用“Netstat/？”命令可查看该命令的使用格式以及详细的参数说明。

在 DOS 命令提示符下或在“运行”对话框中输入如下命令：“Netstat［参数］”，即显示以太网的统计信息、所有协议的使用状态（包括 TCP 协议、UDP 协议以及 IP 协议等），另外还可以选择特定的协议并查看其具体使用信息、主机的端口号以及当前主机的详细路由信息等。

Netstat 的主要参数有以下几项。

- a：显示所有与该主机建立连接的端口信息。
- e：显示以太网的统计信息，一般与 s 参数共同使用。
- n：以数字格式显示地址和端口信息。
- s：显示每个协议的统计情况，这些协议主要有 TCP、UDP、ICMP 和 IP，它们在进行网络性能评测时是很有用的。

例如，在客户机上输入下画线部分“C：\>netstat –e”，按回车键后，命令窗口中会显示以下内容。

Interface Statistics

	Received	Sent
Bytes	2264731	212156
Unicast packets	1758	1730
Non-unicast packets	17116	177
Discards	0	0
Errors	0	0
Unknown protocols	14	

若接收错误和发送错误接近为零或全为零，则网络的接口无问题。但当这两个字段有 100 个以上的出错分组时就可以认为是高出错率了。高的发送出错率表示本地网络饱和或在主机与网络之间有不良的物理连接；高的接收出错率表示整体网络饱和、本地主机过载或物理连接有问题，可以用 ping 命令统计误码率，进一步确定故障的程度。

8.6.5　本机路由表检查及更改

Route 命令检查网络路由表。该命令只有在安装了 TCP/IP 协议后才可以使用。例如，在客户机上输入（下画线部分）“C：\>route print”，按回车键后，命令窗口中会显示本机的路由表信息。

Active Routes：

Network Destination	Netmask	Gateway	Interface	Metric
0.0.0.0	0.0.0.0	202.207.160.1	202.207.160.206	1
127.0.0.0	255.0.0.0	127.0.0.1	127.0.0.1	1
202.207.160.0	255.255.255.0	202.207.160.206	202.207.160.206	1
202.207.160.206	255.255.255.255	127.0.0.1	127.0.0.1	1
202.207.160.255	255.255.255.255	202.207.160.206	202.207.160.206	1
224.0.0.0	224.0.0.0	202.207.160.206	202.207.160.206	1
255.255.255.255	255.255.255.255	202.207.160.206	202.207.160.206	1

Default Gateway：　202.207.160.1

Persistent Routes：　None

根据上述信息可知本机的网关、子网类型、广播地址、环回测试地址等，当然也可以按需要增加或删除路由信息。

8.7　网络嗅探与运行监测

如何做好网络运行监测与性能维护工作，一直是令网管员头疼的事情。网管员每天要查看大量繁杂的运行数据，巡检网络设备运行状态，时常感到身心疲惫。俗话说“工欲善其事，必先利其器。”网管员需要有一种操作简便、实时监测、性能稳定、价格适中、扩展性好的自动化网络监测工具。

8.7.1 网络嗅探技术

以太局域网逻辑结构是基于总线的共享式结构，嗅探器（Sniffer）是一种面向共享式网络的监测工具。在 Windows XP 上运行 Sniffer 工具（如 Sniffer pro 软件），可以对局域网中的数据流、协议类型、信源与信宿等状态一览无余。Sniffer 工具是一个网络抓包工具，可对抓到的数据包进行分析。在共享式网络中，IP 数据帧会广播到子网络中所有主机的网络接口，收到数据帧的主机会判断该数据帧是否该接收，并抛弃不应该接收的数据帧。Sniffer 工具通过主机网卡接收所有到达的数据帧，这样就达到了监测网络的目的。

Sniffer 也可以理解为一个安装在计算机上的窃听设备，它可以用来窃听计算机在网络上所产生的众多的数据。换句话说，Sniffer 好比一部电话的窃听装置，可用来窃听双方通话的内容。计算机直接传送的数据事实上是大量的二进制数据。因此，一个网络窃听程序必须使用特定的网络协议来分解嗅探到的数据。嗅探器也就必须能够识别出哪个协议对应于这个数据片段，只有这样才能够进行正确的解码。

计算机的嗅探器比起电话窃听器，有它独特的优势。以太网采用的是“共享信道”，这样，网络系统不必中断通信、配置特别的线路，再安装嗅探器。网管员可以在任何连接网络的位置使用嗅探器，直接窃听某一子网范围内的通信数据。这种窃听方式是一种“基于混杂模式（Promiscuous Mode）的嗅探”技术。网卡设置为这种模式，它就能接收传输在网络上的每一个信息包。

以太网通信采用 CSMA/CD 技术，为了避免“冲突”，以太网卡构造了硬件的“过滤器”，这个过滤器会忽略掉与自身 MAC 地址不符合的数据。嗅探程序正是利用了这个特点，Sniffer 主动地关闭了这个嗅探器，也就是将网卡设置为“混杂模式”。因此，嗅探程序就能够接收到整个以太局域网内的传输数据。

实际上，网管员可以使用 Sniffer 工具，程序员也可以使用。网管员使用嗅探器，可以随时了解网络运行情况。当网络性能急剧下降时，通过 Sniffer 工具分析，找出造成网络变慢的原因；程序员使用 Sniffer 工具调试程序，找出程序设计、编码存在的问题。

8.7.2 使用 Sniffer 监测网络

网络安全和运行稳定源于精细化的网络监测及故障管理。网络故障管理侧重于实时监控，网络性能管理则更看中历史分析。Sniffer 软件是 NetScout 公司推出的网络抓包工具。该软件具有网络故障与性能分析的功能，能够自动地帮助网络管理人员维护网络，查找故障，极大地简化了发现和解决网络问题的过程。

1. Sniffer 软件安装

Sniffer 安装在网络中的任何一台 Windows 计算机上，可以监视整个网络及统计网络状态。从网上下载 Sniffer 软件后，直接运行安装程序，系统会提示输入个人信息和软件注册码，安装结束后，重新启动。运行 Sniffer 程序后，系统会自动搜索机器中的网络适配器，单击“确定”按钮进入 Sniffer 主界面。下面以 Sniffer Pro 4.70.04 为例，简要说明安装步骤。

（1）选择 Sniffer Pro 的安装目录时，默认安装在 c：\program files\nai\snifferNT 目录中。可以通过单击安装界面的“Browse”按钮，修改路径。通常使用默认路径安装。

（2）按照安装提示，输入用户注册信息。注册信息输入后，可设置网络连接状况。一般，局域网用户不是通过“代理服务器”上网，都可以选择“Direct Connection to the Internet”。

（3）复制 Sniffer Pro 必需文件到本地硬盘，完成所有操作后出现“Setup Complete”提示，单击“Finish”按钮完成安装工作。使用 Sniffer Pro 时需要将网卡的监听模式切换为混杂。不重新启动计算机是无法实现切换功能的，因此，安装完成后，软件会提示重新启动计算机，按照提示操作即可。

2. Sniffer 软件使用

重新启动计算机后，可通过 Sniffer Pro 来监测网络中的数据包。通过单击“开始→所有程序→Sniffer Pro→Sniffer”来启动该程序。

（1）在默认情况下，Sniffer Pro 会自动选择本机的网卡进行监听。如果不能自动选择或者本机有多个网卡时，需要手工指定网卡。可通过选择“File”菜单的“Select Settings”命令来完成。

（2）在“Settings”窗口中选择准备监听的网卡，单击右下角的“Log On”选项（勾选），使监听生效。单击“确定”按钮，激活网卡监听模式，如图 8.13 所示。

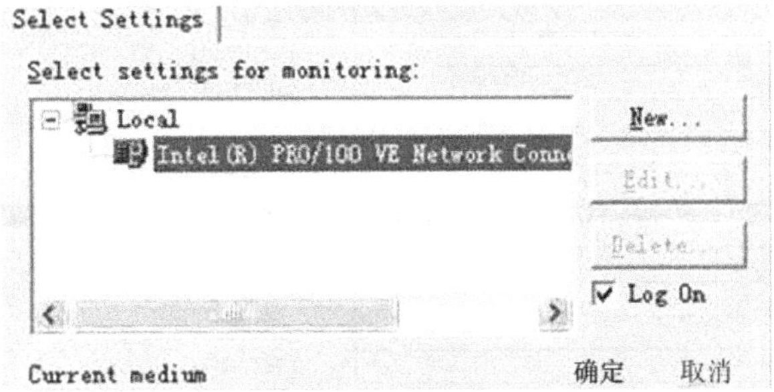

图 8.13　激活网卡监听模式

（3）进入 Sniffer Pro 运行主界面，开始监视本机网卡流量和错误数据包的情况。首先，看到的是三个类似汽车仪表的图像，从左到右依次为“Utilization%网络使用率”，“Packets/s 数据包传输率”，“Error/s 错误数据情况”，如图 8.14 所示。

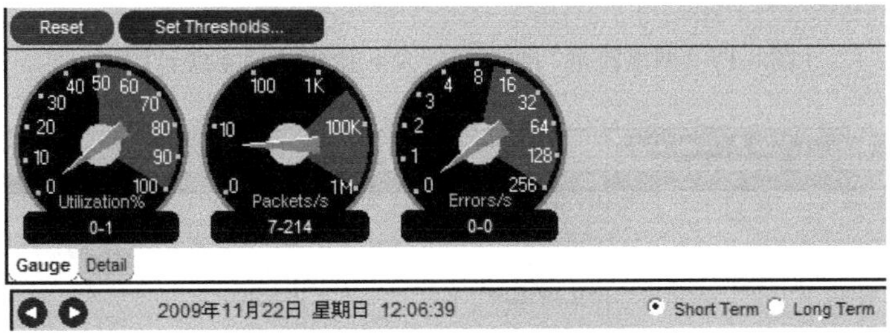

图 8.14　网络运行状态监视仪表盘

其中，红色区域是警戒区域，如果发现有指针到了红色区域，就要引起重视了，说明网络线路不好或者网络负荷太大。通常，浏览网页的情况与图 8.14 显示的类似，网络使用率不高，网络传输速率是 9～30 Packets/s，网络传输错误数据基本上没有。

（4）与三个仪表盘对应的是网络流量、数据错误及数据包传输率统计图表，如图 8.15 所示。可以通过该图右边参数栏，选择需要关注的网络状态参数，绘制相应的网络状态图。可选的网络使用状况包括数据包传输率、网络使用率、错误率、丢弃率、传输字节速度、广播包数量、组播包数量等。随着时间的推移，图像也会自动绘制。

在正常情况下，网络使用效率大约为 30%。例如，在运行 Sniffer Pro 的 PC（100 Mbps 网卡）上访问局域网的文件服务器，进行下载文件操作。当文件下载速度约为 4 Mbps（32 Mbps）时，从 Sniffer Pro 网络运行状态的“仪表盘”和“统计图表”中可看出网络传输速率约为 30%。由此表明网络实际传输速率和理论估算基本一致，网络负载并不大，网卡性能不错。

（5）如果运行 Sniffer Pro 的 PC 网卡是千兆或被检测网络端口是千兆，则默认设置的计量单位需要调整。单击“仪表盘”上面的“Set Thresholds”按钮，可以对所有参数的名称和最大显示上限进行设置，以便根据实际情况显示被测对象的状态信息。

（6）统计网络运行的详细状态信息，可单击“仪表盘”下面的“Detail”按钮。这时可以看到各项参数的总流量、均流量，数据丢失率与组播、单播数量，如图 8.16 所示。这些数据的异常都是网络出现问题的预兆，网管人员可以及时采取应对措施用于预防。

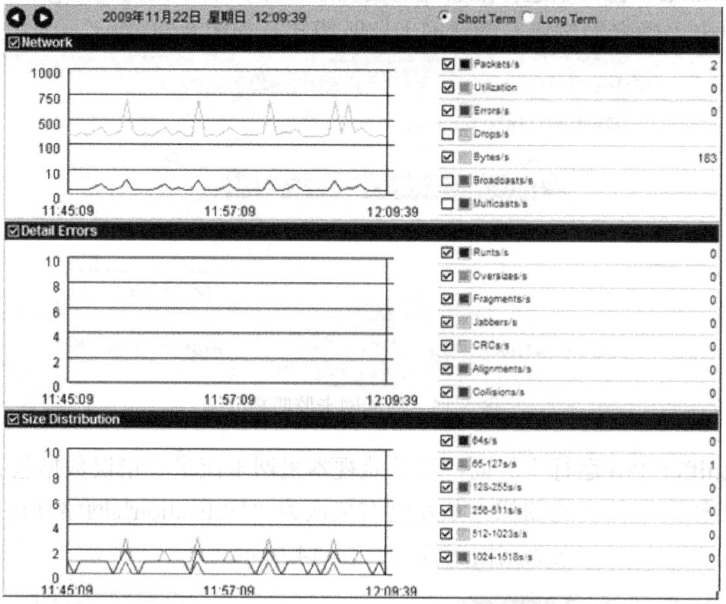

图 8.15 网络流量、数据错误及数据包传输率统计图表

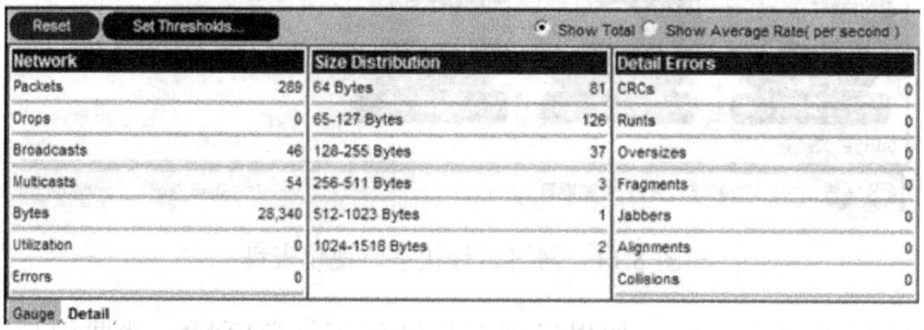

图 8.16 网络运行详细状态信息

（7）Sniffer Pro 主菜单栏中的“Monitor”监听器提供了很多监测功能。例如，在“Host Table”界面，可以看到本机和网络中其他主机的数据交换情况，包括进数据量、出数据量及基本速度等。可按照“MAC”、“IP”或“IPX”显示主机间通信情况。还可按照“IP 地址”显示本机（202.207.167.133）和网络中其他主机的数据交换统计图表，如图 8.17 所示。

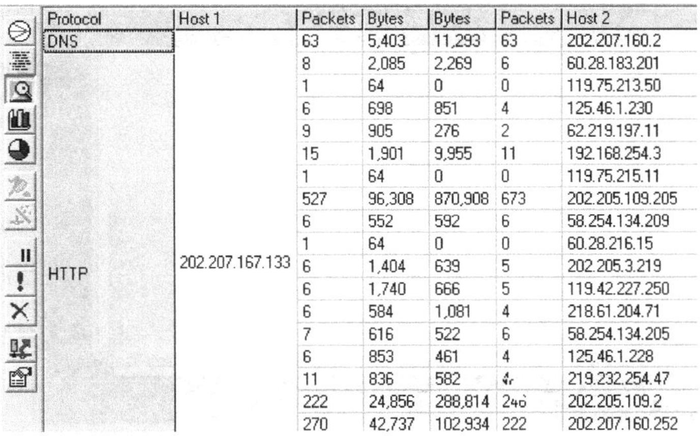

Protocol	Host 1	Packets	Bytes	Bytes	Packets	Host 2
DNS		63	5,403	11,293	63	202.207.160.2
		8	2,085	2,269	6	60.28.183.201
		1	64	0	0	119.75.213.50
		6	698	851	4	125.46.1.230
		9	905	276	2	62.219.197.11
		15	1,901	9,955	11	192.168.254.3
		1	64	0	0	119.75.215.11
		527	96,308	870,908	673	202.205.109.205
		6	552	592	6	58.254.134.209
		1	64	0	0	60.28.216.15
HTTP	202.207.167.133	6	1,404	639	5	202.205.3.219
		6	1,740	666	5	119.42.227.250
		6	584	1,081	4	218.61.204.71
		7	616	522	6	58.254.134.205
		6	853	461	4	125.46.1.228
		11	836	582	[illegible]	219.232.254.47
		222	24,856	288,814	246	202.205.109.2
		270	42,737	102,934	222	202.207.160.252

图 8.17　本机和网络中其他主机的数据交换统计图表

（8）在“Monitor”监听器的下拉菜单中，选择“Matrix”功能，可将“Host Table”界面切换到流量图（Map 图）。该图是一个圆，通过连线标识本机和网络其他主机通信情况。连线的粗细决定了数据流量的大小，这种流量图更直观地表现了与本机关联的网络通信状况，如图 8.18 所示。

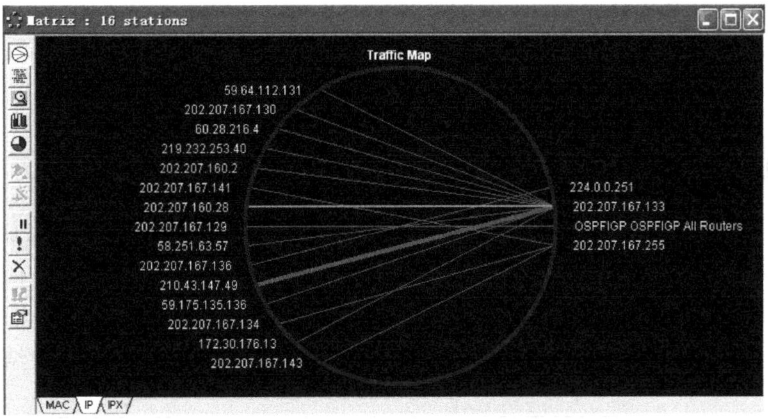

图 8.18　网络通信 Map 图

网络通信 Map 图对网络故障定位十分有效。网络故障诊断时，可在故障区域的路由交换机或交换机上设置一个与主干网接口成镜像的端口，将运行 Sniffer Pro 的计算机连接到交换机的镜像端口（该计算机的 IP 地址与该网络的路由网关地址同属于一个子网）。在 Sniffer Pro 的“Monitor”菜单中执行“Matrix”功能，即可看到主干网传输 Map 图。Map 图中的最粗连线表示特别消耗带宽的网络接节点，也就是说找到了发送大量广播数据包的主机。接着确定与该主机相连的交换机，使用特权账号远程登录这台交换机，将连接故障主机的端口“关闭（shut down）”，故障可消除。接下来，对故障主机诊断、维护，待问题解决后，再将连接该主机的交换机端口激活。

（9）在“Monitor”监听器的下拉菜单中选择“Protocol Distribution”功能，可将“Host Table”界面切换到 IP 协议流量图，如图 8.19 所示。IP 协议流量图可直观表现正常流量和不正常流量。如图 8.19 中的 Others（其他），可能是不正常流量消耗了网络带宽。这时，就要进一步分析这些“Others”流量产生的原因。

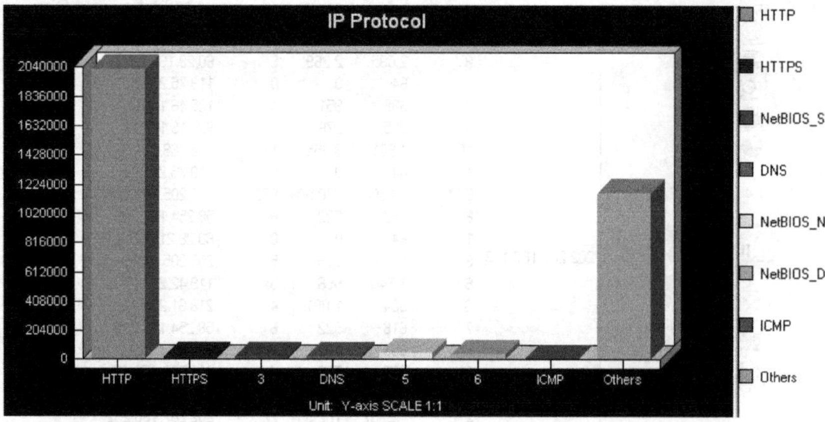

图 8.19　IP 协议流量图

8.8　使用日志及经验维护网络

网络故障排除是一个经验积累的过程，也是一个不断再学习的过程。网络管理日志是积累网络运行维护经验的最佳途径之一。网络维护日志可分为手工记录和电子记录两种。通常，为了发挥日志作用，当出现网络故障时，能通过日志快速找到解决办法，最好采用 Web 数据库技术建立电子日志。

8.8.1　建立网络运维支持系统

山西师大网络中心在长期的网络管理实践中，建立了“校园网运维支持系统”，如图 8.20 所示。该系统管理内容包括：校园网拓扑结构，路由器、交换机配置，用户 IP 地址分配，用户网卡 MAC 地址，接入交换机端口分配，网络维护日志，以及各类信息统计分析。其中，网络维护日志库记录了时间、地点、维护者、故障表现、故障排除方法、故障排除结果等内容。

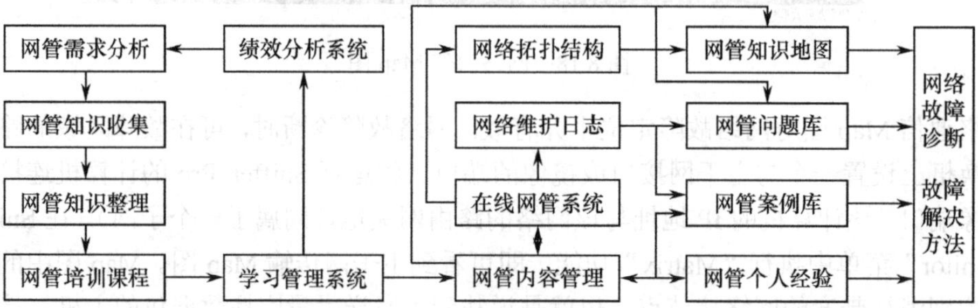

图 8.20　校园网运维支持系统功能结构

这种基于 Web 的网络运维支持系统不仅可以提供培训课程，还可以随时把相关的资料进行整理和编辑，集成到学习系统中。网管员可以及时获得系统、专业、高效的知识支持，通过它完成自身的非正规学习，提高工作绩效。绩效分析系统对网管员的知识进行绩效评估，使网管员知道自身存在的不足，明确进一步学习需求。

网络管理员将当天遇到的问题与解决方法填写在网络日志中，然后每个月将这些内容进行整理，归类到一个名为网络维护的 FAQ 中（也称为网络故障问题与解答库）。FAQ 以一问一答的方式收集内容，以 Web 形式共享。这样，每当网络管理人员遇到问题时，可以先在这里寻找答案，大大提高了解决问题、查找故障的效率。

8.8.2　利用日志排除故障

当飞机失事时，大家总是去寻找那个记录着失事前一些情况的黑匣子，以便能够通过了解失事前的情况，推测出飞机失事的原因。同样，在故障排除中，网络日志起到黑匣子的功能。如果网管员能够认真做好日志，那么当网络故障出现时，就可以通过查看网络日志，了解到故障发生前的一些网络情况，从而推测出故障的原因所在。

案例一：某企业的一台应用服务器，其操作系统是 Windows Server 2008，在上面运行着一个通信网关程序。有一天，网管员上班时，发现这个通信网关程序罢工了。接着到该服务器前面一看，这个程序异常退出了，而且再也启动不起来。

这时，网络管理人员迅速查找网络日志，发现在昨天下午下班后，另一名网络管理人员为了提高安全性，在该服务器上打上了 SP2（Service Pack 2），然后关机下班。

因此，网络管理人员马上与该程序的开发商取得了联系，确认了该程序与 SP2 存在不兼容的情况，并取得了修正该问题的新版程序，顺利解决了该问题。在本案例中，通过查看网络日志，寻找到了变动因素，从而找到引起该问题的原因，而且少走了很多弯路，这就是网络日志所起的作用。

案例二：有一段时间，某企业内部网络突然出现了一个奇怪的现象：每天中午，大家都无法正常收发 E-mail，经常超时，数据传输很慢。一开始，网管员们认为是中午上网的人数多了，而且最近新增了不少员工，可能使得网络带宽消耗太大。

为了能够找出原因，网管员们首先连续几个中午进行网络流量监测，并将结果记录下来。然后翻开网络日志，查看发生该情况之前的网络流量数据，发现这几个中午的网络流量居然是平时最大值的 10 多倍。网管员们觉得这样的情况肯定不是因新员工的增加引起的。

因此，网管员们继续进行了网络监控，试图寻找出这个数据的来源，结果用 Sniffer 监听到了一台 PC 在源源不断地向外广播大量的数据包。网管员们找到这台 PC 的用户，然后向他了解中午通常使用什么程序，他说是在用“超级解霸”看 VCD，结果网管员们打开他的“超级解霸”，发现他误设置打开了 DVB 数字视频广播，向整个局域网用户进行视频广播，正是这个原因导致了网络阻塞。

试想如果没有网络日志的数据，网管员就无法得知网络数据的增长到底有多大，是不是与新增员工成比例，可能会盲目采用新增带宽的方式来解决，那当然是事与愿违的结果了。

8.8.3　利用日志分析网络性能

网络日志记录了网络日常运营的状态信息，这些信息显示了网络的动态情况。有了这些情况，就可以正确地判断网络的性能，并做出改善网络性能的决策，使问题的解决落在实处。同时，网络日志还为网络升级提供了详细的数据依据，为决策提供了第一手素材。

（1）对网络日志的网络流量数据进行分类统计，获取以下信息。

① 网络流量增长率。将每个阶段的网络流量绘制成直方图或趋势线图，就可以直观地知道网络流量的需求变化情况。如果网络流量有明显的放大，就可以从增长的趋势中找到规律，知道在什么时候会超过现在网络的负载，及时做好升级工作。

② 网络流量高峰时期。可以在网络日志中寻找到网络流量高峰的时期，并根据这些数据寻找问题的原因，然后制定相应的规范来解决。如发现每天中午是高峰期，而这时企事业的高层领导经常无法正常收取电子邮件，那么就可以采用流量分配的策略，为企事业的高层领导分配一个固定的带宽，以保证业务需要。

（2）对网络病毒记录进行统计，就可以得知现行的病毒防治策略是否有效。如网络日志中体现出了宏病毒的发作率较高，那么就应该根据这一情况，在病毒防治策略中加强针对宏病毒的能力，如选择对宏病毒防治更有力的病毒防火墙等。

（3）另外，网管人员还可以从网络日志中，发现每一个网络服务器的负载变化情况，然后根据这一情况，制订网络服务器的软硬件性能改善或升级计划。

8.9 网络工程项目评估

8.9.1 评估基本知识

网络工程项目评估是在确定的评估目标、原则的指导下，按照网络资源或网络项目划分评估内容，采用评估方法和策略，依据评估步骤和流程对网络整体系统进行全面评估。

1．评估目标

针对一个已建成的网络工程项目，提供全面的现有网络状态的信息，保护现有的资源；提出改善网络性能的建议，提供降低风险、改善网络运行效率的建议；提供全面的评估总结，为投资决策提供科学依据。

2．评估原则

（1）整体性原则：从评估内容、业界标准、应用需求分析和服务规范等多个角度保证评估测试的整体性和全面性。

（2）规范性原则：严格遵循业界项目管理和服务质量标准和规范。

（3）有效性原则：从成功经验、人员水平、政府信誉、工具、项目过程等多个方面保证整个过程和结果的有效性。

（4）最小影响原则：在项目管理和工具技术方面，使评估对系统造成的影响降低到最低限度。

（5）保密性原则：保证政务网络应用系统和业务系统数据的安全性，避免政务数据的泄露和系统受到侵害。

3．评估内容

按照网络资源划分，评估内容包括对网络结构、网络传输、网络交换、业务应用、数据交换、数据库运行、应用程序运行、安全措施（包含设备软件和制度）、备份措施（包含设备软件和制度）、管理措施（包含设备软件、制度和人员）、主机/服务器处理能力、客户端处理能力等方面的评估。

按照评估项目划分，评估内容包括网络协议分析、系统稳定评估、网络流量评估、网络瓶颈分析、网络业务应用评估、安全漏洞评估、安全弱点评估等方面。

按照网络故障划分，评估内容包括网络接口层（物理、数据链路）故障、网络层故障和网络应用（协议）层故障等方面的评估。

网络接口层故障包括传输介质、通信接口以及信号接地等问题。网络层故障包括网络协议的配置、IP 地址的配置、子网掩码和网关的配置，以及各种系统参数的配置等问题。这些都是排除故障时要查看的主要内容。

网络应用层包括支持应用的网络操作系统（如 UNIX、Windows Server/2008/2012…）和网络应用系统（如 DNS、DHCP 服务器、邮件服务器和 Web 服务器等）。主要的故障原因一般是各种操作系统存在的系统安全漏洞和许多应用软件之间的冲突，可以利用各种网络监测与管理工具，如任务管理器、性能监视器及各种硬件检测工具等对其进行防护。还有一个问题就是病毒破坏和被人非法访问篡改。

4. 评估策略

网络系统的健壮性和安全性评估，在技术上采用的是从网络信息系统的底层到高层、实测和预测相结合的综合评估；在资源划分上采用的是由大到小、逐步细化、纵横关联的模型，要充分考虑网络系统运行维度和网络信息资源的关系。

在网络系统的健壮性和安全性评估过程中，要根据用户网络信息系统的实际情况，灵活地使用本地测试法、分布测试法、远端测试法、协同测试法、并发测试法或者几种方法相结合的方式进行测试规划。

5. 评估一般流程

根据评估目标、原则和策略，网络系统评估可按照如图 8.21 所示的评估流程图实施。

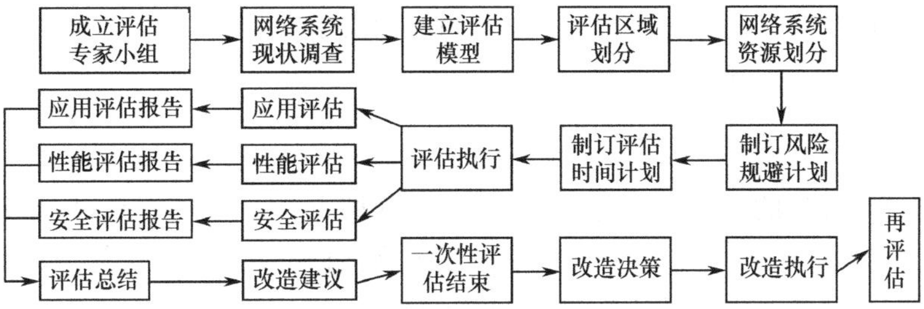

图 8.21　网络系统评估流程图

8.9.2　网络健壮性评估

现在，人们对网络信息的依赖程度越来越高，对网络信息系统的要求已经不仅仅满足于能用，而是需要高性能、高可靠性和高可用性的值得信赖的网络信息系统。例如，一项网络数据业务的正常运行，不仅需要高效的网络传输和交换，而且需要主机、服务器的快速处理及数据库系统的良好运转，还需要足够的安全保证。网络信息系统运行表现出来的这些特征与性能，可以用健壮性来描述。

网络系统的健壮性评估是保证网络信息高性能、高可靠性、高可用性、高效率运转的基本手段。网络系统的健壮指数越大，说明它的生命力就越强，它所能够承载的信息量就越大。一个健壮性指数高的网络系统是保证业务运行和应用的必要前提。

在整个网络系统中，网络结构、网络传输、业务应用、数据交换、数据库运行、应用程序运行、安全措施、备份措施、管理措施、主机/服务器处理及客户端处理等，这一系列的元素都是相互关联和相互影响的。这些元素之间的关系往往是比较复杂的，“牵一发而动全身”，每一项元素的性能下降或者受到安全威胁，都将对整个网络系统造成影响。尤其是对于那些处于关键业务的元素（如边界路由器、服务器等），更是不允许性能下降和存在安全隐患。

如果在评估中只关注一种或几种元素，如安全、流量、服务器软件系统等，这些零散的评估往往不能够提供整体网络状态的信息，不全面，不关联，不辩证。很难给网络管理员提供正确的管理信息和恰当的改善建议、改善方案，也很难给投资决策者提供正确的决策支持信息。

8.9.3 网络安全性评估

1. 安全风险分析

周密的网络安全评估与分析，是制定可靠、有效的安全防护措施的必要前提。网络风险分析应该在网络系统、应用程序或信息数据库的设计阶段进行。这样可以从设计开始就明确安全需求，确认潜在的损失。因为在设计阶段实现安全控制远要比在网络系统运行后采取同样的控制节约费用和时间。即使认为当前的网络系统分析十分完善，在建立安全防护时，还是会发现一些潜在的安全问题。

网络系统的安全性取决于网络系统最薄弱的环节，任何疏忽的地方都可能成为黑客的攻击点，导致网络系统受到很大的威胁。最有效的方法是定期对网络系统进行安全分析，及时发现并修正存在的弱点和漏洞，保证网络系统的安全性。

一个全面的风险分析包括：物理层安全风险分析、链路层安全风险分析、网络层（包含运输层）安全风险分析、操作系统安全风险分析、应用层安全风险分析、管理的安全风险分析、典型的黑客攻击手段等。

2. 安全评估方法

网络系统风险分析的方式有问卷调查、访谈、文档审查、黑盒测试、操作系统的漏洞检查和分析、安全漏洞和隐患的检查和分析、抗攻击测试和综合审计报告等。其中，最主要的就是利用漏洞扫描软件，对网络系统进行扫描分析。

可以利用先进的漏洞扫描软件（如科先达 KSS）对网络系统进行扫描。扫描分析功能主要包括：弱点漏洞检测、运行服务检测、用户信息检测、口令安全性检测和文件系统安全性检测等。网络安全性分析系统是以一个网络安全性评估分析软件为基础，通过实践性的扫描分析网络系统，检查报告系统存在的弱点和漏洞，提出安全建议补救措施和策略。

3. 安全评估步骤

（1）找出漏洞。评估网络结构，并审读网络使用政策及安全性方案，如单点防护的防火墙、加密系统或扫描系统的入侵侦测软件、电子邮件过滤软件和防毒软件。

（2）分析漏洞。这方面的分析涉及漏洞所造成风险的信息资产分析。要进行此项分析，必须非常了解组织的信息资产。

（3）降低风险。因为网络系统的功能日趋复杂，为了降低风险，评估必须从安全性解决方案和政策方面，重新检视网络的安全。例如，网络是否针对某个漏洞或数个小漏洞提供了一整套安全性解决方案，安全性政策是否鼓励所有使用者参与维护网络安全的任务。

4．安全评估的下一步工作

（1）做好万一遭受非法入侵的准备。评估系统安全性的一项重要元素，就是紧急事件应变措施。网络管理者应制定一份紧急事件响应措施，以防在事件发生时，安全性系统却未发生效用；同时，必须确认所有员工充分了解这份紧急事件应变措施内容。紧急事件应变措施应说明当紧急事件发生时，应报告给谁，谁负责回应，谁做决策；而在准备计划时应包括情景模拟。此外，当网络环境或威胁有所改变时，也应立即检查计划，决定是否需要进行修正。

（2）测试弱点。测试系统整体的频率，是整个评估安全性方案的一部分。在监督阶段，安全性系统会定期扫描某些重要信息系统。这些扫描结果的记录也就可以用来比对侦测入侵结果及判断信息是否被篡改。此过程可以用来深入分析网络安全的优势与弱势各是什么，根据其结果，或许必须修改政策或方案。

（3）评估与再评估。即使网络的安全性基础建设在某一个阶段被评定为非常优良的，但也不能认为下一个阶段仍是安全的。正常的情况是，在一段时间后必须再进行一次评估。网络上的威胁，如黑客和病毒，只会随着互联网的逐渐发展成为网络安全的首要问题，而更加复杂。长期而言，有效的安全性方案必须持续不断地评估网络安全性。

习题与思考八

8.1　画图表示网络项目各阶段的关系。

8.2　如何定义网络系统质量因素？网络项目质量控制方法有哪些？

8.3　如何进行网络项目成本测算？如何进行网络项目时间估算？

8.4　什么是网络性能？画图描述性能测试类型。

8.5　什么是网络基准性能测试？什么是网络吞吐率测试？

8.6　简述网络性能改进技术及思路。

8.7　如何建立完善的网络配置文档？

8.8　按照自己的理解，画图描述网络故障管理支持系统。

实　训　八

1．Windows 可靠性与性能监视器的使用

（1）实验目的。了解 Windows 可靠性与性能监视器诊断网络可靠性与性能的过程，会运用 Windows 可靠性监视器与性能监视器诊断网络问题。

（2）实验资源、工具和准备工作。安装与配置好的 Windows Server 2008 服务器 1 台，Windows XP 客户机 2～4 台；制作好的 UTP 网络连接线（双端均有 RJ-45 头）若干条，集线器或交换机 1～2 台。实验环境也可在 PC 房（局域网）进行。

（3）实验内容。使用资源视图监视系统活动，使用性能监视器检查图表、直方图或报告中的性能数据。使用可靠性监视器计算在系统的生存时间内系统稳定性图表中所显示的稳定性指数。

（4）实验步骤如下。

① 安装与配置 Windows Server 2008 服务器，将该服务器连入实验局域网（如网络 PC 房）。

② 使用资源视图监视系统活动。

③ 使用性能监视器检查图表、直方图或报告中的性能数据。

④ 使用可靠性监视器，查看生存时间内系统稳定性图表中所显示的稳定性指数。

⑤ 写出实验报告。

2．网络故障诊断命令的使用

（1）实训目的：了解操作系统命令诊断网络故障过程，会运用 ping、Ipconfig、Netstat、Route、Tracert 等命令诊断网络故障。

（2）实训资源、工具和准备工作：安装与配置好的 Windows Server 服务器为 1 台；安装与配置好的 Windows XP 客户机为 2～4 台；制作好的 UTP 网络连接线（双端均有 RJ-45 头）若干条，集线器或交换机为 2～4 台，路由器为 2～4 台。

（3）实训内容：人为设置一些故障，如网卡设置不当、网关设置不当、网络链路不通、服务器高负载（多客户端并发下载文件）运行等。用网络故障诊断命令查找网络问题。

（4）实训步骤：

- 按照 8.6 节给出的命令操作示例，进行网络故障诊断；
- 写出实训报告。

3．使用 Sniffer Pro 诊断网络状态

（1）实验目的。了解 Sniffer Pro 软件的功能，会安装 Sniffer Pro 软件，会使用 Sniffer Pro 诊断网络状态。

（2）实验资源、工具和准备工作。安装与配置好的 Windows XP/7 客户机为 3～6 台；制作好的 UTP 网络连接线（双端均有 RJ-45 头）若干条，集线器或交换机为 2～3 台。实验环境也可在 PC 房进行。连接 http://down.hhstu.edu. cn/SoftView.asp?SoftID=93，下载 Sniffer Pro 4.7.5。使用 Sniffer Pro 诊断网络状态。

（3）实验内容。人为设置一些故障，如 PC 群发广播帧；2 台 PC 为一组，1 台 PC 从另一台 PC 下载大量文件；模拟 Web 服务器高负载（多客户端并发下载文件）运行等。用 Sniffer Pro 诊断网络的性能或状态。

（4）实验步骤。

① 在网络 PC 房，选其中 1 台 PC（Windows XP/7）安装 Sniffer Pro 程序，设置网络（站）嗅探器。

② 按照 10.4.3，使用 Sniffer Pro 诊断网络状态。

③ 写出实验总结报告。

参 考 文 献

[1] 杨威，王杏元，杨陟卓. 网络工程设计与安装（第 3 版）[M]. 北京：电子工业出版社，2007.
[2] 杨威，王云，黄晓彤，杨陟卓. 网络工程设计与系统集成（第 2 版）[M]. 北京：人民邮电出版社，2010.
[3] 张公忠. 现代网络技术教程[M]. 北京：电子工业出版社，2001.
[4] 杨威，高立同，杨陟卓等. 网站组建、管理与维护（第 2 版）[M]. 北京：电子工业出版社，2011.
[5] 杨陟卓，杨威，王赛. 网络工程设计与系统集成（第 3 版）[M]. 北京：人民邮电出版社.，2014.
[6] 杨威，高立同，刘彦宏等. 绿色节能与安全的高校数据中心建设[J]. 中国教育信息化，2013,1.
[7] 杨威，黄芙菊，赵鑫等. 局域网组建、管理与维护（第 2 版）[M]. 北京：电子工业出版社，2010.
[8] 福建星网锐捷网络有限公司. 锐捷 VSU 2.0 技术白皮书[D]. 2013.03.
[9] 刘晓辉，李书满. Windows Server 2008 服务器架设与配置实战指南[M]. 北京：清华大学出版社，2010.
[10] 福建星网锐捷网络有限公司. 锐捷 11X 交换机产品实施一本通（V1.2）. 2014,3.
[11] 杨威，刘彦宏. 山西师大校园网安全构建与评估[J]. 中国教育信息化，2006,12.
[12] 杨威，杨陟卓. 大学云架构与大数据处理建模研究[J]. 中国教育信息化，2015,1.
[13] 杨威，赵鑫，高立同，孙清亮. 山西师大校园网 IPv6 技术升级与应用[J]. 中国教育信息化，2012 年 12 月.
[14] 杨威，杨陟卓，史春秀. 局域网组建、管理与维护（第 2 版）[M]. 北京：人民邮电出版社，2016.

反侵权盗版声明